兽医临床诊疗技术

主　编　陈振峰　宫淑艳
副主编　胡景艳　朝克图　孙晓东　高美柱

北京理工大学出版社
BEIJING INSTITUTE OF TECHNOLOGY PRESS

内 容 提 要

本书共分5个模块，分别为临床诊断技术、实验室诊断技术、临床诊疗基本技术、临床给药疗法和外科手术疗法。本书取材丰富，图文并茂，资料新颖，注重实践，诊疗方法与技术先进，体现了最新兽医科技发展水平。

本书可作为全国高等农业院校畜牧兽医专业的教材，也可供兽医临床专业技术人员、继续教育培训和相关人员参考。

图书在版编目（CIP）数据

兽医临床诊疗技术 / 陈振峰，宫淑艳主编 .—北京：北京理工大学出版社，2019.3（2021.2重印）
ISBN 978-7-5682-6876-9

Ⅰ. ①兽… Ⅱ. ①陈… ②宫… Ⅲ. ①兽医学－诊疗 Ⅳ. ① S854

中国版本图书馆CIP数据核字（2019）第052163号

出版发行 / 北京理工大学出版社有限责任公司
社　　址 / 北京市海淀区中关村南大街5号
邮　　编 / 100081
电　　话 /（010）68914775（总编室）
（010）82562903（教材售后服务热线）
（010）68948351（其他图书服务热线）
网　　址 / http：//www.bitpress.com.cn
经　　销 / 全国各地新华书店
印　　刷 / 北京紫瑞利印刷有限公司
开　　本 / 787毫米 ×1092毫米　1/16
印　　张 / 19
字　　数 / 426千字
版　　次 / 2019年3月第1版　2021年2月第2次印刷
定　　价 / 70.00元

责任编辑 / 李玉昌
文案编辑 / 李玉昌
责任校对 / 周瑞红
责任印制 / 边心超

图书出现印装质量问题，请拨打售后服务热线，本社负责调换

前言
Preface

为了认真贯彻落实教职成〔2011〕11号《教育部、财政部关于支持高等职业学校提升专业服务产业发展能力的通知》、教职成〔2012〕9号《教育部关于“十二五”职业教育教材建设的若干意见》精神，切实做到专业设置与产业需求对接、课程内容与职业标准对接、教学过程与生产过程对接，兴安职业技术学院积极开展校企联合，开展现代职业教育“产教融合、校企合作、工学结合、知行合一”的人才培养模式研究。课题组在大量理论研究和实践探索的基础上，制定了畜牧专业“产教融合、校企合作”人才培养方案和专业课程教学标准。本书按照以综合素质为基础、以能力为本位、以就业为导向的方针，充分反映行业新知识、新技术、新方法，结合本地畜牧兽医、兽医及相关专业教学体系特点编写。本书取材丰富，图文并茂，资料新颖，注重实践，诊疗方法与技术先进，体现了最新兽医科技发展水平。

本书内容包括临床诊断技术、实验室诊断技术、临床诊疗基本技术、临床给药疗法和外科手术疗法五个模块，既有实用够用的理论知识，也有实操性很强的实用技术；既有传统的诊疗技术，也有现代的新科技，是一本非常实用的教材，期望为技术技能人才培养提供支撑。

在本书的编写过程中得到了有关专家的热情帮助和大力支持，谨在此致以谢意。编者参考的一些著作的有关资料在此不再一一述及，谨对所有作者表示衷心的感谢！同时，由于编者水平有限，时间仓促，书中难免有疏漏和不足之处，恳请读者批评指正。

编　者

目录 Contents

模块一　临床诊断技术

项目一　动物的接近与保定

熟悉不同种类动物的特点与习性，能根据现场实际条件，合理选择接近方法并进行保定。

任务1　动物的接近

【任务目标】

知识：掌握动物的接近方法及常见问题处理。

技能：能根据病畜的种类、个体特性和诊治目的，采取安全可靠、简便易行的接近与保定方法。

素质：提前了解动物的性格；不粗暴对待动物；保护自身安全。

【任务实施】

1．牛的接近　轻轻呼唤牛，从其正前方或正后方接近。

2．羊、猪的接近　从前方接近时抓住羊角或猪耳，从后方接近时抓住尾部；对于卧地的动物可在其腹部轻轻抓痒，使其安静后再进行检查。

3．犬、猫的接近　在主人或饲养人员的协助下，轻轻呼唤犬、猫的名字，从其前方或前侧方接近，以温柔的方式轻轻抚摸其额头部、颈部、胸腰两侧及背部，然后进行检查和治疗。

4．马的接近　从左前方或侧后方接近。

【重要提示】

(1) 接近动物前应事先向动物的主人或有关人员了解动物有无恶癖，以做到心中有数，提前防范。

(2) 检查者应熟悉各种动物的习性，特别是异常表现（如牛低头凝视、前肢刨地；犬、猫龇牙咧嘴、呜叫等），以便及时采取相应措施。

（3）应首先用温和的声音向动物打招呼，然后再缓缓向动物接近。

（4）接近后，可用手轻轻抚摸病畜的颈侧或臀部，待其安静后，再进行检查；对猪，在其腹下部用手轻轻搔痒，使其静立或卧下，然后进行检查。

（5）检查大型病畜时，应将一手放于病畜的肩部或髋结节部，一旦病畜有剧烈骚动或抵抗，即可作为支点迅速向对侧推动离开。

（6）在接近被检动物前，应了解其发病前后的临床表现，初步估计病情，防止人畜共患传染病的接触传染。

任务 2　动物的保定

【任务目标】

知识：掌握动物保定的方法及注意事项。

技能：能根据不同类型动物的习性及诊断要求，正确选择保定方法并熟练操作。

素质：保护动物安全，不粗暴对待动物；保护自身安全，不被动物咬伤；珍惜保定工具。

【知识准备】

动物在接触生人或环境改变时，往往惊恐不安，为了顺利进行临床诊疗，必须对动物施以适当的人为控制，以保障人与动物安全。临床检查应在自然状态下进行，特殊需要时，视动物个体情况采取一些必要的保定措施。保定中常用的绳结法有：

1．单活结　一手持绳并将绳在另一手上绕一周，然后用被绳缠绕的手握住绳的另一端并将其经绳环处拉出即可（图 1.1）。

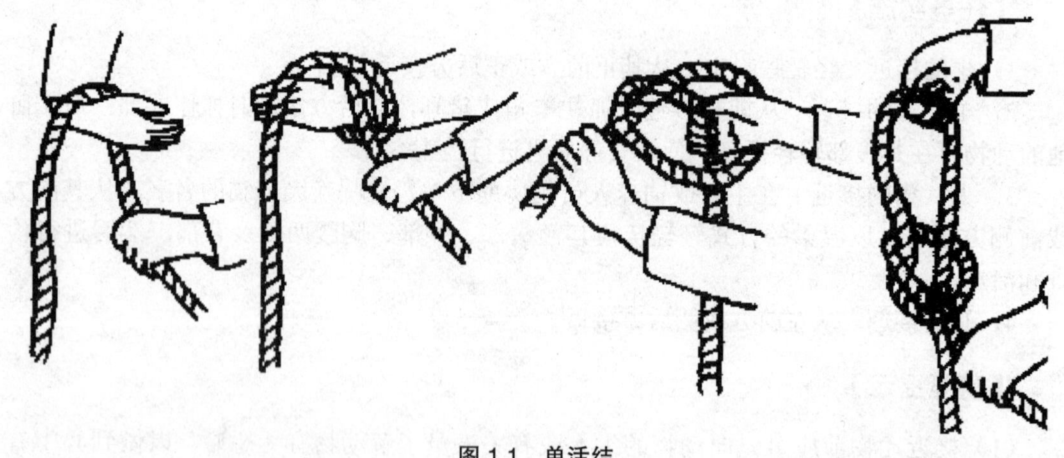

图 1.1　单活结

2．双活结　两手握绳右转至两手相对，此时绳子形成两个圈，再使两圈并拢，左手圈通过右手圈，右手圈通过左手圈，然后两手分别向相反的方向拉绳，即可形成两个套圈（图 1.2）。

3．拴马结　左手握持缰绳游离端，右手握持缰绳在左手上绕成一个小圈套；将左手小圈套从大圈套内向上向后拉出，同时换右手拉缰绳的游离端，把游离端做成小套穿入左手所拉的小圈内，然后抽出左手，拉紧缰绳的近端即成（图 1.3）。

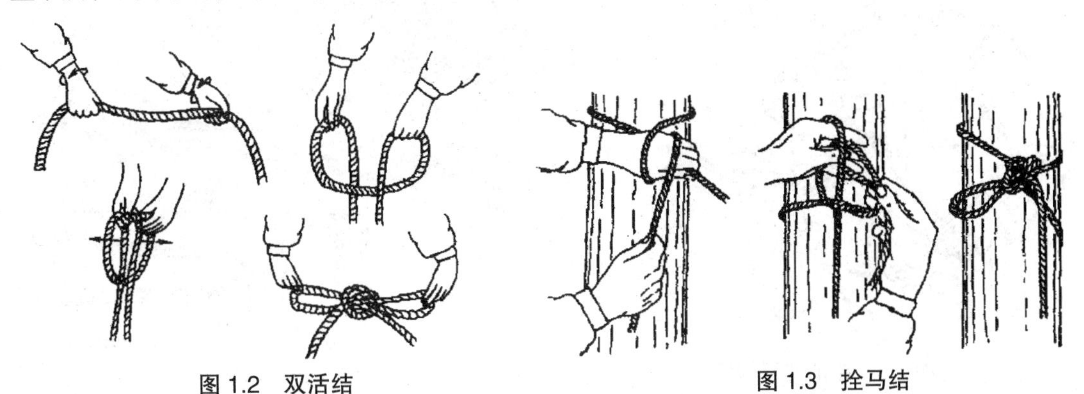

图 1.2　双活结　　　　图 1.3　拴马结

4．猪蹄结　将绳端绕于柱上后，再绕一圈，两绳端压于圈的里边，一端向左，一端向右；或者两手交叉握绳，两手转动即形成两个圈的猪蹄结（图 1.4）。

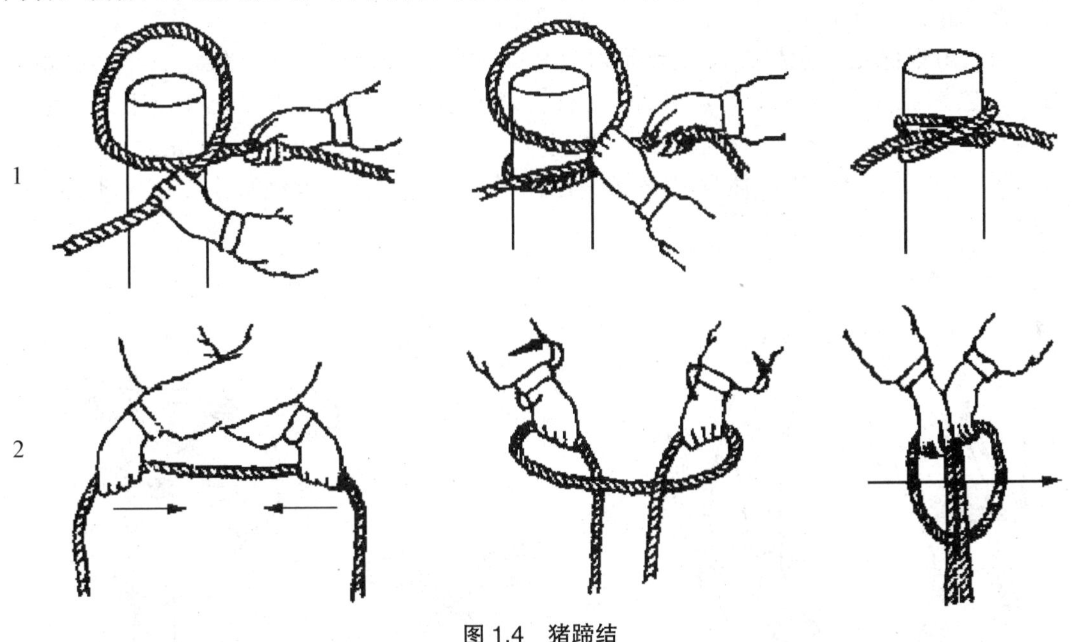

图 1.4　猪蹄结

【任务实施】

1．牛的保定

（1）徒手保定：一手握牛角基部，另一手提鼻绳、鼻环或用拇指与食指、中指捏住鼻中隔即可固定（图 1.5）。此法适用于一般检查、灌药、肌肉及静脉注射等。

（2）鼻钳保定：鼻钳经两鼻孔夹紧鼻中隔，用手握持钳柄加以固定（图 1.6）。此法适用于一般检查、灌药及肌肉、静脉注射等。

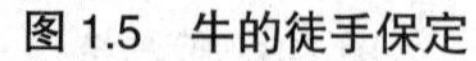
图 1.5　牛的徒手保定

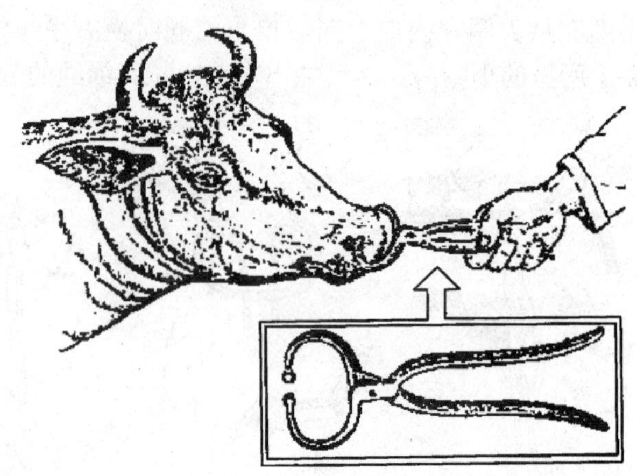

图 1.6　牛的鼻钳保定

（3）两后肢保定：取 2 m 长粗绳一条，对折成等长两段，在跗关节上方将两后肢胫部围住，然后将绳的一端穿过折转处向一侧拉紧（图 1.7）。此法适用于性情暴躁牛的一般检查、静脉注射及乳房、子宫、阴道疾病的治疗等。

（4）角根保定：角根保定主要是对有角动物的特殊保定方法。保定时将牛头略为抬高，紧贴柱干（或树干），并使牛头向该侧偏斜，使牛角和柱干（树干）卡紧，用绳将牛角呈“8”字形缠绕在柱干（树干）上。操作时用长绳一条，先缠于一侧角，绳的另一端缠绕对侧角，然后将该绳绑在柱干（树干）上，缠绕数次以固定头部（图 1.8）。

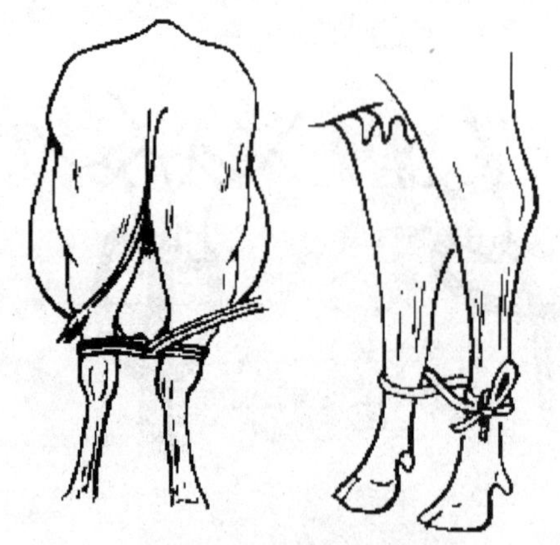

图 1.7　牛的两后肢保定

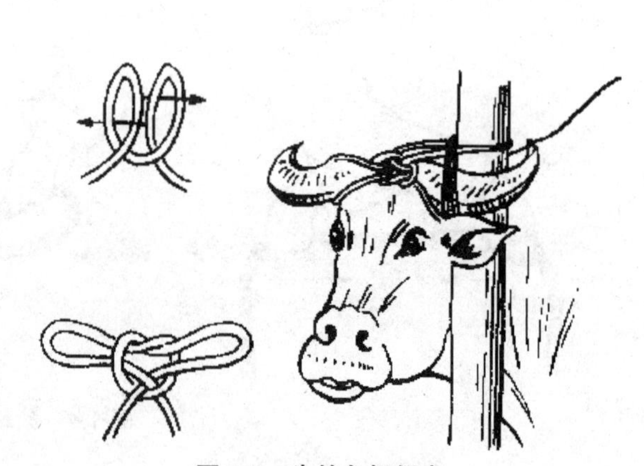

图 1.8　牛的角根保定

（5）柱栏保定。

①二柱栏保定：将牛牵至二柱栏内，鼻绳系于头侧栏柱，然后缠绕围绳，吊挂胸、腹绳即可固定（图 1.9）。此法适用于临床检查、各种注射，以及颈、腹、蹄等部疾病的治疗。

②四柱栏保定：将牛牵入四柱栏内，上好前后保定绳即可保定，必要时还可加上背带和腹带（图 1.10）。此法适用范围同二柱栏保定。

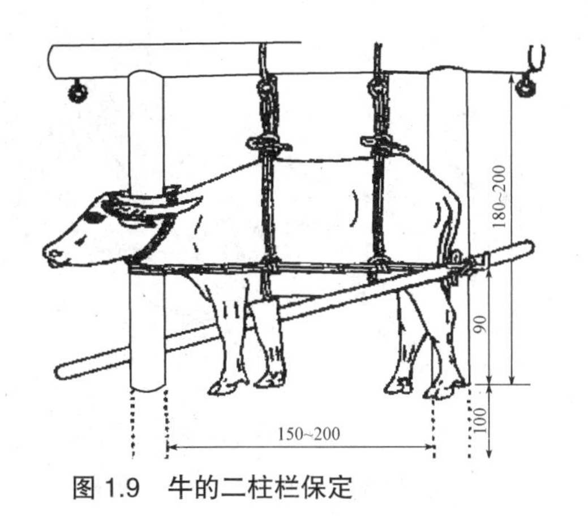

图 1.9　牛的二柱栏保定

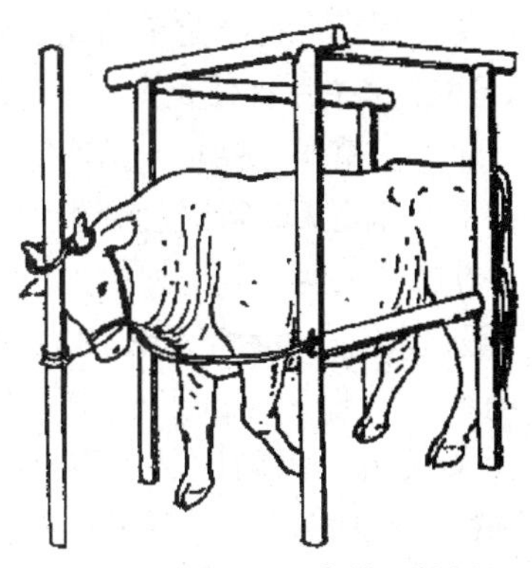

图 1.10　牛的四柱栏保定

（6）倒卧保定。

①背腰缠绕倒牛法：在绳的一端做一个较大的活绳圈，套在两角基部，将绳沿非卧侧颈部外面和躯干上部向后牵引，在肩胛后角处环胸绕一圈做成第一绳套，继而向后引至肷部，再环腹一周做成第二绳套。由两人慢慢向后拉紧绳的游离端，由另一人把持牛角，使牛头向下倾斜，牛即蜷腿而缓慢倒卧。牛倒卧后，要固定好头部，不能放松绳端，否则牛易站起。一般情况下，不需捆绑四肢，必要时再行固定（图 1.11）。

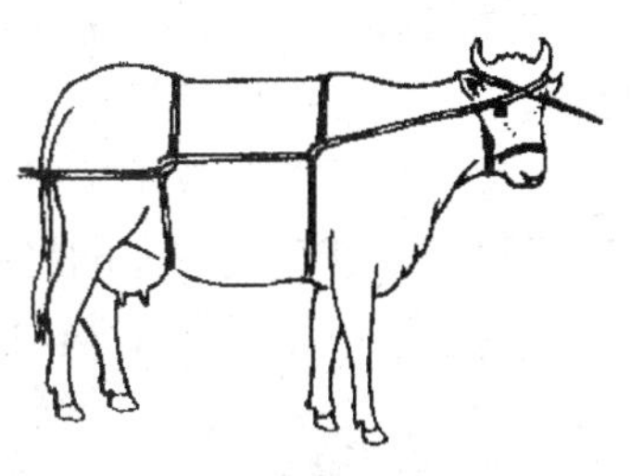

图 1.11　背腰缠绕倒牛法

②拉提前肢倒牛法：取约 10 m 长圆绳一条，对折成长、短两段，于折转处做一套结并套于左前肢系部，将短绳一端经胸下至右侧并绕过背部再返回左侧，由一人向后拉绳；另将长绳引至左髋结节前方并经腰部返回缠一周，打结，再引向后方，由二人牵引。令牛前行一步，正当其抬举左前肢的瞬间，三人同时用力拉紧绳索，牛即先跪下而后倒卧；之后一人迅速固定牛头，一人固定牛的后躯，一人迅速将缠在牛腰部的绳套后拉，并使其滑至两后肢跖部拉紧，最后将两后肢与前肢捆扎在一起（图 1.12）。

牛的倒卧保定主要适用于去势及其他外科手术等。

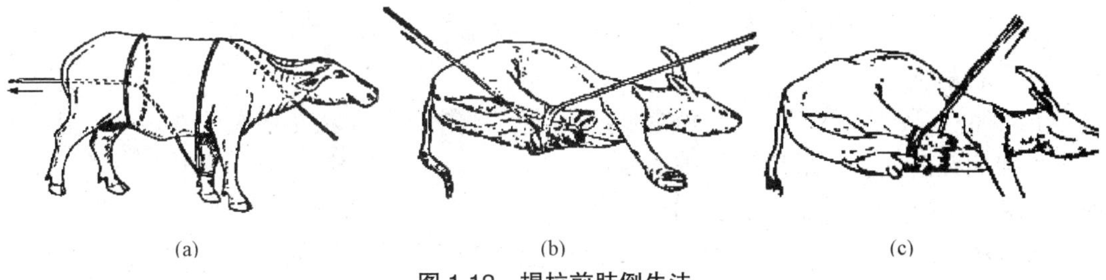

图 1.12　提拉前肢倒牛法

（a）倒牛绳的套结；（b）（c）肢蹄捆系法

2．马的保定

（1）耳夹保定：一手迅速抓住马耳，另一手迅速将耳夹放于马的耳根部，并用力夹紧，此时应紧握耳夹，以免因马挣扎而使马夹脱手甩出甚至伤人。此法适用于一般检查和治疗。

（2）鼻捻子保定：将鼻捻子的绳套套于左手上并夹于指间；右手抓住笼头，持有绳套的手自鼻背向下抚摸至上唇时，迅速抓住上唇，此时右手离开笼头，将绳套套于唇上，并迅速向一方捻紧把柄，直至拧紧为止。此法适用于一般临床检查和治疗（图 1.13）。

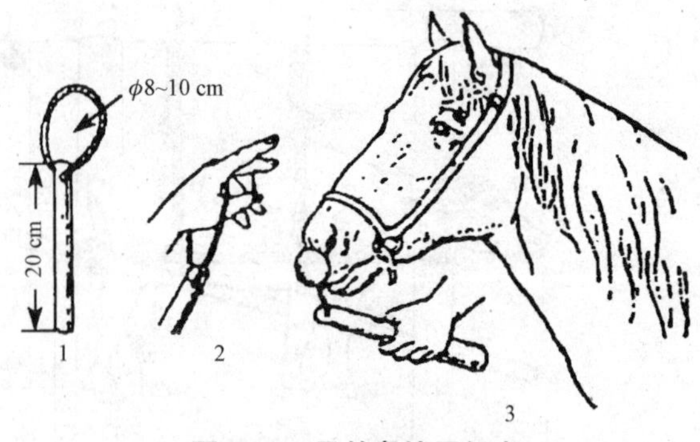

图 1.13　马的鼻捻子保定

（3）前、后肢保定：前肢保定可从马的前肢的侧面接近，面向后部，以一手抵鬐甲部或臂部作为支点，另一手沿肢体自上而下抚摸，握住掌部，将躯体向对侧推压，随即拍起，使腕关节屈曲抵于保定者膝部，然后以两手固定系部；亦可用绳系于前肢系部，使绳的游离端经鬐甲部绕向对侧，一人牵拉绳端使前肢提举。后肢保定可以从头须部逐步靠近后肢，面部向后，以一手抵于髋结节作为支点并将尾抓住，以防马摆动时伤人，另一手顺肢向下抚摸，握住跖部，将肢向后托起，把系关节放于保定者膝部，并用两手固定；亦可用圆绳于胫部打一活结，并自上而下移至系部收紧，绳的另一端通过两前肢间胸下在颈部绕一圈，然后拉肢向前，使肢离开地面，于颈部打一活结，使后肢向前提起（图 1.14）。

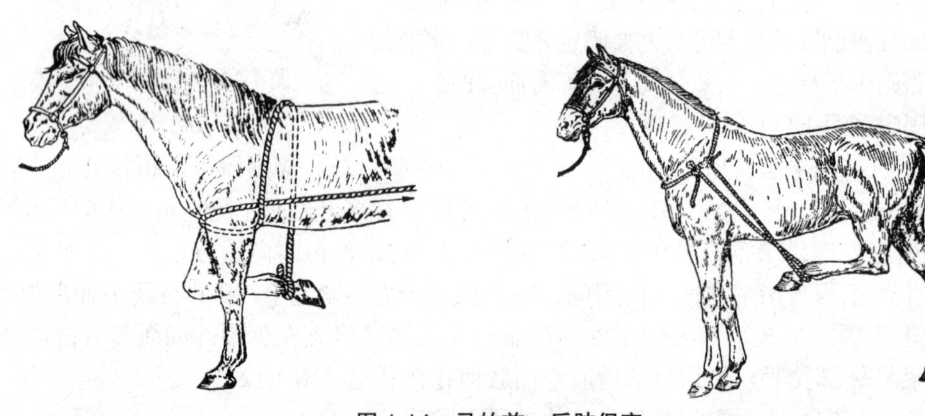

图 1.14　马的前、后肢保定

前肢保定适用于蹄病诊治，后肢保定可用于直肠检查及阴道疾病诊治。

（4）柱栏保定。

①二柱栏保定：将马牵引至柱栏的左侧，然后将缰绳系于横梁前端的铁环上，另用一绳将颈部捆在前柱上，最后缠绕围绳及吊挂胸、腹绳即可固定。此法适用于一般临床检查、检蹄、装蹄及蹄病治疗（图 1.15）。

②四柱栏保定：四柱栏比六柱栏少两个门柱，但前柱上方各向前外方突出并弯下，没有吊环，可供拴缰绳用。此保定方法同六柱栏保定（图 1.16）。

③六柱栏保定：六柱栏具有六根柱，现用的有木制和铁制两种。两个门柱用以固定头颈部，两个前柱和两个后柱用于固定体躯和肢体，在同侧前后柱上设有上横梁和下横梁，用以吊挂胸腹带。保定时，先将前带装好，马由后方引入，引入后装上尾带并把缰绳拴在门柱上。为防止马跳起，可用一扁绳拴在下横梁上，通过鬐甲部，于另一侧横梁

上打结。为防止病畜卧下，可用一扁绳拴在上横梁上，通过腹下于另一侧的横梁上打结。

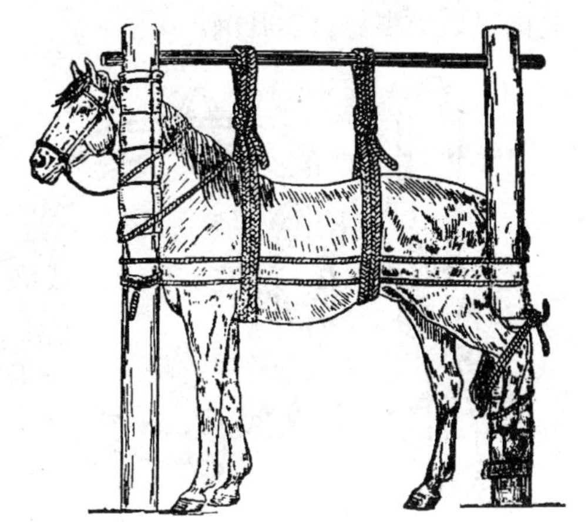

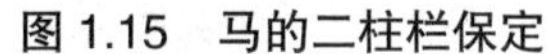

图 1.15　马的二柱栏保定

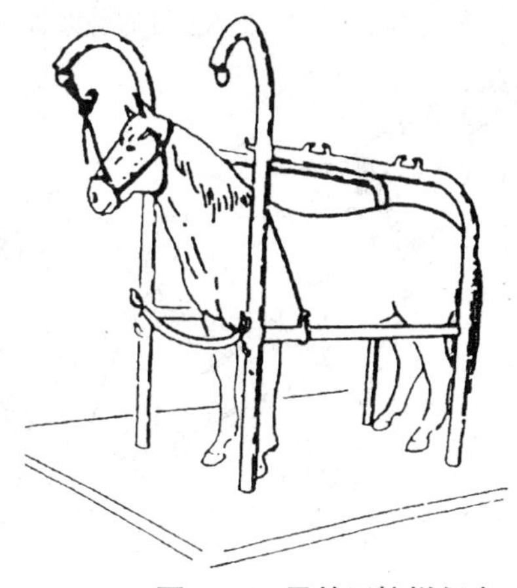

图 1.16　马的四柱栏保定

（5）柱栏内前、后肢转位保定：前肢转位保定即于四柱栏或六柱栏内，用扁绳系于前肢系部，然后将绳牵引至同侧前柱外侧，越过柱栏下方横木，由内往外、自上而下绕到前柱外侧，再返回到保定肢的掌部。自掌后方向掌前方做回转，牵引绳端，保定肢即被提到前柱的前外侧，再用绳将该肢绕圈，压于腕关节上方。前肢转位保定适用于蹄底、系凹部及腕关节前部等的手术。

后肢后方转位用扁绳系于后肢系部或跖部的下端，将绳经同侧后柱外方上行，自下而上、由内向外越过柱栏下方横木绕到后柱外侧，返回到保定肢的跖部，自跖内侧向跖外侧做一回转，牵引绳端，后肢即被提到同侧后柱的外侧，再用绳将该肢缠绕 1 ～ 2 圈，压于跟腱的上方。 柱栏内前、后肢转位保定适用于蹄底、系凹部及附关节后面的手术。

（6）倒卧保定。

① 单套绳倒马法：一般取一条长约 10 m 的粗圆绳，绳的一端套以铁环，于马颈的右侧颈基部系成单套结，铁环放在右侧。助手一人牵住马头，保定者持圆绳另一端行至马后部，绳置于两后肢之间，向后拉绳转回右侧，将绳的一端从马背上绕过，经腹下抽出，穿过铁环，此时向后推移背绳，经臀部下落到马左后肢的系部，保定者以脚蹬住右侧铁环处，用力拉绳使左后肢尽力前提的瞬间，保定者持绳端迅速经马的后部回旋到左侧，并把绳压在马的腰部，用力拉绳下压，与保定马头的助手密切协作，使马失去重心而向左侧卧倒。助手用麻袋垫上马头用力固定，保定者用力拉绳使肢前伸。将蹄拉到颈环绳铁圈处，然后把绳拧一活套，套在系部拉紧。再将绳穿过铁环拉出一个活套，套在另一后肢系部，再用力拉紧，使两蹄达同一位置，再做一活套置于系部拉紧。最后用绳余端缠上腰绳，固定两后肢跖部，使马半仰卧姿势固定。

②双侧绳倒马法：是最常用的倒马法之一，又称双抽筋倒马法，比较安全，也适用于牛。该法采用长约 10 m 的圆绳一根和长约 20 cm 的小木棍一根。在绳的正中处打一个双活结，将绳套绕到颈基部，接头处用两绳套互相套叠，用小木棍固定，绳的两端经两前肢间向后牵引，分别经两后肢内侧向外缠绕系部一周，并将原绳段缠绕一次，分别从同

侧颈部绳圈内绕出，再向后牵引（图 1.17 和图 1.18）。此时由两人分别在马的左后方和右后方用力拉绳，另一人握持笼头保定马头，马即呈后坐姿势自然卧倒。

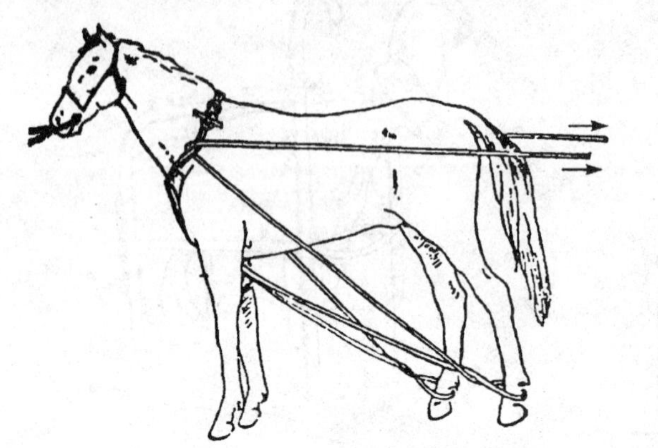

图 1.17　双侧绳倒马法

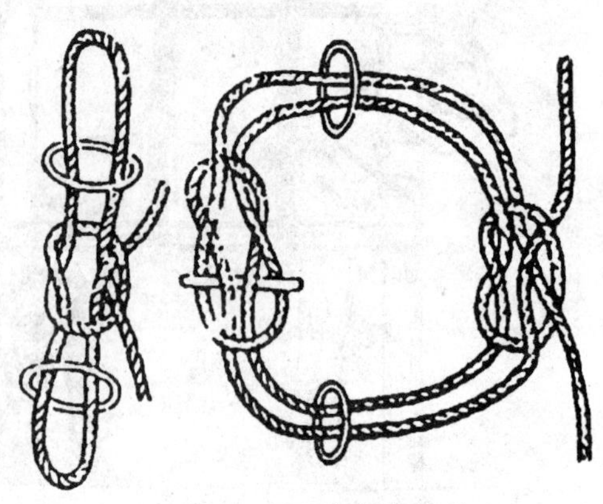

图 1.18　颈部绳套的结法

双侧绳倒马之后，可将系在上侧后肢的长绳后拉，使该肢转向前方，并将绳端由内侧绕过飞节上部交叉缠绕，最后打结缚于系部，以充分显露一侧腹股沟区（图 1.19）。此法适用于去势及直肠手术等。

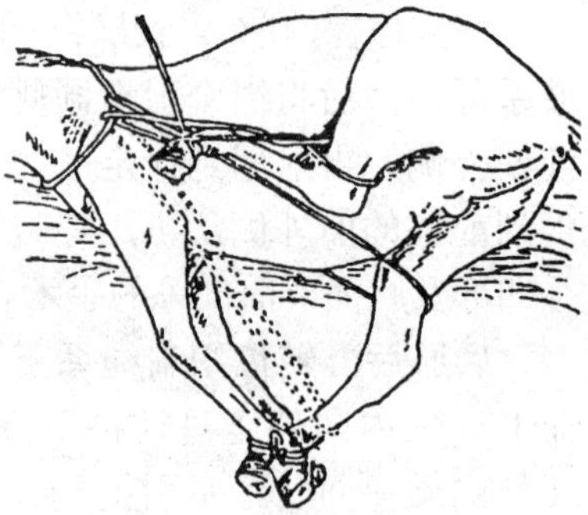

3．猪的保定　对性情温驯的猪无须保定，可就地利用墙根、墙角、缓和地等自然条件由其后方或侧方缓缓接近，即可实施诊疗。对性情凶暴、骚动不安的猪，用适当的保定方法。

图 1.19　显露一侧腹股沟区

（1）站立保定：对单个病猪进行检查时，可迅速抓提猪尾、猪耳或后肢，然后根据需要做进一步的保定。亦可用绳的一端做一活套或用鼻捻棒绳套，自鼻部下滑，套入上颌犬齿并勒紧或向一侧捻紧即可固定（图 1.20）。此法适用于检查体温、肌肉注射、灌药及一般临床检查等。

（2）提举保定：抓住猪的两耳迅速提举，使猪腹面朝前，并以膝部夹住胸部；也可抓住两后肢飞节并将其后肢提起，夹住背部而固定。抓耳提举适用于经口插入胃管或气管注射；后肢提举适用于腹腔注射及阴囊疝手术等（图 1.21）。

图 1.20　猪的站立保定

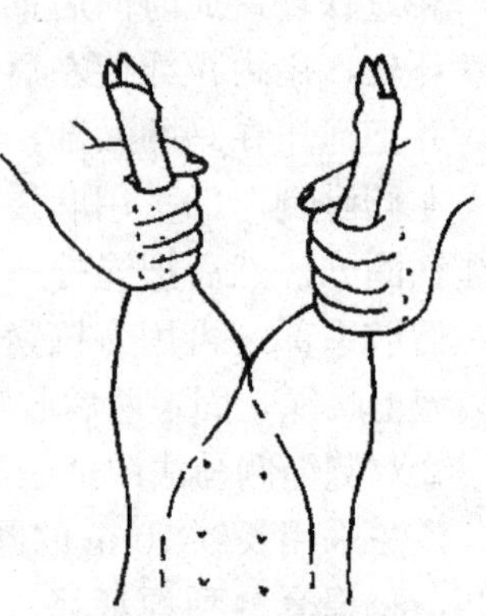

图 1.21　猪的提举保定

（3）网架保定：取两根较坚固的木棒（长 100 ～ 150 cm），按 60 ～ 75 cm 的宽度，用绳织成网床（图 1.22）。将网架放于地上，把猪赶至网架上，随即抬起网架，使猪的四肢落入网孔，并离开地面即可保定。此法主要用于一般临床检查、耳静脉注射及针刺等。

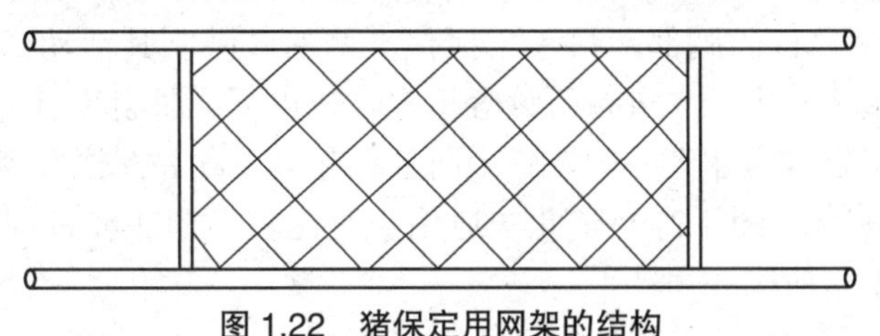

图 1.22　猪保定用网架的结构

（4）保定架保定：将猪放于特制的活动保定架或适宜的木槽内，使其呈仰卧姿势，然后固定四肢或行背位保定（图 1.23）。此法适用于前腔静脉注射、腹部手术及一般临床检查等。

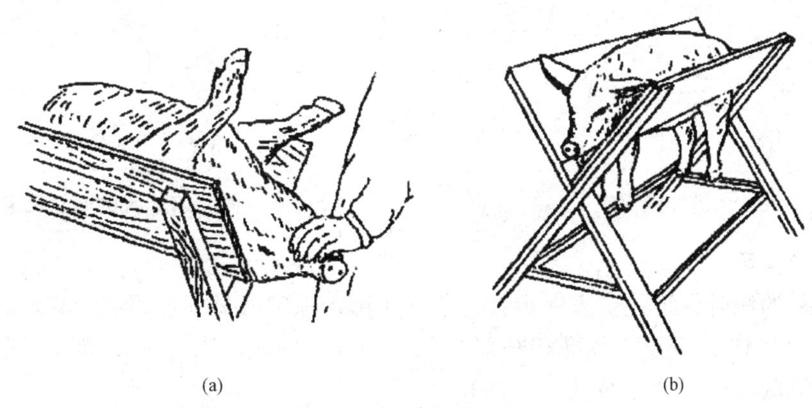

(a)　(b)

图 1.23　猪的保定架保定

4．羊的保定

（1）站立保定：保定者两手握住羊的两角或两耳，骑跨羊身，以大腿内侧夹持羊两侧胸壁即可保定。此法适用于一般临床检查或简单治疗（图 1.24）。

（2）倒卧保定：保定者俯身从对侧一手抓住两前肢系部或抓一前肢臂部，另一手抓住腹肋部膝襞处扳倒羊体，然后改抓两后肢系部，前后一起按住。此法适用于治疗或简单手术等（图 1.25）。

图 1.24　羊的站立保定

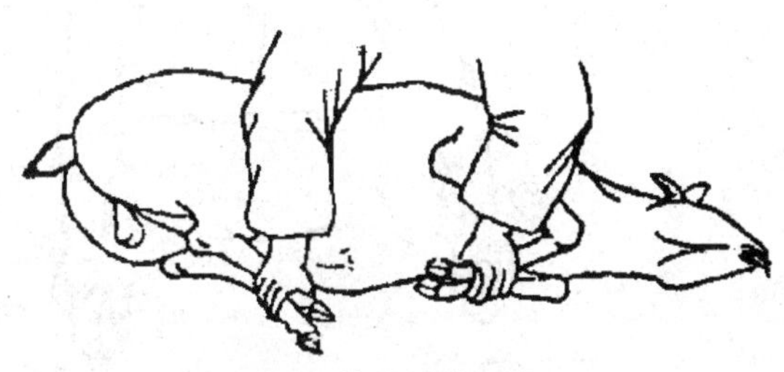

图 1.25　羊的倒卧保定

5．犬、猫的保定

（1）徒手保定。

①怀抱保定：保定者站在犬一侧，两只手臂分别放在犬胸前部和股后部将犬抱起，然后一手将犬头颈部紧贴自己胸部，另一手抓住犬两前肢限制其活动（图 1.26）。此法适用于对小型犬和幼龄犬、中型犬进行听诊等检查，或皮下、肌肉注射。

②站立保定：保定者蹲在犬一侧，一手向上托起犬下颌并捏住犬嘴，另一手臂经犬腰背部向外抓住外侧前肢（图 1.27）。此法适用于对比较温驯或经过训练的大、中型犬进行临床检查，或皮下、肌肉注射。

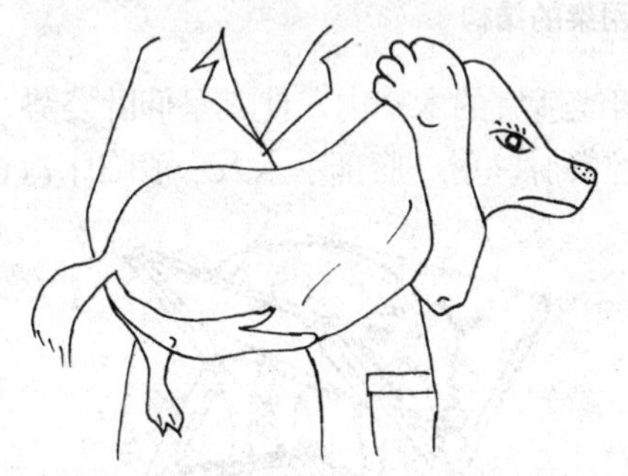

图 1.26　犬的怀抱保定

图 1.27　犬的站立保定

（2）倒卧保定。

①犬、猫的侧卧保定：主人保定犬、猫的头部，保定人员一边用温和的声音呼唤犬、猫，一边用手抓住其四肢的掌部和跖部，向一侧扳动四肢，犬、猫即侧卧于地，然后用细绳分别捆绑两前肢和两后肢（图 1.28）。

②犬、猫的俯卧保定：主人或保定人员一边用温和的声音呼唤犬、猫，一边用细绳或纱布条分别系于四肢球节上方，向前后拉紧细绳使四肢伸展，犬、猫即呈俯卧姿势，把头部用细绳或纱布条固定于手术台或桌面上，也可用毛巾缠绕颈部使头部相对固定。此法适用于静脉注射、耳修整术及一些局部处理。

③犬、猫的仰卧保定：按犬、猫的俯卧保定方法，将犬、猫的身体翻转仰卧，保定于手术台上。此法适用于腹腔及会阴等部的手术。

④倒提保定：保定者提起犬两后肢，使犬两前肢着地（图 1.29）。此法适用于犬的腹腔注射、腹股沟阴囊疝手术、直肠脱和子宫脱的整复等。

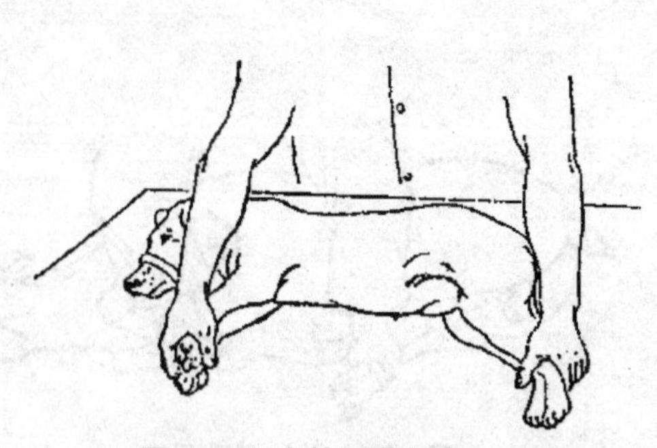

图 1.28　犬的侧卧保定

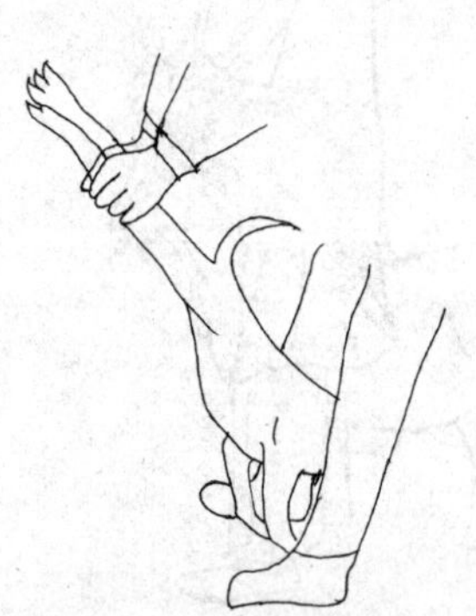

图 1.29　犬的倒提保定

（3）嵌口法（扎嘴保定法、绷带保定法）：取 1 m 左右的绷带条，在绷带中间打一活结圈套（猪蹄结），将圈套从鼻端套至犬鼻背中间（结应在下颌下方），然后拉紧圈套，使绷带条的两端在口角两侧向头背两侧延伸，在两耳后打结（图 1.30）。

（4）嘴笼保定法：嘴笼有皮革制嘴笼和铁丝嘴笼之分。嘴笼的规格按犬的个体大小划分，有大、中、小三种，选择合适的嘴笼给犬戴上并系牢（图 1.31）。保定人员抓住犬的脖圈，防止其将嘴笼抓掉。

图 1.30　犬、猫的扎嘴保定

图 1.31　嘴笼保定法

（5）颈圈保定法：商品化的宠物颈圈是由坚韧且有弹性的塑料薄板制成。使用时将其围成圆环套在犬、猫颈部，然后利用上面的扣带将其固定（图 1.32）。此法多用于限制犬、猫回头舔咬躯干或四肢的术部，以免再次受损，有利于创口愈合。

（6）颈钳保定法：主要用于凶猛咬人的犬。颈钳柄长 1 m 左右，钳端为两个半圆形钳嘴，使之恰好能套入犬的颈部。保定时，保定人员抓住钳柄，张开钳嘴将犬颈部套入后再合拢钳嘴，以限制犬头的活动（图 1.33）。

图 1.32　猫的颈圈保定

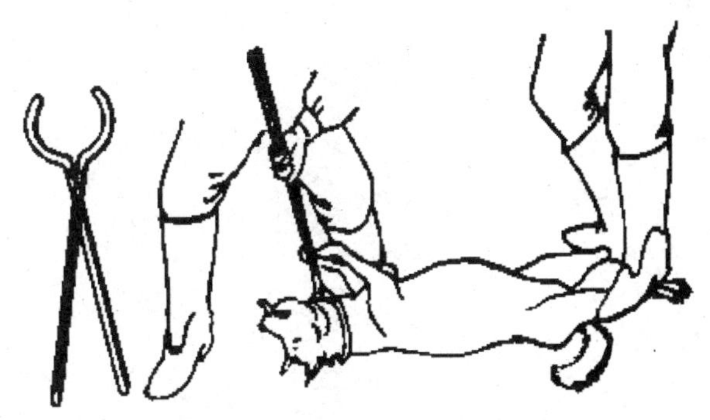

图 1.33　颈钳保定法

课堂练习：

学生每人准备一根长 1 m 左右的绳子，练习常用的绳结法，在规定时间内完成打结任务。

讨论：

1. 除了上述保定方法外，是否还有其他保定方法？
2. 根据农村的自然条件设计一种或几种猪的保定方法。

思考与练习

1. 简述动物的接近方法及注意事项。
2. 简述不同动物的保定方法及注意事项。

项目二　临床检查的基本方法

项目目标

熟悉兽医临床检查基本方法，能利用这些方法获取有价值的诊断信息，并通过鉴别或论证诊断得出初步诊断结果。

任务1　临床检查基本方法

【任务目标】

知识：了解临床诊断的基本程序；掌握问诊、视诊、触诊、叩诊、听诊、嗅诊的方法及注意事项。

技能：能按照操作规程熟练进行一般临床检查，并获取有价值的诊断信息。

素质：能有条理地、全面地进行检查；语言要通俗，态度要和蔼，以便得到很好的配合；正确、温柔地进行检查。

【任务实施】

为了发现和搜集作为诊断根据的症状和资料，需对患病动物进行客观检查。以诊断为目的，应用于临床实际的各种检查方法，称为临床检查法。临床检查法主要包括：问诊、视诊、触诊、叩诊、听诊和嗅诊。

一、问诊

问诊是向畜主或饲养人员调查、了解病畜或畜群发病情况和经过。

（一）方法

问诊采用交谈和启发式询问方法。一般在着手检查病畜之前进行，也可边检查边询问，以便尽可能全面地了解发病情况及经过。

（二）内容

问诊内容主要包括现病史、既往病史及饲养管理、使役情况等。

1．现病史　指本次发病情况及经过。

（1）动物的来源及饲养期限：若是刚从外地购回者，应考虑是否带来传染病、地方病或由于应激所致。

（2）发病时间：包括饲前或喂后、使役中或休息时、舍饲或放牧中、清晨或夜间、产前或产后等，借以估计致病的可能原因。

（3）病后表现：主要包括病畜的饮食欲，是否呕吐及呕吐物性状，精神状态，排粪、排尿状态及粪、尿性状变化，有无咳嗽、气喘、流鼻液、腹痛不安、跛行表现，奶牛和奶山羊要考虑泌乳量和乳汁物理性状有无改变等，可作为确定检查的方向和重点参考依据。

（4）发病经过及诊治情况：目前与开始发病时疾病程度的比较；症状的变化，如又出现了什么新的症状或原有的什么症状消失；病后是否进行过治疗，用何药物及效果如何，曾诊断为何病；从开始发病到现时病情有何变化等，借以推断病势进展，也可作为确定诊断和用药的参考。

（5）畜主所能估计到的发病原因：如饲喂不当、使役过度、受凉、被其他外因所致伤等。

（6）畜群发病情况：同群或附近地区有无类似疾病的发生或流行，从而推断是否为传染病、寄生虫病、营养缺乏或代谢障碍病、中毒病等。

2．既往病史

（1）以往发病情况：该动物过去有无类似疾病的发生，诊断结果如何，用药情况及效果如何。对于普通病，动物往往易复发或习惯性发生，如果有类似疾病的发生，对诊断和治疗大有帮助。

（2）疾病预防情况：是否发生过流行病，如何治疗；免疫接种的疫苗种类、生产厂家、接种日期和方法、免疫程序等，周边同种动物接种情况。通过对疾病预防情况的了解，可以掌握该动物对某种或某些流行病的免疫能力，避免误诊。

3．饲养管理、使役情况　重点了解饲料的种类、数量、质量、配方、加工情况和饲喂制度，以及畜舍卫生和环境条件、使役情况、生产性能等。

（1）饲料日粮的种类、数量、质量和饲喂制度与方法：饲料品质不良与日粮配合不当，经常是营养不良、代谢性疾病发生的根本原因。饲料中缺乏钙、磷或钙、磷比例失调常常是奶牛骨质软化症的发病原因；长期饲喂劣质粗硬难以消化的草料，常常引起奶牛前胃弛缓或其他前胃疾病；饲喂发霉、变质或保管不当而混入毒物，加工或调制方法失误的饲料，有造成饲料中毒的可能；在放牧条件下，应重点了解牧地与牧草的组成情况；饲料与饲养制度的突然改变，又常常引起牛的前胃疾病、猪的便秘与下痢等。

（2）畜舍卫生和环境条件：光照，湿度，通风，保暖，废物排除，设备，畜床与垫草、畜栏设置，运动场、牧地情况，以及附近“三废”（废气、废水及废渣）的污染和处理情况。

（3）动物使役情况及生产性能：对动物过度使役、运动不足等，也可能是致病因素。如短期休闲后剧烈运动可促进肌红蛋白尿的发生；奶牛产后立即过度取乳汁易发生产后瘫痪；运动不足可诱发多种疾病。

由此可见，问诊的内容十分广泛，要根据病畜的具体情况适当加以选择和增减。问诊的顺序也应依实际情况灵活掌握，可先问诊后检查，也可边检查边询问。

二、视诊

视诊是通过肉眼或借助于简单器械（如额镜等）观察动物的各种外在表现来判断动物是否正常。视诊时，要结合问诊得到的线索有目的、有重点地进行。

（一）方法

1. 个体视诊　检查者一般应与病畜保持 2 ～ 3 m 的距离，先观察全貌，而后由前向后，从左到右，依次观察病畜的头、颈、胸、腹、脊柱、四肢。当观察到正后方时，应注意尾、肛门及会阴部，并对照观察两侧胸、腹部及臀部的状态和对称性，再从右侧观察到前方。最后可进行适当牵遛，观察其运步状态。

2. 群体视诊　可深入畜群进行巡视，注意发现精神沉郁、离群呆立或卧地不起、饮食异常、腹泻、咳嗽、喘息及被毛粗乱无光、消瘦衰弱的病畜，并从畜群中挑出做进一步的个体检查。

（二）应用范围

（1）观察其整体状态，如体格大小、发育程度、营养状况、躯体结构、胸腹及肢体的匀称性等。

（2）判断其精神及体态、姿势与运动、行为，如精神沉郁或兴奋，静止时的姿势改变或运动中步态的变化，是否腹痛不安，运步强拘或强迫运动等异常行为。

（3）发现其表被组织的病变，包括被毛状态，皮肤及黏膜颜色及特性，体表创伤、溃疡、疹疱、肿物等病变的位置、大小、形状及特征。

（4）观察有无某些生理活动异常，如呼吸动作有无喘息、咳嗽；采食、咀嚼、吞咽、反刍等消化活动有无呕吐、腹泻；排粪、排尿姿势及粪便、尿液数量、性状与混合物等。

（5）检查某些与外界直通的体腔的状况，如口腔、鼻腔、咽喉、阴道等。注意其黏膜的颜色改变及完整性的破坏，并确定其分泌物或排泄物的数量、性状及其混合物。

三、触诊

触诊是用手或借助于探管、探针等检查器具对被检部位组织、器官进行触压和感觉，以判断其有无病理变化。

（一）方法

1. 外部触诊法　分为浅表触诊法和深部触诊法。

（1）浅表触诊法：适用于检查躯体浅表组织器官。按检查目的和对象的不同，可采用不同的手法，如检查皮肤温度、湿度时，将手掌或手背贴于体表，不加按压而轻轻滑动，依次进行感触；检查皮肤弹性或厚度时，用手指捏皱皮肤并提举检查；检查淋巴结等皮下器官的表面状况、移动性、形状、大小、软硬及压痛时，可用手指加压滑推检查。

（2）深部触诊法：从外部检查内脏器官的位置、形状、大小、活动性、内容物及有无压痛。

①双手按压触诊法：从病变部位的左右或上下两侧同时用双手加压，逐渐缩短两手间的距离，以感知小动物或幼畜内脏器官、腹腔肿瘤和积粪团块。如对小动物腹腔双手按压感知有香肠状物体时，可疑为肠套叠；当小动物发生肠阻塞时，可触摸到阻塞的肠段等。

②插入触诊法：以并拢的 2 ～ 3 根手指，沿一定部位插入或切入触压，以感知内部器官的性状。此法适用于肝、脾、肾脏的外部触诊检查。

③冲击触诊法：用拳或并拢垂直的手指，急促而强力地冲击被检查部位，以感知腹腔深部器官的性状与腹腔积液状态。此法适用于腹腔积液及网胃、瘤胃、皱胃内容物性状的判定（图 1.34 和图 1.35）。如腹腔积液时，可呈现荡水音或击水音。

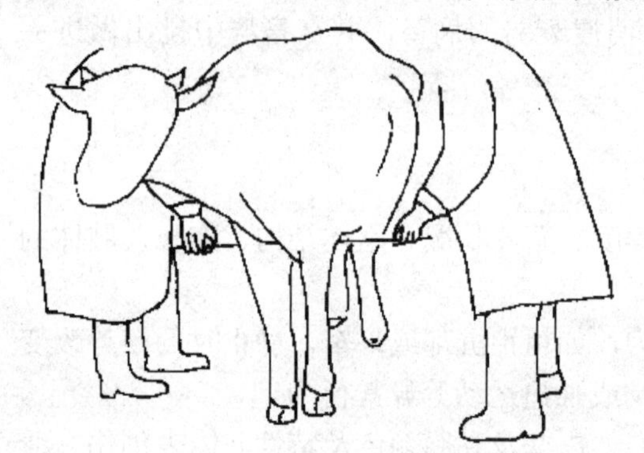

图 1.34　牛网胃“二人抬杠”触诊

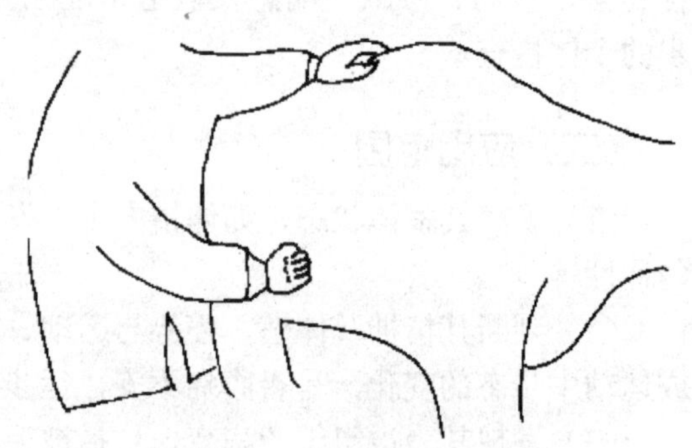

图 1.35　牛瘤胃触诊区检查

2．内部触诊法　包括大动物的直肠检查以及对食道、尿道等器官的探诊检查。当食道或尿道阻塞时，探管无法进入；当有炎症时，动物则表现敏感不安。

（二）应用范围

触诊一般适用于检查动物体表状态，如皮肤的温度、湿度、弹性、皮下组织状态及浅表淋巴结；检查动物某一部位的感受能力及敏感性，如胸壁、网胃及肾区疼痛反应及各种感觉机能和反射机能；感知某些器官的活动情况，如心搏动、瘤胃蠕动及脉搏；检查腹腔内器官的位置、大小、形状及内容物状态。

（三）触感

由于触诊部位组织、器官的结构特点不同，产生的触感也不一样：

1．捏粉样感　如压面团样，指压留痕，除去压迫后慢慢复平，是组织中发生浆液浸润或胃肠内容物积滞所致。常见于皮下水肿、瘤胃积食等。

2．波动感　柔软而有弹性，指压不留痕，进行间歇压迫时有波动感，为组织间有液体潴留的表现。常见于血肿、脓肿、淋巴外渗等。

3．坚实感　坚实致密，硬度如肝。常见于组织间发生细胞浸润（如蜂窝织炎）或结缔组织增生。

4．硬固感　感觉坚硬如骨。多见于骨瘤。

5．气肿感　感觉柔软而稍有弹性，触压见有气体向邻近组织窜动，同时可听到捻发音，为组织间有气体积聚的表现。常见于皮下气肿、气肿疽。

四、叩诊

叩诊是叩击动物体表某一部位，使之发生振动并产生声音，根据所产生音响的特性来推断被检组织、器官的状态及病理变化（图 1.36）。

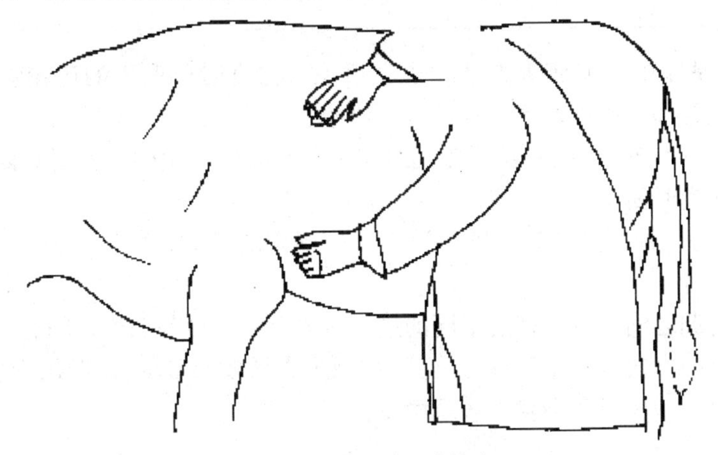

图 1.36　牛心脏叩诊检查

（一）方法

1．直接叩诊法　是用手指或叩诊槌直接叩击被检部位，以判断病理变化。

2．间接叩诊法　是在被检部位先放一振动能力较强的附加物（如手指或叩诊板等），然后向附加物叩击检查。又可分为指指叩诊法和槌板叩诊法。

（1）指指叩诊法：将左手中指平放于被检部位，右手中指或食指的第二指关节处呈 90° 屈曲，并以腕力垂直叩击平放于体表手指的第二指节处。此法适用于中、小动物的叩诊检查。

（2）槌板叩诊法：通常以左手持叩诊板，平放于被检部位，用右手持叩诊槌，以腕力垂直叩击叩诊板。此法适用于大动物的叩诊检查。

（二）应用范围

叩诊多用于胸、肺部及心脏、副鼻窦的检查；也用于腹腔器官，如肠臌气和瘤胃臌气的检查。

（三）叩诊音

由于被叩诊部位及其周围组织、器官的弹性、含气量不同，叩诊时常可呈现下列三种基本的叩诊音。三种基本叩诊音的特性比较见表 1.1。

表 1.1 三种基本叩诊音的特性比较

声音的特性	基本叩诊音		
	清音	浊音	鼓音
强度	强	弱	强
持续时间	长	短	长
高度	低	高	低或高
音色	非鼓性	非鼓性	鼓性

1．清音　是叩击具有较大弹性和含气组织、器官时所产生的比较强大而清晰的音响，如同叩诊正常肺区中部所产生的声音。

2．浊音　是叩击柔软致密及不含气组织、器官时所产生的一种弱小而钝浊的音响，如同叩诊臀部肌肉时所产生的声音。

3．鼓音　是一种音调比较高朗、振动比较规则的音响，如同叩击正常牛瘤胃上 1/3 部时所产生的声音。

三种基本音调之间，可有程度不同的过渡阶段，如清音与浊音之间有半浊音；当肺、胃肠等含气器官的含气量发生病理性改变（如减少或增多）或胸、腹腔出现病理性产物（如积液或积气）时，叩诊音也会发生病理性变化。

五、听诊

听诊是听取体内某些器官机能活动所产生的声音，借以判断其病理变化。

（一）方法

1．直接听诊法　在听诊部位先放置听诊布，而后将耳直接贴于被检部位听诊。此法的优点是所得声音真切，但不方便（图 1.37）。

2．间接听诊法　借助于听诊器进行听诊（图 1.38）。

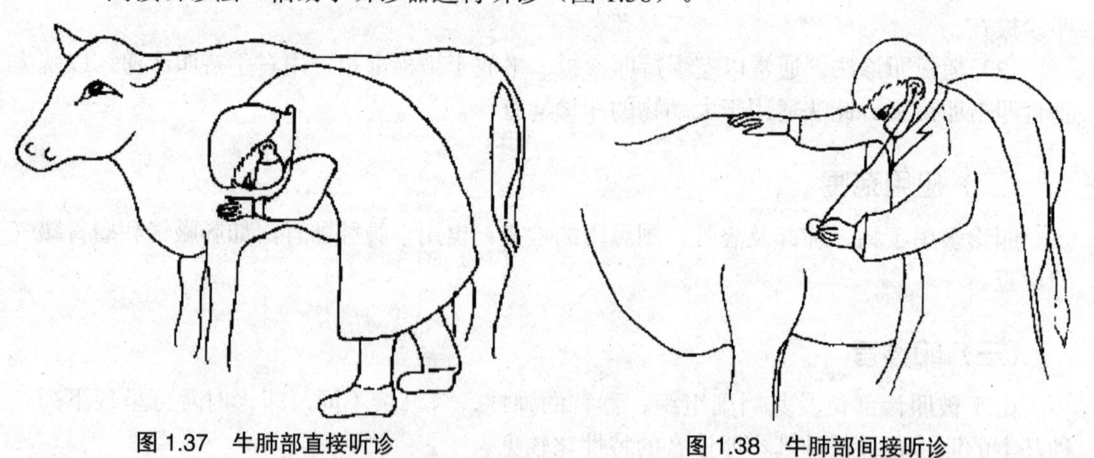

图 1.37　牛肺部直接听诊　　图 1.38　牛肺部间接听诊

（二）应用范围

主要用于心、肺、胃、肠的检查以及咳嗽、磨牙、呻吟、气喘等的检查。

（1）心脏血管系统，主要听取心音，判定心音的频率、强度、性质、节律，以及是否有附加的心杂音。

（2）呼吸系统，主要听取呼吸音，如喉、气管及肺泡呼吸音；附加的如胸膜摩擦音等。

（3）消化系统，主要听取胃肠蠕动音，判定其频率、强度及性质以及当腹腔积液、瘤胃或真胃积液时的排水音。

六、嗅诊

嗅诊是嗅闻、辨别动物呼出气、口腔气味以及病畜排泄物、分泌物及其他病理产物等有无异常气味。来自病畜皮肤、黏膜、呼吸道、胃肠道、呕吐物、排泄物、分泌物、脓液和血液等的气味，根据疾病的不同，其特点和性质也不一样。例如病畜呼出气体及鼻液有特殊腐败臭味，多提示呼吸道及肺脏有坏疽性病变；呕吐物出现粪便味，可见于长期剧烈呕吐或肠结石；尿液及呼出气息有烂苹果味，提示牛、羊患有酮尿症；阴道分泌物的化脓、腐败臭味，可见于子宫蓄脓症或胎衣滞留；尿呈浓烈氨味，见于膀胱炎或尿毒症，是尿液在膀胱内被细菌发酵所致等。

讨论：

临床诊疗中对于疑似胸腔疾病的诊断用哪种诊断方法比较合理？

任务 2　临床诊断的程序

【任务目标】

知识：掌握临床诊断的内容及程序。

技能：能对病畜进行正确而详尽的病历记录。

素质：能客观记录检查结果，不夸大、不加工。

【任务实施】

一、病畜登记

病畜登记包括动物种类、品种、性别、年龄、个体特征（如畜名、畜号、毛色、烙印等），以及畜主姓名、住址、单位及临诊时间等内容。

二、病史调查

病史检查包括现病史及既往病史的调查。主要通过问诊进行了解，必要时需深入现场进行流行病学调查。

三、临床检查

现症检查包括一般检查、系统检查及实验室检验或特殊检查。最后综合分析前述检查结果，建立初步诊断，并拟定治疗方案，予以实施，以验证和充实诊断，直至获得确切的诊断结果。

四、病历记录及其填写方法

1．病历格式见表 1.2。

表 1.2　病历格式

年　　月　　日　　门诊编号

<table>
<tr><td>畜主</td><td colspan="2"></td><td>住址</td><td colspan="2"></td><td colspan="2">联系方法</td><td colspan="2"></td></tr>
<tr><td>畜种</td><td></td><td>年龄</td><td></td><td>性别</td><td></td><td>毛色</td><td></td><td>特征</td><td></td></tr>
<tr><td rowspan="2">诊断</td><td colspan="3">月　日</td><td rowspan="2">转归</td><td colspan="3">月　日</td><td rowspan="2">兽医师签名</td><td rowspan="2"></td></tr>
<tr><td colspan="3">月　日</td><td colspan="3">月　日</td></tr>
<tr><td colspan="10">主诉及病史：</td></tr>
<tr><td colspan="10">检查所见：　体温（℃）　脉搏（次 /min）　呼吸（次 /min）</td></tr>
<tr><td colspan="10"></td></tr>
<tr><td colspan="2">月　日</td><td colspan="5">检查所见及处置</td><td colspan="3">兽医师签名</td></tr>
<tr><td colspan="2"></td><td colspan="5"></td><td colspan="3"></td></tr>
<tr><td colspan="2">分析</td><td colspan="8"></td></tr>
<tr><td colspan="2">治疗及护理</td><td colspan="8"></td></tr>
<tr><td colspan="2">小结</td><td colspan="8"></td></tr>
</table>

2．病历日志

（1）逐日记载体温、脉搏、呼吸次数。

（2）各器官系统症状、变化。

（3）各种辅助、特殊检查结果。

(4) 治疗原则、方法、处方、护理，以及改善饲养管理方面的措施。
(5) 会诊人员、意见及决定。

课堂练习：

以一实验动物或门诊动物为例，在教师的指导下完成病历记录。

任务3 建立诊断的方法及原则

【任务目标】

知识：掌握建立诊断的方法与步骤。
技能：能对病畜进行诊断并得出初步诊断结果。
素质：用辩证唯物主义的观点诊断疾病，细心、耐心。

【任务实施】

一、症状、诊断及预后

(一) 症状

动物患病时，由于受到病原因素的作用，细胞内分子结构发生改变，使组织、器官的形态结构发生变化和机能发生紊乱而呈现出异常表现。

1．全身症状与局部症状　全身症状一般指动物机体对致病因素的刺激所呈现的全身性反应，如体温升高、脉搏和呼吸加快、精神沉郁、食欲减退等。动物患病后，常在其主要的受害组织或器官表现出明显的局部反应，称为局部症状。如呼吸器官疾病所表现的鼻液、咳嗽、胸部听诊的变化等。

2．主要症状与次要症状　主要症状是指对疾病诊断有决定意义的症状，如心内膜炎时，常常表现出心搏动增强，脉搏加快，呼吸困难，大循环瘀血的症状及心内杂音等，其中只有心内杂音才是很有分量的确诊依据，即为主要症状，其他那些症状，相对来说属于次要症状。

3．典型症状与示病症状　典型症状是指能反映疾病特征的症状，也就是特殊症状，如大叶性肺炎时肺部叩诊呈现的大片浊音区。示病症状是指据此就能建立诊断的症状，如三尖瓣闭锁不全时的阳性颈静脉波动。

4．固定症状与偶然症状　在整个疾病过程中必然出现的症状，称为固定症状；在特殊条件下才能出现的症状，称为偶然症状。如患消化不良，必然会出现食欲减退，有舌苔，粪便性状发生改变，这些属于固定症状；只有当十二指肠发生炎症，使胆管开口处黏膜肿胀，阻碍胆汁排出时，才可能发生轻度黄疸，所以消化不良过程的黄疸表现，就属于偶然症状。

5．前驱症状与后遗症状　某些疾病的初期阶段，在主要症状尚未出现以前，最早出现的症状，称为前驱症状，或称早期症状，例如异食癖是幼畜矿物质代谢障碍的先兆。前驱症状的出现，提示某种疾病的可能，特别是对群发病如传染病、代谢病的防治，有更积极和主动的实际意义，例如在受霉形体肺炎威胁的猪场注意咳嗽的发生，就是要根据早期症状，及时发现疫情，便于采取防治对策。当原发病已基本恢复，而遗留下的某些不正常现象，称为后遗症状或后遗症，如关节炎治愈后遗留下的关节畸形。

6．综合症状　在许多疾病发生过程中，有一些症状不是单独孤立地出现，而是有规律地同时或按一定次序出现，把这些症状概括称为综合症状，如肾脏疾病时的蛋白尿、水肿、高血压、左心室肥大、主动脉第二心音加强及尿毒症等，称为肾脏病的综合症状。综合症状大多数包括了某一疾病的主要的、固定的和典型的症状，因此对疾病诊断和预后的判断具有重要意义。

（二）诊断

诊断就是诊察、认识、判断和鉴别疾病的过程，是对动物的健康状态和疾病所提出的概括性论断。按照诊断所表达的内容不同，可以分为下列几种。

1．症状学诊断　以主要症状而命名，如贫血、腹泻、便秘等。

2．病原学诊断　可以阐明致病原因，如猪瘟、维生素 A 缺乏症等。

3．病理学诊断　以病理变化的特征（肉眼及组织学检查）而命名，如小叶性肺炎、纤维素性坏死性肠炎等。

4．机能诊断　以症状学诊断为基础，采取特殊方法以证明某一器官的机能状态的诊断，如根据血中酶的活性了解肝脏机能，根据心电图了解心脏机能。

5．发病学诊断　是阐明发病原理的诊断，如自体免疫性溶血性贫血、过敏性休克等。

6．治疗性诊断　按设想的疾病进行试验性治疗，如病情好转或得到治愈而终于确诊，称为治疗性诊断。

（三）预后

预后是对病畜所患疾病的发展前途的可能性结局的推断与估计。其一般分为以下几种：

1．预后良好　动物能完全恢复，保留生产能力。

2．预后不良　动物可能死亡，或不能完全恢复，生产能力降低或丧失。

3．预后可疑　由于病情正处在转化阶段，或材料不充分，一时尚不能得出肯定结论。

二、建立诊断的步骤及方法

（一）建立诊断的步骤

1．搜集资料　通过病史调查、一般检查和系统检查，并根据需要进行必要的实验室检验或 X 线检查，系统全面地收集症状和有关发病经过资料。

2．综合分析　对所收集到的症状、资料进行综合分析、推理、判断，初步确定病变部位、疾病性质、致病原因及发病机理，建立初步诊断。

3．验证诊断　依据初步诊断实施防治，根据防治效果来验证诊断，并对诊断给予补充和修改，最后对疾病做出确切诊断。

三者互相联系，相辅相成，缺一不可。其中搜集症状是认识疾病的基础，分析症状是建立初步诊断的关键，而实施防治、观察效果则是验证和完善诊断的必由之路。

（二）建立诊断的方法

1．论证诊断法　根据可以反映某疾病本质的特有症状提出该病的假定诊断，并将实际所具有的症状、资料与假定的疾病加以比较和分析，若大部分主要症状及条件都相符合，所有现象和变化均可用该病予以解释，则这一诊断即可成立。

论证诊断是以丰富而确切的病史、症状资料为基础，但同一疾病的不同类型、程度或时期，所表现的症状不尽相同，而动物的种类、品种、年龄、性别及个体的营养条件和反应能力不一，也会使其呈现的症状发生差异，所以论证诊断时，不能机械地对照书本或只凭经验而主观臆断，应具体情况具体分析。

2．鉴别诊断法　根据某一个或某几个主要症状提出一组可能的、相近似的而有待区别的疾病，并将它们从病因、症状、发病经过等方面进行分析和比较，采用排除法逐渐排除可能性较小的疾病，最后留下一个或几个可能性较大的疾病，作为初步诊断结果，并根据治疗实践的验证，最后做出确切诊断。

课堂练习：

由老师说出一组症状，学生分析可能患有的疾病，然后老师进行讲解。

思考与练习

1．临床检查的基本方法有哪些？临床检查的基本程序有哪些？

2．建立诊断的步骤及方法有哪些？

3．直接叩诊、间接叩诊适用于临床检查的哪些方面？叩诊音包括哪些？

项目三　一般临床检查

熟悉一般临床检查的方法，并能利用这些方法获取有价值的诊断信息。

一般临床检查是对病畜进行临床诊断的初步阶段。通过检查可以了解病畜全貌，并可发现疾病的某些重要症状，为进一步的系统检查提供线索。其主要应用视诊和触诊的方法进行。检查内容主要包括整体状态观察，被毛及皮肤检查，眼结膜检查，浅表淋巴结检查，体温、脉搏及呼吸数测定等。

任务1　整体状态观察

【任务目标】

知识：掌握整体状态观察的内容及临床意义。

技能：能正确分析整体状态的临床意义与疾病本质的关系并进行初步诊断。

素质：细心、耐心、全面检查；保护自身安全；用辩证唯物主义理论的观点观察动物。

【任务实施】

一、精神状态检查

精神状态检查可根据动物对外界刺激的反应能力及其行为表现而判定。主要观察病畜的行为、面部表现和眼耳动作。健康动物两眼有神，反应敏捷，动作灵活，行为正常。如表现过度兴奋或抑制，则表示中枢神经机能紊乱。

1．兴奋状态　病畜呈现惊恐不安、前冲后撞、竖耳刨地，甚至攀登饲槽。牛暴眼怒视、不时哞叫甚至攻击人畜；猪有时伴有癫痫样动作。主要见于脑及脑膜炎症、日射病与热射病以及某些中毒病等。犬出现典型的狂躁行为是狂犬病的特征。

2．抑制状态　病畜精神沉郁，重则嗜睡，甚至呈现昏迷状态。沉郁时可见离群呆立，萎靡不振，头低耳耷，对刺激反应迟钝。猪多表现为独立一隅或钻入垫草；鸡常缩颈闭眼，两翅下垂。主要见于各种热性病、消耗性疾病和衰竭性疾病。

二、营养状况检查

营养状况检查主要根据肌肉的丰满程度、皮下脂肪的蓄积量及被毛的状态和光泽判定。可将动物的营养分为营养良好、营养中等和营养不良三级。

1. 营养良好　动物肌肉丰满、皮下脂肪充盈，结构匀称、骨不显露、皮肤富有弹性，被毛有光泽。

2. 营养不良　动物消瘦、毛焦肷吊、皮肤松弛缺乏弹性、骨骼显露明显。常见于消化不良、长期腹泻、代谢障碍以及某些慢性传染病和寄生虫病（如结核、鼻疽及肝片形吸虫病等）。

3. 营养中等　表现介于上述两者之间。

三、姿势与步态

健康动物的自然姿态，各有其不同的特点。如猪食后喜卧，生人接触时即迅速起立；牛站立时常低头，饲喂后四肢集于腹下而伏卧，起立时先起后肢。临床上常见异常姿势有：

1. 强迫姿势　其特征为头颈平伸，背腰僵硬，四肢僵直，尾根举起，呈典型的木马样姿势，多见于破伤风（图 1.39）。

2. 异常站立　如单肢疼痛则患肢提起，不愿负重；两前肢疾病则两后肢极力前伸；两后肢疼痛则两前肢极力后移，以减轻病肢负重，多见于蹄叶炎。风湿症时，四肢常频频交替负重，站立困难。鸡两腿前后叉开，则为马立克氏病的表现（图 1.40）。

图 1.39　木马样姿势

3. 站立不稳　躯体歪斜，倚靠墙壁站立，常见于脑病或中毒。鸡扭头曲颈，可见于鸡新城疫、维生素 B_1 缺乏等（图 1.41）。

图 1.40　鸡马立克氏病“劈叉”姿势

图 1.41　鸡维生素 B_1 缺乏——“观星症”

4. 骚动不安　常为腹痛病的特有症状。

5. 异常躺卧　病畜躺卧不能站立，常见于奶牛生产瘫痪（图 1.42）、佝偻病（图 1.43）的后期、仔猪低血糖病等；后躯瘫痪见于脊髓损伤、肌麻痹等。

图 1.42　奶牛生产瘫痪

图 1.43　猪的佝偻病瘫痪姿势

6. 运步异常　病畜呈现跛行，常见于四肢病，如蹄病、牛肩胛骨移位、习惯性髌骨脱位；步态不稳多为脑病或中毒，也可见于垂危病畜。

任务 2　被毛及皮肤检查

【任务目标】

知识：掌握被毛及皮肤检查的内容与方法及临床意义。

技能：能正确辨别被毛及皮肤的病理变化及临床意义与疾病本质的关系并进行初步诊断。

素质：细心、耐心、全面检查；保护自身安全；不粗暴对待动物。

【任务实施】

一、被毛检查

1. 检查内容与方法　主要采用视诊和触诊。主要观察毛、羽的清洁、光泽及脱落情况。健康动物的被毛平顺而富有光泽，每年于春、秋两季脱换新毛。

2. 临床意义　被毛松乱、失去光泽、容易脱落，见于营养不良、某些寄生虫病、慢性传染病。局部被毛脱落，可见于湿疹、疥癣、脱毛癣等皮肤病。鸡的啄羽症脱毛，多为代谢紊乱和营养缺乏所致。

二、皮肤检查

1. 颜色　主要对浅色猪检查有重要意义。猪皮肤上出现小出血点，常见于败血性传染病，如猪瘟；出现较大的红色疹块，见于疹块型猪丹毒；皮肤呈青白或蓝紫色，见于猪亚硝酸盐中毒；仔猪耳尖、鼻盘发绀，常见于仔猪副伤寒和猪繁殖与呼吸综合征。

2. 温度　常用手背触诊。对猪可检查耳及鼻端；牛、羊检查鼻镜，正常鼻镜发凉，角根基部有温感；禽可检查肉髯及两足。全身皮温增高，常见于发热性疾病，如猪瘟、猪丹毒等；局限性皮温增高是局部炎症的结果。全身皮温降低见于衰竭症、大失血及牛产后瘫痪；局部皮肤发凉，可见于该部水肿或神经麻痹；皮温不均，可见于心力衰竭及虚脱。

3. 湿度　皮肤的湿度与汗腺分泌有关。除因气温过高、湿度过大或运动所致的出汗增多之外，多属于病态。临床上表现为全身性和局部性湿度过大（多汗）。全身性多汗，常见于热性病、日射病与热射病，以及剧痛性疾病、内脏破裂；局部性多汗多为局部病变或神经机能失调的结果。皮肤干燥见于脱水性疾病，如严重腹泻时。

4. 弹性　检查皮肤的弹性时，是将颈侧或肩前（小动物在背部）皮肤提起使之成皱襞状，然后放开，观察其恢复原状的快慢。健康动物提起的皱襞很快恢复。皮肤弹性降低时，皱襞恢复很慢，多见于大失血、脱水、营养不良及疥癣、湿疹等慢性皮肤病。

5. 疹疱　是许多传染病和中毒病的早期症状，对疾病的早期诊断有一定意义，多由于毒素刺激或发生变态反应所致。按其发生的原因和形态不同可分为：

（1）斑疹：弥散性皮肤充血和出血的结果。用手指压迫，红色即退的斑疹，称为红斑，见于猪丹毒及日光敏感性疾病；小而呈粒状的红斑，称为蔷薇疹，见于绵羊痘；皮肤上呈现密集的出血性小点，称为红疹，指压红色不退，见于猪瘟及其他有出血性素质的疾病。

（2）丘疹：呈圆形的皮肤隆起，由小米粒到豌豆大，乃皮肤乳头层发生浸润所致。

（3）水疱：为豌豆大、内含透明浆液性液体的小疱，因内容物性质的不同，可分别呈淡黄色、淡红色或褐色。在口腔黏膜上及蹄裂间的急发性水疱，是牛、羊及猪口蹄疫的特征。患痘病时，水疱是其发病经过的一个阶段，其后转为脓疱。

（4）脓疱：为内含脓液的小疱，呈淡黄色或淡绿色。见于痘病、猪瘟及犬瘟热。

（5）荨麻疹：皮肤表面散在的鞭痕状隆起，由豌豆大至核桃大，表面平坦，常有剧痒，呈急发急散，不留任何痕迹。常由于接触荨麻而发生，故称荨麻疹。在动物受到昆虫刺蜇、突然变换高蛋白性饲料、消化不良，以及上呼吸道感染和媾疫等时，均可能出现荨麻疹。多由于变态反应引起毛细血管扩张及损伤而发生真皮或表皮水肿所致。

6. 皮肤及皮下组织肿胀　应用视诊观察肿胀部位的形态、大小，并用触诊判定其内容物性状、硬度、温度，以及可动性和敏感性等。临床上常见的肿胀有：

（1）皮下浮肿：特征为局部无热、无痛反应，指压如生面团并留指压痕（炎性肿胀则有明显的热痛反应，一般较硬，无指压痕）。皮下浮肿依发生原因主要分为营养性、肾性及心性浮肿。

猪眼睑或面部浮肿，常见于水肿病；牛、羊下颌浮肿可见于肝片形吸虫病；牛下颌或胸前浮肿，常见于创伤性心包炎；臀部、尾根、肛门、会阴等部浮肿，见于牛青杠叶中毒；雏鸡皮下浮肿可见于渗出性素质（如硒或维生素 E 缺乏），表现为腹下、胸下、腿内侧等部位皮下变为蓝绿或蓝紫色肿胀，触诊稍硬。

（2）皮下气肿：触诊时出现捻发音，颈、胸侧及肘后的串入性皮下气肿局部无热痛反应；牛、羊患气肿疽，局部有热痛反应，切开局部可流出带泡沫状腐败臭味液体；牛的颈侧皮下气肿，也可由于食管破裂后气体窜入皮下引起。

（4）脓肿、水肿及淋巴外渗：多呈圆形突起，触诊多有波动感，见于局部创伤或感染，穿刺抽取内容物即可予以鉴别。

（5）其他肿物。

①疝：对于可复性疝，用力触压病变部位时，疝内容物即可还纳入腹腔，并可摸到疝孔，如腹壁疝、脐疝、阴囊疝。

②体表局限性肿物：如触诊有坚实感，则可能为骨质增生、肿瘤、肿大的淋巴结；牛的下颌附近的坚实性肿物，则提示为放线菌病。

任务 3　眼结膜检查

【任务目标】

知识：掌握眼结膜检查的方法、病理改变及临床意义。

技能：能正确地根据眼结膜的颜色变化对疾病做出初步诊断。

素质：细心、耐心、全面检查；保护自身安全；不粗暴对待动物。

【任务实施】

一、检查方法

检查眼结膜时，着重观察其颜色，其次要注意有无肿胀和分泌物。眼结膜的检查方法因动物种类而不同。

图 1.44　牛眼结膜检查

1．牛眼结膜检查　用一手握住鼻中隔，并向检查人的方向牵引，另一手持同侧角，用力向外推，如此使头转向侧方，即可露出眼结膜。也可两手分别握住两角，将头向侧方扭转，进行眼结膜检查（图 1.44）。健康牛的眼结膜颜色呈淡粉红色。

2．羊、猪、犬等中小动物眼结膜检查　用两手的拇指打开上下眼睑进行检查。猪、羊的眼结膜颜色较牛的稍深，并带灰

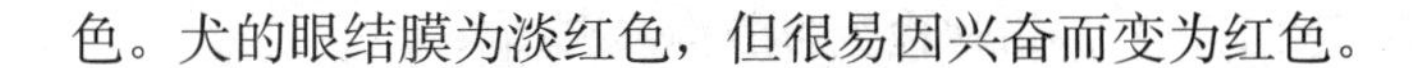

色。犬的眼结膜为淡红色，但很易因兴奋而变为红色。

二、眼及眼结膜的病理变化

1．眼睑及分泌物　眼睑肿胀并伴有畏光、流泪，是眼炎或眼结膜炎的特征。轻度的结膜炎症，伴有大量的浆液性眼分泌物，可见于流行性感冒；黄色、黏稠性眼眵，是化脓性结膜炎的标志，常见于某些发热性传染病，如犬瘟热。猪眼大量流泪，可见于流行性感冒。猪眼窝下方有流泪痕迹，应提示传染性萎缩性鼻炎。仔猪眼睑水肿，应注意为水肿病。

2．眼结膜颜色的病理变化

（1）苍白：各种贫血的表现。急速发生苍白的，见于大失血、肝脾破裂等；逐渐苍白的，见于慢性消耗性疾病，如牛、羊肠道寄生虫病、营养性贫血。

（2）潮红：血液循环障碍的表现，也见于眼结膜的炎症和外伤。根据潮红的性质，可分为弥漫性潮红和树枝状充血。弥漫性潮红是指整个眼结膜呈均匀潮红，见于各种急性热性传染病、胃肠炎、胃肠性腹痛病等；树枝状充血是由于小血管高度扩张、显著充盈而呈树枝状，常见于脑炎及伴有高度血液还流障碍的心脏病。

（3）黄染：结膜呈不同程度的黄色，是由于胆色素代谢障碍，致使血液中胆红素浓度增高，进而渗入组织所致，以巩膜及瞬膜处较易发现。引起黄疸的原因为肝脏实质的病变；胆管被结石、异物或寄生虫所阻塞；红细胞大量被破坏等。

（4）发绀：即结膜呈蓝紫色，主要是血液中还原血红蛋白的绝对值增多所致。见于肺呼吸面积减少和大循环瘀血的疾病，如各型肺炎、心力衰竭、中毒（如亚硝酸盐中毒或药物中毒）等。

（5）出血点或出血斑：结膜呈点状或斑块出血，是由于血管壁通透性增大所致。

任务 4　浅表淋巴结检查

【任务目标】

知识：掌握体表淋巴结检查的内容与方法及临床意义。
技能：能根据淋巴结的病理变化对疾病做出初步诊断。
素质：细心、耐心、全面检查；保护自身安全；不粗暴对待动物。

【任务实施】

一、常检查的浅表淋巴结

由于淋巴结体积较小并深埋在组织中，故在临床上只能检查少数淋巴结。牛常检查下颌、肩前、膝上及乳房上淋巴结（图 1.45），猪常检查腹股沟淋巴结。

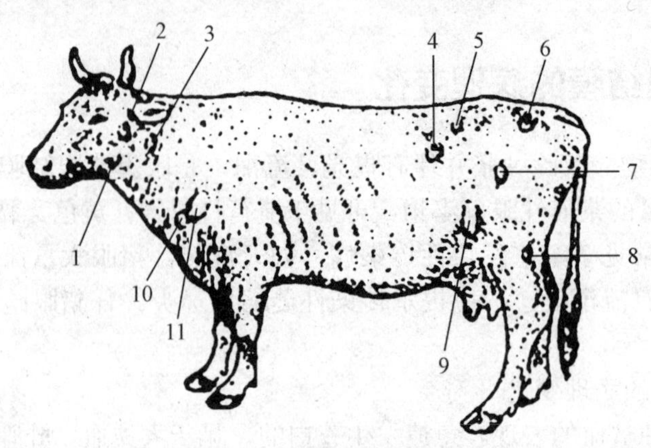

图 1.45　常见牛浅表淋巴结

1. 颌下淋巴结；2. 耳下淋巴结；3. 颈上淋巴结；4. 髂上淋巴结；5. 髂内淋巴结；6. 坐骨淋巴结；7. 髂外淋巴结；8. 腘淋巴结；9. 膝襞淋巴结；10. 颈下淋巴结；11. 肩前淋巴结

二、浅表淋巴结的检查方法

浅表淋巴结主要用触诊和视诊的方法进行检查，必要时采用穿刺检查。主要注意其位置、形态、大小、硬度、敏感性及移动性等。

三、浅表淋巴结常见病理变化

1. 急性肿胀　淋巴结体积增大，有热痛反应，质地较硬。可见于炭疽、腺疫及牛梨形虫病等。

2. 慢性肿胀　淋巴结多无热痛反应，质地坚硬，表面不平，活动性较差。常见于牛结核病及牛的白血病。

3. 化脓　淋巴结肿胀隆起，皮肤紧张，增温敏感并有波动。

任务 5　体温、脉搏及呼吸数测定

【任务目标】

知识：掌握体温、脉搏及呼吸数的测定方法、正常指标及临床意义。

技能：能利用上述生理指标的变化对疾病做出初步诊断。

素质：细心、耐心、全面检查；保护自身安全；不粗暴对待动物；爱惜检查工具。

【任务实施】

一、体温测定

1．测定部位　动物的体温在直肠内测量，禽类在翅膀下测量，犬也可以在后肢股内侧测定。

2．测定方法　将体温表用力甩几次，将高水银柱甩到 35 ℃以下，然后将体温表插入肛门或放在翅膀下，3 ～ 5 min 后取出体温表，读取读数。

3．正常体温　常见动物正常体温见表 1.3。

表 1.3　常见种动物正常体温

动物种类	体温 /℃	动物种类	体温 /℃
黄牛、乳牛	37.5 ～ 39.5	犬	37.5 ～ 39.0
水牛	36.5 ～ 38.5	猫	38.5 ～ 39.5
牦牛	37.6 ～ 38.5	兔	38.0 ～ 39.5
绵羊	38.5 ～ 40.0	银狐	39.0 ～ 41.0
山羊	38.5 ～ 40.5	豚鼠	37.5 ～ 39.5
猪	38.0 ～ 39.5	鸡	40.5 ～ 42.0
骆驼	36.0 ～ 38.5	鸭	41.0 ～ 43.0
鹿	38.0 ～ 39.0	鹅	40.0 ～ 41.0

年龄、性别、品种、营养及生产性能等对体温的生理变动有一定影响，如一般母畜在妊娠后期体温可稍高；高产乳牛比低产乳牛的体温平均高出 0.5 ℃～ 1.0 ℃，泌乳盛期更为明显；动物的兴奋、运动与使役，以及采食、咀嚼活动之后，体温会暂时性升高 0.1 ℃～ 0.3 ℃；体温昼夜的变动一般为晨温较低，午后稍高，其温差变动在 1 ℃之内。

4．病理变化

（1）体温升高：即体温超出正常标准。

①程度变化。根据体温升高的程度可分为：

微热：体温升高 0.5 ℃～ 1 ℃。如感冒等局限性炎症。

中热：体温升高 1 ℃～ 2 ℃。见于呼吸道、消化道一般性炎症及某些亚急性、慢性传染病，如小叶性肺炎、支气管炎、胃肠炎及牛结核、布氏杆菌病。

高热：体温升高 2 ℃～ 3 ℃。见于急性感染性疾病与广泛性的炎症，如猪瘟、巴氏杆菌病、败血性链球菌病、流行性感冒、大叶性肺炎、急性胸膜炎与腹膜炎。

极高热：体温升高 3 ℃以上。提示某些严重的急性传染病，如猪丹毒、炭疽、脓毒败血症以及日射病与热射病。

②热型变化。将每日测温结果绘制成热曲线，根据热曲线特点，一般可分为稽留热、弛张热、间歇热、不定型热和双相型热。

稽留热：特点是体温升高到一定高度，可持续数天，而且每天的温差变动范围较小，一般不超过 1 ℃。见于猪瘟、炭疽、大叶性肺炎（图 1.46）。

弛张热：特点是体温升高后，每天的温差变动范围较大，常超过 1 ℃，但体温并不降至正常。见于败血症、化脓性疾病、支气管肺炎（图 1.47）。

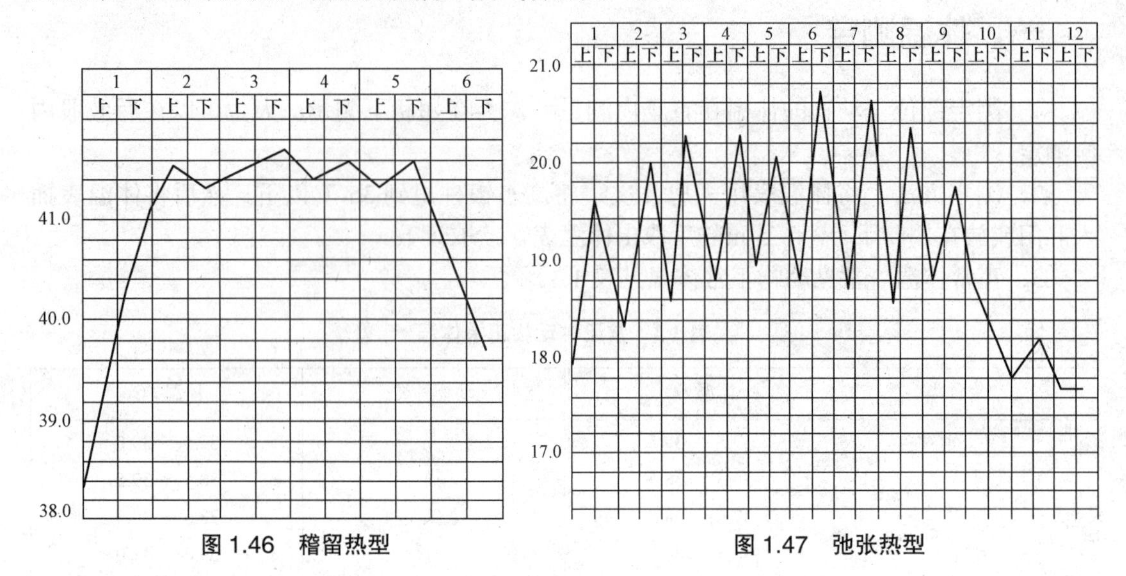

图 1.46　稽留热型　　　　图 1.47　弛张热型

间歇热：特点是高热持续一定时间后，体温下降到正常温度，而后又重新升高，如此有规律地交替出现。见于慢性结核病及梨形虫病（图 1.48）。

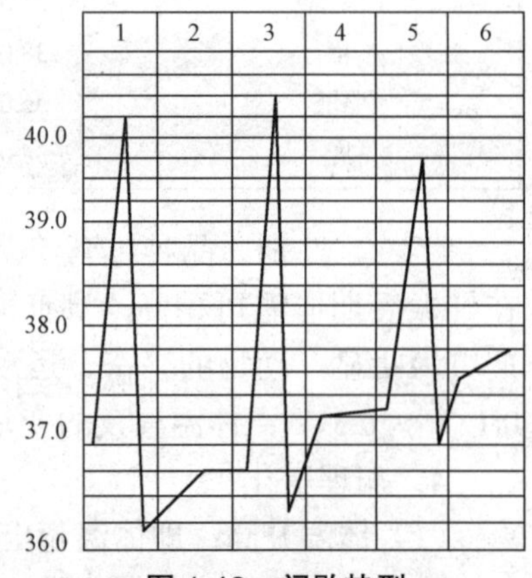

图 1.48　间歇热型

不定型热：体温曲线变化无规律，如发热的持续时间长短不定，每天日温差变化不等，有时极其有限，有时则波动很大。多见于一些非典型经过的疾病，如非典型腺疫和渗出性胸膜炎。

双相型热：体温升高几日后降至常温，而后又升高。见于犬瘟热、猫瘟。

③根据发热病程的长短，发热可分为急性发热、慢性发热、一时性热。

急性发热：一般发热期延续一周至半月，如长达一月有余则为亚急性发热，可见于多种急性传染病。

慢性发热：持续数月甚至一年有余，多提示慢性传染病，如结核、猪肺疫。

一时性热：又称暂时性热，体温一日内暂时性升高，常见于注射血清、疫苗后的一时性反应，或由于暂时性的消化紊乱。

（2）体温降低：即体温低于正常指标，主要见于某些如中枢神经系统疾病、中毒、重度营养不良、严重衰竭症、仔猪低血糖、顽固性下痢，以及各种原因引起的大失血、濒死期的病畜。

发热持续一定阶段之后则进入降热期。依下降的特点，可分为热的渐退与骤退两种。前者表现为在数天内逐渐下降至正常体温，且病畜的全身状态亦随之逐渐改善而恢复；后者表现为在短期内迅速降至正常体温或正常体温以下。如热骤退的同时，脉搏反而增数且病畜全身状态不见改进甚至恶化，多提示预后不良。

二、脉搏数测定

1．测定方法　应用触诊检查动脉脉搏，测定每分钟脉搏的次数，用“次 /min”表示。牛通常检查尾动脉，兽医人员站在牛的正后方，左手抬起尾巴，右手拇指放于尾根背面，用食指与中指贴着尾根腹面进行检查；猪、羊、犬、猫等小动物可在后肢股内侧检查股动脉。

2．正常脉搏数　常见动物正常脉搏数见表 1.4。

表 1.4　常见动物正常脉搏数

动物种类	脉搏数 /（次 · min^{-1}）	动物种类	脉搏数 /（次 · min^{-1}）
牛	40 ～ 80	骆驼	30 ～ 60
水牛	40 ～ 60	猫	110 ～ 130
羊	60 ～ 80	犬	70 ～ 120
猪	60 ～ 80	兔	120 ～ 140
鹿	36 ～ 78	禽（心跳）	120 ～ 200

3．病理变化

（1）脉搏增数：见于热性病（热性传染病及非传染性疾病）、心脏病（如心脏衰弱、心肌炎、心包炎）、呼吸器官疾病（如大叶性肺炎、小叶性肺炎及胸膜炎）、各型贫血及失血性疾病、剧烈疼痛性疾病，以及某些毒物中毒或药物的影响（如交感神经兴奋剂）。

（2）脉搏减数：主要见于某些脑病（如脑脊髓炎、慢性脑室积水）、中毒（如洋地黄中毒）、胆血症（如胆道阻塞性疾病）及危重濒死病畜。

在正常情况下，动物脉搏数的多少受外界温度、运动及使役、年龄、性别、生产性能等多种因素的影响而有所变动。如外界温度升高、运动及使役、幼龄、母畜、高产乳用动物等脉搏数均有所偏高。

【重要提示】

1．体温测定重要提示

（1）测温前，应将体温表水银柱甩至 35 ℃以下，用酒精棉球消毒并涂以润滑剂后使用。

（2）测温时，应注意人、畜安全，通常须对病畜施行简单保定。

（3）体温计插入深度适宜，大动物插入体温计全长的 2/3，小动物则不宜过深。

（4）勿将体温计插入宿粪中，应在排除积粪后进行测定。

（5）动物的正常体温受某些因素的影响，也有如幼龄、运动和使役、外界环境等引起的生理性变动。

2．脉搏数测定重要提示

（1）脉搏检查应待病畜安静后进行。

（2）如无脉感，可用手指轻压脉管后再放松即可感知。

（3）当脉搏过于微弱而不感于手时，可用心跳次数代替脉搏数。

三、呼吸数测定

1. 测定方法　检查者站于病畜一侧，观察胸腹部起伏动作，一起一伏即计算为一次呼吸；在冬季寒冷时可观察呼出气流；还可对肺脏进行听诊测数。鸡可观察肛门周围羽毛起伏动作计数。呼吸次数以“次 /min”表示。

2. 正常呼吸数　常见动物正常呼吸数见表 1.5。

表 1.5　常见动物正常呼吸数

动物种类	呼吸数 /（次 · min^{-1}）	动物种类	呼吸数 /（次 · min^{-1}）
黄牛、乳牛	10 ～ 30	骆驼	6 ～ 15
水牛	10 ～ 40	猫	10 ～ 30
羊	12 ～ 30	犬	10 ～ 30
猪	18 ～ 30	兔	50 ～ 60
鹿	15 ～ 25	禽（心跳）	15 ～ 30

3. 病理变化

（1）呼吸数增多：见于呼吸器官本身的疾病，如各型肺炎、主要侵害呼吸器官的传染病（如牛结核、牛肺疫、巴氏杆菌病、羊传染性胸膜肺炎、猪流行性感冒、猪霉形体病）、寄生虫病（如猪肺线虫病）以及多数发热性疾病、心力衰竭、贫血、腹内压增高性疾病、剧痛性疾病、某些中毒症（如亚硝酸盐中毒）。

（2）呼吸数减少：见于颅内压明显升高（如脑水肿）、某些中毒及重度代谢紊乱及上呼吸道高度狭窄。

4. 注意事项　宜于病畜休息后测定；必要时可用听诊肺呼吸音的次数代替呼吸数；某些因素可引起呼吸次数的增多，如外界温度过高、动物运动和使役时、母畜妊娠及动物兴奋等。

课堂练习：

完成某一动物的体温测定、呼吸数测定和心跳次数测定。

思考与练习

1. 动物姿态异常有哪些表现？
2. 皮肤检查的内容及临床意义是什么？
3. 可视黏膜颜色常见的病理变化及诊断意义是什么？
4. 热型变化有几种？各有何临床意义？

项目四　系统检查

熟悉系统检查的方法，并能利用这些方法获取有价值的诊断信息，找出其临床意义与疾病本质的关系并做出初步诊断。

任务1　心血管系统检查

【任务目标】

知识：了解心血管系统检查的目的；熟悉心血管系统检查的内容及方法；掌握心血管系统的临床病理表现及临床意义。

技能：能正确分析心血管系统病理意义与疾病本质的关系并进行初步诊断。

素质：细心、耐心、全面检查；保护自身安全，不被动物踢伤、咬伤；不粗暴对待动物；不盲目判断疾病。

【任务实施】

一、心脏的检查

（一）心搏动的视诊与触诊

心搏动是心室收缩过程中撞击胸壁，引起相应部位的胸壁和被毛振动的一种现象。

1．心搏动检查方法　牛等大动物视诊时，将其左前肢向前迈半步露出心区进行观察即可。小动物（猫、狗）视诊时，让其仰卧或侧卧露出心区进行观察。检查者位于动物左前方。视诊时，仔细观察左侧肘后心区被毛及胸壁的振动情况；触诊时，检查者一手（通常是右手）放于动物的鬐甲部，用另一手（通常是左手）的手掌，紧贴于被检动物的左侧肘后心区，感觉胸壁的振动，判定其频率和强度以及心搏动的次数。

2．健康状况　健康的大动物只能看到相应心区的被毛发生轻微颤动，而在小动物可见相应心区的胸壁发生有节律的跳动。触诊健康大动物有较强的均匀的心搏动，小动物为较弱但也均匀的心搏动。

3．异常心搏动

（1）心搏动增强：触诊时感到心搏动强而有力，并且区域扩大，主要见于热性病初期、心脏病（如心肌炎、心内膜炎、心包炎）代偿期、贫血性疾病及伴有剧烈疼痛的疾病。

（2）心搏动减弱：触诊时感到心搏动力量减弱，并且区域缩小，甚至难以感知，见于心肌收缩无力的疾病（如心脏病的代谢机能降低，胸壁与心脏之间的介质状态改变如胸壁水肿、胸膜炎、胸腔积液、慢性肺泡气肿、心包炎）。

(3)搏动移位：向前移位，见于胃扩张、腹水、膈疝；向右移位，见于左侧胸腔积液；向后移位，见于气胸、肺气肿。

(4）心区压痛：触诊心区胸壁的肋间部，可发现动物对触压反应敏感，强压时表现回顾、躲避、呻吟，见于心包炎、胸膜炎。

（二）心脏叩诊

1．方法　对牛等大动物进行叩诊时，先将其左前肢向前牵引；对犬等小动物进行叩诊时，则提举其左前肢，使心区暴露，对其进行叩诊。

2．健康动物的叩诊情况　健康动物的叩诊音为浊音。浊音可分为绝对浊音区和相对浊音区。各种动物确定浊音的方法之间有差异。

3．心脏叩诊所发现的病理变化

（1）浊音区扩大：见于心肥大、心扩张、心包积液、心包炎、肺萎陷。

（2）浊音区缩小：见于肺泡气肿、气胸、瘤胃臌气。

（3）心区鼓音：见于反刍动物的创伤性心包炎。

（4）心区敏感：提示心包炎或胸膜炎。

（三）心音听诊

1．正常的心音　心音是随同心室的收缩与舒张活动而产生的声音现象。听诊健康动物的心音时，每个心动周期内可听到“咚－塔”两个相互交替的声音。“咚”是在心室收缩过程中产生的声音，称收缩期心音或第一心音。“塔”是在心室舒张过程中产生的声音，称舒张期心音或第二心音。此外，在第二心音之后可能还有第三心音，在第一心音之前可能还有第四心音，实际上这两种心音都很难听到，只有在心音图上才能描记出来。

（1）第一心音：主要是由两个房室瓣（二尖瓣、三尖瓣）突然关闭的振动所形成，其次是由心房收缩的振动、半月瓣开放和心脏射血而冲击大动脉管壁引起的振动等形成。第一心音的持续时间较长，音调较低，声音的末尾拖长。

（2）第二心音：主要是由心室舒张时，两个半月瓣突然关闭的振动所形成，其次是由心室舒张时的振动、房室瓣开放和血流的振动等形成。第二心音具有短促、清脆、末尾突然终止等特点。

（3）第一心音与第二心音的区别：见表 1.6。

表 1.6　第一心音与第二心音的区别

区别项目	第一心音	第二心音
声音特点	低而钝浊，持续时间长，尾音也长	较高，持续时间较短，音尾终止突然

续表

区别项目	第一心音	第二心音
最强部位	心尖部（第4或第5肋间的下方）	心底部（第4肋间，肩关节水平线的稍下方）
心音之间的时距	第一心音到第二心音之间较短	第二心音到下一次心动周期的第一心音之间较长
与心搏动及脉搏的关系	同时	不同时

2．听诊心音的方法及位置　被检动物呈站立姿势，使其左前肢向前伸出半步，以充分显露心区。最常用的听诊方法是间接听诊。听诊时，检查者戴好听诊器，将听诊器的听头放于心区部位，使之与体壁紧密接触，判断心音的频率、节律、强弱及性质，以及有无心音分裂及心杂音，以此推断心脏的功能（图1.49）。

图1.49　牛心脏听诊

在心区的任何一点，都可以听到两个心音，但心音最为清楚的部位是较为固定的，现将最佳听取点列入表1.7。

表1.7　几种动物的心音最强听取点

动物	第一心音		第二心音	
	二尖瓣口	三尖瓣口	主动脉瓣口	肺动脉瓣口
牛、羊	左侧第4肋间，主动脉瓣口的位置靠下	右侧第3肋间，胸廓下1/3的中央水平线上	左侧第4肋间，肩关节水平线下方一、二指处	左侧第3肋间，胸廓下1/3的中央水平线下方
犬	左侧第4肋间，动脉瓣口的位置靠下	右侧第4肋间，肋骨与肋软骨结合部稍下方	左侧第4肋间，肩关节水平线上直下	左侧第3肋间，接近胸骨处
猪	左侧第4肋间，主动脉瓣口的远下方	右侧第3肋间，胸廓下1/3的中央水平线上	左侧第4肋间，肩关节水平线下方一、二指处	左侧第3肋间，胸廓下1/3的中央水平线下方

3．心音异常　心音是否异常应从频率、强度、性质及节律等方面加以综合考虑。

（1）心音频率的改变：心音频率是指每分钟的心音次数，其病理变化与脉搏病理变化基本相同，引起的原因及意义也基本相同（详见脉搏检查）。

（2）心音强度改变。

①心音增强。

a．第一与第二心音同时增强：可见于心肥大或某些心脏病的初期、伴有剧烈的疼痛性的疾病、发热性疾病的初期阶段、轻度的贫血或失血、应用强心剂等引起的代偿机能亢进时。

b．第一心音增强：可见于大失血、严重的脱水、休克、虚脱等。

c．第二心音增强：可分为主动脉口的第二心音增强和肺动脉口的第二心音增强。主动脉口的第二心音增强，可见于左心室肥大、肾炎；肺动脉口的第二心音增强，主要见于肺充血或肺炎的初期。

②心音减弱。

a．第一、第二心音同时减弱：见于心肌炎或心肌变性的后期、心脏代偿障碍、渗出性心包炎、渗出性胸膜炎、胸腔积水、重度的胸壁浮肿及肺气肿。

b．第二心音减弱：见于大失血、高度心力衰竭、休克与虚脱、心动过速。

c．第一心音减弱：单独的第一心音减弱在临诊实际中很少遇到。

（3）心音性质改变。

①心音浑浊：心音的性质变化，主要表现为心音的浑浊，即音质低、浑浊甚至含糊不清。主要是由于心肌及其瓣膜变性，而使其振动能力发生改变。可见于心肌炎等病的后期以及重度心肌营养不良与心肌变性。高热性病、严重贫血、重度的衰竭症时，因伴有心肌变性变化，所以多有心音浑浊现象。患某些传染性疾病时，因心肌损害也可致心音浑浊，在牛可见于结核、口蹄疫，在猪可见于猪瘟、猪肺疫、猪流行性感冒、猪丹毒等。这种现象亦可见于幼畜的白肌病以及某些中毒。

②胎心率：第一心音与第二心音的强度、性质相似，第一心音与第二心音之间的间隔时间和第二心音与下一心动周期第一心音之间的间隔时间也基本相等，加上心动过速，听诊时酷似胎儿的心音，故称为胎心率。又因其听起来类似钟摆的“嘀嗒”音，故又称为“钟摆率”。多提示心肌损伤。

③奔马调：除第一、第二心音外，又有第三个附加心音连续而来，恰如远处传来的奔马蹄音。其可出现于舒张期（第二心音之后），亦可出现在收缩期前（第一心音之前）。见于心肌炎、心肌硬化或左房室口狭窄。

④金属性心音：特点是声音过于清脆而呈带有金属响声，见于牛的创伤性网胃心包炎、破伤风、邻近心区的肺叶中有空洞（含气性）形成，以及膈疝且脱垂至心区部位的肠段内含有大量气体。

（4）心音分裂。

①第一心音分裂：由左（二尖瓣）、右（三尖瓣）房室瓣关闭时间不一致所造成，见于重度心肌的损害而致的传导机能障碍。

②第二心音分裂：主要反映主动脉与肺动脉根部血压有较悬殊的差异，可见于重度的肺充血或肾炎。

（5）心音节律的改变。正常情况下，每次心音的间隔时间均等，每次心音强度相似，此为正常节律。如果每次心音间隔时间不等，强度不一，则为心律不齐。轻度的、短期的、一时性的心律不齐及幼畜和小动物的呼吸性心律不齐，一般无诊断意义。重度的、顽固性的心律不齐，多提示心肌的损害，见于心肌的炎症、心肌的营养不良或变性、心肌梗死。

①心律不齐的表现形式很多，依其发生原因可分为：

a．窦房结兴奋起源发生紊乱，称窦性节律，如窦性心动过速、窦性心动过缓、窦性心律不齐。

b．窦房结以外异位兴奋灶所引起的心律紊乱，称异位节律，如期外收缩（或称过早搏动）、阵发性心动过速。

c．传导系统机能障碍而引起的心律紊乱，如传导阻滞。

依据临诊表现，心律不齐可分为：

a．过快而规则的心律，如窦性心动过速、阵发性心动过速。

b．过慢而规则的心律，如窦性心动过缓、心传导阻滞（呈有规律性的变化）。

c．不规则的心律，如窦性心律不齐、期外收缩（或称过早搏动）、心传导阻滞（呈不规则的变化）、心房颤动。

②常见的心律不齐如下：

a．窦性心律不齐：表现为心脏活动的周期性的快慢不均现象，且大多与呼吸有关，一般吸气时心动加快而呼气时心动转慢，常见于健康动物，尤以幼畜为明显，多为生理现象，无临床意义。

b．期外收缩（或称过早搏动）：当心肌的兴奋性改变而出现窦房结以外的异位兴奋灶时，在正常的窦房结的兴奋冲动传来之前，由异位兴奋灶先传来一次兴奋冲动，从而引起心肌的提前收缩，此后，原来应有的正常搏动又消失一次，以致要等到下次正常的兴奋冲动到来才再引起心脏搏动，从而使其间隔时间延长，即出现所谓的代偿性间歇。偶尔出现的期外收缩，多无意义，如为顽固而持续性的期外收缩，即为心肌损害。

c．传导阻滞：当心肌病变波及刺激传导系统时，兴奋冲动不能顺利地向下传递，从而出现传导阻滞。明显而顽固的传导阻滞，常为心肌损害的指征。

d．震颤性心律不齐（又称心房颤动）：在病理情况下，房室的个别肌纤维在不同时期分散而连续收缩，从而发生震颤。这种现象表明心房内有异位兴奋灶的存在。

（6）心杂音。心杂音是指伴随心脏的舒张、收缩活动而产生的正常心音以外的附加音响。心杂音包括心外性杂音和心内性杂音两种。心外性杂音包括心包杂音（心包击水音、心包摩擦音）和心包外杂音；心内性杂音包括器质性杂音和非器质性杂音（相对闭锁不全性杂音、贫血性杂音）。

1）心外性杂音。

①心包击水音：呈液体振荡声，类似振荡盛有半量溶液的玻璃瓶时所产生的声音。心包击水音是渗出性心包炎与心包积水的特征。

②心包摩擦音：犹如两层粗糙的膜面相互摩擦声，常见于牛创伤性心包炎。

③心包外杂音：主要为心肺杂音，是靠近心区的胸膜发炎并有纤维素性产物析出时，随心脏的活动而产生的摩擦音，见于胸膜炎等。

2）心内性杂音。

①器质性杂音。

a．瓣膜闭锁不全：在心室的收缩或舒张的活动过程中，瓣膜不能完全地将其相应的瓣膜口关闭而留有空隙，从而血液可经病理性的空隙而逆流，形成漩涡，发生振动，产生杂音。心室的收缩期出现杂音称为缩期杂音，提示房室瓣闭锁不全或动脉口的狭窄。在舒张期产生杂音称为舒期杂音，提示房室口的狭窄或主动脉与肺动脉的半月瓣闭锁不全。见于心内膜炎引起的瓣膜穿孔、腱索断裂、瓣膜上疣状物的增生等。

b. 瓣膜口（心孔）狭窄：在心脏活动过程中，血液流经变窄了的瓣膜口时，形成漩涡，发生振动而产生杂音，见于心内膜炎、心肌炎、心脏肥大等。

②非器质性杂音，亦称机能性杂音。

a. 相对闭锁不全性杂音：当心肌高度弛缓或扩张时，房室瓣不能将扩大了的相应房室口完全闭锁，形成了相对闭锁不全性杂音，可见于心肌弛缓与心扩张。

b. 贫血性杂音：当血液变稀薄、流速加快时形成的杂音。

二、脉管的检查

（一）脉搏检查

脉搏检查主要包括脉搏的频率、性质及节律的检查。

1. 脉搏频率检查　多用触诊。各种动物的脉搏检查部位不同，牛在尾中动脉和颌下动脉；猪、羊、犬在股动脉（图 1.50、图 1.51）。

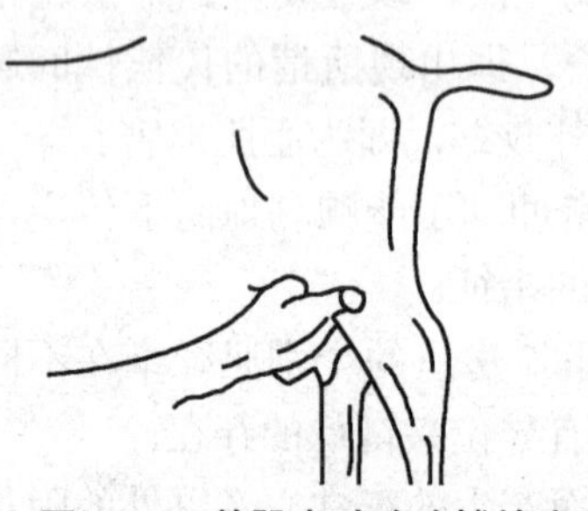

图 1.50　羊股内动脉脉搏检查

图 1.51　犬股内动脉脉搏检查

2. 脉搏性质检查　脉搏性质又称脉性，包括脉搏的强弱与大小、虚实、软硬及迟速等。脉性的变化，可反映整个心血管系统的机能状态。

（1）脉搏的强弱与大小：脉搏的强弱是指脉搏搏动力量的强弱，其搏动力量强称强脉，搏动力量弱称弱脉。脉搏的大小是指脉搏搏动时脉管壁振幅的大小，其振幅大称大脉，振幅小称小脉。强脉与大脉、弱脉与小脉，通常综合体现，形成强大脉与弱小脉。

①强大脉：也称洪大脉，是强、大、充实的脉搏。其特点是脉搏冲击检指的力量强，抬举检指的高度大。为心脏收缩力加强，每搏输出量增多，脉管壁振幅增大，收缩压升高，表示脉压增大。可见于热性病初期、心脏肥大及其他原因而致的心脏代偿机能亢进。

②弱小脉：弱、小、充盈度不足的脉搏。其特点是脉搏冲击检指的力量弱，抬举检指的高度小。为心脏收缩力减弱，每搏输出量或血液总量减少，脉管壁振幅变小，收缩压下降，表示脉压变小。可见于心脏衰弱及其他重症疾病中、后期。如果脉搏搏动极微

弱，甚至不感于手，则为病情重危，表示预后不良，见于心力衰竭及濒死期。

（2）脉搏的虚实：指脉管的充盈度的大小。主要由每搏输出量及血液总量所决定。可用检指加压、放开反复操作，依据脉管内径的大小判定。

①虚脉：脉管内径小，血液充盈不良，表示血容量不足，可见于大失血及严重脱水。

②实脉：脉管内径大，血液充盈，为血液总量充足及心脏功能代偿性增强的表示，可见于热性病初期及心脏肥大时。

（3）脉搏的软硬：由脉管壁的紧张度所决定，依据脉管对检指的抵抗力的大小而判定。

①软脉：检指轻压脉搏即消失，为脉管紧张度降低、脉管弛缓的表示，可见于心力衰竭、长期发热及大失血时。

②硬脉：又称弦脉，对检指的抵抗力大，表示血管紧张度增高，可见于破伤风、急性肾炎及疼痛性疾病过程中。硬而小的脉又称金线脉，可见于重症腹膜炎、胃肠炎、肠变位。

（4）脉搏的迟速：指动脉内压上升和下降的速度。

①迟脉：脉搏波形上下变动迟慢，触诊时感到脉搏徐来而慢去。可见于主动脉口狭窄。

②速脉：又称跳脉，脉搏波形上升及下降快速，触诊时感到脉搏骤来而急去。为主动脉瓣关闭不全的一个特征。

3．脉搏节律的检查　正常情况下，每次脉搏之间的间隔时间相等，强度一致，称为有节律的脉搏；反之，则称脉搏节律不齐，可呈现脉搏的强弱和大小不均、间隔时间不等，甚至出现间歇，均为病理性表现。脉搏节律不齐是心律不齐的直接后果和反映，其诊断意义与心律不齐相同。

（二）浅在静脉检查

1．颈静脉外观检查　颈静脉沟处的肿胀、硬结并伴有热痛反应是颈静脉及其周围炎症的特征，多见于静脉注射时消毒不全或刺激性药液（如钙制剂等）渗漏于脉管外。但应注意，在牛的颈部垂皮浮肿较严重时，也可引起颈静脉沟处的肿胀，一般无热痛反应，常见于创伤性心包炎，应以伴有的其他症状而鉴别之。局部的静脉肿胀见于静脉瘤或淋巴瘤。

2．静脉充盈状态检查　静脉的充盈度常表现为静脉萎陷和过度充盈。

（1）静脉萎陷：体表静脉不显露，即使压迫静脉，其远心端也不膨隆，将针头插入静脉内，血液不易流出。这是由于血管衰竭，大量血液瘀积在毛细血管，见于休克、严重毒血症。

（2）静脉过度充盈：静脉过度充盈情况有两种。

①生理性扩张：有时在健康动物可见生理性静脉扩张，如处于生产高峰期牛的乳静脉。

②病理性扩张：体表静脉呈明显的扩张或极度膨隆，似绳索状，可视黏膜潮红或发绀，称为病理性扩张。一般见于心功能不全使静脉血液回流发生障碍的疾病（如心包炎、心肌炎、心脏瓣膜病）、导致胸膜腔内压升高使静脉血液回流受阻的疾病（如胸腔积液、渗出性胸膜炎、肺气肿、胃肠内容物过度充满而压迫横膈），在静脉栓塞和狭窄时能引起局部的静脉扩张（如局部的静脉炎、静脉曲张）。

3．静脉搏动检查　随着心脏活动，表在的大静脉也发生搏动，称为静脉搏动。临床上，一般检查颈静脉搏动。这是因为大动物的颈静脉比较粗大，颈静脉通向前腔静脉的入口距体表较浅，易观察到静脉搏动。

（1）阴性颈静脉搏动：由于它是在心房收缩时产生的，故又称为心房性颈静脉搏动。当右心房收缩时，还流入心房的腔静脉血一时受阻，部分静脉血的逆行波及前腔静脉和颈静脉，而呈现颈静脉搏动。这是与心室收缩不相一致的颈静脉搏动。生理性的阴性颈静脉搏动，仅在胸腔入口处，或在颈静脉沟的下 1/3 处最明显。在心功能不全，伴发全身性瘀血时，由于血液回流发生严重障碍，颈静脉搏动可波及颈沟的中 1/3 或上 1/3 处。

（2）阳性颈静脉搏动：这是与心室收缩相一致的静脉搏动，故又称为心室性颈静脉搏动。这一种病理性静脉搏动，往往是三尖瓣锁不全的指征。由于右心室收缩时，血液经闭锁不全的孔隙逆流到右心房，而使前腔静脉的血液回流一时受阻，这种逆流波传到颈静脉，即出现阳性颈静脉搏动。因为阳性颈静脉搏动是由心室收缩引起的，力量强，故通常可波及颈沟的上 1/3 处，有时可波及颌后下方。另外，导致右心房高度郁滞的心房纤颤，也可能出现阳性颈静脉搏动。

（3）假性静脉搏动：不是真正的静脉搏动，而是由于动脉的强力搏动所带动的静脉波动，故又称为伪性颈静脉搏动，多见于主动脉瓣闭锁不全。

任务2　呼吸系统检查

【任务目标】

知识：熟悉呼吸系统检查的内容及方法；掌握呼吸系统的临床病理表现及临床意义。

技能：能根据呼吸系统的病理变化对疾病做出初步诊断。

素质：细心、耐心、全面检查；保护自身安全，不被动物踢伤、咬伤；检查时动作到位，不粗暴；不盲目判断疾病。

【任务实施】

一、呼吸运动检查

动物在呼吸过程中，呼吸器官（如鼻翼）及参与呼吸的辅助器官（如胸壁、腹壁）有节奏地协调运动，称为呼吸运动。呼吸运动的协调性和强度是动物呼吸状态的临床反应。

（一）呼吸方式

判断呼吸方式的依据是呼吸时动物胸壁和腹壁的起伏情况及协调性。

1．胸腹式呼吸　健康动物的呼吸方式是胸腹式呼吸，即呼吸时胸壁和腹壁自然起伏和强度均匀，有时也称混合式呼吸。但犬正常呼吸时呈胸式呼吸。动物在呼吸困难时也表现为明显的胸腹式呼吸。

2．胸式呼吸　呼吸时胸壁起伏动作明显，而腹壁运动极弱，表明腹部有疼痛性疾病或腹压升高性疾病，如急性腹膜炎、腹壁损伤、瘤胃臌气、急性胃扩张、肠臌气及腹腔大量积液。

3．腹式呼吸　呼吸时腹壁起伏动作明显，而胸壁活动极为轻微，见于胸部有疼痛性疾病或胸膜腔内压升高性疾病，如急性胸膜炎、胸膜肺炎、胸腔大量积液、肺气肿及肋骨骨折。

（二）呼吸节律

健康动物呼吸时，吸气后紧接着呼气，每次呼吸之后，经过短暂的间歇期，再开始第二次呼吸。吸气与呼气所持续的时间有一定比例，猪为 1 ∶ 1，绵羊为 1 ∶ 1，山羊为 1 ∶ 2.7，牛为 1 ∶ 1.2，犬为 1 ∶ 1.6。如果每次呼吸之间的间歇期的间距相等，这种规律性的呼吸运动称为节律性呼吸。呼吸节律因兴奋、运动、恐惧、喷鼻动作等的影响可发生暂时性的改变。病理性呼吸节律有：

1．吸气延长　特征是吸气时间显著延长，表示空气进入呼吸器官的过程受阻，常见于上呼吸道狭窄性疾患如鼻炎、喉水肿。

2．呼气延长　特征是呼气时间显著延长，表示肺内气体呼出受阻，常见于细支气管炎、慢性肺气肿等病程。

3．间断性呼吸　特征是在吸气或呼气过程中，出现吸－停－吸－停，或呼－停－呼－停的多次短暂呼吸现象。常见于细支气管炎、慢性肺气肿、胸膜炎和伴有疼痛的胸腹部疾病，也见于呼吸中枢兴奋性降低时，如脑炎、中毒和濒死期。

4．陈－施二氏呼吸　特征为呼吸开始逐渐加强、加深、加快直达高峰，然后又逐渐变弱、变浅、变慢，最后呼吸中断数秒乃至 15 ～ 30 s 后，又重复上述呼吸方式，如此反复交替，出现波浪式的呼吸节律，又称潮式呼吸。多见于病情严重病例，常见于脑炎、心力衰竭、尿毒症、药物中毒和有毒植物中毒（图 1.52）。

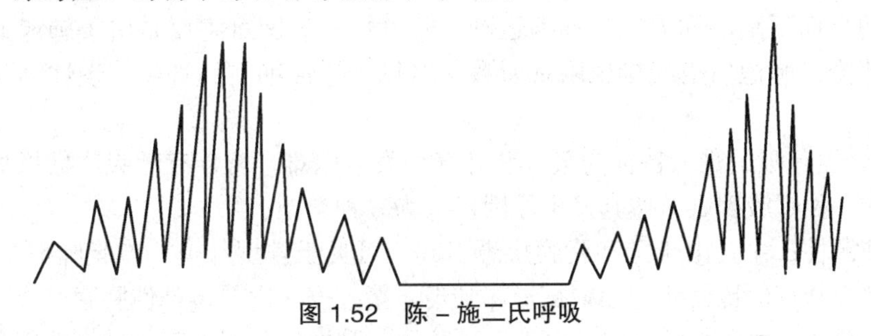

图 1.52　陈－施二氏呼吸

5．毕欧特氏呼吸　特征为数次连续的、深度大致相等的深呼吸和呼吸暂停交替出现。它提示病情比陈－施二氏呼吸更为严重（图 1.53）。

6．库斯茂尔氏呼吸　特征为吸气与呼气均显著延长，发生深而慢的大呼吸，呼吸次数少但不中断，常伴有狭窄音或鼾声等呼吸杂音。这表示呼吸中枢机能衰竭已达晚期，见于濒死期、脑脊髓炎、脑水肿、大失血、尿毒症（图 1.54）。

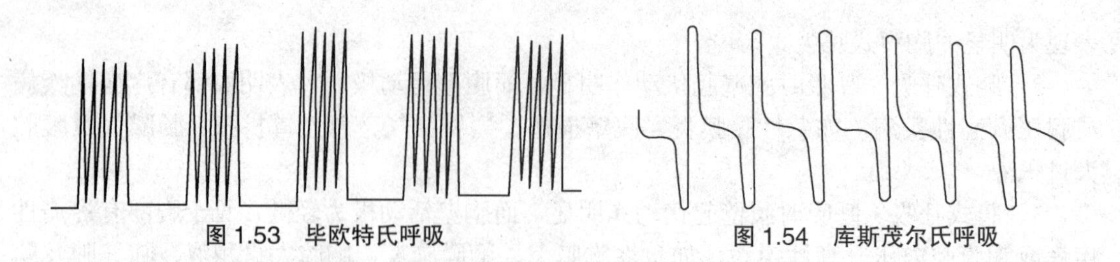

图 1.53　毕欧特氏呼吸　　图 1.54　库斯茂尔氏呼吸

（三）对称性呼吸与不对称性呼吸

健康动物呼吸时，两侧胸壁起伏的强度完全一致，称为对称性呼吸。当一侧胸壁患疾病时，患侧胸廓的呼吸运动显著减弱或消失，而健侧胸廓的呼吸运动出现代偿性加强，称为不对称性呼吸。常见于一侧胸膜炎、肋骨骨折和气胸等。当胸部疾病遍及两侧时，胸廓两侧呼吸运动均减弱，但以病变较重的一侧减弱更为明显，也属不对称性呼吸。

（四）呼吸困难

呼吸运动加强，同时伴有呼吸频率改变和呼吸节律异常，有时呼吸类型也发生改变，并且辅助呼吸肌参与活动，呈现一种复杂的病理性呼吸障碍，称为呼吸困难。高度的呼吸困难，称为气喘。呼吸困难按其发生原因和表现形式分为 3 种类型：

1．吸气性呼吸困难　特征为吸气非常用力或有辅助吸气动作出现，如病畜吸气时鼻孔开张，头颈平伸，四肢广踏，胸廓明显扩张，肘部外展，肛门内陷，某些动物张口伸舌。再则，吸气时间显著延长，常伴有特异的吸入性狭窄音。常见于上呼吸道狭窄性疾病，如鼻腔狭窄、喉水肿、咽喉炎、血斑病和猪传染性萎缩性鼻炎、鸡传染性喉气管炎。

2．呼气性呼吸困难　特征为呼气时间显著延长，呼气时非常用力，或有辅助呼气动作出现，如呼气时腹部起伏动作明显，可出现连续二次呼气运动，称为二段呼吸。高度呼吸困难时，沿肋弓出现一条较深的凹陷沟，称为喘沟，又称喘线或息劳沟。同时可见脊背弓曲，肷窝变平。由于腹部肌肉强力收缩，腹内压力加大，故呼气时肛门常突出，吸气时肛门反而下陷，称为肛门抽缩运动。呼气性呼吸困难主要是由于肺泡弹性减退和细支气管狭窄，肺泡内空气排出困难所致。常见于急性细支气管炎、慢性肺气肿、胸膜肺炎。

3．混合性呼吸困难　特征为吸气和呼气均发生困难，常伴有呼吸次数增加，是临床上最常见的一种呼吸困难。按其发生原因可分为 6 种类型：

（1）肺源性：主要由于肺和胸膜疾患引起。可见于各型肺炎、胸膜肺炎 、急性肺水肿及侵害呼吸器官的传染病，如猪霉形体肺炎、猪肺疫、山羊传染性胸膜肺炎。

（2）心源性：由于心脏衰弱，血液循环障碍，肺换气受到限制，导致缺氧和二氧化碳滞留所致。此时，除混合性呼吸困难外，还常伴有明显的心血管症状，运动后心悸和气喘的现象更为突出，肺部可闻湿啰音。常见于心内膜炎、心肌炎、创伤性心包炎和心力衰竭。

（3）血源性：严重贫血时，因红细胞和血红蛋白减少，血氧不足，导致呼吸困难，尤以运动后更明显。可见于各种类型贫血、血孢子虫病。

（4）中毒性：内源性中毒，如瘤胃酸中毒、酮病和严重的胃肠炎。外源性中毒，如亚硝酸盐中毒、有机磷农药中毒、水合氯醛中毒、吗啡及巴比妥中毒。

（5）中枢神经性：主要见于脑膜炎、脑出血、脑肿瘤。破伤风毒素可使中枢的兴奋性增高，导致中枢神经性呼吸困难。

（6）腹压增高性：主要见于急性胃扩张、急性瘤胃臌气、肠臌气、肠阻塞、肠变位和腹腔积液。

二、上呼吸道检查

（一）呼出气体检查

呼出气体检查应注意比较两侧鼻孔呼出气流的强度、温度和气味的检查。

1．呼出气流的强度检查　可用双手置于两鼻孔前感觉。健康动物两侧鼻孔呼出气流的强度相等。当一侧鼻腔狭窄，另一侧鼻窦肿胀或大量积液时，则患侧鼻孔呼出的气流小于健侧，并常伴有呼吸的狭窄音。当两侧鼻腔同时存在病变时，两侧鼻孔的呼出气流则以病变较重的一侧小于另一侧。

2．呼出气体的温度检查　健康动物呼出的气体稍有温热感。呼出气体的温度升高，见于各种热性病。呼出气体的温度显著降低，见于内脏破裂、大失血、严重的脑病和中毒性疾病，以及濒死期病畜。

3．呼出气体的气味检查　用手将病畜呼出的气体扇向检查者的鼻端而嗅闻。健康动物呼出的气体一般无特殊气味。如呈腐败臭味多提示鼻腔、副鼻窦、咽喉、气管、肺部等处的腐败性感染，尿臭味见于尿毒症或膀胱破裂，烂苹果味见于酮病。

（二）鼻液检查

鼻液是呼吸道黏膜的分泌物或炎性渗出物。健康动物都有其特殊的排鼻液的方式，如猪、羊等动物均以喷鼻的方式排出鼻液，牛、犬、猫等动物则用舌舔去鼻液，故所有健康动物都看不见其鼻液或仅有少量浆液性鼻液。出现大量鼻液，则为病理现象。鼻液的病理变化，主要包括鼻液的数量和鼻液性质的变化。这些变化对诊断呼吸器官疾病有着重要的参考价值。

1．鼻液数量检查

（1）多量鼻液：可见于急性鼻炎、急性咽喉炎、肺脓肿破裂、肺坏疽、大叶性肺炎的溶解期、流行性感冒、急性开放性鼻疽、牛肺结核、牛恶性卡他热、犬瘟热、食道阻塞、副鼻窦炎和喉囊炎。

（2）少量鼻液：常见于呼吸器官轻度炎症或急性炎症初期、慢性呼吸道疾病过程中，以及慢性鼻炎、慢性咽喉炎、慢性气管炎、慢性鼻疽、慢性肺结核。

（3）鼻液量不定：指鼻液的量时多时少，动物自然站立时仅有少量鼻液，而运动、低头、采食、咳嗽时流出多量鼻液，见于副鼻窦炎和喉囊炎。

2．鼻液性状的检查　由于炎症性质和病理过程的不同，鼻液可分为浆液性、黏液性、脓性、腐败性和出血性。

（1）浆液性鼻液：特征是清淡如水样，无色透明，有鼻液则掉到地上而不粘在鼻孔周围，这种鼻液的出现表明，有呼吸道卡他性炎症的存在，如急性鼻卡他、流行性感冒初期。

（2）黏液性鼻液：特征是蛋清样或粥状，黏稠张力大，有鼻液时呈棒槌状或线状粘在鼻孔周围或悬吊着，有腥臭味，因混有脱落的上皮细胞和白细胞而呈灰白色，常见于呼吸道卡他性炎症的中期或恢复期，以及慢性呼吸道炎症的过程。

（3）脓性鼻液：特征是黏稠浑浊，呈糊状、似凝乳状，或凝集成块，具有脓味或恶臭味，因其感染的微生物种类不同而呈黄色、灰黄色或黄绿色。这种鼻液为化脓性炎症的特征，常见于化脓性鼻炎、副鼻窦炎、肺脓肿破裂、羊鼻疽。

（4）腐败性鼻液：特征是污秽不洁，呈灰色或暗褐色，有尸臭味或恶臭味，它是异物性肺炎及肺坏疽的重要特征。

（5）出血性鼻液：这种鼻液因出血的数量和部位不同，颜色也不同。一般带有血丝、凝血块或为全血，表明有鼻黏膜肿瘤、出血性鼻炎等鼻出血现象。粉红色或鲜红色并带有一些小气泡，表明有肺水肿、肺充血或肺出血。在炭疽、出血性败血病、某些中毒、猪传染性萎缩性鼻炎时，也有出血性鼻液。

（6）铁锈色鼻液：特征是鼻液为均匀的铁锈色，这是大叶肺炎和传染性胸膜肺炎的特征。

3．鼻液对称性的检查　一侧性鼻液见于一侧鼻腔、副鼻窦的炎症，两侧性鼻液见于两侧性鼻腔、副鼻窦和喉囊以及喉以下部位的炎症过程中。

4．鼻液中混杂物的检查

（1）气泡：小气泡主要见于肺水肿、肺充血、肺出血、肺气肿、慢性支气管炎。

（2）唾液：鼻液中出现唾液主要见于咽炎、咽麻痹、食管炎、食道阻塞、食道痉挛、食道肿瘤。

（3）饲料碎片或呕吐物：见于吞咽和咽下障碍的疾病，如咽炎、咽麻痹、食管炎、食道阻塞、食道痉挛、食道肿瘤，以及严重的胃肠疾病。

5．鼻液中的弹力纤维检查　检查弹力纤维时，取黏稠鼻液 2 ～ 3 ml 放入试管中，加入等量 10% 氢氧化钠溶液，在酒精灯上边加热边震荡，使鼻液中黏液、脓汁及其他有形成分溶解，而弹力纤维并不溶解。加热煮沸，直到变成均匀一致的溶液后，加 5 倍蒸馏水混合，离心沉淀 5 ～ 10 min 后，倾去上清液，取少许沉淀物滴于载玻片上，覆以盖玻片镜检。弹力纤维呈细长弯曲的羊毛状，透明且折光性较强，边缘呈双层轮廓，两端尖锐或分叉，多聚集成乱丝状，亦可单独存在。鼻液中出现弹力纤维，常见于肺坏疽、肺脓肿。

（三）咳嗽检查

咳嗽是动物体的一种保护性反射动作，同时也是呼吸器官疾病过程中最常见的一种症状。当喉、气管、支气管、肺、胸膜等部位发生炎症，或受到异常刺激时，使呼吸中枢兴奋，在深吸气后声门关闭，继之以突然剧烈的呼气，则气流猛烈冲开声门，形成一种爆发的声音，即为咳嗽。

单纯性鼻炎、副鼻窦炎往往不引起咳嗽症状，喉、气管、支气管、肺和胸膜的疾患一般可出现强度不等、性质不同的咳嗽。通常喉及上呼吸道对刺激最为敏感，因此喉炎及气管炎时咳嗽最为剧烈。

1．检查方法　检查咳嗽的方法有直接观察患病动物自发性咳嗽和人工诱咳法两种。直接观察法简单直接，而人工诱咳法则需检查者站在病畜颈部侧方，面向头方，一手放在颈部背侧作为支点，另一手的拇指与食、中指捏压第一、二气管软骨。对健康牛人工诱咳比较困难，可用双手或毛巾短时闭塞牛的两侧鼻孔，如引起咳嗽，多为病态。对小动物采取捏压其喉部、短时闭塞两侧鼻孔、提起背部皮肤、压迫或叩击胸壁等方法，均能引起咳嗽。检查咳嗽时，应注意其性质、频度、强度和疼痛反应等。

2．分类

（1）按性质分。

①干咳：即咳嗽声音清脆，干而短，咳嗽时无鼻液或仅有少量的黏稠鼻液，这表示呼吸道内无液体或仅有少量的黏稠液体。典型干咳见于喉、气管内存在异物和胸膜炎。在急性喉炎初期、慢性支气管炎时也可出现干咳。

②湿咳：即咳嗽声音钝浊，湿而长，咳嗽时往往从鼻孔流出多量鼻液，这表示呼吸道内有大量稀薄的液体。湿咳见于咽喉炎、支气管炎、支气管肺炎和肺坏疽等病的中期。

（2）按频度分。

①稀咳：即单发性咳嗽，每次仅出现一两声咳嗽，常反复发作而带有周期性，故又称周期性咳嗽。稀咳见于感冒、慢性支气管炎、肺结核、肺丝虫病。

②连咳：即连续咳嗽，咳嗽频繁，严重时呈痉挛性咳嗽，见于急性喉炎、传染性上呼吸道卡他、弥漫性支气管炎、支气管肺炎。

③痉咳：即痉挛性咳嗽或发作性咳嗽，具有突发性和暴发性，咳嗽剧烈而痛苦，且连续发作，见于呼吸道受到强烈刺激如呼吸道异物、慢性支气管炎和肺坏疽。

（3）按强度分。

①强咳：当肺组织弹性正常，而喉、气管患病时，则咳嗽强大有力，见于喉炎、气管炎。

②弱咳：当肺组织和毛细支气管有炎症和浸润性病变或肺泡气肿而弹性降低时，咳嗽弱而无力，见于细支气管炎、支气管肺炎、肺气肿、胸膜炎。

③痛咳：咳嗽时带有疼痛，病畜表现头颈伸直，摇头不安，刨地和呻吟。表明有胸壁、胸膜、肺、气管、膈肌等部位疼痛性疾病，如呼吸道异物、异物性肺炎、急性喉炎、喉水肿和胸膜炎，以及长期的咳嗽。

（四）鼻检查

1．外部观察

（1）鼻孔周围组织：鼻孔周围组织可发生各种各样的病理变化，如鼻翼肿胀、水泡、脓疱、溃疡和结节。鼻孔周围组织肿胀可见于血斑病、异物刺伤及某些传染病如口蹄疫、炭疽、气肿疽及羊痘。鼻孔周围的水泡、脓疱及溃疡可见于猪传染性水泡病、脓疱性口膜炎。牛的鼻孔周围结节见于牛丘疹性口膜炎和牛坏死性口膜炎。

（2）鼻甲骨形态变化：鼻甲骨增生、肿胀见于严重的骨软病。鼻甲骨萎缩、鼻盘翘起或歪向一侧是猪传染性萎缩性鼻炎的特征。

（3）鼻的痒感：鼻部发痒，可表现经常向周围物体上摩擦，见于羊鼻蝇寄生、萎缩性鼻炎、鼻卡他。

2．鼻黏膜检查

（1）检查方法：将病畜的头抬起，使鼻孔对着阳光或人工光源，即可观察鼻黏膜的病理变化。对于因鼻孔深或鼻翼软下陷的大动物无法直接看清的情况，可用单指或双指进行检查。单指检查时一手托住下颌并适当高举头，另一手的食指挑起鼻翼观察。双指检查是指用一手托住下颌并适当高举头，另一手的拇指和中指捏住鼻翼软骨并向上拉起，同时用食指挑起外侧鼻翼，即可观察（图 1.55）。

图 1.55　鼻孔检查

（2）检查内容：观察鼻黏膜时应注意其颜色，有无肿胀、水泡、结节、溃疡、瘢痕及肿瘤。

①颜色：健康动物鼻黏膜颜色均为淡红色，有些牛鼻孔附近的鼻黏膜上常有棕褐色色素沉着，检查时应注意。在病理情况下，鼻黏膜的颜色也有潮红、发绀、苍白、黄染，以及出血斑点等变化，其临诊意义与眼结膜的颜色变化大致相同。

②肿胀：健康动物的鼻黏膜湿润而有光泽，表面呈颗粒状。鼻黏膜肿胀时表面光滑平坦，颗粒消失，触诊有柔软增厚感，主要见于急性鼻炎、流行性感冒、牛恶性卡他热、犬瘟热。

③水泡：主要见于口蹄疫和猪传染性水泡病。

④结节：鼻黏膜出现结节可能是鼻疽结节。

⑤溃疡：有表层和深层之分。表层溃疡见于鼻炎、血斑病和牛恶性卡他热。深层溃疡多为鼻疽性溃疡，其形如喷火口状，边缘隆突，溃底深，并盖以灰白色或灰黄色白膜，多分布于鼻中隔黏膜上。

⑥瘢痕：鼻中隔下部的瘢痕多为创伤所致，一般浅而小，呈弯曲状或不规则。鼻疽性瘢痕大而厚，以星芒状为其特点。

⑦肿瘤：呈疣状突起，大小不一，形态各异，有蒂或无蒂，一个或数个，有出血或无出血。

（五）副鼻窦检查

1．视诊　注意其外形变化。额窦和上颌窦部位隆起、变形，多见于窦腔积脓、软骨病、肿瘤、牛恶性卡他热、创伤和局限性骨膜炎。牛上颌窦区的骨质增生性肿胀，可见于牛放线菌病。

2．触诊　注意敏感性、温度和硬度，触诊必须两侧对照进行。窦区病变较轻时，触诊变化往往不明显。触诊时敏感和温度增高，见于急性窦炎和急性骨膜炎。局部管壁凹陷并有疼痛反应，见于创伤。窦区隆起、变形、触诊坚硬、疼痛不明显，常见于骨软病、肿瘤和放线菌病。

3．叩诊　对窦区进行先轻后重的叩打，同时两侧对照，以确定音响是否发生变化。健康动物的窦区呈清晰而高朗的空盒音，如叩诊出现浊音，常见于窦腔积脓或被肿瘤充塞，以及骨质增生。

（六）喉及气管检查

1．外部检查

（1）视诊：注意有无肿胀。喉部肿胀，常由于喉部皮肤和皮下组织水肿或炎性浸润所致。多见于咽喉炎、喉囊炎。牛的喉部肿胀，见于炭疽、恶性水肿、化脓性腮腺炎、放线菌病、创伤性心包炎。猪的喉部肿胀，见于急性猪肺疫、猪水肿病和炭疽。羊的喉部肿胀可见于其各种寄生虫病。

（2）触诊：注意有无肿胀、增温、疼痛反应和咳嗽。喉部触诊时，有热感，病畜疼痛，拒绝触压，并发咳嗽，多为急性喉炎的表现。

（3）听诊：听诊主要是判断喉和气管呼吸音有无改变。听诊健康动物喉部时可以听到一种类似“赫”的声音，称为喉呼吸音。喉呼吸音的常见病理变化有呼吸音增强、狭窄音和啰音。

①呼吸音增强：即喉呼吸音强大粗粝，见于各种出现呼吸困难的病畜。

②狭窄音：其性质类似口哨声、呼噜声或拉锯声，有时声音相当强大，以至距病畜数十步远都可听到，常见于喉水肿、咽喉炎、喉和气管炎、喉肿瘤。喉返神经麻痹时所出现的狭窄音，称为喘鸣音，其特征是在吸气时可听到一种吹哨音、咆哮性或喘鸣性喉头狭窄音，这是喉返神经麻痹而引起喉头和声带麻痹的结果，主要是喘鸣症。

③啰音：当喉和气管内有液体存在时出现啰音，如液体黏稠可听到干啰音，如液体稀薄则出现湿啰音。

2．内部检查　主要为直接视诊，检查时可使动物头略为高举，用开口器打开口腔，将舌拉出口外，并用压舌板压下舌根，同时对着阳光或人工光源，即可视诊喉黏膜，注意喉黏膜有无肿胀、出血、溃疡、渗出物和异物。

三、胸廓、肺部检查

（一）胸部叩诊

1．叩诊方法　大动物用槌板叩诊法，即叩诊时一手持叩诊板将其顺着肋间隙密贴放置，另一手持叩诊槌以腕关节作为活动轴，垂直地向叩诊板中央做短促叩击，一般每点叩击 2 ～ 3 次。叩诊应有一定的顺序，注意要将整个肺区都检查到，不能遗漏某个区域。叩诊力量的轻重，要按叩诊目的而灵活掌握。当胸壁厚，病变深在，宜用重叩诊。胸壁薄而病变浅在，要确定肺叩诊区和病变的界限时，宜进行轻叩诊。当发现病理性叩诊音时，应与正常的音响反复仔细地进行对比，同时还应和对侧相应部位做对照，如此才可以较为准确地判断病理变化。小动物用指指叩诊法，即叩诊时，将一手的中指作为叩诊板，另一手的中指或食指作为叩诊槌，其操作及要领与槌板法相同。

2．健康动物的肺叩诊区

（1）健康动物肺叩诊区的确定：正常肺叩诊区因动物种类不同而有很大差异，现以牛为例。

①牛肺叩诊区：近似三角形或椭圆形，背界为与脊柱平行的直线并距背中线约一掌宽（10 cm 左右），前界为自肩胛骨后角沿肘肌下所画的类似“S”形的曲线，止于第 4 肋间，后界是由第 12 肋骨与上界的交点开始，向下、向前的弧线，依次经过髋结节水平线与第 11 肋间的交点、肩关节水平线与第 8 肋间的交点，而止于第 4 肋间与心脏相对浊音区交界处（图 1.56）。

②羊、猪、犬的肺叩诊区分别如图 1.57 ～图 1.59 所示。

（2）肺叩诊区的病理变化。

①肺叩诊区扩大：是肺过度膨胀（肺气肿）或胸腔积气（气胸）的结果。

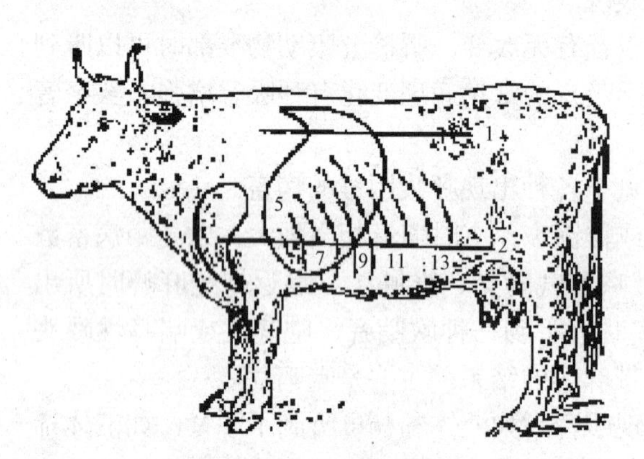

图 1.56　牛肺叩诊区

1．髋结节水平线；2．肩关节水平线；
5、7、9、11、13 分别为相应肋骨

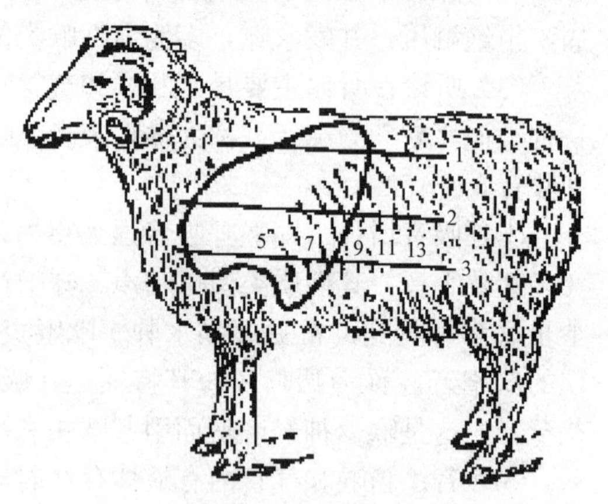

图 1.57　羊肺叩诊区

1．髋结节水平线；2．坐骨结节水平线；
3．肩关节水平线；5、9、11、13 分别为相应肋骨

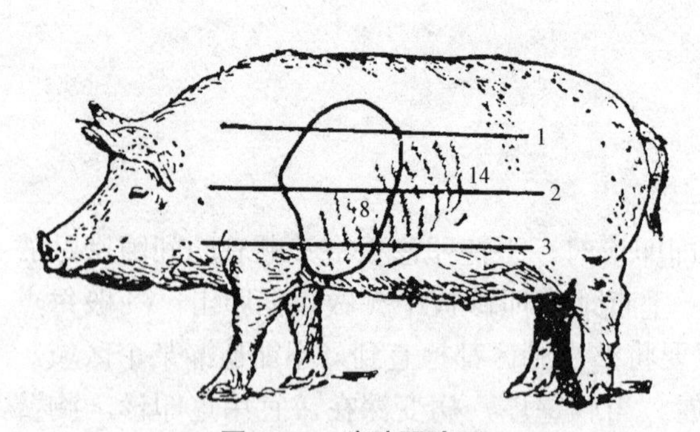

图 1.58　猪肺叩诊区

1．髋结节水平线；2．坐骨结节水平线；
3．肩关节水平线；8、14 分别为相应肋骨

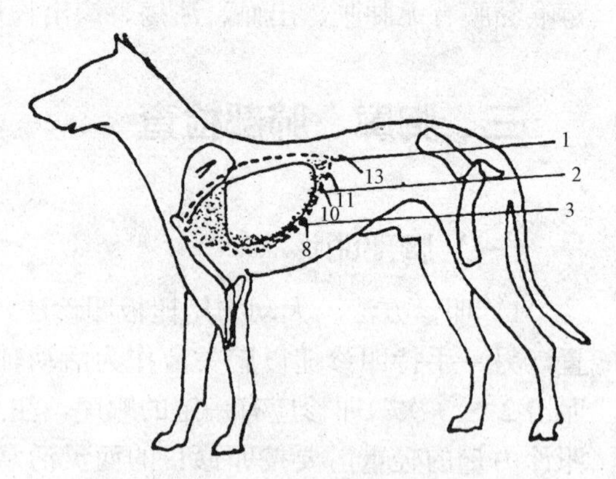

图 1.59　犬肺叩诊区

1．髋结节水平线；2．坐骨结节水平线；
3．肩关节水平线；8、10、11、13 分别为相应肋骨

②肺叩诊区缩小：是下界上移或后界前移的结果。下界上移见于心脏肥大、心脏扩张、心包积液。后界前移见于腹压力升高的情况，如怀孕后期、急性胃扩张、急性瘤胃膨气、肠膨气、腹腔积液、肝脏肿大。

3．叩诊音

（1）正常叩诊音：健康大动物肺区的中 1/3 叩诊呈清音，其特征是音响较长，响度较大，音调较低，而肺区的上 1/3 和下 1/3 声音较弱，肺的边缘则带有半浊音性质。但在小动物，如小狗、猫、兔等，由于肺中空气柱振幅较小，故肺区叩诊音稍带鼓音性质。

（2）肺叩诊音的病理变化。

①浊音、半浊音：见于各种类型的肺炎、肺充血、肺水肿、肺脓肿、肺坏疽、肺结核、鼻疽、牛肺疫、肺棘球蚴病、肺肿瘤、肺纤维化、肺萎陷、胸腔积液、胸壁及胸膜增厚。

②鼓音：见于肺脓肿、肺坏疽、肺结核、鼻疽、牛肺疫等疾病引起的肺空洞、气胸。

③过清音：为清音和鼓音之间的一种过渡性声音，类似敲打空盒声音，故又称为空盒音或匣音。主要见于肺气肿。

④破壶音：类似叩击破瓷壶所产生的音响。见于有与支气管相通的大空洞形成，如肺脓肿、肺坏疽和肺结核等形成的大空洞。

4．敏感反应　以叩诊作为一种有效刺激，根据病畜的反应来判断胸膜的敏感性，或有无疼痛，从而诊断疾病。叩诊敏感或疼痛时，病畜主要表现为回顾、躲闪、抗拒、呻吟，有时还可引起咳嗽。见于肋骨骨折、胸膜炎、肺炎、支气管炎等胸部疼痛性疾病。

（二）胸部听诊

1．方法　对大动物多用间接听诊法，在特殊情况下也可采用直接听诊法。肺听诊区和叩诊区基本一致。听诊时宜先从肺部的中 1/3 部开始，由前向后逐渐听取，其次是上 1/3，最后是下 1/3。每个部位听 2 ～ 3 次呼吸音后再变换位置，直至听完全肺。如发现异常呼吸音，为了确定其性质，应将该处与邻近部位进行比较，有必要时还要与对侧相应部位对照听取。当呼吸音不清楚时，宜以人工方法增强呼吸，如加强运动，或闭塞其鼻孔片刻，然后松开，再立即听诊，往往可以获得良好效果。

2．正常呼吸音

（1）肺泡呼吸音：类似柔和的“呋”音，一般在健康动物的肺区内可以听到。肺泡呼吸音一般由下列声音构成：

①毛细支气管和肺泡入口之间空气出入的摩擦音。

②空气由细小的支气管进入比较宽广的肺泡内产生旋涡运动，气流冲击肺泡壁产生的声音。

③肺泡收缩与舒张过程中由于弹性变化而形成的声音。

肺泡呼吸音的强度和性质，可因动物的种类、品种、年龄、营养状况、胸壁的厚度和代谢状况而有所不同。

（2）支气管呼吸音：一种类似于将舌抬高呼出气体时发出的“赫”音，或强的“哧”音。支气管呼吸音是空气通过声门裂隙时产生气流旋涡所致。在正常情况下，绵羊、山羊、猪和牛在第3～4肋间，肩关节水平线上下可以听到柔和而轻微的混合性呼吸音。只有犬在整个肺部都能听到明显的支气管呼吸音。

3．病理呼吸音

（1）病理性肺泡呼吸音。

①肺泡呼吸音增强：可表现为普遍性增强和局限性增强。普遍性增强为呼吸中枢兴奋性增强及呼吸运动和肺换气加强的结果。其特征为两侧和全肺的肺泡音均增强，如重读"呋"音。常见于发热、代谢亢进及其他伴有一般性呼吸困难的疾病。局限性增强，亦称代偿性增强，此乃病变侵及一侧肺或肺脏的某些部分，致使其机能减弱或消失，而健侧或无病变的部分肺组织出现代偿性呼吸机能亢进呼吸增强，它标志着肺实质的病理变化，常见于大叶性肺炎、小叶性肺炎和渗出性胸膜炎，其特点是常伴发一侧或局部肺泡呼吸音减弱或消失，或出现支气管呼吸音。

②肺泡呼吸音减弱或消失：表现为肺泡呼吸音极为微弱，听不清楚，吸气时也不明显，甚至听不到肺泡呼吸音。此种变化可发生于肺部两侧、一侧或局部。肺泡呼吸音减弱或消失可见于：

a．肺组织的弹性减弱或消失：当肺组织浸润或炎症时，肺泡被渗出物占据并不能充分扩张而失去换气能力，则该区肺泡音减弱或消失，见于各型肺炎、肺结核。当肺组织极度扩张而失去弹性时，则肺泡呼吸音也减弱，见于肺泡气肿。

b．进入肺泡的空气量减少或流速减慢：见于上呼吸道狭窄（如喉水肿）、肺膨胀不全、全身极度衰弱（如严重中毒性疾病的后期、脑炎后期、濒死期）、呼吸麻痹、呼吸运动减弱、胸部有剧烈疼痛性疾病（如胸膜炎、肋骨骨折）、膈肌运动障碍（如膈肌炎、急性胃扩张、瘤胃臌气、肠臌气）。

c．呼吸音传导障碍：当胸腔积液、胸膜增厚、胸壁肿胀时，由于呼吸音传导不良，呼吸音减弱。

d．空气完全不能进入肺泡内：见于支气管阻塞和肺实变的疾病。

③断续性呼吸音：肺泡呼吸音呈断续的一种现象，其特征是一次肺泡音呈现两个或两个以上的分段。见于支气管炎、肺结核、肺硬变等疾病，有时也见于病畜剧烈疼痛、兴奋、寒冷。

（2）病理性支气管呼吸音：在肺部正常可听范围以外的部位出现支气管呼吸音，认为是病理征象。肺组织实变是发生病理性支气管呼吸音最为常见的原因。该声音的出现是由于肺组织的密度增加，传音效果良好所致，常见于广泛性肺结核、牛肺疫及猪肺疫、渗出性胸膜炎、胸水等压迫肺组织时。

（3）混合性呼吸音：即肺泡呼吸音与支气管呼吸音混合存在，其特征为吸气时主要是肺泡呼吸音，而呼气时则主要为支气管呼吸音，近似"呋－赫"的声音。混合性呼吸音产生的原因是当较深部的肺组织发生实变，而周围被正常的肺组织所遮盖，或浸润实变区和正常肺组织参杂存在。常见于小叶性肺炎、大叶性肺炎的初期或溶解消散期和散在性肺结核、胸腔积液。

（4）啰音：为伴随呼吸而出现的附加声音。

①干啰音。发生机理：一是支气管狭窄。由于支气管黏膜炎症（如黏膜充血、水肿、

分泌物堵塞及黏液腺肿大）、支气管痉挛及支气管受压迫（如肿瘤压迫），导致支气管管腔狭窄，当气流通过狭窄部时产生一种狭窄音；二是支气管内有黏稠液体存在，当空气通过含有黏稠分泌物的支气管时，气流可冲击黏液丝条或薄膜引起振动而产生的声音。其特征是鼾声、蜂鸣音、笛音、飞箭音、咝咝音，见于弥散性支气管炎、支气管肺炎、慢性肺气肿、牛结核和间质性肺炎。

②湿啰音。又称水泡音，发生机理：一方面是当支气管内有稀薄液体（如渗出液、漏出液、分泌液及血液）存在时，气流通过液体引起液体的移动或水泡破裂而发生的声音，一方面是气流冲动液体形成疏密不均的泡沫或气体与液体混合而成泡沫状移动发生的声音，另一方面是肺部存在含有液体的较大空洞（如支气管与空洞相通），气流冲击空洞内液体发生振动，或支气管口位于液面下，均可发生湿啰音。湿啰音的性质类似于用一小管吹空气入水中时产生的呈沸腾及含漱等声音。湿啰音的出现主要见于支气管炎、各型肺炎、肺结核、肺水肿、心力衰竭、肺瘀血、肺出血、异物性肺炎。

（5）捻发音：为一种极细微而均匀的噼啪音。该音的性质类似于在耳边用手捻搓一束头发时产生的声音。捻发音发生机理是当肺泡内含有渗出液、漏出液并将肺泡粘合起来，但并非完全实变，当吸气时粘着的肺泡突然被气体冲开，或毛细支气管黏膜肿胀并被黏稠分泌物粘着，当吸气时粘着的部分又被分开而产生特殊爆裂音，即捻发音。常见于大叶性肺炎的充血期和消散期及肺结核、毛细支气管炎、肺水肿初期、肺膨胀不全但肺泡尚未完全阻塞。此外，在老龄动物或长期躺卧的病畜的肺底部偶尔可听到捻发音。

（6）空瓮性呼吸音：类似轻吹狭口的空瓶口时所发出的声音。声音柔和而深长，常带金属音调。由于肺内存在与支气管相通的大空洞，其壁光滑，空洞周围的肺组织实变，空气经支气管进入大空洞时产生共鸣而形成，见于肺脓肿、肺坏疽、肺结核及肺棘球蚴囊肿破溃。

（7）胸膜摩擦音：当胸膜发炎时，由于纤维蛋白沉着，变为粗糙不平，因此在呼吸运动时，两层粗糙的胸膜面互相摩擦而产生摩擦音。摩擦音的特点是干而粗糙，声音接近体表，且呈断续性，吸气与呼气时均可听到，但一般多在吸气之末与呼气之初较为明显。摩擦音的强度极不一致，有的很强，粗糙而尖锐，如搔抓声；有的很弱，柔和而细，犹如丝织物摩擦声音。摩擦音的强度与病变的性质、位置、面积大小、两层胸膜接触的程度，以及呼吸时胸廓运动的强度有关。摩擦音常发生于肺移动最大的部位，即肘后、肺叩诊区下 1/3、肋骨弓的倾斜部。有明显摩擦音的部位，触诊可有胸膜摩擦感和疼痛表现。

胸膜摩擦音为纤维素性胸膜炎的特征。但没有听到胸膜摩擦音，并不能排除纤维素性胸膜炎的存在。这是由于摩擦音常出现于胸膜炎初期。当胸膜腔中存在一定数量的渗出液而将两层胸膜隔开时，则摩擦音会消失。直至渗出物吸收期，摩擦音才重新出现。当胸膜发生粘连时，也听不到摩擦音。摩擦音通常只在若干小时内可以听到，但也可能保持数天或更长时间。摩擦音可见于大叶性肺炎、各型传染性胸膜肺炎、胸膜结核及猪肺疫。此外，在高度脱水时也可发生胸膜摩擦音。

（8）拍（击）水音：患畜胸腔内有液体积聚时，随着呼吸运动或突然改变体位及心搏动，振荡或冲击液体而产生的声音。见于渗出性胸膜炎、胸腔积液及气胸伴发渗出性胸膜炎。

在听诊肺部时，常可听到与呼吸无关的一些杂音，这些杂音往往干扰听诊，特别是初学者有时会误认为呼吸音。在这一类声音中，有吞咽食物、嗳气、呻吟和肌肉震颤引起的声音，以及心音及胃肠蠕动音，对此应特别予以注意。病理性呼吸音的共同特点为伴随呼吸运动而出现，并且动物表现出呼吸器官的其他症状，而杂音的发生则与呼吸运动无关。

任务3 消化系统检查

【任务目标】

知识：了解消化系统检查的目的；熟悉消化系统检查的内容及方法；掌握各种动物消化器官的体表投影；掌握消化系统各器官的病变及临床意义。

技能：能正确根据消化系统病理改变对疾病做出初步诊断。

素质：细心、耐心、全面检查；保护自身安全，不被动物踢伤、咬伤；爱护动物，检查时动作到位、不粗暴；爱惜检查工具；不怕脏、不怕累。

【任务实施】

一、采食和饮水检查

（一）食欲检查

1. 食欲减退　表现为不愿采食或食量减少，绝大多数疾病都出现这种现象。

2. 食欲废绝　表现为完全拒食饲料，见于各种高热性、剧痛性、中毒性疾病，以及急性胃肠道疾病如急性瘤臌气、急性肠臌气、肠阻塞、肠变位。

3. 食欲不定　表现为食欲时好时坏，变化不定，见于慢性消化不良、牛创伤性网胃炎等。

4. 食欲亢进　表现为食欲旺盛，采食量多，主要见于重病恢复期、胃肠道寄生虫病、糖尿病、甲状腺功能亢进等。

5. 异嗜　特征是病畜喜食异物，如灰渣、泥土、粪便、被毛、木片、塑料、碎布、污物等，主要见于营养代谢障碍性疾病，蛋白质、矿物质、维生素、微量元素缺乏性疾病，如骨软病、佝偻病、幼畜白肌病、仔猪贫血、啄羽癖、啄肛癖，以及猪的咬尾、吞仔癖或吞食胎衣。

（二）饮欲检查

1. 饮欲增加　表现为口渴多饮，常见于热性病、大失水（如剧烈呕吐、腹泻、多尿、大出汗）、渗出过程（如胸膜炎和腹膜炎）及猪、鸡食盐中毒。

2．饮欲减少　表现为不饮水或饮水量少，见于意识障碍的脑病及不伴有呕吐和腹泻的胃肠病。

（三）采食、咀嚼和吞咽动作检查

1．采食障碍　表现为采食不灵活，或不能用唇、舌采食，或采食后不能利用唇、舌运动将饲料送至臼齿间进行咀嚼，见于唇、舌、齿、下颌骨、咀嚼肌疾患，如口炎、舌炎、齿龈炎、异物刺入口腔黏膜、下颌关节脱臼、下颌骨骨折。某些神经系统疾病，如面神经麻痹、破伤风时咀嚼肌痉挛，以及脑和脑膜的疾病，均可引起采食障碍。

2．咀嚼障碍　表现为咀嚼缓慢，不敢用力，或咀嚼过程中突然停止，将饲料吐出口外，然后又重新采食，严重的甚至完全不能咀嚼。多为牙齿、颌骨、口黏膜、咀嚼肌及相关支配神经的疾患，如牙齿磨灭不整、齿槽骨膜炎、骨软病、放线菌病、严重口膜炎、破伤风、面神经麻痹、舌下神经麻痹，以及脑病。

3．吞咽障碍　吞咽时摇头、伸颈、前肢刨地，屡次试图吞咽而中止或吞咽时引起咳嗽，并伴有大量流涎，多见于咽部疾患和食道麻痹。

（四）反刍检查

牛正常一般在饲喂后半小时至一小时开始反刍，每昼夜进行 6 ～ 8 次，每次持续时间为 30 ～ 50 min，每个返回口腔的食团平均再咀嚼 40 ～ 70 次。绵羊和山羊的反刍活动较牛为快。

1．反刍机能减弱　开始出现反刍的时间延迟，每昼夜反刍的次数减少，每次反刍持续时间过短，咀嚼无力，时而中止，每个食团咀嚼次数减少，常见于前胃弛缓、瘤胃积食、瘤胃臌气、创伤性网胃炎、热性病、中毒病、代谢病和脑病。

2．反刍完全停止　见于前胃弛缓、创伤性网胃炎或严重的全身性慢性消耗性疾病，如结核病后期、恶病质。

（五）嗳气检查

嗳气是反刍动物的一种生理现象。反刍动物通过嗳气借以排出瘤胃内微生物发酵所产生的气体。健康奶牛一般每小时嗳气 20 ～ 30 次，黄牛 17 ～ 20 次，绵羊 9 ～ 12 次，山羊 9 ～ 10 次。嗳气可在左侧颈部沿食管沟处看到由下向上的气体移动波，有时还可听到嗳气的咕噜音。

1．嗳气减少　常由于瘤胃内微生物活力减弱、发酵过程降低、气体产生减少、瘤胃兴奋性降低、瘤胃蠕动力减弱所致，见于前胃弛缓、瘤胃积食、创伤性网胃炎、瓣胃阻塞、皱胃疾病，以及继发前胃机能障碍的热性病及传染病。

2．嗳气完全停止　见于瘤胃内气体排出受阻（如食管阻塞）以及严重的前胃收缩力不足或麻痹。

3．嗳气增多　见于瘤胃臌气的初期或采食了容易发酵产气的食物。

（六）呕吐检查

胃内容物不自主地经口或鼻腔排出，称为呕吐。除肉食兽外，各种动物的呕吐都属于病理现象。

1. 中枢性呕吐　见于脑病（如延脑的炎症过程）、传染病（如犬瘟热）、药物（如氯仿、阿扑吗啡）的作用。

2. 外周性呕吐　主要是来自消化道（如软腭、舌根、咽、食管、胃肠黏膜）、腹腔器官（如肝、肾、子宫）及腹膜的各种异物、炎症及非炎性刺激反射性地引起呕吐中枢兴奋而发生的。见于食管阻塞、胃扩张、胃内异物、小肠阻塞、肠炎、腹膜炎、子宫蓄脓。

3. 中毒性呕吐　可见于有机磷农药中毒、尿毒症、安妥中毒、砷中毒、铅中毒、马铃薯中毒、肝炎、肾炎、酮病、糖尿病。

二、口腔、咽及食管检查

（一）口腔检查

口腔检查主要注意流涎，气味，口唇黏膜的温度、湿度、颜色及完整性，舌和牙齿的变化。

1. 各种动物的开口法

（1）牛的徒手开口法：检查者站在牛头侧方，可先用手轻轻拍打牛的眼睛，在牛闭眼的瞬间，以一手的拇指和食指从两侧鼻孔同时伸入并捏住鼻中隔（或握住鼻环）向上提举，再用另一手伸入口中握住舌体并拉出，口即张开（图 1.60）。

（2）羊的徒手开口法：用一手的拇指与中指由颊部捏握上颌，另一手的拇指及中指由左、右口角处握住下颌，同时用力上下拉即可开口，但应注意防止被羊咬伤手指。

（3）猪的开口法：须使用特制的开口器（图 1.61）。

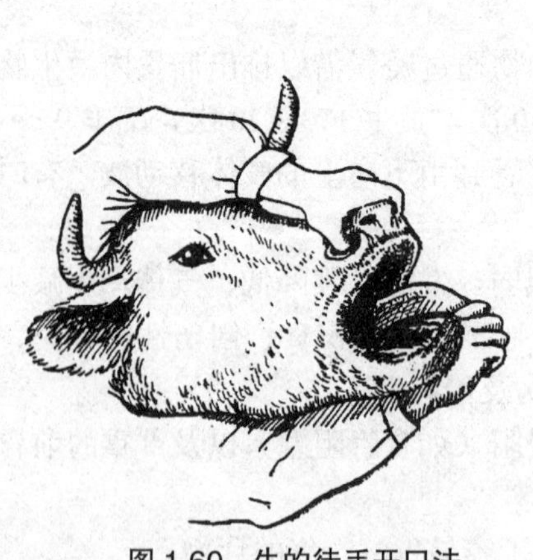

图 1.60　牛的徒手开口法

图 1.61　猪的开口法

（4）犬的开口法：选择性情温驯的犬，令助手握紧前肢，检查者右手拇指置于上唇左侧，其余四指置于上唇右侧，在握紧上唇的同时，用力将唇部皮肤向下内方挤压；用左手拇指与其余四指分别置于下唇的左、右侧，用力向内上方挤压唇部皮肤。左、右手用力将上下腭向相反方向拉开即可（图 1.62）。必要时用金属开口器打开口腔。

（5）猫的开口法：助手握紧前肢，检查者两手将上、下腭分开即可（图 1.63）。

图 1.62　犬的开口法

图 1.63　猫的开口法

2．口腔检查的内容

（1）气味：健康动物在采食后，留有某种饲料的气味。病理状态下如出现酸臭味，是由于动物消化机能紊乱，长时间食欲废绝，口腔脱落上皮和饲料残渣腐败分解而引起，常见于口炎、肠炎和肠阻塞。腐败臭味常见于齿槽骨膜炎、坏死性口炎。类似氯仿味常见于牛的酮病。

（2）流涎：口腔中的分泌物或唾液流出口外，称为流涎。健康动物口腔稍湿润，无流涎现象。大量流涎，多见于黏膜遭异物刺激（如麦芒、金属等异物刺伤口腔）、口炎及伴发口炎的传染病（如水疱病、口蹄疫）、吞咽或咽下障碍性疾病（如咽炎或食管阻塞）、中毒（猪的食盐中毒和鸡的有机磷中毒）及营养障碍（犬烟酰胺缺乏、维生素 C 缺乏病）所致。

（3）口唇：健康动物的上下唇闭合良好。病理状态下常有以下表现：

①口唇下垂：见于面神经麻痹、某些中毒（如霉玉米中毒）、狂犬病、唇舌损伤和炎症、下颌骨骨折。

②双唇紧闭：见于脑膜炎、破伤风及士的宁中毒。

③唇部肿胀：见于口腔黏膜的深层炎症。

④唇部疱疹：见于牛和猪的口蹄疫等。

3．口腔黏膜

（1）颜色：健康动物口腔黏膜颜色淡红而有光泽。在病理情况下与眼结膜颜色变化及其临诊意义大致相同。

（2）温度：可将手指伸入口腔中感知。口腔温度与体温的临诊意义基本一致。

（3）湿度：健康动物口腔湿度中等。口腔过分湿润，是唾液分泌过多或吞咽障碍的结果，见于口炎、咽炎、唾液腺炎、口蹄疫、狂犬病及破伤风等。口腔干燥，见于热性病、脱水。

（4）完整性：口腔黏膜出现红肿、发疹、结节、水泡、脓疱、溃疡、表面坏死、上皮脱落，除见于一般性口炎外，还见于口蹄疫、痘疹、猪水泡疹等过程中。

4．舌

（1）舌苔：舌苔是舌面表层脱落不全的上皮细胞沉淀物，多见于胃肠病和热性病。舌苔厚薄、颜色变化，通常与疾病的轻重和病程的长短有关。舌苔黄厚，一般表示病情重或病程长。舌苔薄白，一般表示病情轻或病程短。

（2）舌色：健康动物舌的颜色与口腔黏膜相似，呈粉红色且有光泽。在病理情况下，其颜色变化与眼结膜及口腔黏膜颜色变化的临诊意义大致相同。

（3）形态变化：舌硬化（木舌），舌硬如木，体积增大，致使口腔不能容纳而垂于口外，可见于牛放线菌病。舌麻痹，舌垂于口角外并失去活动能力，见于各种类型脑炎后期或饲料中毒（如霉玉米中毒及肉毒梭菌中毒）。猪的舌下和舌系带两侧有高粱米粒大乃至豌豆大的水泡状结节，是猪囊尾蚴的特征。

（4）舌体咬伤：因中枢神经机能紊乱如狂犬病、脑炎引起。

5．牙齿　牙齿病患主要为对合不整齐、牙齿磨灭不整、尖锐齿、过长齿、赘生齿、波状齿、龋齿和牙齿松动、脱落、损坏。多为矿物质缺乏所致。牙齿上有黄褐色或黑色斑点，多见于氟中毒。

（二）咽部检查

1．外部视诊　如病畜有吞咽障碍，头颈伸直，头颈夹角增大，运动不灵活，局部肿胀，常见于咽炎。

2．外部触诊　检查者两手拇指放在病畜左右寰椎翼的外角上作为支点，其余 4 指并拢向咽部轻轻压迫。如出现明显肿胀、增温、敏感增强或咳嗽，在牛见于咽后淋巴结化脓、结核病和放线菌病，在猪见于咽炎、急性猪肺疫、咽部炭疽、仔猪链球菌病。

（三）食管检查

1．视诊　注意吞咽过程饮食沿食道沟通过的情况及局部是否有肿胀。

2．触诊　检查者两手分别由两侧沿颈部食管沟自上向下加压滑动检查，注意感知是否有肿胀、异物，内容物的硬度，有无敏感反应及波动感。

3．探诊　一般根据动物的种类及大小而选定不同口径及相应长度的胶管（或塑料管）作为探管，大动物用探管长度为 2.0 ～ 2.5 m，内径 10 ～ 20 mm，管壁厚 3 ～ 4 mm，其软硬度应适宜。探管使用前应用消毒液浸泡，并涂润滑油类。动物要保定，尤其要保定好头部。如须经口探诊，应加装开口器，大动物及羊一般可经鼻、咽探诊。

操作时，检查者站在动物头的一侧，一手把握住鼻翼，另一手持探管，自鼻道（或经口）徐徐送入，待探管前端达到咽腔时（大动物 30 ～ 40 cm 深度）可感觉有抵抗，此时可稍停推进并加以轻微的前后抽动，待动物发生吞咽动作时，趁机送下。如动物不吞咽，可由助手捏压咽部以引起其吞咽动作。

探管通过咽后，应立即判定是否正确插入食管内。插入食管内的标志是，用胶皮球向探管内打气时，不但能顺利打入，而且在左侧颈沟可见有气流通过的波动，同时压扁的胶皮球不会鼓起来。插入气管的标志是，用胶皮球向探管内打气时，在颈沟部看不到气流波动，被压扁的胶皮球可迅速鼓起来。如胃管在咽部转折，向探管打气困难，也看不到颈沟部的波动。

此外，探管在食管内向下推进时可感到有抵抗和阻力，但如在气管内，可引起咳嗽并随呼气阶段有呼出的气流，也可作为判定探管是否在食管内的标志。

探管误插入气管内时，应取出重插；探管不宜在鼻腔内多次扭转，以免引起黏膜破损、出血。

食管探诊主要用于提示有食道阻塞性疾病、胃扩张的可疑或为抽取胃内容物时，对食管狭窄、食管憩室及食管受压等病变也具有诊断意义。食管和胃的探诊兼有治疗作用。

三、腹部及胃肠检查

（一）反刍动物的腹部及胃肠检查

1．腹部检查

（1）视诊。

①腹围增大：左腹侧上方膨大，肷窝凸出，腹壁紧张而有弹性，叩诊呈鼓音，见于急性瘤胃臌气。左腹侧下方膨大，肷窝消失，叩诊呈浊音，见于瘤胃积食。右侧腹肋弓后下方膨大，主要见于皱胃积食及瓣胃阻塞。腹部下方两侧膨大，触诊有波动感，叩诊呈水平浊音，见于腹水和腹膜炎。

②腹围缩小：主要见于长期饲喂不足、食欲紊乱、顽固性腹泻，以及慢性消耗性疾病，如贫血、营养不良、内寄生虫病、结核和副结核病。

（2）触诊。腹壁敏感性增强见于急性腹膜炎和肠套叠，腹壁紧张度增高见于破伤风。

2．前胃和皱胃检查

腹腔的各脏器的体表投射部位如图 1.64 和图 1.65 所示。

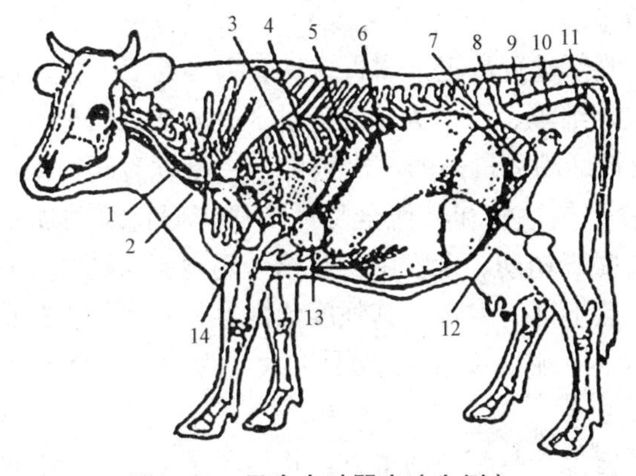

图 1.64　母牛内脏器官（左侧）

1．食管；2．气管；3．肺；4．横膈膜圆顶轮廓；5．脾脏（其前气缘以虚线表示）；6．瘤胃；7．膀胱；8．左子宫角；9．直肠；10．阴道；11．阴道前庭；12．空肠；13．网胃；14．心脏

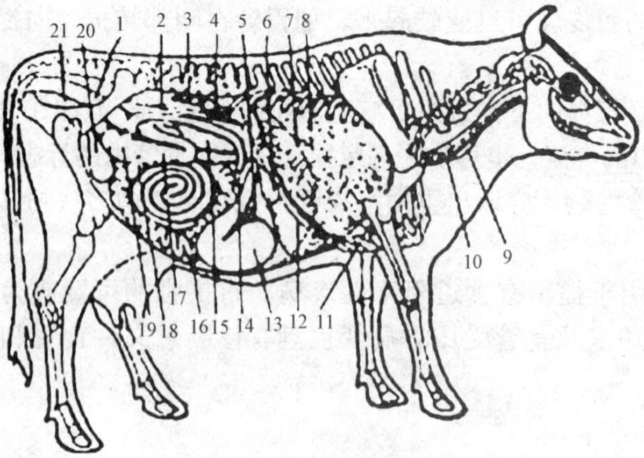

图 1.65　母牛内脏器官（右侧）

1．直肠；2．腹主动脉；3．左肾；4．右肾；5．肝脏；6．胆囊；7．横膈膜圆顶轮廓线；8．肺；9．食管；10．气管；11．心脏；12．横膈沿肋骨附着线；13．真胃；14．十二指肠；15．胰脏；16．空肠；17．结肠；18．回肠；19．盲肠；20．膀胱；21．阴道

（1）瘤胃检查。瘤胃占左侧腹腔的绝大部分位置，与腹壁紧贴。瘤胃检查通常采用视诊、触诊、听诊及叩诊等方法。

①视诊：正常时左侧肷窝部稍凹陷。如肷窝凸出与髋结节同高，见于急性瘤胃臌气。如凹陷较深，见于饥饿或长期腹泻。

②触诊：检查者站于牛的左侧方，面向动物后方，左手放于动物背部作为支点，用右手手掌或拳放于左肷上部，用力反复触压瘤胃，或冲击触诊以判断瘤胃内容物性状，也可用恒定的力量按压感知其蠕动力量及蠕动次数。触诊正常瘤胃上部有少量气体，中、下部内容物较坚实。病理情况下，内容物性状、蠕动强度和次数，均可发生不同程度的改变。上腹壁紧张而有弹性，用力强压亦不能感到胃中坚实的内容物，表示瘤胃臌气；触诊内容物硬固或呈面团样，压痕久久不能消失，见于瘤胃积食；内容物稀软，瘤胃上部气体层增厚，常见于前胃弛缓。

③听诊：听诊在左肷部进行，正常瘤胃蠕动音为弱的“沙沙”声，牛为每两分钟 2 ～ 5 次，或每分钟 1 ～ 3 次，绵羊、山羊为每两分钟 3 ～ 6 次或每分钟 2 ～ 4 次，每次收缩持续时间 15 ～ 30 s 。瘤胃蠕动力量微弱，次数稀少，持续时间短促，或蠕动完全消失，见于前胃弛缓、瘤胃积食、热性病和其他全身性疾病。瘤胃蠕动加强，次数频繁，持续时间延长，见于急性瘤胃臌气初期、毒物中毒或给予瘤胃兴奋药物之后。

④叩诊：健康牛左肷上部为鼓音，其强度依内容物及气体多少而异。由肷窝向下逐渐变为半浊音至下部完全为浊音。如浊音范围扩大，为瘤胃积食。如鼓音范围扩大，则为瘤胃臌气。

（2）网胃检查。网胃位于腹腔左前下方，相当于第 6 ～ 8 肋骨间。网胃的疾病主要为创伤性网胃炎，检查方法也针对此而定。

①捏压法：由助手捏住牛的鼻中隔向前牵引，使额线与背线成水平，检查者强捏鬐甲部皮肤。

②拳压法：检查者蹲于牛的左前肢稍后方，以右手握拳，顶在剑状软骨部，肘部抵于右膝上，以右膝频频抬高，使拳顶压其网胃区。

③抬压法：检查者二人分别站于牛的胸部两侧，以一木棒横放于剑状软骨下，两人自后向前抬举。

④叩诊：叩诊时，要沿横膈膜附着线，即肺叩诊区后界，进行较强的叩击。

⑤病牛下坡或急转运动：牵病牛走下坡路或向左侧做急转弯运动。

应用以上方法检查时，如病牛表现不安、呻吟、躲闪、反抗或企图卧下，或当病牛下坡和做急转弯时，表现运步小心、步态紧张、不愿前进、四肢集于腹下，甚至呻吟、磨牙等疼痛反应时，则提示有创伤性网胃炎。

（3）瓣胃检查。瓣胃在牛的右侧 7 ～ 9 肋间，肩关节水平线上下各 3 ～ 5 cm 的范围内，一般在这个范围内进行检查。

①听诊：正常瓣胃蠕动音是继瘤胃蠕动音之后发出细弱的捻发音或“沙沙”声。瓣胃蠕动音减弱或消失，见于瓣胃阻塞、严重的前胃疾病及热性病。

②触诊：瓣胃的触诊法有两种：一是在右侧瓣胃区第 7、8、9 肋间用伸直的手指指尖实施重压触诊；二是在靠近瓣胃区的肋骨弓下部，用平伸的指尖进行冲击式或切入触诊法触诊。如有敏感反应或瓣胃坚实、体积增大、胃壁后移，则提示有瓣胃阻塞。

（4）皱胃检查。皱胃位于右腹部 9 ～ 11 肋骨之间，沿肋骨弓下部区域直接与腹壁接触，可采用视诊、触诊、叩诊和听诊检查。

①视诊：检查者站在牛的正后方观察，如右侧腹壁皱胃区向外突出，则提示皱胃严重阻塞和扩张。

②触诊：将手指插入肋骨弓下方行强压触诊，如动物表现回顾、躲闪、呻吟、后肢踢腹，则表示有皱胃炎、真胃溃疡和扭转。如触诊皱胃区感到内容物坚实或坚硬，则表示皱胃阻塞。如冲击触诊有波动感并能听到击水音，则提示皱胃扭转或幽门阻塞、十二指肠阻塞。

③叩诊：正常时皱胃区叩诊为浊音，如叩诊出现鼓音，则提示皱胃扩张。

④听诊：皱胃蠕动音类似流水音或含漱音。蠕动音增强，见于皱胃炎。蠕动音减弱或消失，见于皱胃阻塞。

3．肠听诊检查

健康反刍动物肠蠕动音短而稀少，声音也较微弱，小肠音类似含漱音、流水音，大肠音类似小的远处雷鸣声。

（1）肠音增强：肠音高朗、连绵不断，见于急性肠炎和内服泻剂之后。

（2）肠音减弱：肠音短而弱、次数稀少，见于一切热性病、瓣胃阻塞引起消化道机能障碍的疾病。

（二）猪的腹部及胃肠检查

1．腹部检查　主要通过视诊观察腹围大小及外形有无变化。

（1）容积扩大：除见于母猪妊娠后期及饱食等生理情况外，可见于胃食滞或肠臌气、肠变位、肠阻塞、腹膜炎。

（2）容积缩小：见于长期饲喂不足、食欲减退、顽固性腹泻、慢性消耗性疾病（如仔猪营养不良、仔猪贫血、慢性副伤寒、猪霉形体肺炎、肠道寄生虫）及热性病。此外，视诊脐部有时可发现圆形囊状肿物，多为脐疝。

2．胃肠检查　猪的各脏器的解剖部位如图 1.66 所示。

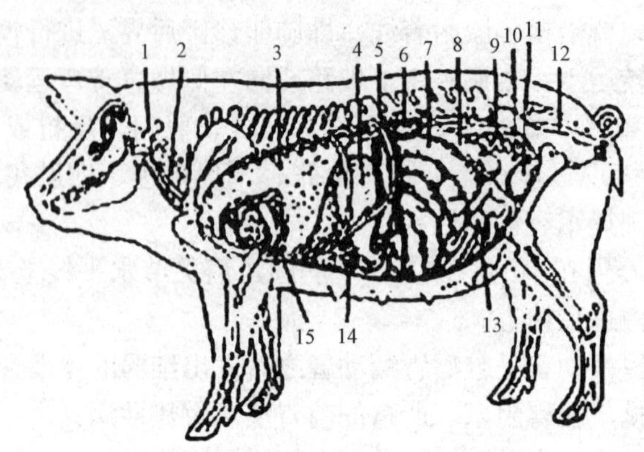

图 1.66　猪内脏器官位置（左侧）

1．食道；2．气管；3．肺；4．胃；5．脾；6. 左肾；7. 结肠；8．盲肠；9．左子宫角；10．左输尿管；11．膀胱；12．直肠；13．空肠；14．肝；15．心脏

（1）胃。猪胃容积较大，位于剑状软骨上方的左季肋部，其大弯可达剑状软骨后方的腹底壁。视诊时如左肋下区突出，病猪呼吸困难，表现不安或做犬坐姿势，见于胃臌气或过食。当触压胃部时引起疼痛反应或呕吐，常提示伴发胃炎。

（2）肠。

①视诊：当腹部隆起时表明有肠臌气。

②触诊：检查瘦小的猪时，可采取横卧保定，两手上下同时配合触压，如感知有坚硬粪块呈串状或盘状，常提示肠阻塞。

③听诊：猪的肠音，如高朗、连绵不断，则见于急性肠炎及伴有肠炎的传染病，如副伤寒、大肠杆菌病及传染性胃肠炎；如肠音低沉、微弱或消失，见于肠阻塞。

四、直肠检查

（一）检查目的及意义

（1）当牛表现有明显腹痛综合症候群时，直肠检查在判断疾病的部位、性质、程度及鉴别诊断上均有重要价值，并兼有治疗作用。

（2）对泌尿生殖器官（如肾脏、膀胱、子宫、卵巢）和肝、脾的病变，骨盆骨折或腰椎骨折，或怀疑有腹膜炎等疾病时，直肠检查在诊断上具有一定意义。

（3）直肠检查对牛的发情鉴定、妊娠诊断、人工输精及胚胎移植等方面都具有实际意义。

（二）检查前的准备

（1）被检牛应确实保定。多以六柱栏保定，通常要加肩绳和腹绳，必要时可用鼻捻子保定，以防卧倒或跳跃；也可根据需要，采取横卧保定或仰卧保定。为便于检查，可使动物取前高后低的位置。

（2）术者指甲剪短磨光，穿工作服、胶质围裙和胶靴，充分露出手臂，用肥皂水清洗后，涂以液状石蜡等润滑剂，必要时可戴长袖乳胶手套或专用指检手套。

（三）操作方法

（1）采用柱栏保定时，术者站于被检牛的左后方，一般以右手进行检查。横卧保定时，右侧横卧时用右手，左侧横卧时用左手，术者取伏卧姿势。

（2）术者将检手拇指抵于无名指基部，其余四指并拢，并稍重叠成圆锥形，将液状石蜡倒入掌心后，以旋转动作通过肛门进入直肠。当直肠内有蓄粪时，应小心纳入掌心后取出。如膀胱内贮有大量尿液而过度充满时，应轻轻按摩或稍加压迫，以促其排空，或进行人工导尿。

（3）检手沿肠管方向徐徐深入，尽量使肠管更多地套在手臂上，检手按照“努则退、缩则停、缓则进”的要领进行操作。即当被检牛努责时，检手随之后退；肠管强力收缩时，检手停止不动；肠管弛缓时，再继续伸入。

（4）当检手部分或全部伸入直肠后，用并拢的食指、中指及无名指指肚轻轻触摸，根据脏器的位置、大小、形状、硬度，内容物性状、移动性和敏感性，肠壁有无纵带及肠系膜状态，判断病变的脏器、病变性质和病变程度。在直肠检查的整个过程中，检手手指均应并拢，不得叉开手指随意抓摸，切忌粗暴，以免损伤肠管。操作方法如图 1.67 所示。

图 1.67　牛的直肠检查

（四）检查顺序和被检器官特征及其临床意义

1. 肛门及直肠　正常时，检手进入直肠后，可感到直肠内充满较稀软的粪团。在病理状态下，如直肠变空虚而干涩，直肠黏膜上附着干燥碎小的粪屑，提示肠阻塞；如直肠内发现大量黏液或带血的黏液，则提示肠套叠或肠扭转。

2. 膀胱及子宫　膀胱位于骨盆腔底部，空虚时如拳头大，充满尿液时如排球大且有波动感。膀胱显著膨大，充满骨盆腔，可能是由于尿道结石或尿道痉挛引起膀胱积尿所致。触诊膀胱敏感，膀胱壁增厚，提示有膀胱炎。膀胱异常空虚，有时触到破裂口，则提示膀胱破裂。母畜子宫明显增大，常见于妊娠或子宫内膜炎。

3. 瘤胃　瘤胃前抵纵隔，后达骨盆腔前口，有的甚至可进入骨盆腔，其后背部有盲囊。正常时，瘤胃表面光滑，硬度呈面团样，同时能触感瘤胃蠕动。当触摸时感到腹内压异常增高，瘤胃壁紧张、充满气体，则表示瘤胃臌气。当触感瘤胃异常坚实，有疼痛反应，则表示瘤胃积食。

4. 肾　左肾悬垂于腹腔内，位置不固定，取决于瘤胃内容物充满程度。瘤胃充满时，肾被挤到正中矢面右侧；瘤胃空虚时，则大部分回到正中矢面的左侧；其前后活动范围约在第 2 ～ 6 腰椎横突腹侧。检查时如肾脏增大，触压敏感，肾分叶结构不清，则多提示肾炎。如肾盂肿大，肾门部位有波动感，一侧或两侧输尿管变粗，多为肾盂肾炎和输尿管炎。右肾因位置较前，其后缘约达第 2 ～ 3 腰椎横突腹侧，较难触摸，病理变化及临床意义同左肾。

5. 腹主动脉　在椎体下方、腹腔顶部，可触到粗管状、有明显搏动感的腹主动脉。

6. 肠　牛的大、小肠全部位于腹腔右半部，在耻骨前缘的右侧可触到盲肠，盲肠尖常抵骨盆腔内，感知有少量气体或软的内容物。正常时不易摸到。肠腔呈异常充满且有硬块感时，多为肠阻塞。如有异常硬固肠段，触诊时剧痛，并有部分肠管充气，多疑为肠变位。

五、排粪动作检查

1. 正常的排粪动作　排粪动作是动物的一种复杂反射活动。正常状态下，大动物排粪时，背部微拱起，后肢稍开张并略前伸。犬排粪采取近似蹲坐姿势。正常动物的排粪次数，与其采食饲料的数量、种类，以及消化吸收机能和使役情况有密切关系。

2. 排粪动作障碍

（1）便秘：主要表现排粪次数减少，排粪费力，屡呈排粪姿势而排出粪便量少、干固、色暗，常见于热性病、慢性胃肠卡他、肠阻塞、瘤胃积食、瓣胃阻塞。

（2）腹泻：表现频繁排粪，粪呈稀粥状、液状，甚至水样，腹泻主要是各种类型肠炎的特征，见于侵害胃肠道的传染病（如猪传染性胃肠炎、猪副伤寒、犬瘟热、大肠杆菌病、牛副结核病）、肠道寄生虫病（球虫、线虫、绦虫）及有毒植物和农药中毒。

（3）排粪失禁：动物不采取固有的排粪动作，不自主地排出粪便，主要是由于肛门括约肌弛缓或麻痹所致，常见于顽固性腹泻、腰荐部脊髓损伤及病毒濒死期。

（4）排粪痛苦：动物排粪时，表现疼痛不安，呻吟，拱腰努责。见于直肠炎和直肠损伤、腹膜炎及牛创伤性网胃炎。

（5）里急后重：畜不断做排粪姿势并强度努责、呻吟（牛）、鸣叫（犬、猪），而仅排出少量粪便或黏液，常见于直肠炎。

六、肝脏及脾脏检查

1．肝脏检查　当临床上发现动物长期消化障碍，粪便不正常，并有黄疸、腹腔积液、精神高度沉郁或昏迷，应当考虑肝脏疾病，从而进行肝脏检查。通常使用触诊和叩诊法检查肝脏，必要时可进行肝脏穿刺活体组织学检查。配合肝功能检查、超声探查，对肝脏疾病的诊断也有重要意义。

牛的肝脏位于腹腔右侧，正常时于右侧第 10 ～ 12 肋间中上部，突出于肺脏后缘。如肝高度肿大，则外部触诊肝脏硬固，有抵抗感，并随呼吸而运动。直肠检查触摸到肿大肝脏时，主要见于肝炎、肝中毒性营养不良、肝脓肿、肝片吸虫病。

2．脾脏检查　牛的脾脏位于瘤胃背囊的前部，被左肺的后缘覆盖。脾脏显著肿大，见于脾炎、脾脓肿、白血病、棘球蚴病。

任务 4　泌尿生殖系统检查

【任务目标】

知识：熟悉泌尿生殖系统检查的内容及方法；掌握泌尿生殖系统的临床病理表现及临床意义。

技能：能正确分析泌尿生殖系统病理意义与疾病本质的关系并进行初步诊断。

素质：不怕脏，不怕累；保护自身安全，不被动物踢伤、咬伤；检查时动作不粗暴。

【任务实施】

一、排尿动作检查

（一）正常排尿

动物因种类和性别的不同，所采取的排尿姿势也不尽相同。公牛和公羊排尿时，不做排尿准备动作，腹肌也不参与，仅借助会阴尿道部的收缩，尿液呈细流状排出，在行走或进食时均可排尿。母牛和母羊排尿时，后肢张开下蹲，拱背举尾，腹肌收缩，尿液呈急流状排出。公猪排尿时，尿液呈急促而断续地射出。母猪排尿动作与母羊相似。

排尿次数和尿量多少，与肾脏的分泌机能、尿路状态、饲料含水量，以及气温、使役等因素有密切关系。健康状态下，每昼夜排尿次数，牛为 5 ～ 10 次，尿量 6 ～ 10 L，最高达 25 L；绵羊和山羊 2 ～ 5 次，尿量 0.5 ～ 2 L；猪 2 ～ 3 次，尿量 2 ～ 5 L。

（二）排尿障碍

泌尿、贮尿和排尿的任何障碍，都可表现出排尿异常。

1．多尿和频尿

（1）多尿：指总排尿量增加，表现排尿次数增多，而每次排尿量并不减少，见于大量饮水后、慢性肾病、渗出液吸收过程，以及应用利尿剂、尿崩症、糖尿病等。

（2）频尿：表现为排尿次数增多，而每次排尿量不多，见于膀胱炎、尿道炎、肾盂炎。

2．少尿和无尿　少尿是指总排尿量减少，表现排尿次数减少，排尿量减少。无尿亦称排尿停止。少尿和无尿常密切相关。按其病因一般可分为肾前性、肾原性及肾后性少尿或无尿。

（1）肾前性少尿或无尿：见于脱水、休克、心力衰竭、组织内水分潴留。

（2）肾原性少尿或无尿：见于急性肾小球肾炎、各种慢性肾脏病（如慢性肾炎、肾盂肾炎、肾结核、肾结石等）引起的肾功能衰竭。

（3）肾后性少尿或无尿：见于肾盂、输尿管或尿道被结石、血块、脓块、脱落的组织块所阻塞，或由于炎性肿胀、肿瘤使管腔变狭小的疾病。

3．尿潴留　肾脏泌尿机能正常，而膀胱充满尿液不能排出，见于尿路阻塞（如尿道结石、尿道狭窄）、膀胱麻痹、膀胱括约肌痉挛，以及腰荐部脊髓损害。

4．排尿失禁　特点是病畜不取排尿姿势，尿液不随意与不随时地排出，见于脊髓疾患、膀胱括约肌麻痹、脑病昏迷和濒死期病畜。

5．排尿痛苦　特征是病畜在排尿过程中，有明显的疼痛表现或腹痛姿势；排尿时呻吟，努责，摇尾踢腹，回顾腹部和排尿困难。不时取排尿姿势，但无尿排出，或呈滴状或细流状排出。多见于膀胱炎、尿道炎、尿道结石、生殖道炎症及腹膜炎。

6．尿淋沥　是指排尿不畅，尿液呈点滴状或细流状排出。此种现象多是排尿失禁、排尿痛苦和神经性排尿障碍的一种表现，有时也见于老龄体衰、胆怯和神经质的动物。

二、尿液采集

观察或检验尿液时，可在动物自然排尿时用清洁容器收集，或用导尿管采取。导尿管除用于导尿外，亦可用于膀胱的洗涤治疗，以及尿道阻塞时的探诊。母畜导尿或尿道探诊时，可取站立保定，用 0.1% 高锰酸钾溶液消毒术者的手、开膣器、导尿管及外阴，然后将消毒过的右手伸入阴道内，手指在阴道前庭下壁摸到尿道外口，左手持涂润滑剂的橡皮导尿管沿右手指缓慢插入其中；也可用开膣器打开阴门，借助自然光或手电光，在阴道的下方看见尿道口，将导尿管插入其中，之后再继续送入 10 cm 左右即达膀胱内。如膀胱内有尿液，即可流出。操作要领如图 1.68 所示。

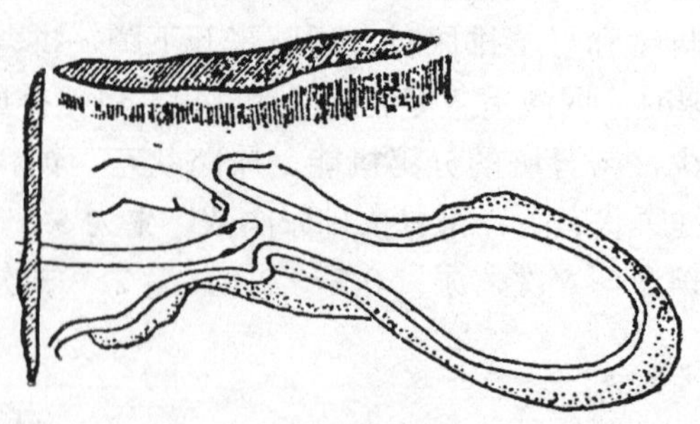

图 1.68　母牛导尿管插入法

三、泌尿器官检查

（一）肾脏检查

1．行为观察　动物表现腰脊僵硬、拱起、运步小而拘谨、后肢向前移动迟缓，常见于肾炎。

2．触诊

（1）外部触诊：小动物（如绵羊、山羊、犬、猫和兔）的外部触诊是用双手在腰肾区捏压或用拳槌击，观察有无疼痛反应。如表现不安、拱背、举尾或躲避压迫，则多为急性肾炎或肾损害。

（2）直肠触诊：直肠内触诊肾脏，正常时坚实、表面光滑、没有疼痛反应。肾脏体积增大，触诊敏感疼痛，则见于急性肾炎、肾盂肾炎、肾硬化、肾肿瘤、肾结石。肾脏体积缩小，多见于肾萎缩或间质性肾炎。

（二）肾盂和输尿管检查

肾盂和输尿管检查，大动物可通过直肠内进行触诊。如触诊肾盂时，病畜疼痛明显，见于肾盂肾炎。发现一侧或两侧肾盂部肿大，呈现波动，有时还发现输尿管扩张，提示有肾盂积水。健康动物的输尿管很细，经直肠检查难于触及；如触到手指粗的索状物，紧张有压痛，见于输尿管炎。在肾盂部或输尿管结石时，偶尔可触到这些部位有坚硬石块或结石相互摩擦感觉，病畜呈现疼痛反应。

（三）膀胱检查

大动物的膀胱位于骨盆腔底部。小动物的膀胱比较靠前，位于耻骨联合前方的腹腔底部。大动物只能通过直肠触诊进行膀胱检查。健康牛膀胱内无尿时，触诊呈柔软的梨形体，拳头大小；膀胱充满尿液时，壁变薄，紧张而有波动，体积明显增大呈球形。小动物可将手指伸入直肠进行膀胱触诊，也可由腹壁外进行膀胱触诊。腹壁外触诊膀胱，使动物取仰卧姿势，用一手在腹中线处由前向后触压，也可用两手分别由腹部两侧，逐渐向体中线压迫，以感知膀胱。小动物膀胱充满尿液时，在下腹壁耻骨前缘触到一个有弹性的光滑球形体，过度充满时可达脐部。病理情况下，膀胱可能出现下列变化：

1．膀胱过度充满　膀胱剧烈增大，紧张性显著增高，充满整个骨盆腔并伸向腹腔后部。多见于膀胱麻痹、膀胱括约肌痉挛、膀胱出口或尿道阻塞。

2．膀胱空虚　常因肾功能不全或膀胱破裂造成。膀胱破裂后，患畜长期停止排尿，腹腔积尿，下腹膨大，腹腔穿刺排出大量淡黄、微浑浊、有尿臭气味的液体，或为污红色浑浊的液体，常伴发腹膜炎，有时其皮肤散发尿臭味。

3．膀胱压痛　见于急性膀胱炎和膀胱结石。膀胱炎时，膀胱多空虚，但可感到膀胱壁增厚。膀胱结石时多伴有尿潴留，但在不太充满的情况下，可触到坚硬的块状物或沙石样结石。

（四）尿道检查

母畜尿道较短，开口于阴道前庭的下壁，可将手指伸入阴道，在其下壁直接触摸到尿道外口，亦可用开膣器对尿道口进行视诊，探诊尿道（图 1.69）。

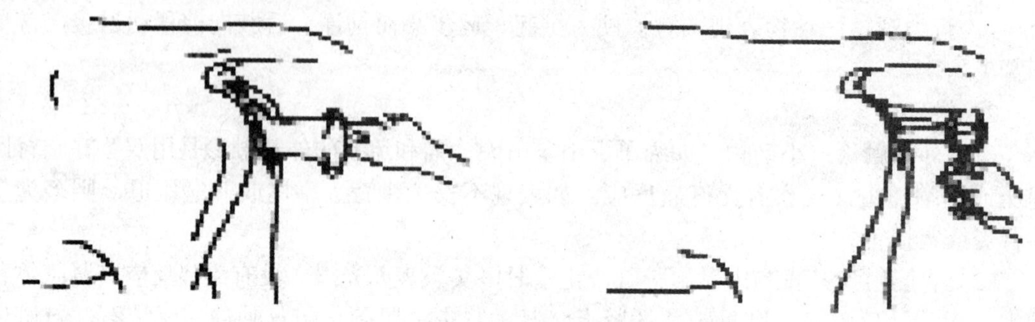

图 1.69　牛阴道开膣器检查

公畜尿道，对其位于骨盆腔内的部分，连同贮精囊和前列腺进行直肠内触诊。对位于坐骨弯曲以下的部分，进行外部触诊。公畜尿道的常见异常变化是尿道结石，多见于公牛、公羊和公猪。此外，还有尿道炎、尿道损伤、尿道狭窄、尿道阻塞。

四、外生殖器检查

1．公畜外生殖器检查

（1）睾丸及阴囊检查：检查方法有视诊和触诊。检查时注意阴囊及睾丸的大小、形状、对称性、硬度，有无肿胀、发热和疼痛反应。阴囊一侧性显著膨大，触诊时无热，柔软而呈现波动，经腹股沟管通过还可还纳，提示为阴囊疝。阴囊肿大，睾丸实质肿胀，触诊时发热，有压痛，睾丸在阴囊中的移动性很小，见于睾丸炎或睾丸周围炎。

（2）阴茎和包皮检查：阴茎脱垂，常见于支配阴茎肌肉的神经麻痹或中枢神经机能障碍、阴茎损伤。包皮的肿胀，见于龟头局部肿胀及肿瘤。包皮积有大量尿液，并呈腐败味，见于猪瘟。

2．母畜外生殖器检查

（1）阴门检查：检查时如发现阴门红肿，为发情期或有阴道炎。如阴门流出腐败坏死组织块或脓性分泌物，常为产后排恶露、产后子宫的感染、胎衣不下的腐败、阴道炎、子宫炎。阴门周围肿胀，见于肿瘤。

（2）阴道检查：当发现阴门红肿或有异常分泌物流出时，应借助开膣器，详细观察阴道黏膜的颜色、湿度、损伤、炎症、肿物、溃疡及阴道分泌物的变化，同时注意子宫颈的状态。健康母畜阴道黏膜呈粉红色，光滑而湿润。病理状态下，阴道黏膜潮红、肿胀、糜烂或溃疡，分泌物增多，流出浆液黏性或黏稠脓性、污秽腥臭液体，见于阴道炎；阴道黏膜呈现血斑。阴道黏膜的黄染同眼结膜黄染的意义。子宫颈口潮红、肿胀，为子宫颈炎。子宫颈口松弛，有多量分泌物不断流出，则提示子宫炎。

五、乳房检查

1. 视诊 乳房在产后一周内水肿为正常生理现象，其他时间的乳房肿胀、皮肤发红则提示乳房炎。如牛、羊、猪乳房出现瘢痕和水疱，则为口蹄疫。如出现菜花状增生物，则为疣。

2. 触诊 注意乳房皮肤的温度、厚度、硬度，有无肿胀、疼痛和硬结，以及乳房淋巴结的状态。检查乳房各部位温度时，应将手背贴在相对称的部位进行。检查乳房皮肤厚薄和软硬时，应将皮肤捏成皱褶或由轻到重施加压力而判定。触诊乳房实质及硬结病灶时，须在挤奶后进行。当乳房肿胀、发硬，皮肤呈红紫色，有热痛反应，乳房淋巴结肿大，见于乳房炎。如乳房表面出现丘状突出，急性炎症反应明显，以后有波动感，为乳房脓肿。如乳房淋巴结显著肿大、硬结，触诊无热无痛，常见于奶牛乳房结核。

3. 乳汁的感观检查 如挤出的乳汁浓稠，内含絮状物或纤维蛋白性凝块，或混有脓汁、血液，则见于乳房炎。

任务5 神经系统检查

【任务目标】

知识：熟悉神经系统检查的内容及方法；掌握神经系统的临床病理表现及临床意义。
技能：能正确分析神经系统病理意义与疾病本质的关系并进行初步诊断。
素质：全面、客观观察动物；保护自身安全。

【任务实施】

一、精神状态检查

1. 精神兴奋 兴奋是中枢神经系统机能亢进的结果。轻者表现骚动不安、惊恐、竖耳刨地，重者受轻微刺激即产生强烈反应，不顾障碍地前冲、后退，甚至攀登饲槽或跳入沟渠、狂奔乱跑、攻击人畜，常见于脑神经疾患（如脑膜充血、炎症及颅内压升高），代谢障碍（如酮病、维生素缺乏），微生物毒素、化学药品或有毒植物等中毒，日射病和热射病，传染病（如传染性脑脊髓炎、狂犬病、犬瘟热）。

2. 精神抑制 抑制是中枢神经系统机能抑制过程占优势的表现。其根据程度不同可分为：

（1）精神沉郁：为中枢神经系统轻度抑制现象。即患畜对周围事物反应迟钝，离群呆立，头低耳耷，眼睛半闭，不听呼唤。牛常卧地，头颈弯向胸侧。猪常卧于暗处。鸡两翅常下垂，垂头缩颈，闭目呆立或独自呆卧于僻静处，但对轻度刺激仍有反应。一般患有疾病的动物都会出现这个症状。

（2）昏睡：为中枢神经系统中度抑制现象。病畜处于不自然的熟睡状态，对外界刺激反应异常迟钝，给以强刺激才能产生短暂反应，但很快又陷入沉睡状态。见于脑炎、颅内压升高。

（3）昏迷：为大脑皮层机能高度抑制现象。患畜意识完全丧失，对外界刺激全无反应，卧地不起，全身肌肉松弛，反射消失，甚至瞳孔散大，粪尿失禁，仅保留节律不齐的呼吸和心脏搏动，对强烈刺激也无反应。常为预后不良的征兆，见于脑神经病变（如脑炎、脑肿瘤、脑震荡）及代谢性脑病（如酮病、心血管机能障碍、贫血、低血糖、辅酶缺乏，以及脱水和肾机能障碍引起的尿毒症）。

二、头颅和脊柱检查

1．头颅检查　目前在临床上只能通过视诊、触诊及局部叩诊的方法进行头颅检查。如禽类头颈痉挛性缩向一侧、后仰、侧扭，见于鸡新城疫或维生素B缺乏症。牛、羊的颅骨变软，见于脑包虫。颅骨突出肿大，见于脑水肿。

2．脊柱检查　脊柱弯曲（如上弯、下弯和侧弯），见于脑膜炎、脊髓炎和破伤风，也见于骨质代谢障碍性疾病（如骨软病）。

三、运动机能检查

1．运动状态的检查　健康动物的运动协调而且有一定次序。运动障碍表现为：

（1）强迫运动：患病动物呈现圆圈运动、卧地四肢表现为游泳状运动，见于脑炎，脑内的肿瘤、脑室积水，以及牛和羊脑包虫病、某些如氟乙酰胺中毒。

（2）盲目运动：患病动物呈现无目的游走，不注意周围事物，不顾外界刺激而不断前进，遇障碍物时则头顶于障碍物不动或原地踏步，见于脑部炎症、脑室水肿。

（3）暴进及暴退：患病动物将头高举或低下，以常步或速步不顾障碍向前狂进，甚至跌入沟渠而不躲避，称为暴进。暴退是病畜头颈后仰，连续后退，甚至倒地。暴进常见于大脑皮层运动区、纹状体、丘脑等受损害，暴退见于小脑损伤、颈肌痉挛。

（4）滚转运动：患畜不自主地向一侧倾倒或强制卧于一侧，或以躯体的长轴为中心向患侧滚转，见于延脑、小脑脚、前庭神经、内耳迷路受损的疾病，小动物易发。在大动物，应与腹痛引起的滚转或共济失调引起的一侧性倾倒相区别，由于大脑皮层运动中枢、中脑、桥脑、小脑、前庭核、迷路等部位受损害，特别是一侧性损害时所致，常见于脑炎、脑脓肿、脑肿瘤、急性脑室积水，以及牛和羊脑包虫病。

2．共济失调　健康动物依靠小脑、前庭、锥体系统和锥外系统来调节肌肉的张力或收缩力量，协调肌肉的动作，维持体位姿态的平衡和运动的协调。而在运动时，肌群动作不协调导致动物体位和各种运动的异常表现，称为共济失调。

（1）静止性失调：为动物在站立状态下出现的体位平衡失调现象。表现为头和体躯摇摆不稳，如“醉酒状”，偏斜，四肢肌肉紧张力降低，软弱，常以四肢叉开站立，以试图保持体位平衡，这提示小脑、前庭神经或迷路受损害。

（2）运动性失调：为运动时出现的共济失调，动作缺乏节奏性、准确性和协调性。表现为运步时整个身躯摇晃，步态笨拙，举肢很高，用力踏地，如“涉水样”步态，提示深部感觉障碍，见于大脑皮层（颞叶或额叶）、小脑、脊髓（脊髓背根或背索）、前庭神经或前庭核、迷路的损害。

3．痉挛　痉挛是横纹肌不随意收缩的一种病理现象。

（1）阵发性痉挛：指肌肉短时间、间断性不随意运动，根据病因可分为：

①中枢性痉挛：见于脑炎，脑内的肿瘤、脑结核。

②发烧性痉挛：见于持续性发高烧的疾病过程。

③局部贫血性痉挛：见于肿瘤等压迫血管或突然受到寒冷刺激，是血管收缩造成局部贫血引起的痉挛。

④中毒性痉挛：见于有机磷中毒、士的宁中毒。

⑤疲劳性痉挛：见于动物过度使役的过程中。

⑥矿物质缺乏性痉挛：见于钙、磷等矿物质缺乏的疾病。

（2）强直性痉挛：指肌肉长时间均等地连续收缩而无弛缓的一种不随意运动。见于破伤风、中毒（如有机磷、士的宁中毒）、脑炎、反刍兽的酮血病及生产瘫痪。

4．瘫痪　瘫痪是横纹肌的随意运动机能减弱或消失的现象，亦称麻痹。

（1）根据瘫痪的程度分类。

①全瘫：肌肉运动机能完全丧失。

②不全瘫：亦称轻瘫，肌肉运动机能不完全丧失。根据其表现的部位可分为单瘫、偏瘫、对称截瘫。

a. 单瘫：某一肌肉、肌群或一肢体肌肉运动机能丧失，见于支配这些部位肌肉的神经麻痹。

b. 偏瘫：一侧躯体的肌肉运动机能丧失，见于支配这些部位肌肉的神经麻痹。

c. 对称截瘫：躯体两侧对称部位瘫痪，见于脊髓炎、脊髓肿瘤、脊髓挫伤与脊髓震荡。

（2）根据神经系统损伤的解剖部位分类。

①中枢性瘫痪：上运动神经元（脊髓腹角细胞至大脑皮层）各部位的疾患所致。见于脑炎、脑出血、脑积水、脑软化、脑肿瘤及脑寄生虫病。

②外周性瘫痪：脊髓腹角细胞以下的脊髓神经疾患或脑神经核以下的外周神经疾患所致，反射机能降低，肌肉松弛。见于脊髓及外周神经受害，如面神经麻痹、三叉神经麻痹、肩甲上神经麻痹、桡神经麻痹、坐骨神经麻痹。

四、感觉机能检查

1．一般感觉

（1）浅感觉：浅感觉包括皮肤触觉、痛觉、温觉和对电刺激的感觉。

①皮肤感觉性增高：给予轻度刺激即可引起强烈反应，见于脊髓膜炎、脊髓背根损伤、视丘损伤、末梢神经发炎或受压、局部组织的炎症。

②皮肤感觉性减弱：或称感觉消失，即对各种刺激的反应减弱或感觉消失，甚至在意识清醒下感觉能力完全消失。局部性感觉迟钝或消失，为支配该区域的末梢感觉神经受侵害的结果。两侧体躯对称性感觉迟钝或消失，见于脊髓的横断性损伤（如挫伤、脊柱骨折、压迫和炎症）。一侧性体躯感觉消失，多见于延脑和大脑皮层传导路径受损伤，引起对侧肢体感觉消失，见于多发性神经炎和某些传染病。

③感觉异常：动物有发痒、蚁走感和烧灼感，不断啃咬、搔抓、摩擦，使部分皮肤严重损伤，见于狂犬病、伪狂犬病、羊的痒病、神经性皮炎、荨麻疹等。

（2）深感觉：指皮下深部的肌肉、关节、骨髓、腱和韧带等的肢体位置、形态及运动冲动传到大脑。检查时应人为地将动物肢体改变自然姿势，再观察其反应。健康动物在除去外力后，立即恢复到原状，而深部感觉障碍时则较长时间保持人为姿势而不变。深部感觉障碍时，提示大脑或脊髓受损害，如鸡马立克氏病时的两肢前后叉开卧地，也见于脑炎、脊髓损伤、严重肝病。

2．感觉器官　包括视觉、听觉、嗅觉及味觉等器官。某些神经系统疾病，可使感觉器官与中枢神经系统之间的正常联系破坏，导致相应的感觉机能障碍。通过感觉器官检查，有助于发现神经系统的病理过程。但应与非神经系统病变引起的感觉器官异常相区别。

（1）视觉器官：检查时，应注意眼睑有无肿胀、角膜完整性（如角膜浑浊、创伤）、眼球突出或凹陷等变化。

①斜视：眼球位置不正，由于一侧眼肌麻痹或一侧眼肌过度牵张所致。眼球运动受动眼神经、滑车神经、外展神经及前庭神经支配。当支配该侧眼肌运动的神经核或神经纤维机能受损害时，即发生斜视。

②眼球震颤：眼球发生一系列有节奏的快速往返运动，其运动形式有水平方向、垂直方向和回转方向。它提示支配眼肌运动的神经核受损害，见于半规管、前庭神经、小脑及脑干等的疾患。

③瞳孔：注意瞳孔大小、形状、两侧的对称性及对光反应。瞳孔对光反应是了解瞳孔机能活动的有效测验方法。可用手电筒光从侧方迅速照射动物瞳孔，以观察其动态反应。在健康动物，当强光照射时，瞳孔很快缩小，除去照射后，随即恢复原状。

瞳孔扩大：由于交感神经兴奋（与剧痛性疾病、高度兴奋及使用抗胆碱药有关）或动眼神经麻痹（与颅内压增高的脑病有关），瞳孔辐射肌收缩的结果。

瞳孔缩小：由于动眼神经兴奋或交感神经麻痹，瞳孔括约肌收缩的结果。见于脑病（如脑炎、脑积水）及使用抗胆碱药及虹膜炎。

瞳孔大小不等：两侧瞳孔不等，变化不定，时而一侧稍大，时而另一侧稍大，伴有对光反应迟钝或消失，提示脑干受损害。

④视力：当动物前进通过障碍物时，冲撞于物体上，或用手在动物眼前晃动时，动物不表现躲闪，也无闭眼反应，则表明视力障碍。在视网膜、视神经纤维、丘脑、大脑皮层的枕叶受损害，伴有昏迷状态及眼病时，可导致目盲或失明。

⑤眼底检查：观察视神经乳头的位置、大小、形状、颜色、血管状态和视网膜的清晰度、血管分布及有无斑点。

（2）听觉器官：内耳损害所引起的听觉障碍，在内科疾病诊断上具有一定意义。听觉增强，表现为若有一点轻微声音，病畜立即将耳转向声音来源一方，或两耳前后来回移动，同时惊恐不安，乃至肌肉痉挛，见于脑和脑膜疾病。听觉减弱或消失，与大脑皮层颞叶、延脑受损有关。

（3）嗅觉器官：犬、猫、牛、猪、羊的嗅觉高度发达，而禽类的嗅觉则不发达。用动物熟悉的饲料、饲养护理人员的随身物品，或有芳香气味的物质，让动物闻嗅，但应防止被看见，以观察其反应。健康动物则寻食，出现咀嚼动作，唾液分泌增加。对犬，则检查其对一定气味的辨识方向。当嗅神经、嗅球、嗅传导路径和大脑皮层受害时，则嗅觉减弱或消失。但应排除鼻黏膜疾病引起的嗅觉障碍。

五、反射活动检查

反射活动依赖于完整的反射弧和高级神经中枢的调节而实现。因此在反射弧径路上任何部分的损害，均可使反射发生障碍。对反射的检查有助于神经系统疾病的定位诊断。

1．反射种类及检查方法

（1）浅部反射。

①皮肤反射。

a. 耳反射：检查时用纸卷或毛束轻触动物耳内侧被毛，正常时动物摇耳或转头。反射中枢在延脑及第 1 ～ 2 颈髓段。

b. 鬐甲反射：轻触动物鬐甲部被毛，正常时肩部及鬐甲皮肤收缩、抖动。反射中枢在第 7 颈髓及第 1 ～ 2 胸髓段。

c. 腹壁反射和提睾反射：用针轻刺腹部皮肤，正常时相应部位的腹肌收缩、抖动，即为腹壁反射。刺激大腿内侧皮肤时，睾丸上提，即为提睾反射。反射中枢均在胸、腰髓段。

d. 会阴反射：轻刺激会阴部或尾根下方皮肤时，引起向会阴部缩尾的动作。反射中枢在腰 - 荐髓段。

e. 肛门反射：刺激肛门周围皮肤时，正常时肛门括约肌迅速收缩。反射中枢在第 4 ～ 5 荐髓段。

②黏膜反射。

a. 角膜反射：用手指、纸片或羽毛轻触动物角膜时，动物立即闭眼。反射中枢在桥脑。

b. 咳嗽反射：刺激喉、气管和支气管黏膜时，引起咳嗽反射。反射中枢在延脑。

（2）深部反射。

①膝反射：检查时使动物倒卧位，让被检测后肢保持松弛，用叩诊槌背面叩击膝韧带正下方。对正常动物叩击时，下肢呈伸展动作。反射中枢在第 4 ～ 5 腰髓段。

②跟腱反射：又称飞节反射，检查方法与膝反射检查相同。叩击跟腱，正常时跗关节伸展而球关节屈曲。反射中枢在荐髓段。

2．反射机能的病理变化

（1）反射增强或亢进：反射弧或反射中枢兴奋性增高或刺激过强所致。大脑对低级反射弧的抑制作用减弱甚至消失时，也引起反射亢进。提示有脊髓背根、腹根或外周神经的炎症、受压和脊髓膜炎。在破伤风、士的宁中毒、有机磷中毒、狂犬病时，常见全身反射亢进。当脊髓损伤时，由于失去大脑对损伤以下脊髓节段的控制，脊髓反射活动加强，则出现腱反射增强。

（2）反射减弱或消失：反射弧的径路受损伤所致。无论反射弧的感觉神经纤维、反射中枢、运动神经纤维的任何一部分受损伤时，或反射弧虽无器质性损害，而其兴奋性降低时，均可导致反射减弱，甚至反射消失，提示有传入神经、传出神经、脊髓背根、脊髓腹根，或脑、脊髓灰白质受损伤。此外，在动物处于意识丧失、麻醉或昏迷状态下，由于高级神经中枢兴奋性降低，也会引起反射减弱或消失。

思考与练习

1. 简述牛瘤胃检查常用的检查方法、内容及病理变化。
2. 怎样检查网胃？常见何种病变？见于何种疾病？
3. 解释咳嗽的声音特点及临床意义。
4. 听诊牛的心音出现击水音时可能患有何种病？
5. 第一、第二心音特点如何？
6. 说明排粪动作的常见病理变化及诊断意义。

模块二　实验室诊断技术

项目一　血液常规检验

项目目标

熟练掌握血液常规检验的方法和临床意义，能对送验的各种病料进行检验，并得出正确的实验室诊断结果。

任务 1　动物的采血技术

【任务目标】

知识：掌握不同动物采血的部位、方法及常用抗凝剂。

技能：能根据动物的种类与实际情况熟练采血；能根据实验要求对血样进行正确处理。

素质：注意安全；爱护动物，操作规范、不粗暴；珍惜药品，不浪费。

【任务实施】

一、不同动物的采血方法

（一）禽类的采血

1．翼根静脉取血　将翅膀展开，露出腋窝，将羽毛拔去，即可见明显的由翼根进入腋窝较粗的翼根静脉。用碘酒、酒精消毒皮肤。抽血时用左手拇指、食指压迫此静脉向心端，血管即怒张。右手持接有 5（1/2）号针头的注射器，针头由翼根向翅膀方向沿静脉平行刺入血管内，即可抽血。

2．心脏采血　将鸡等侧卧保定，于胸外静脉后方约 1 cm 的三角坑处垂直刺入，穿透胸壁后，阻力减小，继续刺入感觉有阻力而注射器轻轻摆动时，即刺入心脏，徐徐抽出注射器推筒，采集心血至 5 ～ 10 ml。

（二）猪的采血

成年猪在耳静脉，6 个月以内的猪在前腔静脉采血。猪仰卧，拉直两前肢使与体中线垂直或使两前肢向后与体中线平行。手持针管，针头斜向后内方与地面成 60°，向右侧或左侧胸前窝刺入，进针 2 ～ 3 cm 即可抽出血液。

（三）牛、羊的采血

牛、羊一般多在颈静脉采血。在颈静脉沟的上 1/3 与中 1/3 交界处，局部剪毛消毒，用左手拇指压住近心端的皮肤，使颈静脉怒张，右手持接有 7（1/2）号针头的注射器，针头沿血管平行方向远心端刺入血管。牛也可以在尾静脉采血。

（四）犬、猫的采血

犬、猫常在后肢外侧小隐静脉和前臂皮下静脉即头静脉采血。后肢外侧小隐静脉在后肢胫部下 1/3 的外侧浅表的皮下，由前侧方向后行走。抽血前，将犬等固定，局部剪毛，用碘酒、酒精消毒皮肤。采血者左手拇指和食指握紧剪毛区近心端或用乳胶管适度扎紧，使静脉充盈，右手用接有 6 号或 7 号针头的注射器迅速穿刺入静脉，左手放松将针头固定，以适当速度抽血（图 2.1）。采集前臂皮下静脉血的操作方法基本相同（图 2.2）。

如需采集颈静脉血，取侧卧位，局部剪毛消毒。将颈部拉直，头尽量后仰。用左手拇指压住近心端颈静脉入胸部位的皮肤，使颈静脉怒张，右手持接有 6（1/2）号针头的注射器，针头沿血管平行方向远心端刺入血管（图 2.3）。静脉在皮下易滑动，针刺时除用左手固定好血管外，刺入要准确，取血后注意压迫止血。

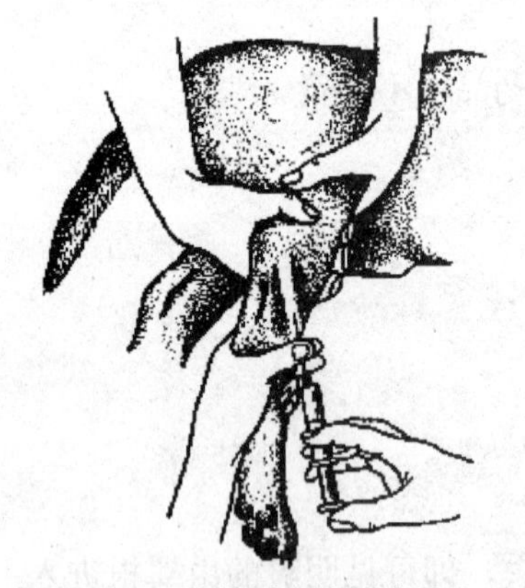

图 2.1　后肢外侧小隐静脉采血

图 2.2　前臂皮下静脉采血

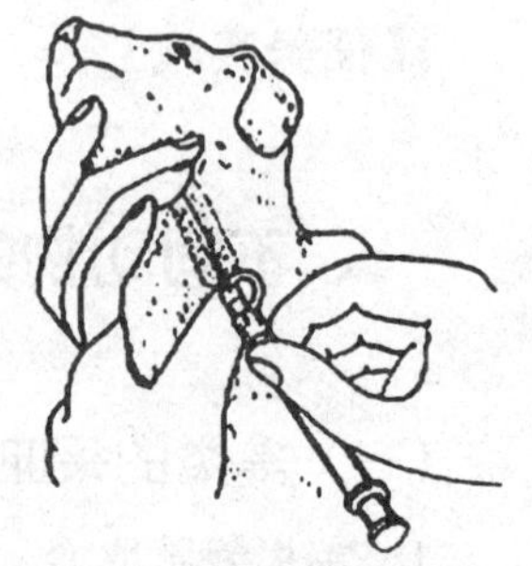

图 2.3　颈静脉采血

（五）实验小动物（鼠类、兔）的采血

鼠等实验小动物主要采用剪尾采血、耳静脉采血、耳缘剪口采血、断头取血及心脏采血。

鼠类的采血如需血量较少可用剪尾采血，将尾部毛剪去后消毒，为使尾部血管充盈可将尾浸在温水中数分钟擦干，用剪刀割去尾尖，让血液自由滴入盛器。

兔的耳静脉采血常做多次反复取血用。将兔头部固定，选耳静脉清晰的耳朵，局部剪毛消毒，用手指轻轻摩擦兔耳，使静脉扩张，用接 5（1/2）号针头的注射器在耳缘静脉末端刺破血管。待血液流出取血或将针头逆血流方向刺入耳缘静脉取血。兔也可心脏取血，将兔仰卧固定，在第三肋间胸骨左缘 3 mm 处注射器垂直刺入心脏，血液随即进入针管。

二、血样的处理

1．血样的保存　采集血液后，最好立即进行检验，或放入冰箱中保存，夏天在室温放置不得超过 24 h。不能立即检验的，应将血片涂好并固定。需用血清的，采血时不加抗凝剂，采血后血液置于室温或 37 ℃恒温箱中，血液凝固后，将析出的血清移至容器内冷藏或冷冻保存；需用血浆者，采抗凝血，将其及时离心（2 000 ～ 3 000 r/min）5 ～ 10 min，吸取血浆于密封小瓶等容器中冷冻保存。注意，进行血液电解质检测的血样，血清或血浆不应混入血细胞或溶血。血样保存最长期限，白细胞计数为 2 ～ 3 h，红细胞计数、血红蛋白测定为 24 h，红细胞沉降率为 3 h，血细胞比容测定为 24 h，血小板计数为 1 h。

2．血液的抗凝　血液的抗凝是指用物理、化学方法除去或抑制血液中某些凝血因子的活性，以阻止血液凝固。能够阻止血液凝固的物质，称为抗凝剂或抗凝物质。临床上应根据检查项目而选用不同种类的抗凝剂。抗凝剂的选用要求达到溶解快、接近中性、不影响测定结果。进行血液常规检验及全血分析时，应加入一定量的抗凝剂以防止血液凝固。下面介绍几种实验室常用的抗凝剂及其使用方法。

（1）乙二胺四乙酸（EDTA）盐：EDTA 能与血液中钙离子结合成螯合物 EDTA-Ca 而起抗凝作用，常用其钠盐（$EDTA\text{-}Na_2 \cdot 2H_2O$）或钾盐（$EDTA\text{-}K_2 \cdot 2H_2O$）。EDTA 盐对血细胞和血小板形态影响很小，而对其功能影响较大，因此适用于一般血液学检验。EDTA 由于能抑制或干涉纤维蛋白凝块形成时纤维蛋白单体的聚合，不适用于凝血现象及血小板功能检验，也不适用于钙、钾、钠及含氮物质的测定。其有效抗凝浓度为 1 ～ 2 mg/ml 血液，常配成 1.5% 水溶液，分装，经 100 ℃烘干后使用。

EDTA 盐作为抗凝剂，优点是溶解性好，价廉；但此类抗凝剂浓度过高时，会造成细胞皱缩。EDTA 溶液 pH 值与盐类关系较大，低 pH 值可使细胞膨胀。此外，EDTA 影响某些酶的活性。

（2）草酸盐合剂：草酸盐溶解后解离的草酸根离子与血液中的钙离子结合生成不溶性的草酸钙，使钙离子失去凝血功能，凝血过程被阻断。常用的草酸盐为草酸钾、草酸钠和草酸铵。高浓度钾离子或钠离子易使血细胞脱水皱缩，而草酸铵则可使血细胞膨胀，故临床上常用草酸盐合剂。分别取草酸铵 1.2 g 和草酸钾 0.8 g，溶解于 100 ml 蒸馏水中，此溶液 0.5 ml 分装后于 80 ℃烘干后可使 2 ～ 5 ml 血液不凝固。常用于血液生化测定。由于此抗凝剂能保持红细胞的体积不变，故也适用于血细胞比容测定，但因影响白细胞形态，并可造成血小板聚集，不能用于白细胞分类计数和血小板计数。

（3）枸橼酸盐：枸橼酸根与血液中钙离子结合形成难解离的可溶性枸橼酸钙复合物，使血液中钙离子减少，而阻止血液凝固。常用的枸橼酸盐是枸橼酸三钠。该类抗凝剂溶解度较低，抗凝效果较弱，临床上主要用于红细胞沉降速率测定、凝血功能测定和输血，不适用于血液化学检验。一般该抗凝剂的使用浓度为3.8%，1 ml可抗凝4 ml血液。

（4）肝素：肝素是一种含有硫酸基团的黏多糖，因有硫酸基团而带强大的负电荷。肝素与抗凝血酶Ⅲ（AT-Ⅲ）结合，使AT-Ⅲ的精氨酸反应中心更易与各种丝氨酸蛋白酶起作用，使凝血酶的活性丧失，并阻止了血小板聚集等多种抗凝作用。常用肝素的钠盐或钾盐。肝素具有抗凝效果好、不影响血细胞形态及不易溶血等优点；缺点是可引起白细胞聚集，且血涂片在瑞氏染色时效果较差，价格贵。可用于多种血液生物化学分析和细胞压积测定，是红细胞渗透脆性检验的最理想抗凝剂，不适用于白细胞计数、血小板计数、血涂片检查及凝血检查。常配成1%浓度，取0.5 ml分装后于37 ℃～50 ℃烘干后可使5 ml血液不凝固。肝素抗凝剂应及时使用，放置过久宜失效。

【重要提示】

1．血标本分为全血、血浆和血清等，注意区分及化验应用。

2．血液样品的采集方法应根据检验项目、用血量的多少及动物的特点而定。各种动物的采血部位见表2.1。

表2.1　各种动物的采血部位

采血部位	动物类别	采血部位	动物类别
颈静脉	牛、羊	耳静脉	羊、猪、犬、猫、实验动物
尾静脉	牛	翼下静脉	家禽
前腔静脉	猪	脚掌	鸭、鹅
隐静脉	羊、犬、猫	肉髯	鸡
前臂头静脉	猪、犬、猫	断尾	猪、实验动物
心脏	兔、家禽、豚鼠		

3．采血方法的选择，主要取决于检验目的、所需血量及动物种类。凡用血量较少的检验，如红、白细胞计数，血红蛋白测定，血液涂片，以及酶活性微量分析，可刺破组织取毛细血管的血。当需血量较多时，可做静脉采血。静脉采血时，若需反复多次，应自远离心脏端开始，以免发生栓塞而影响整条静脉。

4．采血场所应有充足的光线，室温夏季最好保持25 ℃～28 ℃，冬季15 ℃～20 ℃。采血用具和采血部位一定要事先消毒，采血用注射器和试管必须保持清洁干燥。若需抗凝全血，则应在注射器或试管内预先加入抗凝剂。

5．血液的处理：如需分离血清（不需加抗凝剂），采血后将试管倾斜放置于室温或盛有25 ℃～37 ℃温水容器中。牛、羊、猪的血样应先离心数分钟，然后斜置于装有温水的容器内，可加快血清析出。如需采集血浆，则应在采集抗凝血后，让其自然下沉或离心后取上层液即可。

6．采集血样后，应尽快检验和送检。不能立即送检的血样，血片应固定，抗凝血、血浆和血清应置于冰箱内2 ℃～8 ℃保存。送检血样应编号，并避免剧烈振摇。血样的保存时间，可根据检查项目而定（表 2.2）。

表 2.2　血液检验项目与采血后保存时间

检查项目	保存时间 /h	检查项目	保存时间 /h
红细胞计数	24	血红蛋白含量测定	48
白细胞计数	2 ～ 3	血细胞比容容量测定	24
白细胞分类计数	1 ～ 2	红细胞沉降速率测定	2 ～ 3
血小板计数	1	网织红细胞计数	2 ～ 3

任务 2　血液涂片制备和细胞染色

【任务目标】

知识：掌握血细胞染色的原理与特性。

技能：能根据检查要求正确进行血液涂片制备和染色；能正确配制与保存常用的染色液。

素质：不浪费药品；不打破载玻片；操作规范。

【任务实施】

一、血液涂片制备

1. 选片　选取一张边缘光滑的载玻片作为推片。

2. 推片　用左手的拇指和中指（或食指和中指）夹持一张洁净载玻片的两端，取被检血液一滴（最好是新鲜的未加抗凝剂的血液），置于载玻片的右端，右手持推片（将载玻片一端的两角磨去即可，也可用血细胞计数的盖片作为推片）置于血滴前方，并轻轻向后移动推片，使之与血液接触，待血液扩散开后，再以 30° ～ 45° 角度向前均速推进，即形成一血膜（图 2.4）。

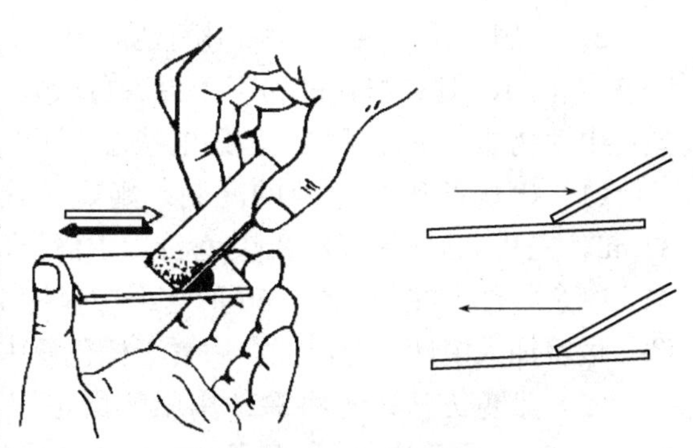

图 2.4　血液涂片的制备方法

3. 目测　良好的血片，其头、体、尾明显，血液分布均匀，厚薄适宜，血膜边缘整齐，并留有一定空隙，对光观察呈霓虹色。待血膜自然风干后，于载玻片两端留有空隙处注明动物种类、编号、日期等，即可进行染色。

4. 注意事项　推片时，血滴越大，角度（两载玻片之间的锐角）越大，推片速度越快，则血膜越厚；反之则血膜越薄。白细胞分类计数的血膜宜稍厚，进行红细胞形态及血原虫检查的血片宜稍薄。推好的血片可于空气中左右挥动，使其迅速干燥，以防细胞皱缩而使血细胞变形。反之，则需重新制作，直至合格后，再行染色。

二、血液涂片的染色

1．瑞氏染色法　瑞氏染料是由酸性染料伊红和碱性染料亚甲蓝组成的复合染料。染色包括物理吸附作用与化学亲和作用。各种细胞成分化学性质不同，对各种染料的亲和力也存在差异，因此，染色后可观察到不同的细胞呈现不同的颜色。如嗜酸性物质（血红蛋白、嗜酸性颗粒为碱性蛋白）可与伊红结合被染成红色；嗜碱性物质（细胞核蛋白和淋巴细胞胞质为酸性）与碱性染料美蓝或天青结合，染为紫蓝色或蓝色。

（1）瑞氏染色液的配制：取瑞氏染色粉 0.1 g，甲醇 60 ml。将 0.1 g 瑞氏染色粉置于研钵中，加少量甲醇研磨，然后将已溶解的染液倒入洁净的棕色瓶，剩下未溶解的染料再加少量甲醇研磨，如此连续操作，直至染料全部溶解为止。染液于室温下保存 1 周（每日振摇一次），过滤后即可应用。新配的染液偏碱性，放置时间越久则染色效果越好。配制时可在染液中加入中性甘油 3 ml，可防止染色时甲醇过快挥发，且可使细胞着色更清晰。

（2）染色方法：先用玻璃铅笔在血膜两端各画一竖线，以防染液外溢，将血片平置于水平染色架上；于血片上滴加瑞氏染色液，以将血膜盖满为宜；待染色 1 ～ 2 min 后，再加等量磷酸盐缓冲液（pH 值 6.4 ～ 6.8，或中性蒸馏水），并轻轻摇动或用洗耳球轻轻吹动，以使染色液与缓冲液混合均匀，继续染色 3 ～ 5 min；最后用蒸馏水或清水冲洗涂片，自然干燥或用吸水纸吸干，待检。所得血片呈樱桃红色者为佳。

2．姬姆萨氏染色法　姬姆萨氏染液由天青、伊红组成，染色原理和结果与瑞氏染色法基本相同，但对细胞核和寄生虫着色较好，结构更清晰，而对胞质和中性颗粒染色较差；中性物质（中性颗粒）呈等电状态，可与伊红和美蓝结合，染为淡紫红色。

（1）姬姆萨氏染色液的配制：姬姆萨氏染色粉 0.5 g，中性甘油 33 ml，中性甲醇 33 ml。先将 0.5 g 姬姆萨氏染色粉置于清洁的研钵中，加入少量甘油，充分研磨，然后加入剩余甘油，在 50 ℃～ 60 ℃水浴中保持 1 ～ 2 h，并经常用玻璃棒搅拌，使染色粉溶解，最后加入中性甲醇，混合后置于棕色瓶中，保存一周后过滤即成原液。

（2）染色方法：先将涂片用甲醇固定 3 ～ 5 min，然后置于新配姬姆萨应用液（于 0.5 ～ 1.0 ml 原液中加入 pH 值 6.8 磷酸盐缓冲液 10.0 ml 即得）中染色 30 ～ 60 min；取出血片，用蒸馏水冲洗，吸干，待检。染色良好的涂片应呈玫瑰紫色。

3．瑞－姬氏复合染色法　此方法染色对细胞及血原虫效果较好，对胞浆及颗粒的染色不如瑞氏染色法。

（1）瑞－姬氏复合染色液的配制：取瑞氏染色粉 0.5 g，姬姆萨氏染色粉 0.5 g，甲醇 500 ml。取瑞氏染色粉和姬姆萨氏染色粉各 0.5 g 置于研钵中，加入少量甲醇研磨，倾入棕色瓶中，用剩余甲醇再研磨，最后一并装入瓶中，保存 1 周后过滤即可。

（2）染色方法：先于血膜上滴加染液，经 0.5 ～ 1 min 后，加等量磷酸盐缓冲液（pH

值 6.8），混匀，继续染色 5 ～ 10 min，水洗，吸干，待检。

染色效果主要由两个环节决定，首先是染色液的酸碱度，染色液偏碱时呈灰蓝色，偏酸时呈鲜红色。因此，要保证甲醇、甘油、蒸馏水、玻片等保持中性或弱酸性，并尽可能使用磷酸盐缓冲液；其次是染色时间，这与染液性能、浓度、室温和血片的厚薄有关。

磷酸盐缓冲液（pH 值为 6.8）的配制：磷酸二氢钾 0.547 g，磷酸氢二钠 0.38 g，蒸馏水 100 ml，混合后溶解即可。

【重要提示】

（1）载玻片应事先处理干净。新载玻片常有游离的碱质，应先用肥皂水洗刷，流水冲洗，然后浸泡于 1% ～ 2% 的盐酸或醋酸溶液中约 1 h 再用流水冲洗，烘干后浸于 95% 以上的酒精中备用。旧载玻片则应先放入加洗衣粉的水中煮沸 30 min 左右（若是细菌涂片，先高压灭菌后再进行煮沸处理），洗刷干净后再用流水反复冲洗，烘干后浸于 95% 以上的酒精中备用。使用时用镊子取出载玻片擦干，切勿用手指直接与载玻片表面接触，以保持载玻片的清洁。

（2）推制血片时，两张玻片不要压得太紧，用力要均匀。

（3）用玻璃铅笔在血膜的两端画线，起到防止染色液外溢的作用，不影响染色效果。

（4）滴加瑞氏染液的量不宜太少，太少易挥发而形成颗粒；滴加缓冲液要混合均匀，否则会出现血片颜色深浅不一。

（5）冲洗时应将蒸馏水或清水直接向血膜上倾倒，使液体自血片边缘溢出，沉淀物从液面浮去，切不可先将染液倾去再冲洗，否则沉淀物附着于血膜表面而不易被冲掉。

（6）染色良好的血片应呈樱桃红色，若呈淡紫色，表明染色时间过长；若呈红色，则表明染色时间过短。染色液偏碱时血片呈烟灰色；偏酸时血片呈鲜红色。

任务 3　红细胞沉降速率的测定

【任务目标】

知识：掌握红细胞沉降速率测定的原理与临床意义。

技能：能正确并熟练完成红细胞沉降速率的测定。

素质：操作规范，判读准确。

【知识准备】

血液加入抗凝剂后，吸入特制的测定管中，在一定时间内红细胞向下沉降的毫米数，称为红细胞沉降速率（ESR），简称血沉。血沉的测定有助于贫血、脱水、风湿病的诊断。

一、原理

红细胞沉降速率的快慢是一个比较复杂的物理化学和胶体化学过程，一般认为与血液中的电荷含量有关。正常情况下，红细胞和血浆蛋白带负电荷，而血浆球蛋白、纤维蛋白和胆固醇带正电荷，正常时保持正、负电荷相对的稳定性，其沉降速度在正常范围内。当动物发生疾病时，血液中的红细胞数量和化学成分也会有所改变，直接影响到正、负电荷的相对稳定性。如负电荷相对减少，红细胞相互吸附，形成串钱状，由于物理的重力加速作用，红细胞沉降速率加快；反之，红细胞相互排斥，其沉降速率则会变慢。

二、正常参考值

常见动物正常血沉参考值见表 2.3。

表 2.3　常见动物正常血沉参考值

动物种类	血沉值 /mm				测定方法
	15 min	30 min	45 min	60 min	
黄牛	0	2	5	9	魏氏法（倾斜 60°）
水牛	9.8	30.8	65	91.6	魏氏法
奶牛	0.3	0.7	0.75	1.2	魏氏法
绵羊	0	0.2	0.4	0.7	魏氏法
山羊	0	0.5	1.6	4.2	魏氏法（倾斜 60°）
猪	0.6	1.3	1.94	3.36	魏氏法（倾斜 60°）
犬	0.2	0.9	1.2	4.0	魏氏法
猫	—	—	1.1	4.0	魏氏法
鸡	0.19	0.29	0.55	0.81	魏氏法

三、临床意义

血沉的病理变化可呈现加快或变慢。血沉测定是一种非特异性试验，它只能说明体内存在病理过程，不能单独用于疾病诊断。

1．血沉加快　见于：

（1）各种贫血：目前仍把它作为普检马传染性贫血的重要指标之一。红细胞减少，血浆回流产生的阻力减小，红细胞下沉力大于血浆阻力，因此血沉加快。

（2）急性全身性感染：受致病微生物作用，机体产生抗体，血液中球蛋白增多，因球蛋白带有正负电荷而使血沉加快。

（3）各种急性局部炎症：局部组织受到破坏，致使血液中球蛋白和纤维蛋白增多，由于两者均带有正电荷而使血沉加快。

（4）创伤、手术、骨折等：细胞受到损伤，血液中纤维蛋白原增多，红细胞容易形成串钱状，故血沉加快。

（5）某些毒物中毒：因毒物破坏了红细胞，红细胞总数减少，与其周围血浆失去了相互平衡关系，故血沉加快。

（6）肾炎、肾病：血浆蛋白流失过多而使血沉加快。

（7）妊娠：妊娠后期因营养消耗增大造成贫血时，可使血沉加快。

2．血沉变慢　可见于脱水、高热性疾病、心力衰竭、某些引起纤维蛋白原含量严重减低的肝脏疾患及心力衰竭等。

3．血沉与疾病预后判断

（1）推断潜在的病理过程：血沉加快而无明显症状，表示疾病仍存在，或尚处于发展之中。

（2）了解疾病的进展程度：炎症处于发展期，血沉加快；炎症处于稳定期，血沉趋于正常；炎症处于消退期，血沉恢复正常。

（3）用于疾病的鉴别诊断：如良性肿瘤，血沉基本正常；恶性肿瘤，则血沉加快。

【任务实施】

一、器材与试剂

1．器材　魏氏血沉管：全长 30 cm，内径为 2.5 mm，管壁有 200 个刻度，刻度间距离为 1 mm，自上而下标有 0 ～ 200 刻度，容量为 1 ml；魏氏血沉架；脱脂棉；小试管；采血器械；洗耳球及计时器等。

2．试剂　3.8% 枸橼酸钠溶液、10% EDTA-Na_2 溶液。

二、方法与步骤

临床上多采用魏氏法测定。

（1）向试管中加入 3.8% 枸橼酸钠溶液 1 ml，再加入静脉血液 4 ml，轻轻混匀，备用。

（2）用血沉管吸取上述抗凝被检血液至刻度“0”处，并用干棉球拭去管外壁血液，垂直固定于血沉架上，在室温条件下静置，分别经 15 min、30 min、45 min 及 60 min 各观察一次红细胞下降（上层出现血浆）的毫米数，分别记录，即为血沉值。记录时常用分数形式表示，分母代表时间，分子代表沉降数值。

【重要提示】

（1）测量所用的血沉管必须清洁、干燥，以避免溶血。

（2）血沉管必须是垂直静立，否则会使血沉加快。

（3）环境温度的高低会影响血沉速度，温度越高血沉越快，反之则减慢，故血沉测定的室温以 20 ℃左右为宜。

（4）抗凝剂应选用 3.8% 枸橼酸钠溶液且与采血量按 1 ∶ 4 的比例添加。

（5）血液柱面内不应有气泡和空气柱，否则会使血沉减慢。

（6）此试验应在采血后 3 h 内测完，放置时间延长可使血沉减慢。

（7）冷藏的血液应先将血液温度回升至室温后再行测定。

（8）所用测定血沉方法不同，结果也有差异，因此报告结果时应注明所用方法。

任务 4　红细胞渗透脆性的测定

【任务目标】

知识：掌握红细胞渗透脆性测定的原理与临床意义。

技能：能正确并熟练完成红细胞渗透脆性测定。

素质：操作严谨，能客观分析结果。

【知识准备】

红细胞渗透脆性试验（Erythrocyte Osmotic Fragility Test）主要是测定红细胞对低渗溶液的抵抗能力，故又称为红细胞抵抗。红细胞对低渗溶液的抵抗力与其厚度有关，厚度越大，膜面积与体积之比越小，即渗透脆性越大。

一、原理

红细胞在等渗氯化钠溶液中，其形态保持不变，若置于一系列不同浓度的低渗氯化钠溶液中，则因水分进入红细胞内，使其逐渐膨胀以至破裂溶血。开始（即部分红细胞破裂）为最小抵抗，完全溶血（即红细胞全部破裂）为最大抵抗。红细胞对低渗氯化钠溶液抵抗力不完全相同，抵抗力小，表示渗透脆性高；抵抗力大，则表示渗透脆性低。抵抗力大小用氯化钠溶液的浓度来表示。

红细胞渗透脆性的大小，除与血液中盐类浓度有关外，也与红细胞膜状态，特别是与其中的类脂质具有重要关系。类脂质因可吸收血液中的毒物而易发生溶血。此外，红细胞渗透脆性还与红细胞年龄有关。幼年红细胞，其渗透脆性高；而衰老红细胞，则其渗透脆性低。

二、正常参考值

部分动物红细胞渗透脆性正常参考值见表 2.4。

表 2.4　部分动物红细胞渗透脆性正常参考值

动物种类	最小抵抗力 /%	最大抵抗力 /%
牛	0.74 ～ 0.64	0.46 ～ 0.42
山羊	0.77 ～ 0.63	0.59 ～ 0.47
绵羊	0.80 ～ 0.76	0.50 ～ 0.46
猪	0.86 ～ 0.78	0.48 ～ 0.42

三、临床意义

红细胞渗透脆性测定的目的主要在于了解贫血，尤其是溶血性贫血的性质。在某些病理情况下，由于红细胞的渗透脆性增高，可造成红细胞破坏加剧，导致溶血性贫血。

1．红细胞渗透脆性增高　即红细胞抵抗力降低，主要见于自身免疫溶血性贫血。由于机体对自身的红细胞产生球蛋白抗体，该抗体被覆于红细胞膜上，使红细胞增厚近似球形，水分易于进入而致破裂。幼年红细胞对渗透压的抵抗力虽小，但对溶血毒物的抵抗力较大。此外，还见于动物的溶血性毒物中毒及其他溶血性疾病。

2．红细胞渗透脆性降低　即红细胞抵抗力增高，主要见于幼畜的缺铁性贫血。缺铁性贫血时，红细胞扁而薄，血红蛋白含量较少，较多的水分进入而致破裂。此外，也可见于实质性黄疸、阻塞性黄疸及骨髓机能减退等。衰老的红细胞对渗透压的抵抗力较稳定，但对溶血毒物抵抗力甚弱。

【任务实施】

一、器材与试剂

1．器材　小试管、试管架、血红蛋白吸管、脱脂棉、1 ml 吸管、离心机等。

2．试剂　0.8% 氯化钠溶液（配好后存放于磨口瓶内，防止水分蒸发，一般经 6 ～ 8 周则应重新配制）；蒸馏水。

二、方法与步骤

（1）取 24 支清洁、干燥的小试管，其中 1 支作为正常对照管，其余 23 支作为测定管，编号后按顺序排列于试管架上。

（2）以相同角度顺次滴加蒸馏水和 0.8% 氯化钠溶液：第一管加入 0.8% 氯化钠 1.0 ml，从第二管起每管递减 0.02 ml。第一管的氯化钠溶液的浓度为 0.8%，最后一管的氯化钠溶液的浓度为 0.34%，每管浓度递减 0.02%。

（3）用血红蛋白吸管吸取血液，向上述各试管分别加入血液 20 μl，轻轻摇匀，静置

10 ～ 15 min，然后离心 5 min（或静置 8 ～ 12 h）。

（4）观察结果并记录：开始溶血（最小抵抗力）时上层液体开始出现淡红色，而管底有多量未溶解的红细胞；完全溶血（最大抵抗力）时整管均呈深红色，管底无红细胞沉淀。

【重要提示】

（1）氯化钠应选用纯品。

（2）试验所用器材均应干燥、洁净，以免造成溶血而致红细胞脆性增加。

（3）防止酸、碱、尿素、肥皂等物质污染而引起溶血。

（4）观察结果时要细致，尤其对开始溶血的试管更要仔细观察。此试验最好同时以健康动物作为对照。

任务 5　血液凝固时间的测定

【任务目标】

知识：掌握血液凝固时间测定的原理与临床意义。

技能：能正确并熟练完成血液凝固时间测定。

素质：测定方法科学，步骤正确。

【知识准备】

血液凝固时间（Clotting Time，CT）是指血液自血管流出至完全凝固所需的时间，用以判定血液的凝固能力，简称血凝时间。

一、原理

血液离开血管之后与异物表面接触，激活了血液中有关的凝血因子，形成凝血活酶、凝血酶，致使可溶性纤维蛋白原转变成难溶性的纤维蛋白而使血液凝固。

二、正常参考值

1．试管法　牛 8 ～ 11 min；山羊 6 ～ 11 min；犬 7 ～ 16 min。

2．玻片法　牛 5 ～ 6 min；猪 3.5 ～ 5 min；犬 10 min。

三、临床意义

血凝时间的测定主要用于初步鉴别止血过程中的血凝机制环节是否发生障碍。肝、脾穿刺及大手术前为预防大出血，应进行此项测定。

1．血凝时间延长　血浆内任何一种凝血因子的严重缺陷几乎均可引起血凝时间延长，见于重度贫血、血斑病、严重肝脏疾病及某些出血性素质等疾病。血凝时间延长主要是由于血凝因子Ⅷ、Ⅸ和维生素 K 缺乏以及伴有弥散性血管内凝血（DIC）的重剧疾病等；血液中抗凝物质增多。

2．血凝时间缩短　血凝时间明显缩短，说明体内有血栓形成的可能或已开始形成血栓；偶见于纤维素性肺炎。

【任务实施】

一、器材

恒温水浴箱、针头、带刻度的小试管、载玻片、秒表等。

二、方法与步骤

1．试管法　采血前准备带刻度的小试管 4 支，置于 25 ℃～ 37 ℃恒温水浴箱内加温。自颈静脉采血，分别置于 4 支小试管内，见到出血后立即按秒表开始计时，当每支小试管各盛血液 1 ml 时，再将试管放回水浴箱内。从采血经放置 3 min 后，每隔 30 s 倾斜试管一次，直到翻转试管血液不能流出为止，记录时间。4 支试管血凝的平均时间即为被测动物的血凝时间。

2．玻片法　自颈静脉采血或用注射针头穿刺耳尖，见到出血后立即用秒表记录时间，取血液一滴，放于载玻片的一端，将其稍倾斜，滴有血液的一端向上，此时未凝固的血液自上而下流动，形成一条血线，静置 2 min（夏天应放在平皿内，以防水分蒸发），以后每隔 30 s 用针尖拨血线一次，待针头挑起纤维丝时，停止秒表并记录时间，这段时间即为血凝时间。

【重要提示】

（1）器材不洁可加快血凝速度，因此所用的玻璃器皿必须洁净、干燥。
（2）采血针头要锐利，以免钝的针头损伤组织，使组织液混入血液而加速血液凝固。
（3）血液流入试管时，让血液沿管壁缓缓流下，以免产生气泡影响结果。

任务 6　红细胞计数

【任务目标】

知识：掌握红细胞计数的原理与临床意义。
技能：能正确并熟练完成红细胞计数。

素质：操作熟练，计数准确。

【知识准备】

红细胞计数（Red Blood Cell Count，RBC）是指计算单位体积内（通常为每立方毫米）血液中所含红细胞的数目。其计数方法有显微镜计数法、光电比浊法、电子计数仪计数法等。目前兽医临床多采用试管稀释法，下面介绍该方法。

一、原理

将一定量的供检血液经一定倍数稀释后（200倍或400倍），滴入计数室，在显微镜下计数，经换算即可求得1 mm^3 血液中的红细胞数，并可依此计算出每升血液中红细胞数。

二、正常参考值

常见动物红细胞正常参考值见表2.5。

表2.5　常见动物红细胞正常参考值（$\times 10^{12}$ 个/L）

动物种类	平均值 ± 标准差	动物种类	平均值 ± 标准差
黄牛	7.24 ±1.57	仔猪	6.26 ±0.84
水牛	5.92 ±0.98	犬	6.80 ±1.40
奶牛	5.98 ±0.87	猫	7.50 ±2.10
绵羊	8.42 ±1.20	马	7.93 ±1.40
奶山羊	17.20 ±3.03	骡	7.55 ±1.30
猪	5.51 ±0.35	驴	5.42 ±0.98

三、临床意义

红细胞数目与血红蛋白含量的变化通常是平行一致的，表现为增多或减少，因而其诊断意义基本相同，只有在某些类型贫血时，两者的减少程度可能不一致，需要计算红细胞平均指数才能准确鉴别。

1．红细胞增多　绝大多数为相对增多，绝对增多较为少见。相对增多为机体脱水造成血液浓缩而使血红蛋白量和红细胞相对增加，见于严重呕吐、腹泻、大量出汗、急性胃炎、肠阻塞、肠变位、瘤胃积食、瓣胃阻塞、渗出性胸膜炎、渗出性腹膜炎、某些传染病及发热性疾病等。绝对增多为红细胞增生过盛所致，分为原发性和继发性两种。原发性红细胞增多症又叫真性红细胞增多症，红细胞数可增加2～3倍，是一种不明原因的

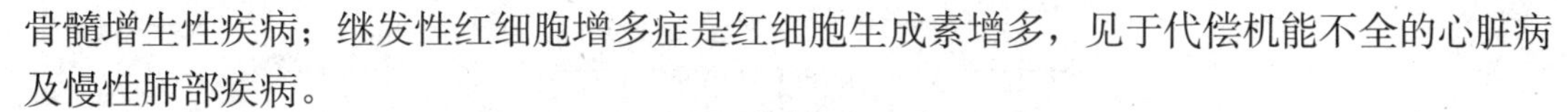

骨髓增生性疾病；继发性红细胞增多症是红细胞生成素增多，见于代偿机能不全的心脏病及慢性肺部疾病。

2．红细胞降低　主要是由于红细胞损失过多或生成不足所致，可见于各种贫血和失血、溶血、红细胞生成障碍（缺铁、维生素 B_{12}、叶酸）和骨髓受抑制（抗生素化学药物）等。

3．血色指数　可帮助鉴别高色素性贫血和低色素性贫血，计算公式如下：

$$血色指数=\frac{被检动物血红蛋白含量}{健康动物血红蛋白含量}:\frac{被检动物红细胞个数}{健康动物平均红细胞个数}$$

正常情况下，血色指数平均为 1（0.8 ～ 1.2）；当血色指数＞ 1.2 时，为高色素性贫血，见于牛巴贝西焦虫病、牛泰勒焦虫病、钩端螺旋体病、犬自体免疫性溶血性贫血等疾病。当血色指数＜ 0.8 时，为低色素性贫血，见于失血性贫血。

【任务实施】

一、器材与试剂

1．器材

（1）血细胞计数板：通常是改良纽巴（Neubauer）氏计数板（图 2.5），它由一块特制的厚玻璃板制成，中间有横沟将其分为 3 个狭窄的平台，两边的平台较中间的平台高 0.1 mm。中间一平台又有一纵沟相隔，其上各有一计数室。每个计数室划分为 9 个大方格，每个大方格面积为 1 mm^2，四角的每个大方格又划分为 16 个中方格，供白细胞计数用，中间的一个大方格用双线划分为 25 个中方格，其中每个中方格又划分为 16 个小方格，共计 400 个小方格，供红细胞计数用（图 2.6）。

（2）血盖片：为血细胞计数专用玻片，质地较硬，厚度为 0.4 mm，规格为 26 mm×22 mm。

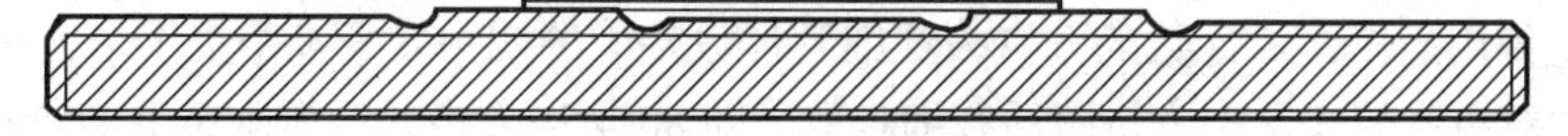

图 2.5　计数板构造

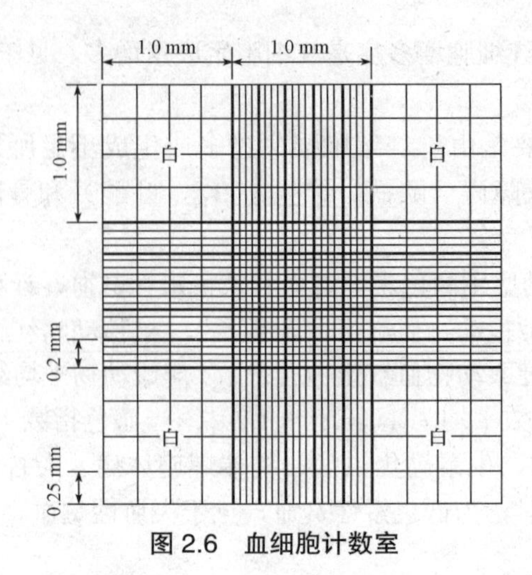

图 2.6　血细胞计数室

（3）血红蛋白吸管、5 ml 吸管、小试管、计数器、显微镜、擦镜纸、脱脂棉等。

2．试剂

（1）红细胞稀释液：0.9% 氯化钠溶液或赫姆氏液（氯化钠 1 g，氯化汞 0.5 g，结晶硫酸钠 5 g，加蒸馏水溶解并定容至 200 ml，过滤，再加石炭酸品红溶液 2 滴，以便与白细胞稀释液区别）。需特别指出的是，红细胞计数所用稀释液并没有破坏白细胞，但并不影响红细胞计数，因为一般情况下，白细胞数仅为红细胞数的千分之一。

（2）蒸馏水、乙醇、乙醚等。

二、计数方法

1．稀释血液　取清洁、干燥小试管一支，加红细胞稀释液 4.0 ml（准确地说应该是吸 3.99 ml 或 3.98 ml），而后用沙利氏吸管吸取供检血液至 10 刻度（10 μl）或 20 刻度（20 μl）处，用棉球拭去管壁外血液，将沙利氏吸管插入小试管内稀释液底部，挤出血液，并吸上清液洗 2 ～ 3 次，将血液与稀释液充分混匀。此时血液被稀释 400 倍或 200 倍。

2．寻找计数区域　将显微镜平放在操作台上，首先用低倍镜对好光，由于计数板的透光性较好，故对好光后将光圈尽量关小（称为暗视野）；然后取清洁、干燥的计数板和血盖片，将血盖片紧密覆盖于血细胞计数板上，并将计数板平置于显微镜载物台上，用低倍镜找到红细胞计数室所在位置。

3．充液　用低倍镜找到红细胞计数室后，首先应检查计数室是否干净，如不干净可用软绸布擦拭计数板和血盖片的表面至洁净为止；然后用吸管吸取（或用小玻璃棒蘸取）已摇匀稀释血液，使吸管（或玻璃棒）尖端接触血盖片边缘和计数室交界处，稀释血液即可自然流入并充满计数室（图 2.7）。

4．计数　计数室充液后，应静置 1 ～ 2 min，待红细胞分布均匀并下沉后开始计数。计数红细胞使用高倍镜。计数的方格为红细胞计数室中的四角 4 个及中央 1 个方格共 5 个中方格或计对角线的 5 个中方格内的红细胞数（即 80 个小方格）。为避免重复和遗漏，计数时应按照一定的顺序进行，均应“从左至右，再从右至左”，计数完 16 个小方格的红细胞数（图 2.8）。在计数每个小方格内红细胞时，对压线的红细胞计数时应遵循“数左不数右，数上不数下”法则。红细胞在高倍镜下呈圆形或碟形，中央透亮，微黄或浅金黄色。

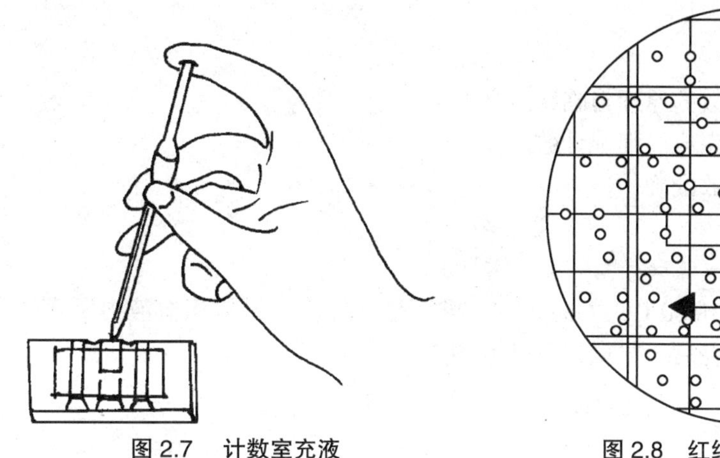

图 2.7　计数室充液

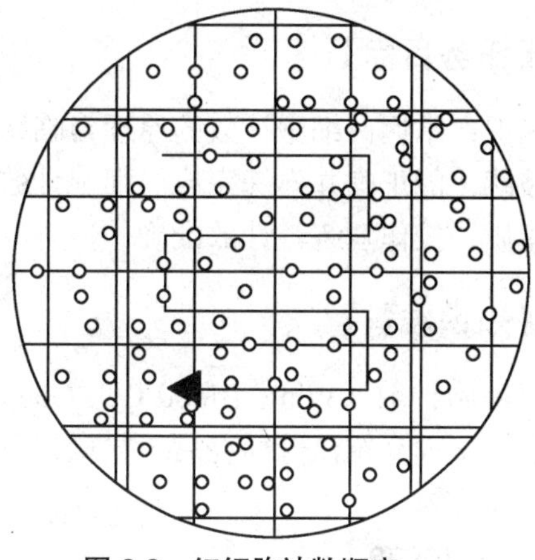

图 2.8　红细胞计数顺序

三、计算

红细胞数（个 /mm^3）=$R\times5\times10\times$ 血液稀释倍数（400 或 200）

=$R\times$20 000（或 $R\times$10 000）

或：红细胞数（个 /L）=$R\times5\times10\times$ 血液稀释倍数（400 或 200）$\times10^6$

其中，R 为计数 5 个中方格（80 个小方格）内红细胞数；5 为所计数 5 个中方格的面积为 1/5 mm^2，要换算为 1 mm^2 时，应乘以 5；10 为计数室深度为 0.1 mm，要换算为 1 mm 时，应乘以 10；10^6 为 1 L=1×10^6 ml。

【重要提示】

（1）所用器材应清洁、干燥，符合标准。

（2）操作台及显微镜应保持水平，否则计数室内的液体会流向一侧而使计数结果不准确。

（3）吸取血液和稀释液要准确。如是抗凝血样，吸取血液之前一定要摇匀；吸管外壁血迹要擦拭干净。

（4）由于动物的红细胞比较多，血样一般做 400 倍稀释，便于高倍镜下计数。

（5）充液前应将稀释液混匀，充液要无气泡，充液后不要再振动计算板。充液后应静置 1 ～ 2 min 方可计数。

（6）计数时应严格按照顺序和压线原则进行，并且至少要计 5 个中方格内的红细胞数，任意两个中方格之间的误差不应超过 20 个红细胞。

（7）试验完毕，计数板先用蒸馏水冲洗干净，再用绸布轻轻擦干，切不可用粗布擦拭，也不能用乙醚、酒精等有机溶剂冲洗。

（8）血红蛋白吸管每次用完后，先在清水中吸吹数次，然后分别在蒸馏水、酒精、乙醚中按顺序吸吹数次，干后备用。

任务7　白细胞计数

【任务目标】

知识：掌握白细胞计数的原理与临床意义。
技能：能正确并熟练完成白细胞计数。
素质：操作熟练，计数准确。

【知识准备】

白细胞计数（White Blood Cell Count，WBC）是指计算一定体积血液内所含的白细胞总数。下面介绍试管稀释后于显微镜下计数的方法。

一、原理

一定量的血液经1%～3%冰醋酸处理后，可使血液中的红细胞破坏（家禽的红细胞不能被冰醋酸所破坏），仅保留白细胞，计数1 mm^3 血液中的白细胞数，再推算出每升血液中的白细胞数。

二、正常参考值

常见动物白细胞数正常参考值见表2.6。

表2.6　常见动物白细胞数正常参考值（10^9 个/L）

动物种类	参考值	动物种类	参考值
黄牛	8.43±2.08	仔猪	12.10±2.94
水牛	8.04±0.77	犬	6.00～17.00
奶牛	9.41±2.13	猫	5.50～19.50
绵羊	8.45±1.90	马	5.40～12.10
奶山羊	13.20±1.88	骡	4.60～12.20
猪	14.02±0.93	驴	10.72±2.73

三、临床意义

1. 白细胞总数增多　见于多数细菌感染性疾病，如链球菌、肺炎双球菌等感染，白细胞数明显升高；当组织器官发生急性炎症，如肺炎、胃炎、乳房炎，特别是化脓性炎症时，可引起白细胞数目增多；严重的组织损伤、急性大出血、急性溶血、某些中毒（敌敌畏中毒、酸中毒及尿毒症等）以及注射异体蛋白（血清、疫苗）后，均可导致白细胞数

目增多。另外，白血病时，白细胞数持久性、进行性增多，红细胞数目却明显下降。

2．白细胞总数减少　某些病毒性疾病，如犬传染性肝炎、猫泛白细胞减少症、流行性感冒等时，白细胞总数减少；伴有再生障碍性贫血时，白细胞总数减少；此外，长期使用磺胺类药物、X线照射、恶病质及各种疾病的濒死期等均会引起白细胞总数减少。

【任务实施】

一、器材与试剂

1．器材　除5 ml刻度吸管改用0.5 ml刻度吸管外，所用其他器材同红细胞计数。

2．试剂　白细胞稀释液（1%～3%冰醋酸溶液，其中加1%结晶紫数滴，使溶液呈淡紫色，以便与红细胞稀释液相区别；或1%盐酸溶液）；蒸馏水、乙醇、乙醚等。

二、计数方法

1．稀释血液　取清洁、干燥小试管一支，加入白细胞稀释液0.38 ml或0.4 ml；用血红蛋白吸管吸取供检血液20 μl加入试管内，混匀，即可得20倍稀释的血液。

2．寻找计数区域　与红细胞计数相似，只是将镜头调到白细胞计数室中（四角的4个大方格中任何一个）。

3．充液　与红细胞计数法相同（注意避免将气泡充入计数室内）。

4．计数　基本与红细胞计数法相同，所不同的是用低倍镜计数，按顺序计4个角上的4个大方格（共有16×4=64个中方格）内的白细胞。白细胞呈圆形，有核，周围透亮。

5．计算　可按下式计算：

白细胞数（个/mm^3）=$W/4\times10\times20=W\times50$

或白细胞数（个/L）=$W/4\times10\times20\times10^6$

W：4个大方格（白细胞计数室）内白细胞总数。

$W/4$：4个大方格的面积为4 mm^2，$W/4$为1 mm^2内的白细胞数。

10：计数室的深度为0.1 mm，换算为1 mm，应乘以10。

20：血液的稀释倍数。

【重要提示】

（1）为获得准确可靠的结果，必须按照红细胞计数的注意事项进行操作。另外，由于白细胞比较少，所以每个大方格内的白细胞数目误差应不超过8个，否则说明充液不均匀。

（2）应注意区别异物与白细胞，必要时可用高倍镜观察有无细胞结构加以区别。

（3）如果血液内含有多量有核红细胞，因其不受稀酸破坏，容易使计数的白细胞数增高，在这种情况下必须校正。例如，白细胞总数为14 000/mm^3，在白细胞分类计数中发现有核红细胞占20%，则实际白细胞数可按以下公式计算：

$$100 : 20=14\ 000 : X$$

$$X=\frac{20\times 1\ 400}{100}=2\ 800\ \text{mm}^3$$（有核红细胞）

$$14\ 000-2\ 800=11\ 200$$（白细胞数）

任务8　血细胞分析仪及其在兽医临床上的应用

【任务目标】

知识：掌握血细胞分析仪的检测原理。

技能：能根据血细胞分析仪说明书正确操作并得出正确结果。

素质：爱护仪器设备，注意保养。

【知识准备】

血细胞分析仪是动物医院临床检验应用非常广泛的仪器之一。随着科学技术日新月异的发展，血细胞分析技术已从二维空间转向三维空间，同时现代血细胞分析仪的五分类技术采用了先进的技术，如鞘流技术、激光技术等。血细胞分析仪分为三分类血细胞分析仪（淋巴细胞、中性粒细胞、粒细胞）和五分类血细胞分析仪（淋巴细胞、单核细胞、中性粒细胞、酸性粒细胞、碱性粒细胞）。

五分类血细胞分析仪的检测原理如下。

1. 采用直流电阻抗、激光散射和荧光染色技术检测法　直流电阻抗法用于测量细胞体积大小。激光散射产生的前向散射光、侧向散射光和侧向荧光可用于探测白细胞体积大小、细胞内含物的情况（细胞核以及颗粒情况），侧向荧光则可以反映细胞内脱氧核糖核酸（DNA）和核糖核酸（RNA）的含量，特有的嗜酸性粒细胞检测溶血剂 Strmatolyzer-EO 可将除了嗜酸细胞以外的所有细胞溶解或萎缩，含有完整嗜酸细胞的液体通过小孔可以按照直流电阻抗法计数技术进行计数。在嗜碱性粒细胞通道中，使用特殊溶血剂 Strmatolyzer-BA 可将除了嗜碱性粒细胞以外的所有细胞溶解或萎缩，含有完整嗜碱性粒细胞的液体通过小孔可以按照直流电阻抗法计数技术进行计数。幼稚细胞检查通道（IMI）可以根据幼稚细胞膜比成熟细胞膜表面含有脂质较少的现象，在细胞稀释悬液中加入硫化氨基酸，由于占位不同，结合在幼稚细胞表面的氨基酸较多，对溶血剂有抵抗作用，当加入溶血剂后成熟细胞易被溶解，而幼稚细胞不易被破坏，可通过直流电阻抗法检测出来。综合各个测量方法，得到白细胞五分类的图形和数据。这种技术主要应用在 Sysmex 研制和开发的 SE-9000、SE-9500、XE-2100、XT-1800 等系列血液分析仪中。

2. 电阻抗和射频电导联合检测法　是分别采用四个检测系统来检测不同类型的细胞：

（1）淋巴细胞、单核细胞和中性粒细胞检测系统：在细胞悬浮液中加入溶血剂使红细胞溶解，而使白细胞保持完整，细胞质及核形态近似于生理状态，当这些细胞通过检测系统时，对白细胞进行电阻抗法（测量细胞体积）和射频电导法（检测细胞核和颗粒密度）

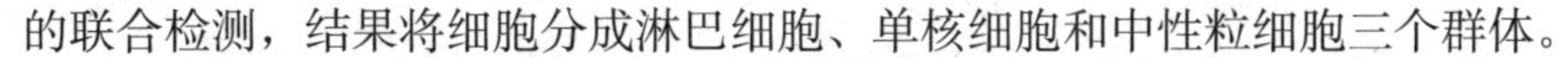

的联合检测，结果将细胞分成淋巴细胞、单核细胞和中性粒细胞三个群体。

（2）嗜酸性细胞和嗜碱性细胞两种检测系统：在细胞悬浮液中加入特殊的溶血剂，除嗜酸性细胞和嗜碱性细胞外，其他细胞均被溶解或萎缩，再对保持完整的嗜酸性细胞或嗜碱性细胞进行计数。

（3）幼稚细胞检测系统：在细胞悬浮液中加入硫化氨基酸，由于占位不同，结合在幼稚细胞的氨基酸比成熟细胞多，且对溶血剂有抵抗作用，当加入溶血剂时，成熟细胞被溶解，只保留着可能存在的幼稚细胞用来计数。目前日本东亚公司的 NE1500、SYSNEX 公司的 SE9000 血细胞分析仪就是采用这种方法进行五分类的。

3．多角度激光偏振光散射检测法　采用这种技术的仪器使用鞘流液将标本血稀释，稀释后白细胞的内部结构近似于自然状态，只有嗜碱性细胞由于其吸湿的特性而使细胞结构有轻微改变。红细胞内的血红蛋白在高渗透压的作用下，从细胞中分离出来。而鞘流的水分则进入红细胞内，使细胞膜结构仍然完整，它与鞘流的折光系数相同，不影响白细胞的检测。仪器同时从四个角度来检测通过激光束的细胞所产生的散射光，0°前角散射光用来测定细胞的体积，10°狭角散射光用来测定细胞结构，90°垂直散射光对细胞内部颗粒及细胞质进行测量，90°消偏振光散射将嗜酸细胞从中性粒细胞和其他细胞中分离出来。利用上述方法进行五分类的仪器，最终结果均呈现在高分辨率的白细胞分布图上。运用计算机图像技术，以各种彩色像素代表一定的细胞浓度，使细胞亚群和异常情况易于识别，可以从三维空间的不同方位观察分离的白细胞亚群。通过某种操作，使三维轴旋转，就可展示不同方位的细胞分布情况。

4．采用图像分析的单纯细胞检测法　该技术采用图像分析法，将血片染色，用含有扫描镜头的显微镜扫描每个视野，将获取的细胞图像与仪器内存储的标准图像进行对照分析，判断该细胞的类型。此类仪器需要大型的计算机系统支持，由于在当时电子计算机图形识别和分析技术还不很发达，因此该类设备的发展受到一定程度的限制，分析速度慢，在细胞判断的准确性上也不尽如人意，没有流行起来。由于电子计算机运算速度的飞速发展，现代的计算机图形图像分析技术已经有了很大的进步，如果能继续开发此类设备，因为其具有非常直观性，与人对细胞的判断分析方法非常接近，应当大有前途。

【任务实施】

以 SF-3000 血细胞分析仪操作方法与步骤为例。

一、每日开关机程序

（一）开始准备

（1）检查各种试剂是否够量及废液装置的状况。

（2）保持进样架槽清洁和加够打印纸。

（3）检查血细胞分析仪与计算机通信电线的状况。

（二）开机程序

（1）依次打开打印机及仪器右侧的主机开关，约等 2 min 仪器自动装载运行程序。

（2）仪器进行系统检查及试剂本底测试；试剂本底必须满足 WBC ≤ 0.2；RBC ≤ 0.02；HGB ≤ 2；PLT ≤ 10。

（3）如果试剂本底超过可接受值，将报警提示。此时可按“Auto Rinse”键进行自动冲洗数次并再次检测试剂本底直到合格。

（三）关机程序

1．在根目录下按“Shut Down”键，屏幕出现关机步骤窗口。

2．将 Cell Clean（清洗剂）瓶盖打开，放在吸样管处按“Start”键。

3．仪器吸入 Cell Clean 后自动清洗测量系统，约 10 min 后听到鸣叫声即清洗结束。

4．依次关掉仪器右侧的主机开关和打印机电源。

二、常规血样测定程序

（一）自动进样

（1）将装有血标本的自动进样架放入自动进样槽中。

（2）按屏幕右上角的“Sampler”键。

（3）依次按“Rack”“Tube”“Sample No”键选择架号、管号和标本号。

（4）按“Start”键，仪器自动进行检测，结果自动打印并自动传输至联机计算机。

（二）手动进样

（1）将血标本放在混匀器上混匀。

（2）按屏幕上端的“Manual Mode”键。

（3）选按“Manual Mode”键。

（4）输入当时待测的标本号，按“Enter”键确认。

（5）将血标本混匀后打开盖，然后放在进样管下按“Start”键，仪器自动进行检测，结果自动打印并自动传输至联机计算机。

三、每天的维护与预防性保养

（1）每天工作完毕，应清洗检测器及浮球定量器。方法：在主机面板上按“Shut Down”键，用手动进样方式吸入 Cell Clean 进行自动清洗。注意，可先按“Auto Rinse”键进行自动冲洗管道系统后，再进行自动清洗。

（2）若以自动进样方式检测标本，测试完毕，应清洗进样针及进样管道。方法：将 Cell Clean 装入干净的标本管中，以自动进样方式将其吸入进样针及进样管道进行清洗。

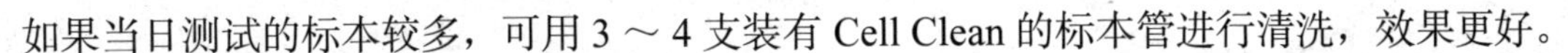

如果当日测试的标本较多，可用 3 ～ 4 支装有 Cell Clean 的标本管进行清洗，效果更好。

（3）倒掉压缩机存水容器内的积水。每日关机后，应检查压缩机存水器中是否有积水，如有液体存在，将其倒掉。

讨论：

1. 观察血液保存时间、使用抗凝剂种类与检测结果之间的关系。
2. 分析异常检查结果与动物疾病、人为操作之间的联系。

思考与练习

1．简述不同动物的采血方法及注意事项。
2．简述血涂片的制作与染色方法。
3．如何提高血常规检查的准确性?
4．简述血细胞分析仪的使用方法及注意事项。

项目二　血液生化检验

熟悉血液生化检验的内容和种类，掌握血液生化检验的方法和临床意义，能正确对送检的病料进行实验室诊断与结果分析。

任务1　临床生化自动分析仪及其在兽医临床上的应用

【任务目标】

知识：掌握临床生化自动分析仪的原理、参数及在兽医临床上的应用。

技能：能正确并熟练操作临床生化自动分析仪。

素质：按流程使用仪器，爱护仪器设备。

【知识准备】

临床生化自动分析仪，就是把生化分析中的取样、加试剂、去干扰、混合、保温反应、检测、结果计算、显示和打印，以及清洗等步骤自动化的仪器。它完全模仿并代替了手工操作，不仅提高了工作效率，而且减少了主观误差，稳定了检验质量。由于这类仪器一般都具有灵敏、准确、快速、节省和标准化等优点，在临床生化分析中得到了广泛应用。

自20世纪50年代Skeggs首次介绍临床生化分析仪的原理以来，随着科学技术尤其是医学科学的发展，各种生化自动分析仪和诊断试剂均有了很大发展。根据仪器的结构原理不同，生化自动分析化可分为连续流动式（管道式）、分立式、离心式和干片式四类。新型的生化自动分析仪常装有样品识别、自动加样、自动检测、数据处理、打印报告和自动报警等装置。

全自动生化分析仪，从加样至出结果的全过程完全由仪器自动完成，操作者只需把样品放在分析仪的特定位置上，选用程序开动仪器即可等取检验报告。由于分析中没有手工操作步骤，故主观误差很少，且由于该类仪器一般都具有自动报告异常情况、自动校正自身工作状态的功能，因此系统误差也较小，给使用者带来很大的便利。

自美国Technicon公司于1957年成功地生产了世界上第一台全自动生化分析仪后，各种型号和功能的全自动生化分析仪不断涌现，为医院临床生化检验的自动化迈出了十分重要的一步。这类仪器的功能全，灵活性大，易于操作，大多采用吸光度、荧光、光散、浊度测定技术和离子选择电极系统，用于常规生化、特殊蛋白和药物等检测，可随机安排程序，既可根据需要输入单一项目成批分析，又可按临床医生根据患者病情的不同要求，选择性地多项组合分析；结果报告既能打印出每个项目的报告，也能按人打印

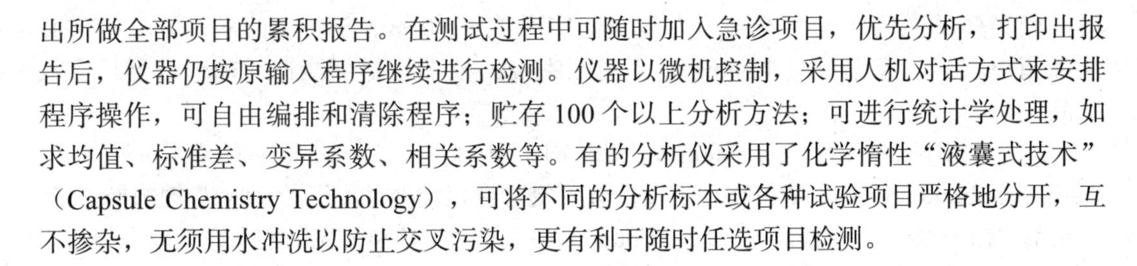

出所做全部项目的累积报告。在测试过程中可随时加入急诊项目，优先分析，打印出报告后，仪器仍按原输入程序继续进行检测。仪器以微机控制，采用人机对话方式来安排程序操作，可自由编排和清除程序；贮存100个以上分析方法；可进行统计学处理，如求均值、标准差、变异系数、相关系数等。有的分析仪采用了化学惰性“液囊式技术”（Capsule Chemistry Technology），可将不同的分析标本或各种试验项目严格地分开，互不掺杂，无须用水冲洗以防止交叉污染，更有利于随时任选项目检测。

【任务实施】

以Aizaue-200RA全自动生化分析仪的操作方法与步骤为例。

一、开机程序

（一）开机前检查

（1）检查供电系统（包括UPS）是否正常。

（2）检查供水系统是否正常。

（3）检查样品针、试剂针、搅拌针、清洗针是否有弯曲、堵塞、污染、漏水等，如有上述情况发生，参照仪器维护保养说明书处理。

（4）检查清洗液，包括样品针、搅拌针、去污剂箱及试剂位31（ACID）和32位（ALKLI）各种清洗液，必要时补足。

（5）检查打印机是否正常、打印纸是否安装好及是否联机（打印机上Online灯亮）。

（6）仪器及操作台表面干净、无污物，机房空调正常开启。

（二）开机

为保证试剂舱的冷藏作用，位于仪器右后下方的总电源可长期处于开启状态，同时UPS长期处于工作状态。

（1）打开仪器右侧电源开关，记录开机时间。

（2）待仪器自检及程序装载（15 min）结束，仪器至备用（Ready）状态，如有错误（Trouble），根据错误代码查找维护保养说明书检查原因，及时处理。

（3）开机程序设置：MAIN MENU。F5：DEFINE。F6：DEFINE OPTIONAL PARAMETERS 。F3：FOR STARTUP1或F4：FOR STARTUP。

开机程序至少应包括：①更换仪器内水箱纯水1次。②更换孵育槽内纯水1次。③清洗管道3次。④清洗液清洗探针3次。⑤纯水清洗探针3次。⑥清洗比色杯（酸、碱、水）。⑦测定水空白。⑧根据具体试剂空白变化情况设定试剂空白检查周期。⑨检查剩余试剂体积。

二、校准程序

1．校准物的准备　将校准物从冰箱中取出，冻干校准物按说明书加入蒸馏水复溶，轻轻颠倒混匀 3 次，不可用力震摇，室温放置 30 min 至完全溶解；液体校准物从冰箱中取出，室温放置 15 min 以平衡至室温。校准物尽可能选择配套仪器厂家校准品。

2. 上机校准程序　① Main Menu、F1：Worklist、F1：Enter+ 右空格键、F4：Define Calibration 、F1：Worklist1。②用光标键选欲校准项目，用“Select”键选择“1”（试剂空白）及“2”（校准），F5：Enter 。③将校准物按屏幕显示放入绿色校准架相应位置，将校准架置入进样轨道，打开进样架（Feed）。

三、质控程序

1. 质控物的准备　将质控物从冰箱中取出，冻干质控物按说明书加入蒸馏水复溶，轻轻颠倒混匀 3 次，不可用力震摇，室温放置 30 min 至完全溶解；液体质控物从冰箱取出，室温放置 15 min 以平衡至室温。至少有两水平质控品，8 h 一次。质控物尽可能选择配套仪器厂家及人血清基质质控材料。

2. 上机质控程序　① Main Menu、 F1：Worklist 、F1：Enter+ 右空格键、F4：Define Control 、 F1：Worklist1。②用光标键及“Select”键选择质控项目，F5：Enter。③将质控物按屏幕显示放入黄色质控架相应位置，将质控架置入进样轨道，打开进样架（Feed）。质控在控方可进行标本检测。

四、标本检测程序

（1）输入标本编号及测定项目：Main Menu 、F 1：Worklist、 F1：Enter 、 F1：Tests。 ①输入顺序号（Request No）及样本编号（Patient ID No）。②输入检测项目通道号或组合分析（Profile）代码。③ F5：Enter。

（2）编辑标本架号（Compile）：① Main Menu、F1：Worklist 、F2：Compile、F1：By Patients。②输入起始顺序号（Request No，From），终止顺序号（Request No，To），Routine，开始架号（Starting Rack No）。③ F5：Enter。

（3）将分离好的血清或血浆标本置入设置好的灰色样品架上，注意样本不可有凝块，样本量不可少于 0.2 ml 。

（4）打开进样架（Feed）。

（5）测试完毕，执行关机程序（Shut Down）或设置自动关机。

五、关机程序

（1）做好各种工作记录登记：当日工作量登记表、当日校准登记表、室内质控登记表、仪器维护保养登记表。

（2）执行关机程序 Shut-down：Main Menu、F5：Define、F6：Define Optional Parameters、F5：For Shut Down。

关机程序至少应包括：①清洗管道 3 次。②清洗液清洗探针 3 次。③纯水清洗探针 3 次。④清洗比色杯（酸、碱、水）。⑤测定水空白。⑥检查剩余试剂体积。

关机后维护：①清擦样品针、试剂针、搅拌针、清洗针。②检查清洗液（Shimadzu 原厂供应），包括样品针、搅拌针、去污剂箱及试剂位 31（ACID）和 32 位（ALKLI）各种清洗液，必要时补足。③关闭水处理电源。④记录关机时间。⑤及时补足次日工作所需试剂量。⑥清洁仪器及操作台面。⑦关闭机房空调。

六、日常维护保养程序

（1）检查去污剂箱清洗液（New Clean，8%）液面，及时更换。

（2）更换样品针清洗液（New Alkli，5%）。

（3）更换搅拌针清洗液（New Alkli，5%）。

（4）更换去离子水箱纯水。

（5）更换孵育槽纯水。

相关链接

全自动生化分析仪主要检验参数的设置

一般自动分析仪有 12 个主要数据，即波长、温度、样品量及试剂量、空白时间（Tb）、开始收集实验数据时间（Ti）、实验数据收集窗时间（TW）、实验数据收集完成时间（Td）和最后时间（Tf）、速率时间（Tr）、线性限度（L）、异常吸收率（ABN）、曲线拟合、浓度因素（F）。这些参数都是通过方法学的研究之后，根据反应的具体情况加以确定的。

1．波长　根据分光亮度计的光吸收曲线或者一个比色杯不同波长的反应曲线选择分析波长和空白波长。对快速反应，以光吸收曲线的低凹区波长为空白波长，光吸收曲线中吸亮度最大而较平坦区的波长为分析波长。

2．温度　一般均选用 30 ℃。

3．样品量及试剂量　可根据手工法按比例缩减或者重新设计。要考虑到检测灵敏度、线性范围，尽可能将样品稀释倍数大些，以降低样品中其他成分的影响。

4．分析时间的确定　用高、中、低浓度的标准液进行实验用研究模式，进行酶促反应时间曲线或反应速度时间曲线的观察，根据吸收率动态变化的具体数据，确定有关的分析时间。

① Tb：吸光度上升型，一般选择反应尚未开始而试剂和样品已充分混合均匀，一般定为 4 s。动态法的 Tb = Ti。

② Ti：选择反应接近平衡期，动态法则选择接近进入线性期。这个参数不很严格。如果 Ti 定得太早，过多的不符合要求的数据点将舍弃；Ti 定得太晚，数据收集时间就要延长。动态法还可能使底物耗尽的发生机会增多。在终点法 Ti 大致定于 Tf 的 70% 或接近于反应完全时，动态法确定 Ti 时，主要考虑避开酶反应的延迟期以及试剂和样品混合

后温度不平衡期。

③ TW：根据高、中、低浓度标准液反应速度时间曲线加以确定。要求各标准液的吸光度变化在该时间内均在线性判断标准范围内。终点法一般为 4 ～ 10 s。在动态法中，为了使反应不出现未反应（NR）的标志，在 Tb 与 Tf 之间至少有 8 mA 的吸收率变化。在快速反应时，TW 从 30 s 开始，按 10 s 向上递增。在慢反应可达 120 s。TW 不应太长，否则可以偏离线性，也降低工作效率。

④ Tr：Tr 值的大小对方法的精密度有较显著的影响。为了保证方法的精密度，使 $\Delta A>1.0$ mA 是必要的。如 Tr 时间短，ΔA 太小，测定方法的精密度就降低。一般情况下，Tr 定为 20 ～ 60 s。在现有程序中，是以正常低值标本的 $\Delta A>1$ mA 来决定 Tr 值。如 ALT 测定，正常低值为 7 U/L，Tr ＝ 7 U/L/2.57 ＝ 2.7 mA/60 s，30 s ＝ 1.35 mA，故选 30 s 为 Tr 时间。

5. 线性判断标准（线性限度 L） 指在数据收集窗时间内吸收率变化的允许范围。作为终点法，从理论上讲，化学反应达到平衡（终点），吸光度应该稳定不变，也就是说，在 TW 内吸收率变化应该是零，即线性判断标准应该定为零。在实际中，由于信号有一定的飘移，更主要是测定要求快速，是在反应还没真正到达终点时进行测定，加上自动分析仪检测的灵敏度大多较高，精度可达到 0.1 mA，所以在 TW 期间的吸收率会有一定的波动。不同的化学反应或酶促反应，吸光度变化程度不一。要根据实验结果选择一个适当的吸光度变化范围作为线性判断标准，以此来判定反应是否达到了平衡。这个标准值如果定得太小，反应很难达到要求的标准，出现非线性的机会太多，或者要延长观测时间，降低工作效率，这就不符合快速分析的要求。相反，这个线性判断标准定得太大，就失去了判断线性的意义，出现反应根本没有达到终点就错误地判为达到标准，影响测定结果的可靠性。在终点法中，L 单位是 mA/2 秒，大多选用 1.0 mA/2 秒。如出现反应不完全，可按 0.5 mA 顺序增加。在动态法中，L 单位是 mA/ 秒，一般从 0.1 mA/秒开始，如果试验结果出现非线性（NL）情况多，可以增大，按 0.01 mA 递增，但不可超过 0.1 mA。

6. 异常吸收率限度 这一参数主要根据每个方法实验测定的线性范围来确定，即用吸光率作为纵轴，标准液浓度为横轴，绘制标准曲线。这个线性段向非线性段转折拐点的相应吸收率值即为异常吸收率限度。终点法吸收率超过此值被标志为超出限度（XL）。在动态法中，试剂空白的吸收率超过 ABN，ABN 被标志为试剂吸收率异常（AB），测定杯的吸收率超过 ABN 时，ABN 被标志为底物耗尽（EX）。

七、生化仪检测内容、结果及临床意义

（一） 血液葡萄糖测定

血清中的葡萄糖简称血糖。正常情况下，血液中的葡萄糖通过自身的葡萄糖代谢维持在一个恒定范围内。血糖测定目前主要用于仔猪低血糖症、牛羊酮病、糖尿病（据报告，犬的发病率高达 1 ： 152，猫为 1 ： 800）及胰腺炎等病的诊断。

1．健康动物血糖参考值见表 2.7。

表 2.7 健康动物血糖参考值 mg/dl

动物种类	血糖正常值		动物种类	血糖正常值	
	范 围	平均值		范围	平均值
黄牛	77.0 ～ 115.0	97.0	兔	80.0 ～ 165.0	110.0
水牛	51.0 ～ 85.6	79.4		60.0 ～ 145.0	114.0
乳牛	45.0 ～ 130.0	89.0		152.0 ～ 182.0	167.0
牦牛	37.8 ～ 57.13	47.48		128.0 ～ 135.0	—
犬	55.0 ～ 131.0	80.0	马	65.0 ～ 135.0	106.0
猫	43.0 ～ 100.0	72.0	骡	56.9 ～ 110.0	83.8
鸡	60.0 ～ 136.0	90.0	驴	65.0 ～ 86.5	46.5

2．临床意义

（1）血糖增高：

①生理性血糖增高：生理性或一时性血糖增高，如单胃动物进食后 2 ～ 4 h 内、精神紧张、兴奋、强制保定、疼痛及注射可的松类药物等。

②病理性血糖增高：常见于糖尿病（犬、猫）、急性胰腺坏死、胰腺炎、癫痫、抽搐、酸中毒和肾上腺皮质、甲状腺、脑垂体前叶功能亢进时。

（2）血糖降低：见于胰岛素分泌增多、肾上腺和肾上腺皮质功能不全、甲状腺和脑垂体前叶功能减退、坏死性肝炎、肝炎后期、消化不良的胃肠疾病、饥饿、衰竭症、慢性贫血、仔猪低血糖症、牛 / 羊酮病、中毒等。

（二） 血液非蛋白氮测定

血液中除蛋白质外的含氮物质称为非蛋白氮。主要包括尿素、尿酸、肌酸、肌酐、谷胱甘肽、氨基酸、核苷酸等蛋白质和核酸的代谢物及代谢产物。

1．正常参考值 全血非蛋白氮含量参考值（mg/100 ml）：牛 20 ～ 40；绵羊 20 ～ 38；山羊 30 ～ 44；猪 20 ～ 45；马 20 ～ 40。

2．临床意义 血液中的非蛋白氮成分均是蛋白质和核酸的代谢产物。非蛋白氮大部分由肾脏排泄至体外，如蛋白质分解代谢增加或肾脏排泄有障碍，或肝脏受到严重损伤，均可影响血液非蛋白氮含量。

（1）非蛋白氮增高：见于亚急性和慢性肾炎、尿毒症、肾盂积水、泌尿系统结石阻塞、严重烧伤、严重呕吐、腹泻、幽门痉挛、肠梗阻、血红蛋白尿、甲状腺功能亢进末期、肾上腺机能不全、前列腺肥大或肿瘤、重金属中毒等。

（2）非蛋白氮降低：见于中毒性肝炎、胆道术后、妊娠晚期等。

（三）血清总蛋白、白蛋白及球蛋白测定

1．正常参考值　健康动物血清总蛋白、血清白蛋白及血清球蛋白含量见表 2.8。

表 2.8　健康动物血清总蛋白、血清白蛋白及血清球蛋白含量　g/100 ml

动物种类	血清总蛋白	血清白蛋白	血清球蛋白
牛	6.50	3.25	3.25
绵羊	7.60	3.63	3.97
山羊	5.38	3.07	2.31
猪	6.67	3.96	2.71
马	6.30	2.03	3.27

2．临床意义　测定血清蛋白含量对于确定动物的代谢能力，判断疾病种类和预后等都有一定价值。正常情况下，幼畜、妊娠、妊娠中期和母畜泌乳期，血清总蛋白偏低；血清总蛋白随年龄的增长有升高的趋势；母畜稍高于公畜；饲料良好时，血清蛋白含量也会有所增加。

（1）总蛋白。

1）总蛋白增高。

①总蛋白相对增高可发生于各种原因引起的体内水分排出大于摄入，特别是急性失水，如剧烈呕吐、腹泻等情况。

②见于血清蛋白质合成增加，大多发生在动物患淋巴肉瘤和浆细胞瘤。

2）总蛋白降低。

①见于各种原因引起的血浆中水分增加，血浆被稀释。

②见于营养不良和消耗增加。

③合成障碍：主要是肝功能障碍引起白蛋白合成减少。

④蛋白质丢失：如严重烧伤、创伤、引流、肾脏疾病、糖异生引起白蛋白分解过多、大量血浆外渗；大出血时大量血液丢失、肾病综合征时尿中长期丢失蛋白质等。

（2） 白蛋白。

1）白蛋白增高：很少见，可见于急性脱水和休克。

2）白蛋白降低：见于以下 4 种情况。

①白蛋白丢失过多：见于肾病综合征、严重出血、大面积烧伤及胸、腹腔积水。

②白蛋白合成功能不全：见于慢性肝脏疾病、恶性贫血和感染。

③蛋白质摄入不足：见于营养不良、消化吸收功能不良、妊娠、哺乳期蛋白摄入量不足。

④蛋白质消耗过多：见于糖尿病及甲状腺功能亢进，各种慢性、热性、消耗性疾病，感染，外伤等。

（3）球蛋白。

1）球蛋白增高：见于慢性肝炎、肝硬化、肺炎、风湿热、细菌性心内膜炎和结核病活动期。

2）球蛋白降低：见于饲喂初乳不足、未饲喂初乳及 γ－球蛋白缺乏症。

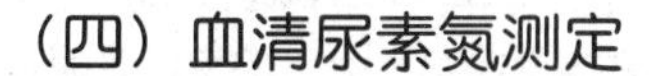

（四）血清尿素氮测定

尿素是体内氨基酸分解代谢的最终产物之一。氨基酸经脱氨基作用生成氨，氨对动物机体具有毒性。肝细胞具有使氨生成尿素的作用，所以尿素的生成是肝脏的解毒功能之一。肝脏合成的尿素通过血液运输至肾脏，由尿液中排出体外。所以血液中尿素的来源是肝脏，而去路是通过肾脏进行排泄。所以血清尿素氮是肾功能主要指标之一。尿素氮较易受饮食和肾血流量的影响。

1．正常参考值　部分动物血清尿素氮含量正常参考值（mmol/L）：牛、马 3.55 ～ 7.1；猪 3.55 ～ 10.65；绵羊 2.85 ～ 7.1；犬 1.75 ～ 10；猫 5 ～ 11.45。

2．临床意义　消化道出血、甲亢、某些严重肝病、严重感染、应用肾上腺皮质类固醇药物和饮食中蛋白质含量过高，可引起血清尿素氮暂时性增高。

血清尿素氮增高可见于急慢性肾炎、重症肾盂肾炎、各种原因所致的急慢性肾功能障碍、心衰、休克、烧伤、脱水、大出血、肾上腺皮质功能减退、前列腺肥大及慢性尿路阻塞等。

（五）血清无机磷测定

血清中磷的水平相当稳定，和钙一样，骨骼中的磷不断地与血浆中的磷进行交换以保持血浆磷水平的稳定。血清无机磷包括 HPO_4^{2-}、PO_4^{3-}、HPO_4^{-} 和磷酸盐离子中的磷。

1．正常参考值　健康动物血清无机磷正常参考值见表 2.9。

表 2.9　健康动物血清无机磷正常参考值　　mg/100 ml

动物种类	血清磷		动物种类	血清磷	
	范围	平均值		范围	平均值
乳牛	3.33 ～ 10.50	5.96	猪	4.00 ～ 11.00	7.50
牦牛	4.80 ～ 8.00	6.36	犬	2.20 ～ 4.00	3.10
水牛	3.86 ～ 8.28	5.66	猫	4.30 ～ 6.60	—
绵羊	2.50 ～ 9.00	5.75	马	2.85 ～ 6.05	4.45
山羊	3.00 ～ 11.00	7.00	骡	2.73 ～ 4.65	3.19

2．临床意义

（1）血清无机磷增高：可见于补给维生素 D 过量，牛、马骨质疏松症、肾功能不全、骨折愈合期、肠道阻塞和胃肠道疾病所致的酸中毒及甲状旁腺机能减退等。另外，处于生长发育期的健康幼龄动物血清无机磷也较高。

（2）血清无机磷降低：可见于骨软症、低磷性佝偻病、生产瘫痪及甲状旁腺机能亢进时。注射大量葡萄糖之后，因糖的代谢必须经过磷酸化作用，需要消耗一定量磷酸盐，可使血磷出现暂时性下降。

（六）血清氯化物测定

血清中氯化物以氯离子来表示。氯离子是细胞外液中重要的阴离子，与钠离子配合成对，故氯离子是细胞外液中重要的电解质。氯的生理功能基本上与它配对的钠离子相同，对于维持体内的电解质平衡、酸碱平衡和渗透压平衡发挥类似作用。氯在胃液中以盐酸形式激活胃蛋白酶。严重呕吐时，可因丢失过多的盐酸而发生碱中毒。氯可从汗中丢失，尤其是在高温环境中使役、运动后，应适当补充氯化钠。

1. 正常参考值　健康动物血清中氯离子正常参考值见表 2.10。

表 2.10　健康动物血清中氯离子正常参考值　　mg/dl

动物种类	平均值	变动范围
牛	595.96	487.64±704.28
绵羊	—	555.75±602.55
猪	602.55	585.0±614.25
犬	620.1	579.15±643.5
猫	702.0	684.45±719.55
鸡	171.34	106.42±236.26
马	622.80	580.50±665.22

2. 临床意义

（1）血清氯增高：临床高氯血症较低氯血症少，见于：

①脱水时，丢失水大于丢失盐，Cl^- 相对浓度增高。

②低蛋白血症时，Cl^- 替代蛋白质的阴离子作用，使血氯增高。

③摄入过量的盐。

④为补偿吸收性碱中毒而导致 HCO_3^- 的产生降低。

（2）血清氯降低：临床上低氯血症比较多见，见于：

①胃管引流或严重呕吐，丢失大量胃酸，失 Cl^- 大于失 Na^+，HCO^{3-} 代偿性增高，引起代谢性碱中毒。

②氯摄入量不足，如长期减盐疗法、饥饿和营养不良。

③糖尿病酸中毒时，因产酸过多，血浆中的 Cl^- 被积聚的有机酸阴离子取代。另外，糖尿病多尿症导致丢失大量 Cl^-。

④肾功能衰竭，因排酸不足，血浆中积聚酸与磷酸根等阴离子，Cl^- 相应减少。

⑤大出汗后，只供饮水，未补给食盐。

（七）　血清钠测定

钠是动物体细胞外液中最主要的阳离子，约占阳离子总量的 90%，并与其相对应的阴离子（Cl^-、HCO_3^- 为主）一起所产生的渗透压占细胞外液总渗透压的 90% 左右。因此，钠对细胞外液体积和渗透压起着重要作用。此外，钠还参与酸碱平衡调节，维持神经和肌肉的兴奋性。

钠的数量受摄入饲料和排出废物量的影响，肉食动物的饲料通常含有足量的钠，而草食动物有时会缺乏。钠通过消化道、皮肤及肾脏途径排出。正常情况下，随粪便丢失的钠很少，不过在草食动物的粪便中，因含有大量液体，经消化道排出的钠相对较多。由于每天生成的消化液很多，其中钠含量又高，因此，如发生腹泻、呕吐等肠胃疾病，会通过消化液丢失大量的钠。经汗排出的钠量，因受排汗量影响而变化很大。钠的主要排出途径是经肾脏由尿排出，肾脏对钠的排出量根据机体对钠的需要进行复杂细微的调节。血浆中主要的缓冲离子碳酸氢根的浓度常受钠离子浓度的影响。

1．正常参考值　健康动物血清钠正常参考值见表 2.11。

表 2.11　健康动物血清钠正常参考值　　mg%

动物种类	平均值	变动范围
奶牛	350.98	338.1 ～ 373.98
水牛	262.80	145.50 ～ 378.03
奶山羊	358.12	268.0 ～ 442.3
绵羊	—	319.7 ～ 349.6
猪	328.69	211.90 ～ 445.48
犬	335.8	319.7 ～ 351.9
猫	351.9	345 ～ 358.8
马	301.58	281 ～ 322
骡	312.70	291.6 ～ 388.7

2．临床意义　血清钠的浓度仅能说明血清中钠离子与水的相对量，亦即反映水盐代谢动态平衡中某一阶段的相对浓度，供临床治疗补液时作为参考。

（1）血钠降低。

①胃肠丢失钠：呕吐，腹泻，幽门梗阻及胃肠道、胆管造瘘或引流等大量丢失消化液而发生缺钠。

②尿路失钠：当肾小管受到损害时，肾小管再吸收功能降低，使钠从尿中大量丢失。见于严重肾盂肾炎、肾小管严重损害、糖尿病及应用利尿剂治疗等。

③垂体后叶功能减退：如尿崩症、肾小管重吸收水和钠不足，尿钠排出增多。

④皮肤失钠：大量出汗，如只补足水分，不补足盐分，可造成缺钠。大面积烧伤和创伤时，体液及钠从创口大量丢失，亦可引起低血钠。

⑤对胸、腹腔积液的动物做穿刺放液时，如放液量多，可造成体内缺钠。

（2）血钠增高。临床上较少见，常见于以下几种情况。

①肾上腺皮质功能亢进症：如库兴（Cushing）综合征、原发性醛固酮增多症。

②脑性高钠血症：见于脑外伤、垂体肿瘤等症。

③钠摄入量过多，如进食钠盐或注射高渗盐水，且伴有肾功能失常时。

（八）血清钾测定

动物体内钾绝大部分存在于细胞内，约占钾总量的98%。细胞内的钾一部分以游离状态出现，另一部分与蛋白质、糖原等相结合。细胞内必须保持一定水平的钾，才能使细胞内的酶具有活力，特别是在糖代谢中起重要作用。钾离子对维持细胞内外渗透压和酸碱平衡具有重要影响。神经肌肉系统必须有一定浓度的钾，才能保持正常的应激性。钾的浓度升高，能使神经、肌肉兴奋；反之，可使神经、肌肉麻痹。但对心肌则相反，血清钾浓度过高，对心肌有抑制作用；血清钾浓度过低，常导致心律紊乱。

1．正常参考值　健康动物血清钾正常参考值见表2.12。

表2.12　健康动物血清钾正常参考值　　mg%

动物种类	平均值	变动范围
奶牛	21.07	16.00 ~ 27.10
水牛	18.88	13.28 ~ 24.74
奶山羊	19.65	10.51 ~ 28.60
绵羊	—	15.24 ~ 21.11
猪	19.04±3.32	—
犬	—	17.08 ~ 22.09
猫	—	15.64 ~ 17.59
马	18.02	12.91 ~ 25.11
骡（骟）	19.71	11.17 ~ 28.25
骡（母）	20.02	11.92 ~ 28.12

2．临床意义

（1）血清钾增高。

①高剂量高钾药物或含钾液体的快速输入，或限钠食物中的NaCl为KCl所取代。

②释放性高钾血症：如重度溶血、注射高渗盐水或甘露醇使细胞内脱水，导致细胞内钾向外渗透而发生高钾血症。

③组织缺氧使血清钾增高，如急性支气管哮喘发作、急性肺炎、中枢或末梢性呼吸障碍及休克等，手术中全身麻醉时间过长引起组织缺氧等。

④潴钾利尿剂的过度使用，尤以合并肾功能受损时更易发生高钾血症。

⑤肾功能障碍使排钾减少，如少尿症、尿闭症、尿路闭塞及尿毒症等；又如急性肾功能衰竭并伴有休克，使钾的排泄减少。

（2）血清钾降低。

①由于各种疾病长期不食或食之甚少，易发生缺钾，如晚期肿瘤、严重感染、败血症和心力衰竭等。

②钾丢失增加：严重呕吐或腹泻，长期胃肠引流以及组织损伤后从尿液中流失所释放的K^+。

③肾脏疾病：急性肾功能衰竭由尿闭期转入多尿期时、肾小管性酸中毒时。

④肾上腺皮质功能亢进：肾上腺皮质激素具有对肾远曲小管潴钠排钾的作用，尤其是醛固酮的作用更为明显。

⑤药物作用：长期使用大量肾上腺皮质激素（如可的松、地塞米松等），若同时不予补钾或钾摄入不足就会发生低钾血症。

（九）血清钙测定

钙在肠道吸收，贮存于骨骼，经肾排泄。血清中钙以两种形式存在，一种为弥散性钙，以离子状态存在为生理活性部分；另一种为与蛋白质结合，不能通过毛细血管壁，称为非弥散性钙，无生理功能。血清钙浓度通常代表在骨骼形成与从骨骼重吸收过程中的钙处于平衡状态时的水平，而这种水平的维持受甲状旁腺素（PTH）、1，25- 二羟维生素 D_3（活性的维生素 D_3）和降钙素（CT）调节，肾脏亦是钙的调节器官。PTH 与 CT 有相互拮抗作用，而且 PTH 与 1，25- 二羟维生素 D_3 有关联作用。因为 PTH 可以刺激 1，25- 二羟维生素 D_3 的生成，PTH 和 1，25- 二羟维生素 D_3 可促进肾小管对钙的重吸收，并使骨中钙溶解、释放至血液，使血中钙含量增高，同时又抑制了 CT 的作用。1，25- 二羟维生素 D_3 还可促进肠道对钙的吸收，故亦有使血钙升高的作用。在生理情况下，血钙达一定水平时可抑制 PTH 分泌，并刺激 CT 分泌，钙移向骨质沉着，使血钙下降。由于 PTH 减少，肾脏对钙的重吸收亦减少，有助于血钙的下降。低血钙可刺激 PTH 分泌，抑制降钙素，骨钙释入血中，使血钙升高。这样形成一个反馈机制调节血钙，使其维持稳定平衡状态。

1．正常参考值　健康动物血清钙正常参考值见表 2.13。

表 2.13　健康动物血清钙正常参考值　　mg/100 ml

动物种类	平均值	变动范围	测定方法
牛（公）	11.61	11.42 ～ 11.85	EDTA 法
犊牛	11.45	11.14 ～ 11.71	EDTA 法
乳牛		9.71 ～ 12.14	EDTA 法
牦牛（泌乳）	9.57	7.30 ～ 11.30	EDTA 法
牦牛（母，育成）	8.91	7.70 ～ 10.50	EDTA 法
牦牛（犊）	9.03	8.10 ～ 11.80	EDTA 法
绵羊	—	12.16±0.28	—
山羊	—	10.30±0.70	—
猪（母，妊娠）	—	10.11±1.08	—
小猪（断奶）	10.47	8.33 ～ 12.61	EDTA 法
仔猪（哺乳）	10.84	8.36 ～ 13.32	EDTA 法

续表

动物种类	平均值	变动范围	测定方法
犬	—	10.16±2.04	—
猫	—	8.22±0.97	—
马	12.09	11.11 ~ 13.07	高锰酸钾法
	10.63	9.33 ~ 11.93	EDTA 法
骡	12.33	11.33 ~ 13.33	高锰酸钾法
	10.85	9.45 ~ 12.25	EDTA 法

2．临床意义

（1）低钙血症。

①低白蛋白血症是低钙血症的最主要原因。血清白蛋白降低使蛋白结合钙降低，通常为轻度降低（1.875 ~ 2.25 mmol/L），但由于离子性钙保持正常，因而无相应临床症状。

②慢性肾衰竭：一是肾脏使维生素 D_2 转变为有活性的维生素 D_3 的能力降低；二是肾小球滤过率严重降低，引起血磷升高，钙、磷相互作用，促使细胞外液中 Ca^{2+} 向骨骼转移，从而降低血清离子钙浓度；三是低钙血症，即使钙低于 1.75 mmol/L，也不常发生癫痫或血清钙降低的其他症状，这是由于肾衰竭时常伴发代谢性酸中毒，对低钙血症有保护作用，即酸中毒会增加离子性钙的比例，从而减轻症状的发生。

③急性肾衰竭可引起血浆磷显著升高，从而降低血浆钙浓度。

④产后搐搦（惊厥）：常见于小品种母犬，产后 1 ~ 3 周发生。母猫和大品种母犬也偶有发生。

⑤甲状旁腺功能减退：因血浆 PTH 浓度不足或对其他靶器官的作用活性降低而引起低钙血症。

⑥维生素 D 缺乏症：但未必出现低钙血症。

（2）高钙血症。

①假甲状旁腺功能亢进症：是非甲状旁腺组织的恶性，但未发生骨骼转移的肿瘤分泌类似甲状旁腺激素物质的综合征，常出现高钙血症、低磷酸盐血症及血清碱性磷酸酶轻度升高，如淋巴肉瘤。

②骨溶性病变：发生大范围骨骼破坏时，出现骨溶性高钙血症，血清磷和碱性磷酸酶也可能升高，如骨髓瘤、淋巴肉瘤、霉菌性或细菌性脓毒性骨髓炎。

③原发性甲状旁腺功能亢进症：老龄犬偶有发生，甲状旁腺功能性受损可产生大量甲状旁腺激素。

④维生素 D 过多症时，出现高钙血症、高磷酸盐血症，血清碱性磷酸酶正常，X 线检查无骨骼变化。

⑤肾衰竭偶可发生高钙血症，而在多数病例可能为血钙降低或正常。慢性肾衰竭和

急性肾衰竭利尿期发生高血钙，其机理尚不清楚。反过来，高血钙又可引起肾脏疾病。在某些情况下，很难辨别是高血钙引起肾衰竭，还是肾衰竭引起高血钙。

（十）血清镁测定

血清镁的浓度与饲料性镁的摄入量及盐皮质激素、甲状腺素和甲状旁腺素（PTH）的调节有关。

1．正常参考值　健康动物血清镁正常参考值见表 2.14。

表 2.14　健康动物血清镁正常参考值　　mg/100 ml

动物种类	血清镁		动物种类	血清镁	
	范 围	平均值		范 围	平均值
乳牛	1.20 ～ 3.50	2.04	猪	1.20 ～ 3.70	1.60
牦牛	2.40 ～ 3.60	3.00	犬	1.50 ～ 2.80	2.10
水牛	1.23 ～ 4.77	2.09	猫	2.00 ～ 3.00	2.64
绵羊	1.80 ～ 2.40	2.27	马	1.30 ～ 3.50	2.20
山羊	1.80 ～ 3.95	2.50	骡	1.73 ～ 3.51	2.62

2．临床意义　血清镁降低是低镁血症的标志，常见于牛、羊青草搐搦，犊牛低镁血症及长期使用肾上腺皮质激素类药物等；血清镁增高，可见于乳牛产后瘫痪，急、慢性肾功能衰竭及治疗低镁血症时用镁制剂过量等。

（十一）　血清酶测定

1．谷－丙转氨酶测定　谷－丙转氨酶（GPT）亦称丙氨酸氨基转移酶（ALT），是机体的氨基转移酶之一，在氨基酸代谢中起重要作用。GPT 广泛分布于动物肝脏、肾脏和心脏等器官中，尤以肝细胞中含量最高，约为血清中的 100 倍。当肝细胞受损时，细胞膜通透性增加或细胞破裂，肝细胞内 GPT 大量进入血液，导致血液中 GPT 含量增加。只要有 1% 肝细胞坏死，血清中的 GPT 便增加一倍，故血清 GPT 增加是反映肝细胞损害的最敏感指标之一，具有很高的灵敏度和较高的特异性。GPT 是犬、猫和灵长类动物肝脏的特异性酶，测定该酶的活性对于诊断其肝脏疾病有重要意义，而对其他动物肝脏疾病价值不大。

（1）正常参考值：健康动物血清 GPT 正常参考值（U/L）：牛 14 ～ 38；猪 31 ～ 58；山羊 24 ～ 83；犬 21 ～ 102；猫 6 ～ 83；鸡 9.5 ～ 37.2。

（2）临床意义。

①血清 GPT 活性增高，见于犬、猫和灵长类动物的急性病毒性肝炎、慢性肝炎、肝硬化、胆管疾病、脂肪肝、中毒性肝炎、黄疸型肝炎，及其他原因引起的肝损伤。

②严重贫血、砷中毒、牛胃肠炎、鸡脂肪肝和肾综合征疾病时，血清中 GPT 活性也增高。

③动物的心、脑、骨骼肌疾病和许多药物均可使血清 GPT 活性增高。

④ GPT 活性降低，无临床意义。

2．谷－草转氨酶测定　谷－草转氨酶（GOT）亦称天门冬氨酸氨基转移酶（AST），是机体的另一种重要的氨基转移酶，催化天冬氨酸和 α－酮戊二酸转氨生成草酰乙酸和谷氨酸。GOT 广泛分布于机体中，特别是心脏、肺脏、骨骼肌、肾脏、胰腺和红细胞中等。GOT 在心肌中含量最高，其次为肝脏。肝细胞中 GOT 的含量是血液中 GPT 的 3 倍。因此，当发生肝脏疾病时，血液中 GOT 含量显著升高。GOT 对肝脏不具有特异性，但除犬、猫和灵长类动物外，其他动物肝细胞坏死时，GOT 含量也可急剧增高。

（1）正常参考值：血清 GOT 的正常参考值（U/L）：牛 42.5 ～ 98.0；猪 30.0 ～ 61.0；山羊 12.0 ～ 122.0；犬 33 ～ 77.5；猫 7.0 ～ 29.0；鸡 88.0 ～ 208.0。

（2）临床意义：动物的各种肝病均可引起血清中 GOT 含量升高。由于 GPT 和 GOT 分别主要位于胞质和线粒体，故测定 GOT/GPT 值有助于对肝细胞损害程度的判断。GOT 在心肌细胞中含量最多，当心肌梗死时血清 GOT 活力升高，一般在发病后 6 ～ 12 h 内显著增高，48 h 达到高峰，在此后 3 ～ 5 h 恢复正常。

① GOT 升高：肝脏阻塞性黄疸、肝实质性损害时仅见轻度升高；骨骼疾病，如纤维素性骨炎、骨瘤、佝偻病、骨软症、骨折等，继发性甲状旁腺功能亢进也可见 GOT 活力升高；此外，马结肠炎及肾炎时亦见升高；牛、绵羊血液中 GOT 增高见于各种原因引起的肝坏死、肝片吸虫、肌营养不良和饥饿等；犬和猫血液中 GOT 增高见于肝坏死，心肌梗死；另据报道，动物砷、四氯化碳和黄曲霉中毒，及家禽肌营养不良时，血清中 GOT 活性均有显著升高。在解释试验结果时，应当仔细了解心脏和肌肉系统是否正常，若排除了肝脏以外的损害，则 GOT 可以作为估计肝脏坏死的程度、病变的预后和对治疗效果的指标。

② GOT 降低：贫血、恶病质以及反刍动物低镁血症抽搐时，GOT 下降。

3．γ－谷氨酰转移酶测定　γ－谷氨酰转移酶（GGT）亦称 γ–L– 谷氨酰转移酶（γ–GT），是一种肽转移酶，催化 γ－谷氨酰基转移，其天然供体是谷胱甘肽（GSH），受体是 L– 氨基酸。GGT 在体内的主要功能是参与 γ－谷氨酰循环，与氨基酸通过细胞膜的转运及调解 GSH 的水平有关，主要参与氨基酸的吸收、转运、利用，促进氨基酸通过细胞膜，促进谷胱甘肽分解，调节其含量。通常，各器官中 GGT 含量按从多到少依次为肾脏、前列腺、胰脏、肝脏、盲肠和脑。但肾脏疾病时，血清中该酶活性增高不明显，这可能与经尿排出有关。因此，GGT 主要用于肝胆疾病的辅助诊断。

（1）正常值：健康动物血清 GGT 参考值（U/L）：犬 1.2 ～ 6.4；猫 1.3 ～ 5.1。

（2）临床意义。

①血清 GGT 活性升高：见于肝内或肝外性胆汁淤积、急性 / 慢性肝炎、慢性肝炎活动期、阻塞性黄疸、胆管感染、急性胰腺炎等；牛、马等患有急性肝坏死时，血清GGT也升高。

②血清 GGT 活性降低：无临床意义。

4．碱性磷酸酶测定　血清碱性磷酸酶（ALP）分布于很多组织的细胞膜上，以小肠黏膜和胎盘中含量最高，肾脏、骨骼和肝脏次之。在肝脏中，ALP 主要存在于肝细胞毛细胆管面的质膜上，随胆汁分泌。ALP 是反映胆管梗阻的主要指标，但很多骨骼疾病、甲状旁腺功能亢进、溃疡性结肠炎、妊娠等均可引起血清 ALP 升高。幼龄动物血液 ALP 主要来自骨骼，随动物成熟和骨骼成年化，来自骨骼的 ALP 逐渐减少。幼年犬、猫和驹

的血清 ALP 活性是成年的 2 ～ 3 倍。成年动物 ALP 主要来自肝脏。

（1）正常参考值：健康动物血清 ALP 参考值（U/L）：牛 94.0 ～ 170.0；山羊 45.0 ～ 125.0；猪 35.0 ～ 110.0；犬 7.9 ～ 26.3；猫 3.4 ～ 22.3；鸡 24.5 ～ 44.4。

（2）临床意义：ALP 测定常作为肝胆疾病和骨骼疾病的临床辅助诊断技术。可用热稳定试验（血清置 56 ℃加热 10 min）区别 ALP 来自肝脏还是骨骼（肝脏 ALP 活力仍保持在 34% 以上，而骨骼 ALP 活力不到 26%）。

1）ALP 升高。

①胆管阻塞：发病初期或发病较轻时，ALP 最早出现变化。肝内胆汁淤积多引起血清 ALP 活性升高。肝胆管阻塞也可引起血清 ALP 活性升高，但不如肝内胆汁淤积明显。肝坏死时，血清 ALP 活性稍有增加。牛血清 ALP 参考值范围太大，所以用 ALP 诊断胆管阻塞时，灵敏性较差。

②药物诱导：扑米酮、苯巴比妥及内源性或外源性皮质激素等，均可诱导肝脏释放 ALP，使血清 ALP 活性升高。

③成骨细胞活性增强：各种骨骼疾病，如佝偻病、纤维性骨病、骨肉瘤、成骨不全症、骨转移癌和骨折修复愈合期等，由于骨损伤或病变，成骨细胞内高浓度的 ALP 释放入血，引起血清 ALP 升高。

④恶性肿瘤：在一些患有恶性肿瘤（如乳房腺癌、鳞状上皮细胞癌和血管肉瘤等）的成年犬，均可引起血清 ALP 活性升高，甚至极度升高。

⑤急性中毒性肝损伤：在恢复阶段，其他酶开始逐渐降至正常，而 ALP 活性却不断增强达几天之久。

⑥原发性或继发性甲状腺功能亢进等，ALP 活性也升高。

2）ALP 降低。

①与草酸盐、柠檬酸盐、EDTA-Na_2 作用会使 ALP 降低。

②甲状腺功能降低时，会使 ALP 降低。

5．α－淀粉酶测定　α－淀粉酶是一种内切葡萄糖苷酶，属于淀粉酶，广泛分布于动物的唾液和胰脏中。

（1）正常参考值：碘－淀粉比色法总活性为 800 ～ 1 800 U/L。

（2）临床意义。

①血清 α－淀粉酶升高：通常见于胰腺炎、肾脏疾病、肠阻塞、肠扭转、肠穿孔、小肠上部炎症、皮质类固醇过多及应用皮质类固醇或促肾上腺皮质激素治疗疾病时。

②血清 α－淀粉酶降低：通常见于胰腺管栓塞型的胰坏死。

6．肌酸激酶测定　肌酸激酶（CK）又称肌酸磷酸激酶（CPK），主要存在于心肌和骨骼肌，少量存在于脑、胎盘和甲状腺。当骨骼肌细胞或心肌细胞受损伤时，由于细胞膜的通透性增加，CK 释放入血液中，血清 CK 浓度升高。

（1）正常参考值：健康动物血清 CK 正常参考值（U/L）：马 2.4 ～ 23.4；牛 1.8 ～ 12.1；猪 2.4 ～ 22.5；山羊 0.8 ～ 8.9；绵羊：8.1 ～ 12.9；犬：1.15 ～ 28.4；猫：7.2 ～ 28.2。

（2）临床意义：

①急性心肌坏死后 2 ～ 4 h，血清 CK 值就开始增高，可高达正常上限的 10 ～ 12 倍，

对诊断心肌坏死有较高特异性；血清 CK 增高和降低 2 ～ 4 d 可恢复正常。

②病毒性心肌炎时，血清 CK 也明显升高，在病程观察中有参考价值。

③引起 CK 增高的其他疾病，如脑膜炎、脑梗死、脑缺血、甲状腺功能减退、进行性肌营养不良、皮肌炎、多发性肌炎、急性肺梗死、肺水肿及心脏手术等。

④血清中 CK 活力升高，还见于肌肉物理性损伤，急性肌肉营养性疾病，维生素 E、硒缺乏症，牛低镁血症，马麻痹性肌红蛋白尿症，重度使役和运输应激均可使 CK 活力明显升高。

⑤牛心肌炎及甲状腺功能降低时，血清 CK 也会升高。

7．乳酸脱氢酶测定　乳酸脱氢酶（LD 或 LDH）的系统名为 L- 乳酸辅酶 I 氧化还原酶，它催化丙酮酸与 L- 乳酸之间的还原与氧化反应，是糖无氧酵解和糖异生的主要酶之一。LD 广泛存在于各种组织（如心肌、肝、骨骼肌、肾、内分泌腺、脾、肺、淋巴结等）的细胞质中。LD 在细胞质中的含量为血清中的 500 倍，当组织发生肿瘤或细胞坏死时，此酶可释放至血液或体液内。

（1）正常参考值：健康动物血清 LD 活性参考值（U/L）：牛 692 ～ 1445（1061±222）；马 162 ～ 412（252±63）；猪 380 ～ 635（499±75）；绵羊 238 ～ 440（352±59）；山羊 123 ～ 392（281±71）；犬 45 ～ 233（93±50）；猫 63 ～ 273（137±59）。

（2）临床意义：在急性心肌坏死发作后 12 ～ 24 h，LD 开始升高，48 ～ 72 h 达高峰，升高持续 6 ～ 10 d，常在发病后 8 ～ 14 d 才恢复至正常水平，测定血清中 LD 有助于后期的诊断。引起血清 LD 增高的其他疾病如骨骼肌变性、损伤及营养不良，维生素 E 及 Se 元素缺乏，广泛性转移癌，肺梗死，白血病，恶性贫血，病毒性肝炎，肝硬化，进行性肌营养不良等。

（十二）血中胆红素测定

1．总胆红素测定　血清胆红素有 80% 来自衰老破碎的红细胞，20% 来自非红细胞的卟啉。血清胆红素与白蛋白、球蛋白及其他蛋白质结合后，运输至肝脏，在肝细胞膜与蛋白分离，然后大部分胆红素与葡萄糖醛酸结合，形成水溶性的结合胆红素，而未与葡萄糖醛酸结合则形成脂溶性的游离胆红素。结合胆红素随胆汁分泌入肠道，在肠道细菌作用下形成尿胆素原。尿胆素原多数随粪便排出体外，少数被吸收进入血液。进入血液的尿胆素原少量随尿液排出，其余进入肝脏形成结合胆红素，随胆汁入肠道。

（1）正常参考值：健康动物血清总胆红素参考值见表 2.15。

表 2.15　健康动物血清总胆红素参考值　μmol/L

动物种类	总胆红素	动物种类	总胆红素
牛	0.2 ～ 17.1	犬	1.7 ～ 10.3
猪	0 ～ 10.3	猫	2.6 ～ 5.1
绵羊	1.7 ～ 7.2	马	3.4 ～ 85.5
山羊	0 ～ 1.7		

（2）临床意义。

①总胆红素增多：牛总胆红素增多可见于犊牛急性钩端螺旋体病、创伤性网胃炎引起的大面积肝脓肿、亚硝胺中毒、狗舌草中毒后期、严重肝片吸虫病、马缨丹和过江藤中毒；绵羊总胆红素增多可见于严重肝片吸虫病、无角短毛羊的先天性光敏感；猪总胆红素增多可见于仔猪急性钩端螺旋体病、甲酚和煤焦油中毒、肝功能衰竭、棉籽酚中毒、仔猪铁中毒；犬、猫总胆红素增多可见于传染性肝炎、钩端螺旋体病、肝硬化末期、肝脏大面积脓肿。

②总胆红素减少：见于各种动物贫血。

2．直接胆红素的测定

血清中直接胆红素又称结合胆红素。

（1）正常值：健康动物血清直接胆红素参考值见表 2.16。

表 2.16　健康动物血清直接胆红素参考值　　μmol/L

动物种类	直接胆红素	动物种类	直接胆红素 /
牛	0.7 ～ 7.5	山羊	0 ～ 1.7
猪	0 ～ 5.1	猫	2.6 ～ 3.4
绵羊	0 ～ 4.6	马	0 ～ 6.8
犬	1.0 ～ 2.1		

（2）临床意义。

①直接胆红素升高：肝病黄疸期，直接胆红素会升高；肝脏处胆管阻塞期，直接胆红素显著升高；马属动物十二指肠阻塞时，直接胆红素会升高。

②直接胆红素降低：见于各种动物贫血。

讨论：

1. 简述血清钙的存在形式及作用。
2. 分析血清钾的变化及临床意义 。

思考与练习

1．简述血清总蛋白、白蛋白及球蛋白的临床意义 。
2．简述直接胆红素的临床意义。
3．简述血糖增高的临床意义。

任务 2　血气自动分析仪测定血浆（清）碳酸氢根

【任务目标】

知识：掌握血浆二氧化碳结合力测定的原理与临床意义。

技能：能正确并熟练完成血浆二氧化碳结合力测定。

素质：操作正确，维护设备。

【任务实施】

真实碳酸氢根（AB）是指未经平衡处理的全血中的 HCO_3^- 的真实含量。标准碳酸氢根（SB）是指体温在 37 ℃时二氧化碳分压（PCO_2）为 5.32 kPa、Hb 100% 氧饱和条件下所测得血浆中 HCO_3^- 含量。对健康动物而言，SB 值和 AB 值基本一致（AB/SB=1）。通常，血气分析报告中的 HCO_3^- 即为实际碳酸氢盐。SB 不受呼吸因素的影响，因此，SB 是诊断代谢性酸碱平衡紊乱的指标，而 AB 则受到呼吸和代谢两种因素的影响。所以 AB 和 SB 相结合对酸碱平衡失调的诊断有一定的参考价值。

1．测定方法　根据血气自动分析仪说明操作并导出结果。

2．注意事项

（1）由于厂家仪器型号不同，各有不同的程序和性能，应按说明书进行操作。

（2）电极是血气分析仪的重要部件，应注意维护和保养。

（3）因静脉血来自身体的不同部位，而动脉血可反映全身情况，故血气分析以动脉血为宜。

（4）血液标本必须严格隔绝空气。这是因为空气中的氧分压高于动脉血，二氧化碳分压低于动脉血，一旦接触空气可使血液中二项值改变。

（5）血液标本采集后必须立即检测。如因故不能及时检测，样品必须置于冰箱内，但最长不能超过 1 h，这是因为血细胞在体外仍有糖酵解作用，会使欲检测值改变。

（6）血液必须抗凝，以防止血气分析仪中毛细血管道被阻塞。抗凝剂应选用肝素。

（7）因为仪器是在 37 ℃恒温下测量，采血时应测量患病动物体温，按动物实际体温加以校正。

3．正常参考值　健康动物血浆（清）碳酸氢根的参考值（mmol/L）：犬 18.1 ～ 24.5；猫 16.4 ～ 22；牛 20.7 ～ 28.9；马 21.7 ～ 29.4。

4．临床意义

（1）AB ＝ SB，如两者均正常，提示酸碱平衡正常。

（2）AB ＝ SB，但两者均增高，提示代谢性碱中毒。

（3）AB ＝ SB，但两者均降低，提示失代偿性代谢性酸中毒。

（4）AB ＞ SB，说明有二氧化碳蓄积，提示呼吸性酸中毒。

（5）SB ＞ AB，说明二氧化碳排出增多，提示呼吸性碱中毒。

（6）血浆二氧化碳结合力增高：代谢性碱中毒，如幽门梗阻、服用碱性药物过多；呼吸性酸中毒，如呼吸中枢抑制、呼吸肌麻痹、肺气肿、支气管扩张及气胸等。

（7）血浆二氧化碳结合力降低：代谢性酸中毒，如严重腹泻、肾功能衰竭、糖尿病和服用酸性药物过多等；呼吸性碱中毒，如呼吸增数及 CO_2 排出过多。

【重要提示】

（1）血液标本应避免与空气接触，并应迅速分离血浆（或血清）。

（2）0.01 mol/L 氢氧化钠不稳定，应密闭保存。

（3）对 0.01 mol/L 盐酸应用酚红作为指示剂每天做校正滴定，以红色出现 10 s 不褪色作为滴定终点。

（4）实验所用器皿和生理盐水必须为中性，偏酸或偏碱均会影响结果的准确性。

项目三　尿液检验

熟悉尿液检验的内容和种类；掌握尿液检验的方法和临床意义；能正确对送检的尿液进行实验室诊断与结果分析。

任务1　尿液样品的采集和保存

【任务目标】

知识：掌握各种动物尿液样品的采集方法。

技能：能正确根据动物种类和性别选择采集方法，并科学保存和送检。

素质：采集尿液时不怕脏、不怕累；按规定采集尿液。

【任务实施】

一、尿液采集

动物的尿液可通过自然排尿、压迫膀胱、导尿或膀胱穿刺等采集。最好在早上采取尿样，因为通常早上尿样浓度最高。

1. 自然排尿　当动物自然排尿时，采集尿样以中段尿液为最好，因为开始的尿流会机械性地将尿道口和阴道或阴茎包皮中的污物冲洗出来，使得尿液中含有较多的杂质而影响检验结果。

除自然排尿外，还可以采用某些方法诱导动物排尿，如轻轻抚擦母牛阴门附近的会阴部、某些耕（黄）牛在犁地前或牵水牛至塘边饮水或令其进入池塘水中、闭塞公羊鼻孔几秒钟、令犬嗅闻其他犬的尿迹或氨水气味等，均有可能引起其排尿。

2. 压迫膀胱　大动物（牛和马）可以采用通过直肠压迫膀胱的方法采集尿液，小动物可通过体外压迫膀胱的方法采集尿液。如果动物的泌尿系统存在外伤，或膀胱本身有严重病变，不宜采用此法。

3. 导尿　一般情况下，尽量避免用导尿的方法来采集尿样。如采用导尿法采集尿样，则应根据动物种类、性别、体躯大小而选用适当型号、类型（金属制品、橡胶制品或塑料制品）的导尿管。动物适当保定，必要时给以镇静药或解痉药（如静松灵）。术者手消毒后涂以润滑剂，尿道外口和会阴部应先用无刺激性消毒液（如0.1%高锰酸钾液、0.1%新洁尔灭液、0.02%呋喃西林液或2%硼酸液等）充分擦洗。导尿管插入时必须缓慢而避免粗暴，以免损伤尿道黏膜。

4．膀胱穿刺　膀胱穿刺可避免损伤尿道口、阴道等，同时也避免了污染物进入尿液。但操作时应注意无菌，同时避免穿刺造成不必要的损伤。

二、尿液的保存与送检

采集尿液后应立即送检或检验，如不能立即送检，最好置于冰箱内保存，一般在 4 ℃冰箱可保存 6 ～ 8 h。如尿样需放置较长时间（如 12 h 或 24 h）或天气炎热时，可加适量防腐剂以防止尿液发酵分解。供细菌学检查的尿样中不可加入防腐剂。常用的防腐剂及其用量如下。

1．甲醛溶液　一般用量为每升尿液中加入 1 ～ 2 ml。因甲醛能凝固蛋白质而抑制细菌生长，对镜检物质（如细胞、管型等）可起固定形态作用，但不适用于尿蛋白及尿糖等化学成分的检查。

2．甲苯　一般用量为每升尿液中加入 5 ml，使尿液面形成薄膜，防止细菌繁殖，用于尿糖、尿蛋白定量测定。检验时吸取下层尿液。

3．硼酸　用量为每升尿液中加 2.5 g，对常规检验项目均无影响。

4．麝香草酚　用量为每升尿液中加 2 ～ 3 g，但蛋白质检验时易出现假阳性反应。

【重要提示】

（1）最好用新鲜尿液作为检样。

（2）采集尿液的容器应清洁、干燥，需进行化学、显微镜、微生物学检查的尿样应收集于清洁、无杂质或灭菌容器内。容器上应贴有检验标签。

（3）注意避免异物混入尿样中。

（4）采集尿液后应及时送检。

任务 2　尿液的物理学检查

【任务目标】

知识：掌握尿液的物理学检查项目及临床意义。
技能：能正确对动物的尿液进行物理学检查并做出诊断。
素质：不怕脏、不怕累；客观观察尿液。

【任务实施】

一、尿量

动物的尿量不仅与饲料、饮水、运动有关，而且与环境温度相关。动物的尿量一般较为恒定，健康动物 24 h 内排尿量见表 2.17。

表 2.17　健康动物 24 h 内排尿量 L

动物种类	尿量	动物种类	尿量
牛	6 ～ 12	犬	0.5 ～ 2
绵羊、山羊	0.5 ～ 2	马	3 ～ 6
猪	2 ～ 5	骆驼	8 ～ 12

当尿量增高到一定程度时，便出现多尿。多尿可分为生理性多尿和病理性多尿。生理性多尿见于大量饮水及使用利尿药物；病理性多尿常见于糖尿病、急性肾功能衰竭的多尿期及肾小管酸性中毒等。当尿量减少到一定程度时，出现少尿。尿量减少常见于急性肾小球肾炎、急性肾功能衰竭的少尿期、心力衰竭、高热及各种原因引起的脱水等。

二、浑浊度

浑浊度即透明度。检查方法是将尿液置于试管中，通过光线进行观察。

正常反刍动物的新鲜尿液清亮、透明，但放置不久后由于尿路黏膜分泌物、少量上皮细胞和磷酸盐、尿酸盐、碳酸盐等析出的结晶而变浑浊。猪的尿液及肉食动物的尿液正常时清亮、透明。正常情况下，马属动物尿中含有大量悬浮的碳酸钙和不溶性磷酸盐，故刚排出的尿液不透明而呈浑浊状，尤其终末尿更为明显。尿液暴露于空气中后，因酸式碳酸钙释放出二氧化碳后变成难溶的碳酸钙，致使尿浑浊度增加。静置时，在尿表面形成一层碳酸钙的闪光薄膜而底层出现黄色沉淀。

马尿浑浊度增加或其他动物新鲜尿液呈浑浊不透明者，均为异常现象。可能因含有炎性细胞、血细胞、上皮细胞、管型、坏死组织碎片、细菌或混入大量黏液，而见于肾脏、肾盂（盏）、输尿管、膀胱、尿道或生殖器官疾病，也可能因含有各种有机盐或无机盐类而见于泌尿系统或全身性疾病过程中。欲行鉴别，须进行尿样的显微镜检查。

马属动物尿液变透明、色淡、清亮如水者，除因饲喂精料过多和过劳外，也属病理现象，见于纤维性骨营养不良、慢性胃肠卡他等使尿变酸性时。其他动物尿液过于透明，常为多尿所致。

尿液浑浊原因的鉴别方法如下：

（1）尿液经过滤而变透明，表明尿液中含有细胞、管型及各种不溶性盐类。

（2）尿液中加入乙醚，摇振而透明，表明为脂肪尿。

（3）尿液中加入醋酸产生泡沫而透明，说明尿液中含有碳酸盐；不产生泡沫而透明的，为含有磷酸盐。

（4）尿液加热或加碱后变透明，表明尿液中含有尿酸盐；加热不透明，而加稀盐酸后变透明，表明尿液中含有草酸盐。

（5）尿液中加 20% 氢氧化钠或氢氧化钾溶液而呈透明的胶冻样，表明尿液中含有脓汁。

（6）尿液经上述方法处理后仍为浑浊，表明含有细菌。

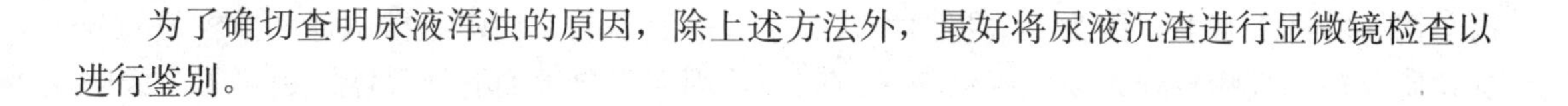

为了确切查明尿液浑浊的原因，除上述方法外，最好将尿液沉渣进行显微镜检查以进行鉴别。

三、尿色

尿色检查可通过将尿液盛于小玻璃杯或小试管中，衬以白色背景而观察。

正常情况下，尿液因含有尿色素、尿胆素及卟啉等，呈现黄色，其具体深浅随尿量的多少而异，且常与密度相平行。健康动物尿色因动物种类、饲料、饮水及使役状况等不同而存在差异。猪和水牛尿液为水样外观，黄牛尿液为淡黄色，马尿液为较深黄色，犬尿液为鲜黄色。陈旧尿液则颜色加深。尿液的颜色可因各种病理变化及某些代谢物、药物等的影响而改变。

1．黄尿　尿色变棕黄色或深黄色，多为饮水不足或脱水性疾病所致。当阻塞性黄疸或肝实质性黄疸时，尿中尿胆素增加，此时尿液呈黄褐色，摇振时易起黄色泡沫。

2．红尿　红尿是尿液变红色、红棕色甚至棕黑色的泛称，有可能是血尿、血红蛋白尿、肌红蛋白尿、药物性红尿。

（1）血尿：尿中混有血液时，因血液多少不同，而呈淡红或棕红色。血尿的特点是浑浊而不透明，摇振时呈云雾状，放置后有沉淀，镜检可发现多量红细胞，如血尿排于地面上，可见血丝或血块。观察排尿时，整个排尿过程或排尿开始阶段、终末阶段的尿液发红。排尿初始尿色鲜红，多为尿道病变或尿道损伤；终末阶段尿液变红，常为膀胱病变所引起（如急性膀胱炎、膀胱结石或肿瘤等）；若排尿的全过程尿液均发红，为肾脏或输尿管病变所引起。

（2）血红蛋白尿：尿中含有游离的血红蛋白，称为血红蛋白尿。特点是尿色褐红或呈酱油色，尿液透明、均匀，放置或离心后无沉淀，镜检无红细胞。血红蛋白尿是溶血性疾病的标志，见于马、牛巴贝斯虫病，牛血红蛋白尿病，新生骡驹溶血性黄疸病等。

（3）肌红蛋白尿：尿色为红褐色，可见于肌病、硒缺乏症及马肌红蛋白尿症。

（4）药物性红尿：动物用药后也可出现红尿，如安替比林、芦荟、硫化二苯胺、蒽醌类药物、氨苯磺胺及酚红等可使尿液变为红色。

3．乳白尿　如果尿液呈乳白色，多因肠道吸收的乳糜液进入受阻淋巴道，逆流入尿液所致，或是由于泌尿道细菌感染引起的脓尿和菌尿。尿中含有脂肪而使尿液呈乳白色，镜检可观察到脂肪滴和脂肪管型，见于犬脂肪尿病。此外，乳白尿也见于肾盂及尿路化脓性炎症。

此外，给动物内服或注射某些药物，也可使尿液颜色发生改变，不能误认为病理变化。如内服呋喃唑酮，尿呈深黄色；内服维生素 B_2、芦荟时，尿呈红黄色；注射美蓝或台盼蓝后，尿呈蓝色。上述情况可通过病史调查而查明。

四、气味

检查方法是将尿液置于小烧杯中，一手持烧杯，另一手在烧杯上方轻轻扇动，检查者通过闻嗅判定其气味。

尿液的气味来自尿内的挥发性有机酸，正常动物刚排出的尿略带有机芳香族气味，这与饲料的性质有关，因为有些蛋白质含有苯环的氨基酸，代谢后排出挥发性较强的芳香物质较多，气味较强。尿液存储较长时间后，因尿素分解而有氨臭味，也可见于膀胱炎、膀胱麻痹、膀胱括约肌痉挛、尿道阻塞等时；当发生膀胱或尿道溃疡、坏死、化脓或组织崩解时，由于蛋白质分解而使尿液带腐臭味；羊妊娠毒血症、牛酮病和产后瘫痪时，尿中含有大量酮体而有酮味。

五、密度

尿液密度（或尿比重）是尿中溶解物质浓度的指标，溶解在尿中的固体物质主要有尿素和氯化钠，尿素反映饲料中蛋白质含量及其在体内代谢的情况，氯化钠反映饲料中食盐的含量。正常尿液密度以溶解于其中的固体物质为转移。正常情况下，尿密度与肾脏排出的水分、盐类和尿素量有关。病理情况下，尿密度还与糖、蛋白、细胞损伤程度、代谢、组织分解与合成情况等有关。

1．器材　尿密度计（选用刻度为 1.000 ～ 1.060 的密度计）、尿密度瓶（也可用量筒）、温度计、乳头吸管、吸水纸等。

2．测定方法　将尿样振荡混匀后盛于尿密度瓶或适当大小的量筒内，用温度计测定尿液温度，并做记录。然后将尿密度计沉入尿内，经 1 ～ 2 min 待尿密度计稳定后，读取尿液凹面与尿密度计上相应刻度，即为尿的密度数。

3．正常参考值　健康动物尿液密度正常参考值见表 2.18。

表 2.18　健康动物尿液密度正常参考值

动物种类	密度	动物种类	密度
牛	1.015 ～ 1.050	犬	1.020 ～ 1.050
羊	1.015 ～ 1.070	猫	1.020 ～ 1.040
猪	1.018 ～ 1.022	马	1.025 ～ 1.055

4．临床意义　尿液密度测定可用来估计肾脏浓缩功能。由于尿液密度与饮水量等因素有关，因此一次测定的临床意义并不大，必须连续多次测定，才能获得有价值的资料。

（1）尿液密度增高：动物饮水过少、繁重劳役和外界气温高而出汗多时，尿量减少，密度增高，此乃生理现象。

病理情况下，凡是伴有少尿的疾病，如发热性疾病、一切使机体失水的疾病（严重胃肠炎等）、急性肾小球肾炎以及渗出性疾病的渗出期时，尿密度均可增加。尿量增多同时密度增加，常见于糖尿病。

（2）尿液密度降低：动物大量采食多汁饲料和青饲料、大量饮水或应用利尿剂后，尿量增多，尿密度偏低，此乃正常现象。

病理情况下，肾机能不全，不能将原尿浓缩而发生多尿时，尿密度降低（糖尿病例外）。在间质性肾炎、肾盂肾炎、非糖性多尿症及神经性多尿症、牛酮病以及渗出液的吸收期时，尿密度亦可降低。

【重要提示】

（1）尿量不足时，可用蒸馏水将尿稀释数倍，然后将测得尿密度的小数乘以稀释倍数，即得原尿的密度。

（2）测定时应在 15 ℃的室温中进行。

（3）如果室内温度升高，而尿量又不足，应先校正温度的影响，再校正稀释倍数的影响。

任务 3　尿液分析仪及其在兽医临床上的应用

【任务目标】

知识：了解尿液分析仪的检测原理、组成、试剂带及在兽医临床上的应用。

技能：能正确并熟练使用尿液分析仪对尿液进行分析检测，并根据尿液理化性质改变对疾病做出初步的预见。

素质：爱护尿液分析仪，注意仪器的保养；不破坏仪器。

【知识准备】

尿液分析仪是用化学方法检测尿中某些成分。干化学分析诞生于 1956 年，美国的 Alfred Free 发明了尿液分析史上第一条试剂带测试方法，为尿液自动化检测奠定了基础。这种干化学分析方法操作简便，测定迅速，结果准确，可进行大批量自动化分析。随着科学的高度发展，尿液分析已逐步由原来的半自动分析发展到全自动分析，检测项目也由单项发展到多项组合分析。

（一）尿液分析仪的检测原理

尿液中相应的化学成分使尿多联试剂带上各种含特殊试剂的膜块发生颜色变化，颜色深浅与尿液中相应物质的浓度成正比；将多联试剂带置于尿液分析仪比色进样槽，各膜块依次受到仪器光源照射并产生不同的反射光，仪器接收不同强度的光信号后将其转换为相应的电信号，再经微处理器计算出各测试项目的反射率，然后与标准曲线比较后校正为测定值，最后以定性或半定量方式自动打印结果。

尿液分析仪测试原理的本质是光的吸收和反射。颜色深浅不同的试剂块对光的吸收、反射是不一样的。颜色越深，吸收光量值越大，反射光量值越小，反射率越小；反之，颜色越浅，吸收光量值越小，反射光量值越大，反射率也越大。也即，特定试剂块颜色的深浅与尿样中特定化学成分浓度成正比。

（二）尿液分析仪的组成

尿液分析仪通常由机械系统、光学系统和电路系统三部分组成。

1．机械系统　主要作用是在微电脑的控制下，将待测试剂带传到预定检测位置，检测后将试剂带传到废物盒中。不同厂家、不同型号的仪器可能采取不同的机械装置，如齿轮传输、胶带传输、机械臂传输等。全自动的尿液分析仪还包括自动进样传输装置、样本混匀器、定量吸样针。

2．光学系统　一般包括光源、单色处理和光电转换三部分。光线照射到反应物表面产生反射光，光电转换器件将不同强度的反射光转换为电信号进行处理。

尿液分析仪的光学系统通常有三种：发光二极管（LED）系统、滤光片分光系统和电荷耦合器件（CCD）系统。

（1）发光二极管系统：采用可发射特定波长的发光二极管作为检测光源，两个检测头上都有 3 个不同波长的 LED，对应于试剂带上特定的检测项目分为红、橙、绿单色光（波长 660 nm、620 nm、555 nm），它们相对于检测面以 60° 角照射在反应区上。作为光电转换的光电二极管垂直安装在反应区上方，检测光照射同时接收反射光。因光路近，无信号衰减，使用光强度较小的 LED 也能得到较强的光信号。以 LED 作为光源，具有单色性好、灵敏度高的优点。

（2）滤光片分光系统：采用高亮度的卤钨灯作为光源，以光导纤维传导至两个检测头。每个检测头有包括空白补偿的 11 个检测位置，入射光以 45° 角照射在反应区上。反射光通过固定在反应区正上方的一组光纤传导至滤光片进行分光处理，从 510 ～ 690 nm 分为 10 个波长，单色化之后的光信号再经光电二极管转换为电信号。

（3）电荷耦合器件系统：以高压氙灯作为光源，采用电荷耦合器件技术进行光电转换，把反射光分解为红、绿、蓝（波长 610 nm、540 nm、460 nm）三原色，又将三原色中的每一种颜色细分为 2 592 色素。这样，整个反射光分为 7 776 色素，可精确分辨颜色由浅到深的各种微小变化。

3．电路系统　将转换后的电信号放大，经模数转换后送中央处理器（CPU）处理，计算出最终检测结果，然后将结果输出到屏幕显示并送打印机打印。CPU 不仅负责检测数据的处理，而且控制整个机械系统、光学系统的运作，并通过软件实现多种功能。

（三）尿液分析仪试剂带

单项试剂带是干化学分析发展初期的一种结构形式，也是最基本的结构形式。它以滤纸为载体，将各种试剂成分浸渍后干燥，作为试剂层，再在表面覆盖一层纤维膜，作为反射层。尿液浸入试剂带后与试剂发生反应，产生颜色变化。

多联试剂带是将多种检测项目的试剂块，按一定间隔、顺序固定在同一条带上的试剂带。使用多联试剂带，浸入一次尿液可同时测定多个项目。多联试剂带的基本结构采用了多层膜结构：第一层为尼龙膜，起保护作用，防止大分子物质对反应的污染；第二层为绒制层，包括碘酸盐层和试剂层，碘酸盐层可破坏干扰物质，而试剂层与尿液所测定物质发生化学反应；第三层是固有试剂的吸水层，可使尿液均匀快速地浸入，并能抑制尿液流到相邻反应区；最后一层选取尿液不浸润的塑料片作为支持体。有些试剂带无碘酸盐层，但相应增加了一块检测试剂块，以进行某些项目的校正。

不同型号的尿液分析仪使用其配套的专用试剂带，且测试项目试剂块的排列顺序不同。通常情况下，试剂带上的试剂块要比测试项目多一个空白块，有的甚至多一个参考块，又称固定块。各试剂块与尿液中被测尿液成分的反应呈现不同的颜色变化。空白块是为了消除尿液本身的颜色在试剂块上分布不均等所产生的测试误差，以提高测试准确性；固定块是在测试过程中，使每次测定试剂块的位置准确，减低由此引起的误差。

【任务实施】

不同型号的尿样自动分析仪操作方法存在差异，此处以 BM-200 型尿 10 项自动分析仪（检验项目包括密度、pH 值、白细胞、尿蛋白、尿糖、尿酮体、胆红素、尿胆原、尿潜血与亚硝酸盐）为例介绍尿液分析仪的使用。

（1）接通电源，屏幕显示 SELF CHECK，仪器进入自检状态。自检完成后，打印“SELF CHECK OK”，此时仪器进入准备测量状态。

（2）取试纸条，将试纸条各反应块充分浸入尿液，抽出试纸条在滤纸上吸掉多余的尿液。将有试纸条反应块的一面向上放置于试纸条托台上。

（3）按仪器右下方的“开始”键，仪器开始测量，测量完毕后，仪器打印出测量结果。

（4）功能选择：按说明书要求进行。

（5）仪器保养：使用完毕后按照要求对仪器进行保养。

思考与练习

1．简述尿液样品的采集和保存方法。

2．简述尿液分析仪的使用方法及注意事项。

3．简述尿液物理学检查的项目及临床意义。

项目四　粪便检验

熟悉粪便检验的内容和种类；掌握粪便检验的方法和临床意义；能正确对送检的粪便进行实验室诊断与结果分析。

任务1　粪便物理学检验

【任务目标】

知识：掌握粪便物理学检验项目及临床意义。

技能：能正确对动物的粪便进行物理学检验并做出诊断。

素质：采集粪便时不怕脏、不怕累；仔细观察、认真记录。

【任务实施】

一、粪便采集

粪便采集是粪便检验的必须手段，粪便采集的方法可直接影响到检验的结果。通常情况下，动物粪便标本采用自然排出的粪便。采集粪便标本时应注意以下事项。

（1）粪便采集前要明确检验目的，如检查服驱虫药后的排虫量，则需用便盆将全部粪便送检；进行粪便细菌学、病毒学检验时，应将采集的粪便置于消毒的洁净容器内；做化学和显微镜检验时，应采集新排出而未接触地面的部分。必要时大动物可以从直肠直接采集粪便，其他动物可用50%甘油或生理盐水灌肠采集。

（2）标本应新鲜，不得混有尿液、消毒剂、自来水；应在服用药物前留样；如当天不能检验，应将标本放在阴凉处或冰箱内，但不能加防腐剂；采集粪便时，大动物一般不少于60 g；盛装粪便的容器应清洁、有盖；根据检验项目的要求，应对盛装粪便的容器加以选择。

（3）采集粪便标本时应用干净的竹签挑取含有黏液、脓血或伪膜的粪便；对于外观无异常的粪便，应从粪便的不同部位、深处以及粪端多处取材，放入内衬刷蜡的专用粪便纸盒内送检，并应注明采集的日期。

（4）检查隐血时，肉食动物或杂食动物应禁食肉类、血类食品，并停服铁剂及维生素C 3 d。

（5）检查阿米巴滋养体应立即送检，寒冷季节尚需保温。

（6）检查蛲虫应于清晨排便前用肛拭在肛门周围皱襞处采样。

二、粪便性状检查

粪便性状的检验主要观察粪便的颜色、硬度、气味等。

1．颜色　由于饲料的种类及搭配比例不同以及季节的交替，健康动物的粪便颜色也有差异。如放牧或饲喂青绿饲草时，粪便呈暗绿色；饲喂谷草、稻草时，粪便呈黄褐色。病理状态下，粪便可见以下四种颜色。

（1）黑褐色：见于前部消化道出血。不易判断是否出血时，应做粪便潜血检查。

（2）粪便有血丝、血块：见于消化道后部出血，特别是直肠出血、结肠癌和直肠癌等；家禽出现明显血便，可能是球虫病；仔猪出现血便，应考虑魏氏梭菌病。

（3）粪便灰白：见于犬、猫的胆管阻塞；粪便含白色凝乳块为幼龄动物消化不良。

（4）绿色：家禽在病理状况下，可能排出绿色粪便，主要见于鸡新城疫、大肠杆菌病、马立克氏病等。

2．硬度　健康牛的粪便因精料、粗料的搭配比例不同而硬度有所不同，奶牛和水牛的粪便成堆，黄牛的粪便呈层叠状，含水 85%；绵羊及山羊的粪便含水只有 55% 左右，较硬；大猪的粪便含水为 55% ～ 85%，含水少的呈棒状，含水多的呈稠粥状；马属动物的粪便近似肾形或球形，含水丰富，约为 75%，有一定硬度。

病理状态下，当肠管受到某种刺激后，肠管蠕动增加，肠内容物在肠管内停留时间短，肠壁吸收其中的水分减少，粪便稀软，甚至成水样，见于各种动物的肠卡他、肠炎，如仔猪黄白痢、猪流行性腹泻、猪传染性胃肠炎、雏鸡白痢、家禽大肠杆菌病等。当肠管运动机能减弱或肠肌迟缓时，肠内容物在肠管内停留时间延长，肠壁吸收其中的水分增多，粪便硬度增大，甚至变成干小的球形，见于各种动物的肠便秘，反刍动物瘤胃积食、瓣胃阻塞、真胃积食等。

3．气味　健康动物采食一般的饲料、饲草，粪便没有特别难闻的气味。猪吃精料较多时，粪便的臭味稍大。以肉食为主的动物，粪臭味较重。异常的粪臭味有以下两种。

（1）酸臭味：见于各类动物的消化不良，主要是碳水化合物在肠道内发酵产酸。

（2）腐败臭味：见于各种原因所致的肠炎，由于肠内炎性渗出物中的蛋白质被微生物作用，腐败分解产生硫化氢气体。

三、粪中混杂物检验

健康动物粪便中除正常未被消化的饲草、饲料残渣以外，一般不见其他混杂物。病理状况下，粪便中可出现以下几种混杂物。

1．黏液　黏液外观黏稠透明，呈丝状或块状，见于肠炎初期。如消化道上部有炎症，黏液混在粪内，拨出粪球或粪团才能见到；如消化道下部发炎，黏液附着于粪便表面。

2．伪膜　外观似肠黏膜样，但实际上不是真正的肠黏膜。伪膜是由炎性渗出物中的蛋白质及纤维素凝结而成，然后由肠管分段脱落，随粪便排出体外。如行镜检，仅见黏液和纤维丝，看不见肠上皮细胞。伪膜见于牛黏液膜性肠炎、消化道黏膜的深层炎症等。

3．血块　见于消化道出血。前部消化道出血，血块暗黑，常混于粪便内，粪潜血检验呈强阳性反应；后部消化道出血，血块鲜红或暗红，镜检可见尚未破崩的红细胞。

4．脓球、脓汁、脓块　外观为灰白色，不透明。涂片或压片染色镜检，可见多量脓球，见于消化道化脓性疾病。

5．过粗的草渣及未消化的谷物颗粒　见于老龄动物或患有牙齿不整的病畜，马属动物最为常见。家禽粪便中若含有未消化的玉米、豆粕等颗粒，应考虑小肠球虫等所致的肠毒综合征。

任务2　粪便化学检验

【任务目标】

知识：掌握粪便化学检验项目及临床意义。

技能：能正确对动物的粪便进行化学检查并做出诊断。

素质：不怕脏、不怕累；节约药品和pH试纸；仔细观察、认真记录。

【任务实施】

一、粪便酸碱度测定

粪便的酸碱度取决于粪便中脂肪酸、乳酸或氨含量，与饲料成分及肠内容物的发酵或腐败分解程度有关。草食动物的粪便为碱性，但马的粪球内部常为弱酸性；肉食动物及杂食兽的粪便一般为弱碱性，有的为中性或酸性。肠内发酵过程旺盛时，由于形成多量有机酸，粪便呈强酸反应。但当肠内蛋白质分解旺盛时，由于形成游离氨，而使粪便呈强碱性反应。因此，粪便酸碱度的测定有助于了解胃、肠、胰腺等的情况，可用pH试纸法或溴麝香草酚蓝法测定。

1．pH试纸法　一般用广泛pH试纸（或精密pH试纸）测定粪便的pH值。取pH试纸1条，用蒸馏水浸湿（若粪便稀软则不必浸湿），贴于粪便表面数秒钟，取下试纸条与pH标准色板进行比较，即可得粪便的pH值。

2．溴麝香草酚蓝法　取粪便2～3 g，置于试管内，加4～5倍中性蒸馏水，混匀，加入0.04%溴麝香草酚蓝1～2滴，1 min后观察结果，呈绿色者为中性，呈黄色者为酸性，呈蓝色者为碱性。

二、粪便潜血检验

粪便潜血是指粪便中含有肉眼不能确切观察到的血液。整个消化系统不论哪一部分出血，都可使粪便含有潜血。粪便潜血的检验方法有联苯胺法（或邻联苯胺法）、愈创木酯法、匹拉米酮法和免疫法。愈创木酯法敏感性低，但受仪器或药物干扰因素较少，假阳性率也低；联苯胺法或邻联苯胺法敏感性高，假阳性率亦高；匹拉米酮法介于两者之间；免疫法可对微量血红蛋白发生反应，敏感性最高，专一性亦最强。临床上可根据需要选用不同的方法。下面介绍联苯胺法。

（一）原理

血红蛋白有过氧化氢酶的作用（但其本身并不是酶，因为被煮沸后仍有触酶作用），可分解过氧化氢而产生新生态氧，使联苯胺氧化为联苯胺蓝而呈蓝色反应。

（二）临床意义

粪便潜血阳性可见于消化道出血，如胃及十二指肠溃疡、胃癌、钩虫病、结肠癌、出血性胃肠炎、马肠系膜动脉栓塞、牛创伤性网胃炎、真胃溃疡、羊血矛线虫病等。一般消化性溃疡治疗好转或稳定期，潜血转阴性；恶性肿瘤常呈持续阳性。

（三）测定方法

用干净的竹制镊子在粪便的不同部分，选取绿豆大小的粪块，于干净载玻片上涂成直径约 1 cm 的范围（如粪便太干燥，可加少量蒸馏水，调和涂布）。然后将载玻片在酒精灯上缓慢通过数次（破坏粪中的酶类），待载玻片冷却后，滴加联苯胺冰醋约 1 ml 及新鲜过氧化氢溶液 1 ml，用火柴棒搅动混合。将载玻片放在白纸上观察。

（四）结果判断

正常无潜血的粪便不呈颜色反应。呈现蓝色反应的为阳性，蓝色出现越早，表明粪便里的潜血越多。±：蓝色开始出现的时间为 60 s；+：蓝色开始出现的时间为 30 s；++：蓝色开始出现的时间为 15 s；+++：蓝色开始出现的时间为 3 s。

【重要提示】

（1）青草、马铃薯、甘薯等含有过氧化氢酶，因此草食动物的粪便应加热以破坏该酶的活性。

（2）肉食动物进行粪便潜血检验时，必须在采集标本前 3 ～ 4 d 内禁喂肉食，亦可将被检测粪便用蒸馏水调成粪混悬液，再加热以破坏过氧化氢酶的活力。

（3）所用的容器、试管应洁净，以免影响检验结果。

任务 3　粪便显微镜检查

【任务目标】

知识：掌握粪便显微镜检查项目及临床意义。

技能：能正确对动物的粪便进行显微镜检查并做出诊断。

素质：不怕脏、不怕累；节约药品和 pH 试纸；仔细观察、认真记录。

【任务实施】

一、标本制备

取不同粪层的粪便，混合后取少许置于洁净载玻片上或以竹签直接挑粪便中可疑部分置于载玻片上，加少量生理盐水或蒸馏水，涂成均匀薄层，以能透过书报字迹为宜。必要时可滴加醋酸液或选用0.01%伊红氯化钠染液、稀碘液或苏丹Ⅲ染液。涂片制好后，加盖片，先用低倍镜观察全片，然后用高倍镜鉴定。

二、饲料残渣检查

1．脂肪球和脂肪酸结晶　脂肪滴为大小不等、正圆形的小球，有明显折光性，特点为浮在液面，来回游动。脂肪酸结晶多呈针状，苏丹Ⅲ染色液呈红色。粪中见到大量脂肪球和脂肪酸结晶与摄入的脂肪不能完全分解和吸收或胆汁及胰液分泌不足有关。

2．植物细胞　植物细胞常在粪中多量出现，形态多种多样，呈螺旋形、网状、花边形、多角形或其他形态。特点是在吹动标本时，易转动变形。植物细胞无临床意义，但可了解胃肠消化能力的强弱。

3．淀粉颗粒　淀粉颗粒一般为大小不匀、一端较尖的圆形颗粒，也有圆形或多角形的，有同心层构造。用稀碘液染色后，未消化的淀粉颗粒呈蓝色，部分消化的呈棕红色。粪便中发现大量的淀粉颗粒，表明消化机能发生障碍。

4．肌肉纤维　肌肉纤维呈带状，也有呈圆形、椭圆形或不正形的，有纵纹或横纹，断端常呈直角形，加醋酸后更为清晰，有的可见核，多为黄色或黄褐色。其在肉食动物粪便中为正常成分。肌肉纤维过多时，可考虑胰液或肠液分泌障碍及肠蠕动增强。

三、体细胞检查

1．白细胞及脓细胞　白细胞形态整齐，数量不多，且分散不成堆。脓细胞形态不整，构造不清晰，数量多而成堆。粪中发现多量白细胞和脓细胞，表明肠管有炎症或溃疡。

2．红细胞　粪中若发现大量形态正常的红细胞，可能为后部肠管出血；有少量散在的形态正常的红细胞，同时又有大量白细胞时，为肠炎；若红细胞较白细胞多，且常堆集，部分有崩坏现象，是肠管出血性疾患的特征。

3．上皮细胞　粪中常可见扁平上皮细胞和柱状上皮细胞。扁平上皮细胞来自肛门附近，形态无显著变化；柱状上皮细胞可由各部肠壁而来，因部位和肠蠕动的强弱不同而形态有所改变。上皮细胞和粪便混合时一般不易发现，多量出现且伴有多量黏液或脓细胞时，可见于胃肠炎。

4．吞噬细胞　吞噬细胞比中性粒细胞大 3 ～ 4 倍，呈卵圆形、不规则叶状或伸出伪足呈变形虫样；胞核大，常偏于一侧，圆形，偶见肾形或不规则形；胞浆内可有空泡、颗粒，偶见被吞噬的细菌、白细胞的残余物；胞膜厚而明显。常与大量脓细胞同时出现，诊断意义与脓细胞相同。

任务4 粪便中寄生虫虫体和虫卵检查

【任务目标】

知识：掌握本地区动物消化道中寄生虫种类。

技能：能正确对动物的粪便进行寄生虫虫体和虫卵检查并做出诊断。

素质：不怕脏、不怕累；仔细观察、认真记录；正确处理寄生虫虫体和虫卵；检查后洗手，避免感染。

【任务实施】

一、粪便中寄生虫虫体的检查

某些已老化的消化道蠕虫、蛔虫、蛲虫、结节虫、绦虫的节片、马胃蝇的成熟幼虫、肺虫的幼虫、某些消化道内寄生原虫（隐孢子虫、结肠小袋纤毛虫、球虫）等都可以随粪便自然排出体外。另外，使用驱虫药后，也会有虫体随粪便排出。为此，可以直接检查粪便中的这些寄生虫虫体、节片和幼虫，从而达到确诊的目的。

（一）器材与试剂

挑虫针、毛笔、玻璃缸、塑料杯、培养皿、放大镜或实体显微镜、乳胶管、漏斗、小试管、漏斗架、载玻片、金属筛、饱和蔗糖溶液、碱性复红、酒精、石炭酸、硫酸、孔雀绿、碘、碘化钾、生理盐水、蒸馏水等。

（二）检查方法

粪便内蠕虫虫体的检查。

（1）拣虫法：对于肉眼可见的大型蠕虫（如蛔虫、姜片吸虫成虫、某些绦虫成虫或孕节等），可用镊子、挑虫针或竹签挑出粪便中的虫体，用清水洗净后立即移入生理盐水中，以待观察鉴定。

（2）淘洗法：本法用于收集小型蠕虫，如犬钩虫、食道口线虫、鞭虫等。经肉眼检查过的粪便，置于较大容器中，先加少量水搅拌成糊状，再加水至满。静置 10 ～ 20 min 后去弃上层粪液，再重新加水搅匀静置。如此反复数次，直至上层液透明为止，弃上清液，将沉渣倒入大玻璃皿内，衬在黑色背景下逐一检查。必要时可用放大镜或实体显微镜检查，发现虫体和节片时用挑虫针或毛笔取出，以便进行鉴定。如对残渣一时检查不完，可移入 4 ℃～ 8 ℃冰箱中保存，或加入 3% ～ 5% 的福尔马林溶液防腐，待后检查（2 ～ 3 d 内）。

（3）毛蚴孵化法。

①原理：在适宜温度条件下，血吸虫卵入水后，很快孵出毛蚴，借着蚴虫向上、向光、向清的特性，游于水面，便于观察，做出诊断。下面介绍尼龙兜淘洗孵化法。

②器材：水（pH 值 6.8 ～ 7.2）、竹筷、40 ～ 80 目的铜筛、滤杯、260 目的尼龙兜、500 ml 量杯、粪桶、放大镜、显微镜、吸管、载玻片、盖玻片、取暖炉、水温计、盆、水缸、水桶、剪刀、闹钟、天平、300 ～ 500 ml 长颈平底烧瓶或 200 ～ 250 ml 三角烧瓶、脱脂棉、孵育箱（室）。

③操作方法：将每个粪样分 3 份，在 40 目铜筛和量杯中用清水淘洗，细粪渣沉积于量杯中，待沉淀后去弃上清液，沉渣倒入尼龙兜用水淘洗，将尼龙兜中的粪渣装入三角烧瓶或长颈平底烧瓶中加 25 ℃左右清水；置于 20 ℃～ 25 ℃的孵育箱中，在一定的光照条件下进行孵育。从孵育开始到 1 h、3 h、5 h 后各观察一次。

④毛蚴的观察与识别：在光线明亮处衬以黑色背景用肉眼观察，血吸虫毛蚴肉眼观察为针尖大小、灰白色、梭形，必要时可借助于手持放大镜。毛蚴多数在水面下 2 mm 范围内呈直线运动，迅速而均匀，碰壁后折向，在显微镜下观察，毛蚴前端有一突起，呈前宽后狭的三角形，两侧对称，后渐窄，周身有纤毛。发现血吸虫毛蚴即判定为阳性。

⑤结果判定：+：在一个样品中有 1 ～ 5 个毛蚴；++：有 6 ～ 10 个毛蚴；+++：有 11 ～ 20 个毛蚴；++++：有 21 个毛蚴以上。

（4）幼虫分离法：主要用于生前诊断一些肺线虫病。如反刍兽网尾线虫的虫卵在新排出的粪便中已变为幼虫，类圆线虫虫卵随粪便被排到外界后很快就孵化出幼虫。因此可通过一定方法进行分离鉴定，建立生前诊断。

①贝尔曼氏法：贝尔曼氏幼虫分离装置如图 2.9 所示。取 15 ～ 20 g 粪便，放入漏斗（下端连接有乳胶管和一小试管）内的金属筛（直径约 10 cm）中；然后置漏斗架上，通过漏斗加入 40 ℃温水，使粪便淹没为止；静置 1 ～ 2 h 后，取下小试管，去弃上清液，取沉渣滴于载玻片上镜检，观察是否有活动的幼虫。该方法也可用于从粪便培养物中分离第三期幼虫或从被剖检动物的某些组织中分离幼虫。

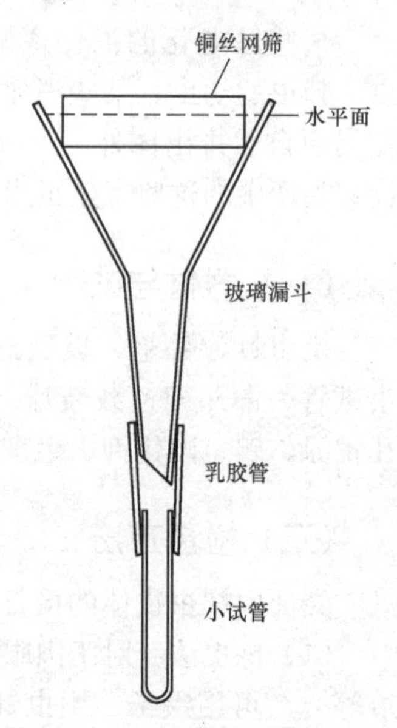

图 2.9　贝尔曼氏幼虫分离装置

②平皿法：取粪球 3 ～ 10 个，置于放有少量热水（不超过 40 ℃）的表面皿或平皿内，经 10 ～ 15 min 后，取出粪球，吸取皿内的液体，在显微镜下观察有无活动的幼虫存在。

进行粪便内蠕虫虫体的检查时应注意以下方面：

（1）滤过时间不能太长，以防线虫虫体崩解。

（2）为防止虫体崩解，可用生理盐水代替清水。

（3）动作要轻巧，若用镊子，最好是无齿镊。

（4）对于粪球和过硬的粪块，可用生理盐水软化后再拣虫。

（5）被检粪样必须新鲜，不可触地污染。

（6）忌用接触过农药、化肥或其他化学药物的纸、塑料布等包装粪便。

（7）用水必须清洁，无水虫，未被工业污水、农药和化肥或其他化学药物污染。

（8）为防止毛蚴过早孵出，也可用 1.0% ～ 1.2% 的食盐水代替常水冲洗粪便。一般在水温不足 15 ℃时用常水。水温为 15 ℃～ 18 ℃时，于第一次换水后改用盐水。水温超过 18 ℃时一直用盐水。

（9）毛蚴和水中其他小虫的不同之处是在近水面做水平或斜向直线运动，当用肉眼观察难与水中的其他小虫相区别时，可用滴管将毛蚴吸出，置显微镜下加以鉴别。

（10）贝尔曼氏法检验时，所检粪便（粪球）不必弄碎，以免渣子落入小试管底部，影响镜检。

（11）小试管和乳胶管中间不得有气泡或空隙，温水必须充满整个小试管和乳胶管（可先通过漏斗加温水至小试管和乳胶管充满，然后再加被检粪样，并使温水浸泡住被检粪样）。

二、粪便中原虫的检查

寄生于消化道的原虫（如球虫、隐孢子虫、结肠小袋纤毛虫等）都可以通过粪便检查来确诊。采用各种镜检方法之前，可以先对粪便进行观察，包括颜色、稠度、气味、有无血液等，以便初步了解宿主感染的时间和程度。

1．球虫卵囊检查法

（1）器材与试剂：40 目或 60 目铜丝网或尼龙网、100 ml 量杯、50 ml 和 100 ml 烧杯、5 ml 玻璃瓶、吸管、镊子、天平、离心机、麦氏虫卵计数板、载玻片、盖玻片、显微镜、饱和盐水。

（2）操作方法：此处介绍锦纶筛兜淘洗法。取被检动物或动物群的新鲜粪便 10 g 置于 50 ml 烧杯中，加水搅匀，先通过 40 目或 60 目铜筛过滤；将滤液移入离心管中，2 500 r/min 离心 10 min；去弃上清液，各管沉淀物中加入少量饱和盐水，混匀；各管的沉淀物混悬液移入试管中，用饱和盐水加满，盖上盖玻片（盖玻片须能与液面接触），静置 10 min；取下盖玻片，放在载玻片上。置载玻片于显微镜下检查。

（3）结果判定：发现球虫卵囊，判为阳性，说明该动物（群）已感染球虫。未发现球虫卵囊，需重复检查 5 次，仍未见球虫卵囊的粪样可判为阴性。只有连续检查粪便 7 ～ 10 d，均未发现球虫卵囊，方可说明该动物（群）未感染球虫。

2．隐孢子虫卵囊检查法　隐孢子虫卵囊的采集与球虫相似，但其比球虫小，在采用饱和蔗糖溶液漂浮法收集粪便中的卵囊后，常使用油镜观察，或加以染色后再用油镜镜检。

（1）蔗糖溶液漂浮法。

①器材与试剂：60 目铜丝网或尼龙网、量杯、烧杯、吸管、镊子、天平、离心机、载玻片、显微镜、饱和蔗糖液（在 320 ml 蒸馏水中加入蔗糖 500 g 和石炭酸 9 ml 溶解配制而成）。

②操作方法：取粪样 5 ～ 10 g，加 5 倍水搅匀，60 目筛网过滤，滤液以 2 000 r/min

离心 10 min，弃上清液，按粪样量的 10 倍体积加饱和蔗糖液，搅匀后以 1 500 r/min 离心 15 min，然后用小铁丝环蘸取漂浮液表层液膜涂片，以 10×100 倍油镜镜检。发现卵囊后再用碘液（碘 2 g，碘化钾 4 g，加蒸馏水 100 ml）染色，观察其染色情况。碘液染色后，发现卵囊呈暗淡的圆形小体，4 ～ 5 μm，内部有凹陷的呈单侧的实心小圆形，不着色，而粪便中的酵母菌及粪渣呈棕黄色。

（2）改良抗酸染色法：对于新鲜粪便或经 10% 福尔马林固定保存（4 ℃ 1 个月内）的含卵囊粪便都可用此法染色。

①器材与试剂：60 目铜丝网或尼龙网、干燥箱、量杯、烧杯、吸管、镊子、天平、离心机、载玻片、显微镜、石炭酸复红染色液（碱性复红 4 g，95% 酒精 20 ml，石炭酸 8 ml，蒸馏水 100 ml，溶解后用滤纸过滤）、10% 硫酸溶液（98% 浓硫酸 10 ml，蒸馏水 90 ml，边搅拌边将硫酸徐徐倾入水中）、0.2% 孔雀绿液（0.2 g 孔雀绿溶于蒸馏水 100 ml）、甲醇等。

②操作方法：取粪样 5 ～ 10 g，加 5 倍水搅匀，60 目尼龙筛过滤，将滤液涂片，自然干燥或 37 ℃下彻底干燥，甲醇固定后，在涂片区域滴加石炭酸复红染色液覆盖整个涂片区，5 ～ 10 min 后用水冲洗（注意：不能直接冲粪膜），再滴加 10% 硫酸溶液覆盖整个涂片区，5 ～ 10 min 后用水冲洗，滴加 0.2% 孔雀绿液覆盖整个涂片区，1 min 后水洗，自然干燥，油镜观察。

③结果判定：染色背景为蓝绿色，圆形或椭圆形的卵囊和 4 个月牙形的子孢子均染成玫瑰红色。子孢子排列多不规则，呈多种形态。其他非特异颗粒则染成蓝黑色，容易与卵囊区分。但有些杂质也可能染成橘红色，应加以区分。

3．结肠小袋纤毛虫检查法

（1）滋养体检查：当猪等动物患结肠小袋纤毛虫病时，在粪便中可查到活动的虫体（滋养体）。检查时取新鲜的稀粪一小团，放在载玻片上加 1 ～ 2 滴温热生理盐水混匀，挑去粗大的粪渣，盖上盖玻片，低倍镜下检查，观察有无活动的虫体。

（2）包囊的碘液染色检查：粪便中的滋养体很快会变为包囊，检测时直接涂片方法同上，以一滴碘液（碘 2 g，碘化钾 4 g，蒸馏水 1 000 ml）代替生理盐水进行染色。若同时需检查活滋养体，可在生理盐水涂匀的粪滴附近滴一滴碘液，取少许粪便在碘液中涂匀，再盖上盖玻片。涂片染色的一半查包囊；未染色的一半查活滋养体。结果可看到细胞质染成淡黄色，虫体内含有的肝糖呈暗褐色，核则透明。但需注意的是，活滋养体检查时，涂片应较薄，气温越接近体温，滋养体的活动越明显。必要时可用保温台保持温度。

三、粪便中寄生虫虫卵的检查

1．直接涂片法

（1）器材与试剂：载玻片、盖玻片、牙签、镊子、甘油、生理盐水、显微镜、50% 甘油生理盐水。

（2）方法步骤：首先在洁净的载玻片中央滴一滴 50% 甘油生理盐水，以牙签挑取绿豆粒大小的粪便与之混匀，用镊子剔除粗大粪渣，并涂开呈薄膜状，其厚度以放在书上能透过薄层粪液模糊地看出书上字迹为宜，然后在粪膜上加盖玻片，置于光学显微镜下观察。检查虫卵时，先用低倍镜检查，发现疑似虫卵时，再用高倍镜仔细观察。

（3）注意事项：因一般虫卵（特别是线虫卵）色彩较淡，镜检时视野宜稍暗一些；用过的竹签、玻片、粪便等要放在指定的容器内，以防污染；该法简单易行，但检出率不高，尤其是在轻度感染时，往往得不到可靠的结果，因此应重复 8 ～ 10 次。

2．沉淀检查法

（1）原理：利用某些虫卵比重比水大的特点，让虫卵在重力的作用下，自然沉于容器底部或在离心力作用下沉于离心管底部，然后取沉淀物进行检查。沉淀法可分为彻底洗净法和离心机沉淀法。

（2）器材：载玻片、盖玻片、水、塑料杯或烧杯、60 目金属筛、吸管、离心机、显微镜等。

①彻底洗净法：该法所需时间较长，但操作方便，适用于基层工作。取粪便 5 ～ 10 g 置于烧杯中，加适量的水搅拌成糊状，再加 10 ～ 20 倍水充分搅匀，用 60 目金属筛或纱布滤入另一塑料杯或烧杯中，静置 10 ～ 20 min，去弃上层液；再加水与沉淀物重新混匀，静置约 30 min，去弃上层液；如此反复水洗沉淀物多次，直至上层液透明为止；最后去弃上清液，用吸管吸取沉淀物滴于载玻片上，加盖玻片镜检。

②离心机沉淀法：该法适用于比重较大的吸虫卵、棘头虫卵、裂头绦虫卵等的检查。取 3 g 粪便置于小杯中，加 10 ～ 15 倍水搅拌混匀；将粪液用金属筛或纱布滤入离心管中；在离心机中以 2 000 ～ 2 300 r/min 的速度离心沉淀 1 ～ 2 min；取出后去弃上层液，再加水搅和，按上述条件离心沉淀 2 ～ 3 次，直至上清液清亮为止。倾去上层液，用吸管吸取沉淀物滴于载玻片上，加盖玻片镜检。注意此法粪量少，一次粪检最好多观察几张片，以提高检出率。

3．漂浮检查法

（1）器材与试剂：载玻片、盖玻片、饱和盐水、塑料杯或烧杯、60 目金属筛、金属圈、试管、显微镜、饱和盐水或饱和硫酸镁等。

（2）原理：采用比虫卵比重大的漂浮液，使粪便中的虫卵和粪渣分开，虫卵漂浮在液面，粪渣下沉，然后取液膜进行检查。常用饱和盐水作为漂浮液，也可根据虫卵和漂浮液的比重之差选用其他漂浮液如饱和硫酸镁等。

（3）检测方法。

①饱和盐水漂浮法：取 5 ～ 10 g 粪便置于 100 ～ 200 ml 烧杯（或塑料杯）中，加入少量漂浮液搅拌混合，然后继续加入约 20 倍的漂浮液；用 60 目金属筛或纱布将滤液滤入另一烧杯中；静置 0.5 h，用直径 0.5 ～ 1 cm 的金属圈平着接触滤液面，提起后将粘着在金属圈上的液膜抖落于载玻片上，如此多次蘸取不同部位液面后，加盖玻片镜检，盖玻片应与液面完全接触，不应留有气泡。

①试管浮聚法：取 2 g 粪便置于烧杯或塑料杯中，加入 10 ～ 15 倍漂浮液进行搅拌混合，用 60 目金属筛或纱布将滤液滤入试管中；吸取漂浮液加入试管，至液面凸出管口为止；静置 30 min，然后用清洁盖玻片轻轻接触液面，提起后放入载玻片上镜检。

4．锦纶筛兜集卵法

（1）原理：由于虫卵的直径多在 60 ～ 260 μm，因此可制作两个不同孔径的筛子，过滤掉较粗大的粪渣和较小的杂质，最后将虫卵收集起来，以提高检出率。

（2）材料：40 目（孔径约 260 μm）或 60 目金属筛、260 目锦纶筛兜（孔径约 58 μm）、烧杯。

（3）操作步骤：取粪便 5 ～ 10 g，加水搅匀，先通过 40 目或 60 目金属筛过滤；滤下液再通过 260 目锦纶筛兜过滤，并在锦纶筛兜中继续加水冲洗，直至洗出液体清澈透明为止，而后挑取兜内粪渣滴于载玻片上，加盖玻片镜检。

5．粪便中蠕虫卵的检查

要检查粪便中的虫卵，首先要将那些易与虫卵混淆的物质与虫卵区分开来（粪检中镜下常见杂质如图 2.10 所示），可依据虫卵的形状、大小、颜色、卵壳（包括卵盖等）和内含物等特征加以鉴别。各种动物粪便中的蠕虫卵的形态结构如图 2.11 ～图 2.14 所示。

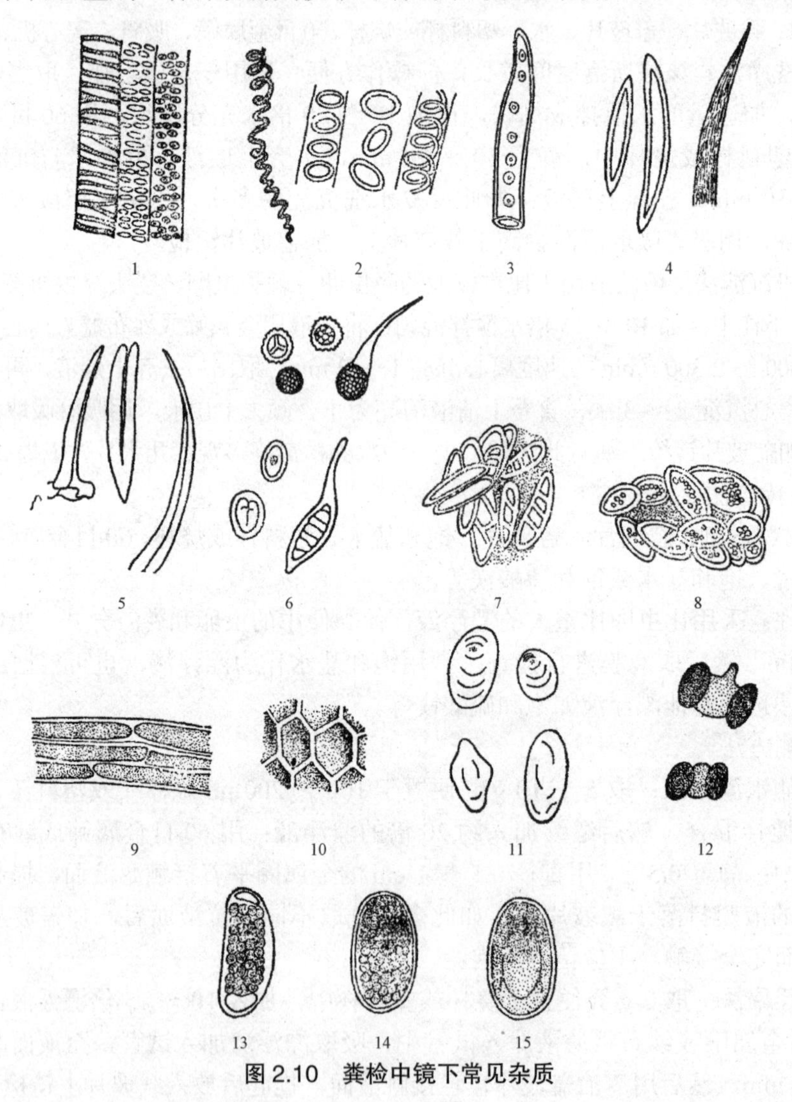

图 2.10　粪检中镜下常见杂质

1. 植物导管：梯纹、网纹、孔纹；2. 螺纹和环纹；3. 管胞；4. 植物纤维；5. 小麦的颖毛；6. 真菌的孢子；7. 谷壳的一些部分；8. 稻米胚乳；9. 植物的薄皮细胞；10. 植物的薄皮细胞；11. 淀粉粒；12. 花粉粒；13. 植物线虫的一些虫卵；14. 螨的卵（未发育）；15. 螨的卵（已发育）

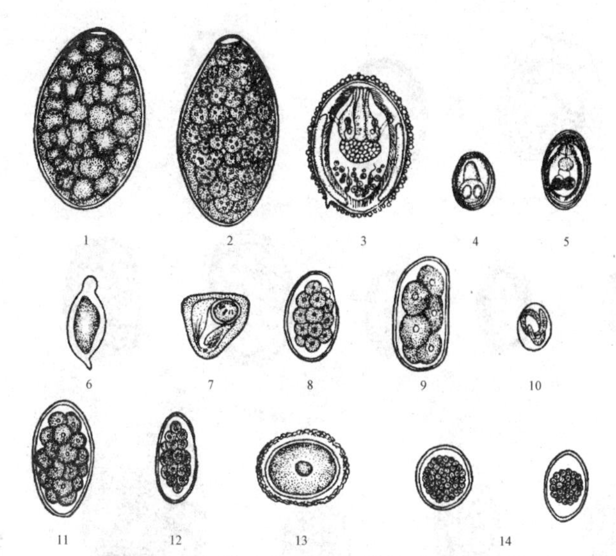

图 2.11　牛体内寄生虫虫卵的形态特征图

1．大片吸虫卵；2. 前后盘吸虫卵；3. 日本分体吸虫卵；4. 双腔吸虫卵；5. 胰阔盘吸虫卵；6. 鸟毕吸虫卵；7. 莫尼茨绦虫卵；8. 食道口线虫卵；9. 仰口线虫卵；10. 吸吮线虫卵；11. 指形长刺线虫卵；12. 古柏线虫卵；13. 犊新蛔虫卵；14. 牛艾美球虫卵囊

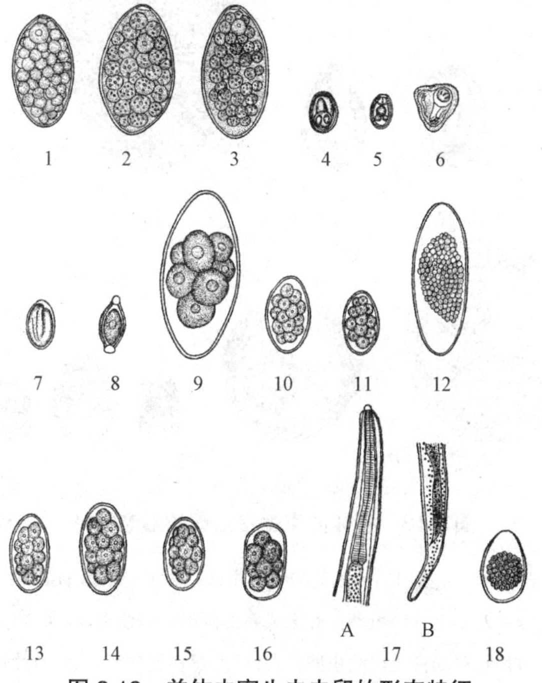

图 2.12　羊体内寄生虫虫卵的形态特征

1. 肝片吸虫卵；2. 大片吸虫卵；3. 前后盘吸虫卵；4. 双腔吸虫卵；5. 胰阔盘吸虫卵；6. 莫尼茨绦虫卵；7. 乳突类圆线虫卵；8. 毛首线虫卵；9. 钝刺细颈线虫卵；10. 奥斯特线虫卵；11. 捻转血矛线虫卵；12. 马歇尔线虫卵；13. 毛圆形线虫卵；14. 夏伯特线虫卵；15. 食道口线虫卵；16. 仰口线虫卵；17. 丝状网尾线虫幼虫（A. 前端，B. 尾端）；18. 小型艾美球虫卵囊

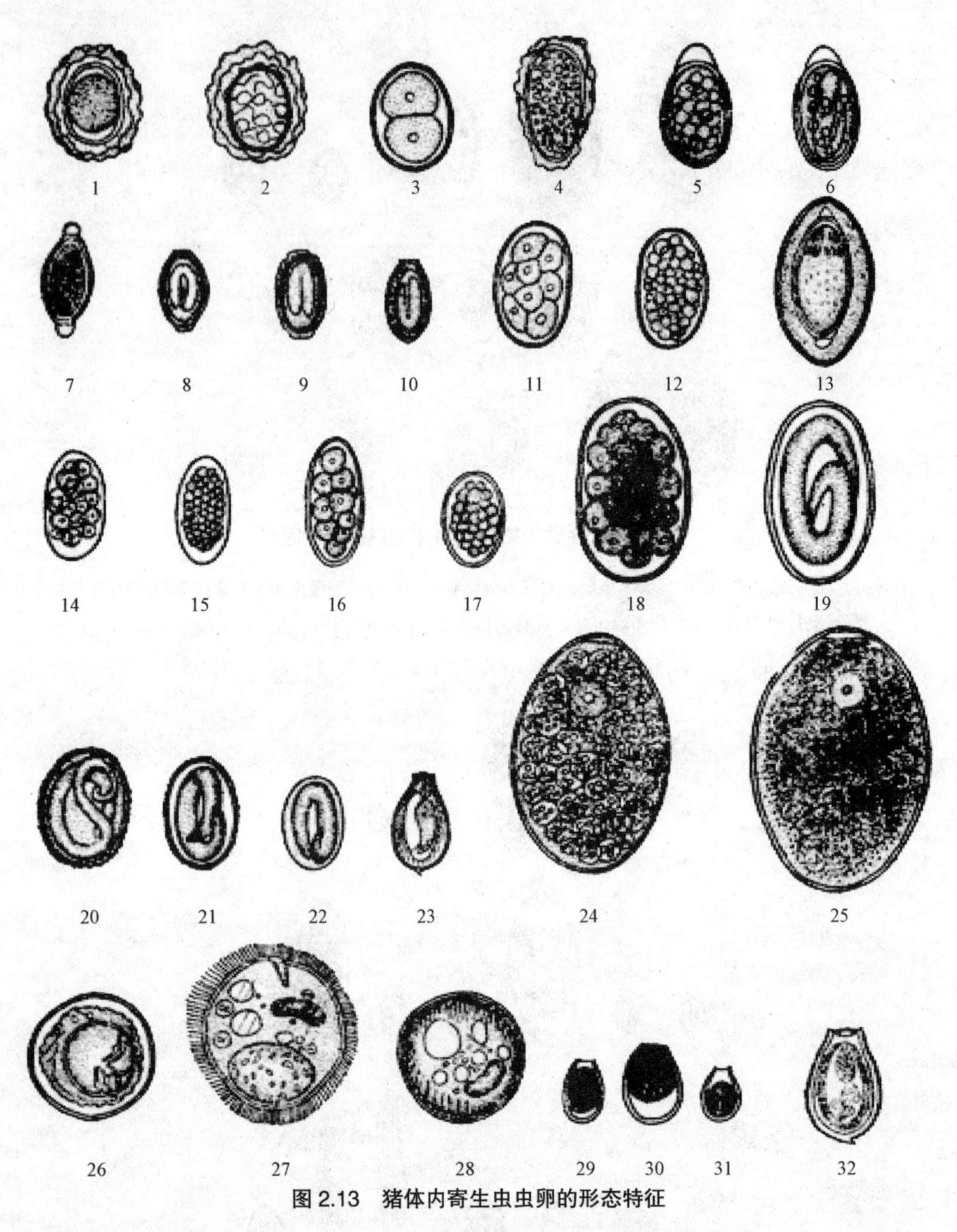

图 2.13　猪体内寄生虫虫卵的形态特征

1．猪蛔虫卵；2. 猪蛔虫卵表面观；3. 蛋白质膜脱落的猪蛔虫卵；4. 未受精猪蛔虫卵；5. 新鲜的刚刺颚口线虫；6. 已发育刚刺颚口线虫卵；7. 猪毛首线虫卵；8. 未成熟的圆形似蛔线虫卵；9. 成熟的圆形似蛔线虫卵；10. 六翼泡首线虫卵；11. 新鲜的食道口线虫卵；12. 已发育食道口线虫卵；13. 蛭形巨吻棘头虫卵；14. 新鲜的球首线虫卵；15. 已发育球首线虫卵；16. 红色猪圆线虫卵；17. 鲍杰线虫卵；18. 新鲜的猪肾虫卵；19. 已发育猪肾虫；20. 野猪后圆线虫卵；21. 复阴后圆线虫卵；22. 兰氏类圆线虫卵；23. 华枝睾吸虫卵；24. 姜片吸虫卵；25. 肝片吸虫卵；26. 长膜壳绦虫卵；27. 小袋虫滋养体；28. 小袋虫包囊；29. 猪球虫卵囊；30. 猪球虫卵囊；31. 猪球虫卵囊；32. 截形微口吸虫卵

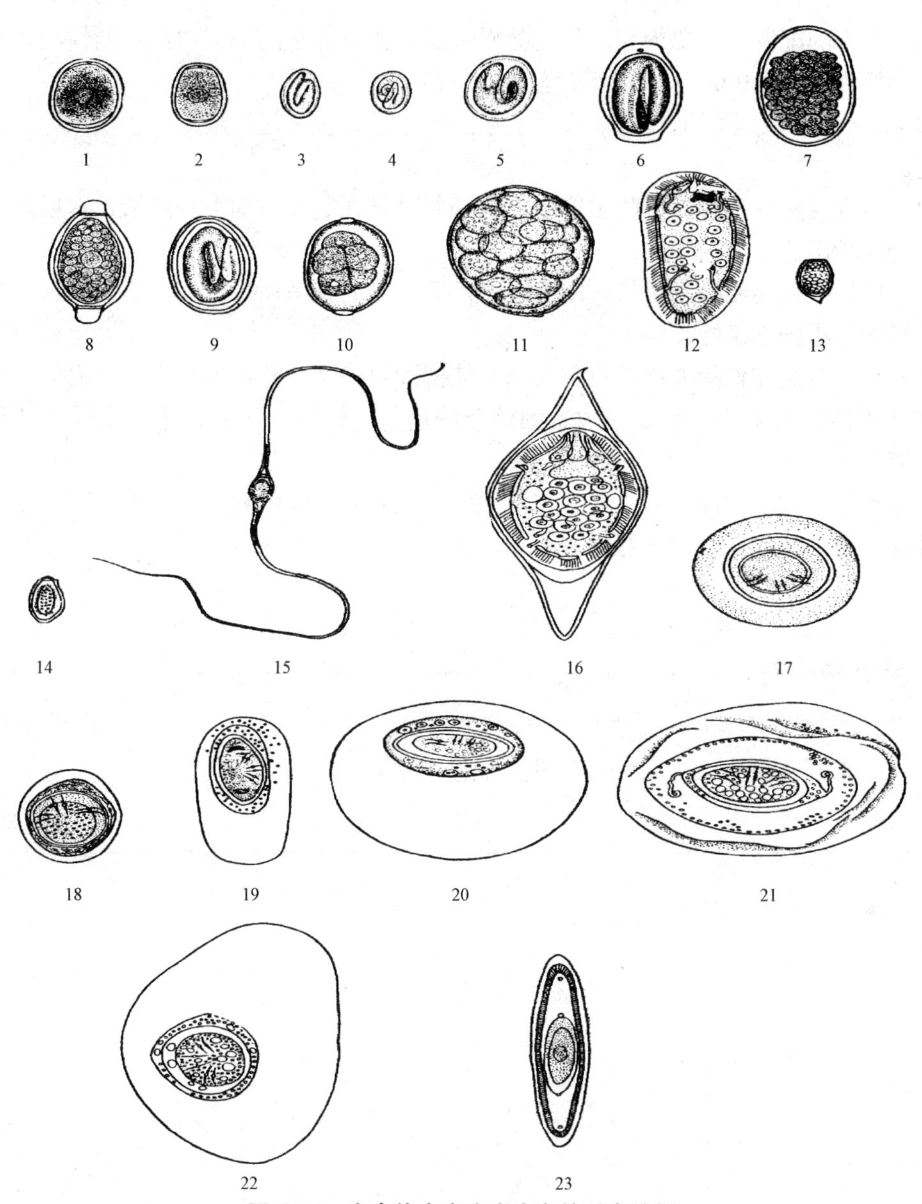

图 2.14　家禽体内寄生虫虫卵的形态特征

1. 鸡蛔虫卵；2. 鸡异刺线虫卵；3. 类圆线虫卵；4. 孟氏眼线虫卵；5. 旋华首线虫卵；6. 四棱线虫卵；7. 鹅裂口线虫卵；8. 毛细线虫卵；9. 鸭束首线虫卵；10. 比翼线虫卵；11. 卷棘口吸虫卵；12. 嗜眼吸虫卵；13. 前殖吸虫卵；14. 次睾吸虫卵；15. 背孔吸虫卵；16. 毛毕吸虫卵；17. 楔形变带绦虫卵；18. 有轮瑞利绦虫卵；19. 鸭单睾绦虫卵；20. 膜壳绦虫卵；21. 矛形剑带绦虫卵；22. 片形皱褶绦虫卵；23. 鸭多型棘头虫卵

【重要提示】

（1）漂浮时间约为 30 min，时间过短（少于 10 min）漂浮不完全；时间过长（大于 1 h）易造成虫卵变形、破裂，难以识别。

（2）盐水的配制一定要饱和，将食盐慢慢加入盛有沸水的容器内，不断搅动，直至食盐不再溶解为止（100 ml 水中溶解食盐 35 ～ 40 g）。

（3）如果选用的漂浮液比重加大，会使虫卵漂浮加快，但浓度太大会使虫卵变形而很难鉴定。

（4）检查时速度要快，以防虫卵变形，必要时可在制片时加上一滴清水，以防标本干燥和盐结晶析出。

（5）检查多例粪便时，用铁丝圈蘸取一例后，需先在酒精灯上烧过后再用，以免相互污染，影响结果的准确性。

（6）在使用饱和食盐液漂浮虫卵时，只能把线虫卵及一些虫卵浮上来，而棘头虫卵和吸虫卵却不能浮上来，因此，在通常的漂浮法进行完以后，可将杯中的上层液体倒掉，再取沉渣进行镜检。

（7）玻片应清洁无油，防止玻片与液面间有气泡或漂浮的粪渣；若有气泡，不要用力压盖玻片，可用牙签轻轻敲击赶出。

思考与练习

1．简述粪便物理学检查的项目及临床意义。

2．简述粪便中虫卵的检查方法。

项目五　瘤胃液检验

项目目标

熟悉瘤胃液检验的内容和种类；掌握瘤胃液采集、检验的方法和临床意义；能正确对送检的瘤胃液进行实验室诊断与结果分析。

任务 1　瘤胃液酸碱度的测定

【任务目标】

知识：掌握瘤胃液的采集方法与酸碱度测定方法。
技能：能正确和熟练对瘤胃液酸碱度进行测定并做出诊断。
素质：不怕脏、不怕累；仔细观察、认真记录；检查后洗手。

【任务实施】

一、瘤胃液的采集

作为检验采样的数量，一般吸取 100 ～ 200 ml 即可。所采集的胃内容物，用四层纱布过滤后，及时送化验室进行检验。

采取瘤胃内容物最简便的办法是，当动物反刍时，借食团随食管逆蠕动送至口腔之际，突然打开口腔，一手抓住舌头向外拉，另一手伸入舌根部，将瘤胃内容物收集在手掌中。然而这种方法仅对健康牛奏效，且每次采取的数量有限。在临床上，常用胃管吸引法。

经口或鼻插入胃导管，到达食管瘤胃口时，感到有一定的抵抗，此时继续送入 50 ～ 80 cm，装上电动（或手压式）胃液吸引器，即可吸出瘤胃内容物。也可在左肷部剪毛消毒后，用消毒后的长针头，穿刺吸取瘤胃内容物。

二、酸碱度的测定

1. 正常值　瘤胃内容物 pH 值一般在 6.0 ～ 7.0。

2. 临床意义　瘤胃液的 pH 值与饲料的种类有很大关系，如喂给大量碳水化合物饲料，pH 值可降至 5.5 以下；牛、羊过食谷物发生瘤胃酸中毒时，pH 值常在 4.0 左右。喂给蛋白质饲料过多及瘤胃碱中毒时，pH 值可达 8.0 以上。因此，诊断时应注意饲料成分。pH 值为 4.0 ～ 6.0 时，为乳酸发酵所致，常见于过食精料引起瘤胃酸中毒症。pH 值低于 5.0 时，多数微生物及纤毛虫死亡，发生严重消化障碍。pH 值大于 8.0 时，可认为由于蛋白质给予过多，引起消化障碍。前胃弛缓时，pH 值也会升高。

3．测定方法　可用广泛 pH 试纸测定，也可用酸度计测定。

任务 2　瘤胃内容物纤毛虫检查

【任务目标】

知识：掌握瘤胃内容物纤毛虫检查方法。

技能：能正确和熟练对瘤胃内容物纤毛虫进行检查并做出诊断。

素质：不怕脏、不怕累；仔细观察、认真记录。

【知识准备】

一、原理

瘤胃内容物纤毛虫检查的原理同白细胞计数。

二、临床意义

瘤胃内纤毛虫是正常消化必不可少的原虫，在前胃弛缓时，纤毛虫明显减少，如下降至 5 万 /m1 左右。而在瘤胃酸中毒或瘤胃积食时，可下降至 5 万 /m1 以下，甚至纤毛虫消失。在治疗前胃疾病时，纤毛虫计数是推断消化机能是否恢复的一个重要指标。

【任务实施】

一、器材与试剂

1．器材　血细胞计数板、黏合剂、移液管、纱布、血盖片、滴管、显微镜、小试管等。

2．试剂　以下两种稀释液任选一种。

（1）甲基绿甲醛溶液：甲醛溶液 100 ml、氯化钠 8.5 g、甲基绿 0.3 g、蒸馏水 900 ml，混合，溶解后备用。此液有利于纤毛虫着色，因此具有固定与染色作用，便于和胃内其他物质区别。

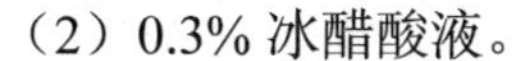
（2）0.3% 冰醋酸液。

二、测定方法

1．准备计数板　用血细胞计数板，在计数室的两侧用黏合剂粘上 0.4 mm 的玻片两条，使计数室与盖玻片之间的高度变成 0.5 mm，这样才能使全部纤毛虫顺利进入计数室。制成该计数板，专供纤毛虫计数用。

2．稀释　吸取稀释液 1.90 ml，置于小试管中，再加入用四层纱布过滤的胃液 0.1 ml，混匀，即为 20 倍稀释。

3．充液　用滴管吸取稀释好的瘤胃液，充入计数室，静置。用低倍镜观察。

4．计数　于低倍镜下计数四角 4 个大方格内纤毛虫的数目（计数方法同白细胞计数）。

三、计算

按公式计算出每毫升瘤胃液中的纤毛虫数目。

每微升瘤胃液中纤毛虫数＝ 4 个大方格中纤毛虫总数 $\div 4\times 20\times 2$

每升瘤胃液中纤毛虫数＝ 4 个大方格中纤毛虫总数 $\div 4\times 20\times 2\times 10^{6}$

【重要提示】

（1）用胃管抽取样品时，应将胃管插至瘤胃背囊，因前庭区往往混有较多唾液，纤毛虫相对较少，每次采样量应在 100 ml 以上。

（2）目前我国无统一的专用于纤毛虫计数的计数板，可根据具体情况自行设计制作。

项目六　穿刺液检验

熟悉穿刺液检验的内容和种类；掌握穿刺液检验的方法和临床意义；能正确对送检的穿刺液进行实验室诊断与结果分析。

任务 1　胸腹腔穿刺液的检验

【任务目标】

知识：掌握胸腹腔穿刺液的检验原理与方法。

技能：能正确和熟练对胸腹腔穿刺液进行检验并做出诊断。

素质：操作规范，勿伤及内脏。

【知识准备】

生理状况下，胸腔和腹腔内含有少量液体，分别与胸膜和腹膜毛细血管的渗透压保持平衡。当血液内胶体渗透压降低、毛细血管内血压增高或毛细血管的内皮细胞受损、淋巴管阻塞时，均可导致胸腔和腹腔内的液体增多，这种因机械作用而引起的液体积聚，称为漏出液。因局部组织受损、发炎所造成的积液，称为渗出液，其中含有较多的血细胞、上皮细胞及细菌等。

【任务实施】

一、物理学检查

1．颜色和透明度　漏出液一般呈无色或淡黄色，稀薄，透明。渗出液一般为淡黄色、淡红色或红黄色，稠厚，浑浊或半透明。

2．密度　渗出液较易凝固，因此采集后应尽快用密度计测定其密度，或在容器内加入适当比例的抗凝剂，防止凝固。如采集的样本数量较少，可改用硫酸铜溶液测定密度。一般渗出液密度在 1.018 以上。漏出液的密度测定方法与尿液密度测定方法相同，一般在 1.015 以下。

3．气味与凝固性　渗出液有特殊臭味，而漏出液无特殊气味。渗出液中含有较多蛋白质，特别是含有纤维蛋白原较多，易发生凝固。漏出液一般不易凝固。

二、化学检验

化学检验以蛋白质测定为主，其他包括葡萄糖、胆红素、甘油三酯和各种酶类等，有助于渗出液与漏出液的鉴别。

1．黏蛋白试验

（1）原理：胸、腹腔液中的黏蛋白是一种酸性糖蛋白，pH 值为 3 ～ 5，在稀释的冰醋酸溶液中可产生白色云雾状沉淀。

（2）器材与试剂：烧杯或大试管、滴管、量筒、蒸馏水、冰醋酸。

（3）测定方法：在烧杯或大试管中加入蒸馏水 50 ～ 100 ml，再加入冰醋酸 1 ～ 2 滴，充分混匀后加穿刺液 1 ～ 2 滴，观察结果。

（4）结果判定：穿刺液下沉，径路呈白色云雾状浑浊并直达管底，为阳性反应，判定为漏出液；若无云雾状痕迹或略微浑浊，且中途消失，则为阴性反应，判定为渗出液。

2．蛋白质定量　胸、腹腔穿刺液的蛋白质定量方法与尿液蛋白质定量方法相同，但因尿蛋白计仅能测定较少量蛋白质，故测定穿刺液蛋白质时应先将样本稀释 10 倍后进行。蛋白质含量在 4% 以上的为渗出液，在 2.5% 以下的为漏出液。

漏出液和渗出液的理化性质区别见表 2.19。

表 2.19　漏出液和渗出液的理化性质区别

	漏出液	渗出液
性质	非炎性产物，呈碱性	炎性产物，呈酸性
颜色	无色或淡黄色	淡黄、淡红或红黄色
透明度	稀薄，透明	稠厚，浑浊或半透明
气味	无特殊气味	有的有特殊臭味
相对密度	1.015 以下	1.018 以上
凝固性	不凝固或含微量纤维蛋白	易凝固
黏蛋白试验	阴性	阳性
蛋白质定量	2.5% 以下	4% 以上

任务 2　心包穿刺液的检验

【任务目标】

知识：掌握心脏的体表位置。

技能：能正确和熟练对心包穿刺抽出液体并进行检验和做出诊断。

素质：无菌操作，避免伤及心脏。

【知识准备】

心脏位于胸腔内，两肺之间，略偏左，体表位置，与3到6肋相对，心基位于肩关节水平线上。正常情况下，心脏外部有心包，心包腔内有少量液体。当牛出现心包炎时，心包内液体增多，并且发生物理和化学性质的改变，甚至会出现化脓。

【任务实施】

（1）器械准备与消毒：16号长针头、50 ml注射器、玻璃杯、消毒药。

（2）动物准备：牛采用站立保定，如果有条件，最好采用柱栏保定。

（3）穿刺部位：在左侧，第5肋间，肩关节下方2 cm处，剪毛消毒，先用5%碘酊消毒，2 min后用75%酒精脱碘。

（4）穿刺方法：左手按住穿刺部位皮肤，右手持连有注射器的针头，在后一肋骨的前缘垂直刺入，边刺边回抽注射器，当注射器出现淡黄色液体时，停止穿刺，抽出液体20～30 ml。一同拔出注射器及穿刺针，穿刺部位再次消毒。

（5）结果判定：肉眼观察，若穿刺液中有脓汁，则是化脓性心包炎；若李凡他试验阳性，是创伤性心包炎；如果在室温20 ℃静置10 min后，液体出现胶冻状，心包炎阳性。

【重要提示】

（1）消毒一定要严格。

（2）不可盲目刺入，防止伤及心脏。

（3）防止出现气胸。

（4）要在后一肋骨的前缘刺入，防止伤及肋间神经。

思考与练习

一旦发生气胸该如何处置？

项目七　常见毒物检验

熟悉常见毒物检验的内容和种类；掌握常见毒物检验的方法和临床意义；能正确对送检的常见毒物进行实验室诊断与结果分析。

任务1　毒物样品采集、包装及送检

【任务目标】

知识：掌握毒物样品采集、包装及送检方法。
技能：能根据动物中毒史正确选择毒物样品采集和送检方法。
素质：注意保护自身安全；节约使用试剂；爱护仪器。

【知识准备】

为获得准确的分析结果，对毒物样品的采集步骤、数量和种类有一定要求。毒物分析要求采取的样品未被化学污染；样品不能用水冲洗，以防毒物流失和样品被水稀释；不能用消毒药液和防腐剂，以免混入检样内影响检验结果；取材时所用器械和装检样的器皿，应事先洗净并用蒸馏水反复冲洗，经干燥后备用。

毒物检验的样品，首先应采集可疑饲草料、饮水及机体可能摄入的可疑物质，同时必须采集动物的呕吐物、排泄物、血液及根据毒物的种类、中毒时间及染毒途径选择尸体样品，如采集胃肠及其内容物、肺、肝、肾、脑、骨等实质脏器。因为很少能预先确定为何种毒物中毒，故现场取材应尽可能全面，数量要充足，以免事后无法弥补。

【任务实施】

一、检样的采取

（1）小动物采取胃和胃内容物时最好是全胃，先结扎胃两端，然后摘取。对草食动物则采取 1 kg 以上胃内容物，并采取胃的病变部位。

（2）采集血液样品时，活体动物应采集静脉血，死亡动物应采集心脏血液，总量不少于 100 ml。

（3）肝脏应在病变最明显部位采集不少于 0.5 kg，并连同胆囊一起割取。如检验砷中毒，应采取全部肝脏。

（4）肠和肠内容物应采取有典型病变的部位，取 0.5 m 左右长度，结扎两端并摘取。

（5）肺脏应采集病变最明显的部位，如支气管病变严重，连同支气管一起采取，结扎管口，以防渗出物外流。

（6）肾脏最好采取一个整肾，并连带一段输尿管。

（7）骨骼应取一块整骨。

（8）采取脑时，最好取整脑。

（9）呕吐物最好是正在呕吐时采取，采集量为 200 g 以上。

（10）尿液生前取刚排出的全部新鲜尿液 200 ～ 500 ml；死后将输尿管和膀胱颈一起结扎摘取。

（11）粪便生前从直肠掏取 250 g 左右；死后结扎直肠一定肠段割取。

（12）采取剩余饲料时，应取其中部和深部的饲料，以免挥发性毒物已从表层挥发掉而影响检验结果。采取量应在 0.5 ～ 1 kg，应足够饲喂实验动物 1 ～ 2 周以上。采取饮水时，一般为 100 ～ 500 ml，如怀疑为有机磷中毒，则采取 400 ～ 500 ml。

（13）如怀疑为砷、汞、铅等重金属中毒，可采取被毛和羽毛；怀疑为铅中毒时，可采取骨骼；怀疑为铍中毒时，可采取淋巴腺（结）。

（14）采取有毒植物时，应采取全株（根、茎、枝、叶、花、种子和树皮）。

（15）如送检样料为小动物，应将整个尸体送检。

二、检样的保存与送检

1．保存

（1）使用的容器最好是玻璃广口瓶或采样塑料袋，不要用陶瓷或金属器皿，也不要使用橡皮闭合圈，因其成分可能会溶入检样中，影响结果。

（2）检样装入后，一般要求密封，特别是对挥发性毒物，更应密封好，外面再用蜡封。

（3）使用采样塑料袋包装时，可多包几层，并多层密封，以免毒物挥发和流失。

（4）检样内不能加防腐剂，因其本身即为毒物而且可能与检样中的毒物作用，影响检验结果。特殊原因非加不可者，可加入纯酒精防腐，但必须同时送检纯酒精样品，以供对照用。

2．送检　对采集的可疑毒物样品包装后应做好以下几方面的工作，以便提高检验工作的准确性。

（1）对易挥发或腐败分解的检样，应尽快送往化验室，以免影响检验结果。

（2）若不能及时送检，应放入冰箱中冷藏保存，尽量不要冷冻。血液和血清只能低温保存。

（3）检样包装好后，要分别加贴标签，注明检样名称、取样日期、送检单位，并附上送检单。

（4）送检单上至少写清楚中毒死亡动物的单位或动物主人姓名，死亡动物品种和数量，中毒日期和死亡日期以及采取检样和送检的日期，送检动物和器官，使用何种防腐剂，包装和运送办法，要求检验的项目，同时附中毒后的症状、尸体剖检变化，诊断和

用药情况，以便于检验结果的综合分析。

（5）如检样为饲料，应说明其来源、调制和保存方法。

（6）如检样为毒草或木本毒物，应说明产地及其地理、气候和采取时间等情况。

【重要提示】

一、保证试剂、仪器及器皿的质量

（1）根据所设计的检验方案，准备足够的试剂和器皿。所用试剂必须达到分析纯（AR）级。有些试验对某些试剂有特殊要求，如检验砷化物时要求用无砷盐酸。常用溶剂如水、乙醇、氯仿等均需重新蒸馏后方可应用。为保证试剂的纯净，已取出的试剂，不允许再放回原容器内。试剂配置时，严格控制配制条件，浓度要精确，并注意妥善保存。配制量应尽量少，以免浪费。新配制或过期试剂，一定要通过已知及空白试验，证明反应正常后方能用于正式试验。对于酶试剂的选择和保存，必须根据其浓度、活力和低温保存的期限正确使用。

（2）试验所用的精密仪器，使用前必须校准，使用时必须严格按规程操作。

（3）试验中所用的玻璃器皿，必须先用中性洗涤剂洗净，用清水反复冲洗，再用蒸馏水冲洗后，烘干备用。新购入的玻璃器皿，最好先用常水洗去污尘，干后放入 1% ～ 3% 硝酸或 1% ～ 3% 盐酸溶液中浸泡过夜，然后用常水反复冲洗至中性，再用蒸馏水冲洗，烘干备用。急用时可用 1% ～ 3% 硝酸溶液煮沸半小时，再按常规洗涤。

（4）同一次实验所用移液管、容量瓶、滴定管、量筒、比色管等，其规格、型号必须一致。

二、正确选取与合理使用检样

从现场采取的检样种类很多，应根据初步怀疑的中毒物或中毒途径，选用含毒量高的检样进行检验。一般经消化道引起的急性中毒死亡者，应以胃肠内容物为主。慢性中毒应以脏器和排泄物为主。经呼吸道吸入而引起中毒者，应采集血液为主。经皮肤感染中毒者，应取有毒部位的皮肤等。常见毒物中毒适宜的检样见表 2.20。

表 2.20　常见毒物中毒检样的选取

毒物	剩余饲料	呕吐物与胃内容物	肠内容物	粪便	血液	尿液	肝脏	肾脏	脑	骨骼及牙齿
氰化物	++	+++	+	—	+++	—	+		+	—
灭鼠药	++	+++	+++	+	—	+		+	—	—
砷	++	+++	+	+	—		++	+	—	++
汞	++	+++	+	—	+	+	+	++	—	
铅				—	—	—	—	+	—	++

续表

毒物	剩余饲料	呕吐物与胃内容物	肠内容物	粪便	血液	尿液	肝脏	肾脏	脑	骨骼及牙齿
有机磷农药	++	+++	++	—	++	—	+	+	—	—
氟乙酰胺	++	+++	++	—	++	—	+	+	—	—
亚硝酸盐	++	+++	++	—	+	++			—	—
生物碱	++	+++	++	—	—	+++	+	+	+	—
霉菌毒素	++	+++	—	—	—	+	—	—	—	—
无机氟	++	++	+	—	+	+	—	—	—	+++

注：+++ 表示最适宜检样，++ 表示较适宜检样，+ 表示可作为检样，—表示不宜作为检样。

应该有计划地使用检样。一般将检样分为三等份，一份用于预试验和定性检验；一份用于定量测定或复试；一份用于核查或送其他有关部门鉴定。暂时不用的检样应存放于冰箱内，直至检验工作结束后方可废弃。

三、做好毒物的分离提取

一般情况下，检样中的毒物含量很低，并且多数与其他物质以化合物或混合物的形式存在，因此，检验前首先要把预检毒物从复杂的混合物或化合物中提取出来，提取得越充分、越纯净，越易获得较满意的结果；反之，则会影响检测结果，甚至出现假阳性或阴性。因此，毒物的提取直接关系到检验的成败和结果的准确性。

1．挥发性毒物的分离　挥发性毒物分子量小，具有较高的蒸气压，它们在酸性水溶液中能随水蒸气一起蒸馏出来，达到分离目的。如氰化物、一元酚、醇类、苯胺、水合氯醛、有机磷和有机氯杀虫剂等。挥发性毒物需用水蒸气蒸馏装置或全玻璃蒸馏器进行分离提取。

（1）操作方法：取一定量的检样，剪碎，装入检样瓶内，加适量蒸馏水使其呈浓稠粥状，加入 10% 酒石酸溶液 2 ～ 3 ml，使检样呈酸性。在水蒸气发生器内加入蒸馏水。再将水蒸气发生器、检样瓶、冷凝器和接收瓶连接起来。然后用电炉加热，使水蒸气发生器中的水煮沸，同时用小火加热放在水浴锅内的检样瓶，使通入的水蒸气不致因冷却而凝集多量的水，一直蒸馏至所需数量的蒸馏液为止。

（2）操作过程中要注意：

①检样越细越好，蒸馏前检样必须酸化。

②水蒸气发生器装水量不得超过其容积的 2/3，检样总量不得超过检样瓶的 1/3。

③同时检验两种以上的挥发性毒物时，蒸馏液应分两次收集，第一次在接收瓶内放入 2 ～ 3 ml 1% 氢氧化钠溶液以吸收氰化物（接收瓶应放在水浴中，以防止氢氰酸挥发），待收集蒸馏液 5 ～ 10 ml 后，再换一个接收瓶，收集蒸馏液 10 ～ 30 ml，用以检验其他挥发性毒物。

④检样如是血液、面糊或含淀粉量较多的粥状饲料，可加 2 ～ 3 ml 液体石蜡（或适量三氯乙酸溶液），避免蒸馏时发生大量泡沫。

⑤为方便操作，可采用全玻璃蒸馏器直接蒸馏。方法是将检样装入检样瓶内，加 2 ～ 3 倍水，直接用小火加热煮沸蒸馏，但要注意防止遇高热发生分解，或冲入冷凝管或接收瓶中污染蒸馏液。

⑥蒸馏时，去火前先将水蒸气发生器与检样瓶之间的连接处拆开，防止瓶内的检样倒入水蒸气发生器。

2．不具挥发性有机毒物的分离　这类毒物主要是指不易随水蒸气蒸发而易引起中毒的有机化合物。此类化合物一般分子量较大，化学结构较复杂，多数为固体，能溶于有机溶剂，可分为酸性有机毒物（如巴比妥、水杨酸等，在酸性水溶液中不易溶解，而溶于有机溶剂中，在碱性溶液中能结合成盐而易溶于水）、中性有机毒物（如洋地黄毒苷等，在酸性或碱性水溶液中不能结合成盐，一般不溶于水，但均可在酸性或碱性条件下用有机溶剂提取）、碱性有机毒物（如士的宁、阿托品、乌头碱等，一般不溶于水，易溶于醇、醚、氯仿、苯等有机溶剂中，在酸性溶液中能与酸结合成盐，可溶于水）及两性有机毒物（如吗啡等，此类毒物的分子结构中同时存在碱性和酸性基团，在水溶液中遇酸和碱都能结合成盐而溶于水）四类。

（1）斯－奥氏法分离特点：当检样加酸酸化后，其中所含的中性有机毒物不与酸作用。酸性有机毒物呈游离状态。碱性有机毒物与酸结合成盐。在酸性乙醇中，不挥发性有机物溶于乙醇，而检样中的蛋白质、脂肪、碳水化合物和无机盐不溶于乙醇，可过滤除去；在乙醇浸出液中，除含有被提取的毒物外，还有一部分脂肪、树脂类物质和色素等，此时可将乙醇蒸发，残渣加水溶解，脂肪等不溶于水，而碱性有机物与酸生成盐可溶于水，中性和酸性有机毒物部分溶于水，杂质可过滤除去。此法所得的酸性水溶液，用氯仿（或乙醚）提取，中性和酸性有机毒物溶于氯仿（或乙醚），而碱性有机毒物在酸性溶液中生成盐而溶于水，故不能被氯仿（或乙醚）提取；当酸性水溶液加碱变为碱性后，碱性有机物（如生物碱）即被游离，并可溶于氯仿（或乙醚）而被提取；两性有机毒物在酸性或碱性水溶液中都形成盐，而溶于水，不为氯仿（或乙醚）提取。但如果用强酸性水溶液中和后，再加氨使之变为碱性时，即易溶于氯仿－乙醇混合液，不溶于水，因此可以被提取出来。

（2）乙酸酸化快速分离特点：在弱酸酸化的条件下，一般生物碱类毒物溶于水，使毒物与检样分离，而酸性和中性毒物则呈游离状态，保留在检液中，直接在检液中加有机溶剂提取。此法适用于脂肪、蛋白质含量较少的体液检样。

（3）水溶性毒物的分离：这类毒物是易溶于水的强酸、强碱及某些有毒盐类，如亚硝酸盐、草酸及草酸盐等。

①水浸法分离：将检样捣碎，用蒸馏水浸泡或稍加热，促使毒物溶解，然后过滤或离心，取滤液（或离心液）供检验用。

②透析法分离：无机化合物或低分子水溶性有机化合物，因其为离子状态或较小的分子，在溶液中可以自由通过半透膜，而一些高分子物质如蛋白质、脂肪等则不能通过半透膜，从而得以分离。

首先，制作火棉胶半透膜：取火棉胶乙醚溶液数毫升，倾入清洁干燥的小烧杯中，迅速转动烧杯，使火棉胶均匀分布在容器内壁上形成一层薄膜，将多余的火棉胶倒回原瓶中，如此反复几次，待膜干后，轻轻用尖刀将边缘剥离，向薄膜与杯壁之间轻轻吹气或注入冷水，即可完整取下，也可用量筒制成的半透膜或用市售透析膜。

其次，进行透析：将检样切碎，置于火棉胶囊中，将囊系于 5 cm 长的玻璃管上，从玻璃管往囊内加适量蒸馏水至掩盖检样，然后将火棉胶囊悬挂于适当大小的烧杯中，膜外置蒸馏水，透析 0.5 ～ 1 h，即可做定性检验。如需要时间长一些，需更换囊外蒸馏水数次，长时间透析需在冰箱中进行，以防止检样腐败；而后合并透析液，浓缩，供检验用。

（4）金属毒物的分离：如砷、汞、锑、铅、钡、铬等在进入动物体内后与体内蛋白质等结合成难解离的金属毒蛋白化合物，因此在检验尸体内脏组织、排泄物中的金属毒物时，必须破坏有机质，使金属成为游离状态，然后进行金属毒物的检验。常用的有机质破坏法有以下几种。

①硝酸－硫酸法：此法利用浓硫酸与浓硝酸的强氧化作用破坏有机质。普遍适用于各种金属（钡、锶等除外），其优点是破坏彻底，所需时间短，适用于内脏及碳水化合物（面粉、米饭）等检样。

取固体检样 5 ～ 10 g（体液或半固体检样，需先置于水浴上蒸干），切细，放入凯氏烧瓶中，加入浓硝酸至淹没检样，在水浴中加热（或小火直接加热）至固体检样溶化后冷却，加入浓硫酸（5 ～ 10 ml），然后小心用直火加热（或移至水浴上加热），待溶液色变深，再缓缓加入浓硝酸约 5 ml，如此反复操作，直至溶液变为浅黄色或无色为止。继续加热至产生白烟，冷却，加草酸铵饱和溶液 15 ～ 25 ml，继续加热至冒白烟，以除去含氮的氧化物。保存此消化液，做定性和含量测定用。

但分离时需注意：加硫酸后如出现炭化现象，说明硝酸量不够，应再添加适量硝酸后，继续加热以消除炭化现象。炭化能使五价砷还原为三价砷而易损失。在破坏含汞的检样时，必须在凯氏烧瓶口上加回流管或用玻璃棉塞住，防止和减少检样的损失（尤其是在最后加热时，汞易挥发）。破坏完后，将瓶口的玻璃棉用少量的水多次洗涤，并将洗涤液和消化液合并。

②氧化钙法：氧化钙能在高温条件下促使有机质分解成二氧化碳和水，并使一般金属离子转化成钙盐，尤其是使易挥发的砷、锑化合物转化为不挥发的焦砷酸钙或焦锑酸钙，用稀盐酸使之溶解后，可供定性及定量测定。

取干燥切细的检样 5 ～ 10 g，加入氧化钙 3 ～ 5 g，混合均匀，置坩埚中小火烘干，然后在烘干试样的上部覆盖一层氧化钙，先将坩埚在小火焰上炭化，再放入高温炉内（或酒精喷灯上），500 ℃左右炭化 1.5 ～ 2 h，去除冷却，加水成稀糊状，缓慢滴加盐酸中和（要防止大量二氧化碳泡沫外溢）至灰分全部溶解为止。过滤，滤液倾入容量瓶中再稀释至一定体积，即可供定性及定量测定。

③灼烧法：如果不检验砷、汞、锑等挥发性的金属毒物，可采取灼烧法。此法简便易行，灼烧灰化后，金属毒物仍保留在灰分中。取固体或蒸干后的液体检样适量，放入坩埚中，先在电炉上加热至炭化，然后置高温炉（或酒精喷灯）上进一步灰化，灰分用稀盐酸溶解，供检验用。

④碱熔融法：用硝酸钠和碳酸钠高温灼烧破坏有机质，此时钡、锶等转变为碳酸盐，加酸后，钡、锶等转溶于液体中。本法适用于含钡、锶等检样，且仅适用于小量检样的有机质破坏。取检样 5 g，加 5 g 硝酸钾－碳酸钠（2 ∶ 1）混合粉末，再加少量蒸馏水润湿，在水浴上蒸干备用。另取 1 ～ 2 g 硝酸钾放入坩埚中，小火加热使其熔融，然后少量

多次加入上述准备好的蒸干样品于熔融的硝酸钾中，继续灼烧至白色熔融块为止，冷却，再加适量水与熔块共煮 10 min。将上述溶液倾入蒸发皿中，加 10% 盐酸酸化，并加草酸铵 1 ～ 2 g，加热除去氮的氧化物，再加 10% 盐酸至呈酸性后，即可供检验金属毒物用。

四、毒物检验的程序

检验前应根据已知情况进行综合分析，考虑毒物的可能来源，选择检验的最佳方向，缩小检验范围，确定检验方案。然后选择快速、灵敏、准确、专一性强、重复性好的实验方法进行检验。要进行空白试验和已知对照试验，以便检查操作是否正确，反应结果是否可靠。常用的检验方法包括预试验、定性检验、含量测定及动物试验。

1．预试验　又称指向性试验，是指在消耗少量检样的情况下，利用简单的方法探索检验方向，缩小检验范围，为确证试验提供方向。预试验主要包括以下方面：

（1）观察检样颜色：有时毒物具有特殊的色泽。如市售的氟乙酰胺为紫红色，磷化锌呈黑灰色，西力生、赛力散为红色或粉红色等。应在检查可疑饲料及胃内容物时加以注意。

（2）注意检样气味：在检样开封时立即进行。如有机磷农药和磷化锌具有蒜臭味；氰化物有苦杏仁味；酚中毒的具有石炭酸气味；芥子油具有刺激性臭味等。有时由于检样本身的气味或腐败气味的掩盖，不易辨别，应予注意。

（3）灼烧试验：从胃内容物或可疑饲料中检出可疑物时，可取少量放入小试管中，在火上灼烧，根据所产生的蒸气或升华物的颜色、结晶形状，可找出一些毒物的线索。如砷、汞等重金属物质，灼烧后在管壁上可见到发亮的结晶状升华物，置显微镜下可见到不同形状的结晶。

（4）简单的化学预试验：对于某些物质可用简单的化学方法，检查其中是否含有有毒成分。如检验金属毒物的雷因希氏法，检验磷的硝酸银试纸法和溴化汞试纸法，检验生物碱的沉淀反应和显色反应，检验氰化物的快速检验法等。这些方法简单，检样用量少，可直接进行检验。

2．定性检验（确证试验）　指在预试验的基础上进行一系列定性反应加以确证。定性反应多数是化学反应方法，为了保证定性反应结果的可靠性，必须进行两种以上的反应。所选用的方法应该是不同性质的，要具有特异性和灵敏可靠性。只有几种反应得出一致的结果，才能避免做出错误的结论。在进行定性反应时，必须同时进行空白对照试验（阴性对照）和已知样品对照试验（阳性对照）。阴性对照可以检验所用试剂和器皿是否合格及操作是否正确；阳性对照可以检验反应是否正常进行及判定结果的标准性。为此已知样品和空白样品在整个检验过程中，必须与检样的处理方法和反应条件完全一致。

定性检验是中毒病诊断工作中最常用的方法。除化学反应方法外，还可使用仪器分析，如原子吸收分光光度法、紫外吸收光谱法、X线荧光光谱分析法、气相和液相色谱法等方法。

3．含量测定（定量分析法）　在兽医毒物检验中，多数情况下通过定性检验即可达到诊断目的，但在某些情况下，含量测定又成为诊断中毒必不可少的手段，只有毒物的含量超过耐受量时，方可证明是引起中毒或致死的原因。

4．动物试验　动物试验即给同种动物或实验动物（大鼠、小鼠、豚鼠等）饲喂或灌服可疑物质，也可将检样分离后所得残渣的水溶液，经皮下、肌肉、腹腔或静脉等途径注射到动物体内，通过动物中毒时所反映出的各种症状及病理变化，初步判断检样中有无毒物存在和所含毒物量能否引起中毒。由于发生中毒的影响因素较多，阳性结果对确诊非常有价值，而阴性结果也不能说明没有中毒。

动物试验的不足之处是它只能识别某种具有强烈刺激作用的毒物，而对绝大多数毒物而言，仅能确定能否引起中毒，而很难确定毒物的种类，同时动物试验耗时较长，难以适应快速诊断的目的。目前对于一些毒物的化学成分还不十分清楚，有些毒物尚缺乏可行的化学检验方法，在这种情况下，要借助于动物试验达到确定毒物的目的。此外，动物试验是观察某种毒物是否具有致癌、致畸、致突变作用的重要方法。

五、毒物检验结果的判断与报告

当检验完成后，要严肃判定检验结果。即使查出了某种毒物，也不一定说明就是中毒的证据，而未查到毒物也不能排除中毒的可能，对检验必须慎重、客观、全面地考虑一切有关因素，然后再做结论。

（1）在检验结果呈阳性时还应考虑以下因素：

①要考虑毒物的来源问题。特别要注意检样中的自然含量，尤其是对死前用过药物治疗的检样，要考虑所用药物对所分析有毒物有无干扰。

②所用的检验方法是否有专一性，方法的灵敏度是否对毒物具有检验意义，尤其是选用灵敏度高的检测方法时，更应注意。

③如属霉饲料中毒，要考虑有毒霉菌分离培养过程有无污染的可能，重复接种培养结果是否一致，其毒性试验是否出现一致阳性反应。

④所用的试剂纯度是否符合要求，所用器材是否洁净，空白试验结果如何，包装检样的容器有无污染毒物的可能性。

⑤动物死亡前的临床症状、死后的剖检病变与所检验出的毒物中毒症状是否一致。

⑥当检验结果出现可疑或弱阳性而难以判定时，除考虑检样的采集、检测方法的灵敏度、试剂及操作过程等因素外，还要考虑以下因素：如果是因为毒物在检样中含量低，致使反应不明显，可选用同样性质的灵敏度更高的反应再进行检测。如果此时反应结果明显，说明该毒物在检样中含量甚微，再根据毒物的性质和动物的耐受量等综合分析。若检出的毒物是自然界或机体组织中的正常成分，必须经含量测定，如果含量属于正常范围，即可做出否定的结论，如该毒物并不是自然界或机体中应有的成分，仍应做出肯定的结论。如果从检样中提取的毒物不纯，反应不明显，可再进行提纯或精制；如果提取液浓缩不够，可将检样提取液进一步浓缩至少量，然后再进行试验；如果已知对照也出现同样的结果，则可能是反应条件掌握不够准确（如 pH 值、温度、试剂用量等），以致反应不明显，此时应反复使用各种不同条件进行试验。

（2）在检验结果呈阴性时还应考虑以下因素：

①采取的检样部位是否合适，毒物在体内有无分解变化的可能。

②不同性质的检验方法是否都呈阴性；整个操作过程和反应条件有无错误，阳性对照结果是否可靠。

③是否属于采用现有方法不能检出的毒物。

④霉菌的分离培养及毒性鉴定是否呈阴性，有无可疑。

（3）检验报告书：目前尚无统一格式，是以检验记录为依据写成的，但用词必须简单明了，客观真实。检验报告书应包括以下项目：

①检样收到的日期、报告日期、委托单位、分析目的。

②检材的种类、数量及包装情况，检样的性状。

③分析的经过：简要说明所采用的方法及结果，对照试验和空白试验结果亦需说明。

④结论：如呈阳性，除写明检样中含有某种毒物外，尚须写明它的含量，至于阳性结果及所含的某种毒物含量是否为中毒致死的原因，需与临床症状、病理检验结果等核对，才能做出肯定的鉴定书。毒物分析工作者只能报告分析结果，其他没有科学根据的言辞不能擅自写于报告书中。

如果分析结果呈阴性，则应写作“应用 ×× 分析方法分析，未检出 ×× 毒物”，而不能写成“没有 ×× 毒物”的结论。

⑤分析人员应签名，并加盖单位公章。

任务 2　硝酸盐和亚硝酸盐的检验

【任务目标】

知识：掌握硝酸盐和亚硝酸盐的检验原理及方法。

技能：能正确和熟练对硝酸盐和亚硝酸盐进行检验并做出诊断。

素质：注意保护自身安全；节约使用试剂；爱护仪器和器皿。

【任务实施】

一、检样的采集及处理

亚硝酸盐属于水溶性毒物，可直接取剩余饲料或呕吐物、胃内容物及血液等作为检样。检样经水浸法或透析法处理，取滤液或透析液作为检液。通常将检样加适量的蒸馏水浸泡一段时间后，用定性滤纸过滤，滤液可直接进行检验。

二、硝酸盐的定性检验

1．器材与试剂

（1）器材：滴管、移液器、烧杯、试管、记号笔、石棉、电炉、铜丝或铜屑等。

（2）试剂。

①硫酸亚铁试液：取硫酸亚铁（$FeSO_4 \cdot 7H_2O$）结晶 8 g，再加新煮沸过的冷蒸馏水 100 ml 使其溶解即得（本液应临用新配）。

②高锰酸钾试液：可取 0.02 mol/L 高锰酸钾液应用，或另行配制（取高锰酸钾 3.3 g 加适量的蒸馏水溶解至 1 000 ml，煮沸 15 min，密塞，静置 2 d 以上，用石棉过滤，摇匀）。

2．操作方法　首先取检液 1 ～ 2 ml，加等量的硫酸，混合，冷却，缓慢加硫酸亚铁试液，使之成两液层，如有硝酸盐存在，则界面为棕色；另取检液 2 ml，加硫酸与铜丝（或铜屑），加热，如生成红棕色气体，则有硝酸盐存在；再次取检液 2 ml，加用稀硫酸使成酸性的高锰酸钾试液，如有硝酸盐存在，溶液颜色不变，此反应能与亚硝酸盐区别。

三、硝酸盐的定量测定

1．原理　硝酸盐与二磺酸酚作用，再经过氢氧化钠处理产生黄色，与标准硝酸盐的呈色反应进行比较。

2．器材与试剂

（1）器材：分光光度计、三角烧瓶、水浴箱、容量瓶、漏斗、玻璃棒、磁蒸发皿、移液器、烧杯、试管、滤纸、记号笔等。

（2）试剂。

①二磺酸酚溶液：取 3 g 酚（新蒸馏精制的）放入三角烧瓶内，加浓硫酸（AR，相对密度 1.84）21.0 ml，放在沸水浴上加热 6 h。冷却后置于棕色瓶中保存备用。

② 12 mol/L 氢氧化钠溶液：取氢氧化钠 270 g，用适量的蒸馏水溶解后，转入 500 ml 容量瓶中，加蒸馏水至刻度。

③硝酸钾标准液：称取 0.721 6 g 硝酸钾（AR）置于 1 000 ml 容量瓶内，加蒸馏水至刻度并摇匀。然后用吸管吸取此液 50 ml，放入磁蒸发皿内，在水浴锅上加热至蒸干。再加入 2 ml 二磺酸酚，迅速用玻璃棒摩擦搅拌，使之全部与二磺酸酚接触。然后加适量蒸馏水，并定量地转移到 500 ml 容量瓶中，加蒸馏水至刻度。所配溶液呈淡黄色。

3．操作方法

（1）取检样 2 ～ 20 g 研碎或捣碎，加入约 10 倍量的蒸馏水，在 60 ℃水浴上，浸泡 1 h 后过滤，如果滤液有颜色可以加氢氧化铝少许，用玻璃棒搅拌数分钟过滤脱色。将滤液放入蒸发皿中，并放置于沸水浴上直至蒸干。

（2）取下蒸发皿，向其中加入二磺酸酚 1 ml，用玻璃棒搅拌使与蒸发皿内壁接触，使皿内混合物完全混合均匀，静置 10 min。

（3）向蒸发皿内加入蒸馏水 30 ml，搅拌后再加入 12 mol/L 氢氧化钠 3 ～ 6 ml，直到产生黄色为止。

（4）将蒸发皿中的黄色溶液过滤到 50 ml 纳氏比色管中并用蒸馏水冲洗滤渣 2 ～ 3 次，加水到刻度线。

（5）取 50 ml 纳氏比色管 8 支，分别加入硝酸钾标准溶液 0.1、0.3、0.5、0.7、1.0、3.0、5.0、10.0 ml，再分别向每管中加蒸馏水 30 ml、12 mol/L 氢氧化钠 2 ml。最后加蒸馏水至刻度，静置 5 min 后进行比色，并记录结果。

4．计算　100 g 检样中含有硝酸盐氮和硝酸盐的毫克数为：

$$硝酸盐氮（mg/L）= \frac{标准硝酸钾的毫升数 \times 0.01}{检样量}$$

$$硝酸盐（mg/L）= 硝酸盐氮（mg/L）\times 4.43$$

四、亚硝酸盐的定性检验

1．格利斯（Griess）反应　灵敏度为 1 ： 5 000 000。

（1）原理：亚硝酸盐在酸性溶液中与氨基苯磺酸作用生成重氮化合物，再与甲－萘胺作用生成紫红色偶氮化合物。

（2）器材与试剂。

①器材：电子天平、试管、移液器、记号笔等。

②试剂：分别称取甲萘胺 1 g、对氨基苯磺酸 10 g、酒石酸 89 g，置于研钵中，研细、混匀，保存于密封的棕色瓶中备用。

（3）操作方法：取检液 1 ～ 2 ml 放入小试管中，加干粉 0.1 ～ 0.2 g，振荡试管，观察颜色变化，如有亚硝酸盐存在，立即呈现红色，颜色的深浅视含量而定，粗略比例见表 2.21。

表 2.21　亚硝酸盐概略定量表　　mg/L

溶液的颜色	亚硝酸盐含量
刚刚呈玫瑰色	小于 0.01
淡玫瑰色	0.01 ～ 0.1
玫瑰色	0.1 ～ 0.2
鲜艳玫瑰色	0.2 ～ 0.5
深红色	大于 0.5

2．联苯胺冰醋酸反应　灵敏度为 1 ： 400 000。

（1）原理：亚硝酸盐在酸性溶液中，将联苯胺重氮化生成一种醌式化合物，呈现棕红色或黄红色。

（2）器材与试剂。

①器材：电子天平、试管、滴管、滤纸、记号笔等。

②试剂：取联苯胺 0.1 g 溶于 10 ml 冰醋酸中，加蒸馏水稀释至 100 ml，过滤，滤液盛于棕色瓶中备用。

（3）操作方法：取检液 1 ～ 2 滴于白瓷反应板上，加 1 ～ 2 滴联苯胺冰醋酸溶液，如有亚硝酸盐存在，即出现红棕色。亚硝酸盐含量较多时，试剂需多加数滴才能出现颜色。

3．安替比林反应　灵敏度为 1 ： 10 000。

（1）原理：亚硝酸盐在酸性条件下，使安替比林亚硝基化，溶液呈绿色。

（2）器材与试剂。

①器材：电子天平、试管、滴管、记号笔等。

②试剂：取安替比林 5 g 溶于 1 mol/L 硫酸 100 ml 中。

（3）操作方法：取检液 1 滴于白瓷反应板上，加安替比林溶液 1 ～ 2 滴。如检液呈绿色，则为阳性结果。

4．快速诊断法　此方法适用于亚硝酸盐中毒的现场快速检验。取眼液、血清（浆）及血滤液反应明显，也可作为临床辅助诊断的主要指标，尤以眼液用棉签吸附检样，更是方便。尿液也是良好检样。

（1）原理：同格利斯反应。

（2）器材与试剂。

①器材：电子天平、试管、滴管、滤纸、离心机、电炉、移液器、记号笔等。

②试剂：血滤液的制备。

氢氧化锌沉淀剂：取 45% 硫酸锌溶液 25 ml、0.4% 氢氧化钠溶液 475 ml，充分混合，即成乳白色的氢氧化锌胶体溶液。在室温下可长期保存，久置易出现沉淀，临用前需振荡均匀。然后取试管 1 支，加蒸馏水 4 ml，采血 1 ml，稍加摇动促使溶血，再加入氢氧化锌沉淀剂 5 ml，反复颠倒振荡数次，使之均匀，然后用滤纸过滤（或离心）即得澄清无色的血滤液，供检验用。此滤液可装于清洁试管内，保存在冰箱中备用。

偶氮试剂：甲液：取无水对氨基苯磺酸 0.2 g、10% 冰醋酸 50 ml，稍加热并搅拌至溶解，置于棕色瓶中保存；乙液：取甲萘胺 0.1 g、10% 冰醋酸 50 ml，加热并搅拌至溶解，过滤，置棕色瓶中。用前将甲、乙两液等量混合（混合液的量，视用量多少而定）。

（3）操作方法：用棉签在眼结合膜囊内擦拭数次，以吸附泪腺分泌物，或沾吸血清、血浆、血滤液、胸液、腹液、心包腔液、胃肠内容物中的水分或尿液等。然后向棉签上滴加混合好的偶氮试剂 1 ～ 2 滴，5 min 后观察颜色反应。如出现洋红色为阳性反应，颜色的深浅与亚硝酸盐含量多少有关。

五、亚硝酸盐的定量测定——格利斯反应

1．原理　同格利斯定性测定的原理一致。

2．器材与试剂

（1）器材：比色管、试管、容量瓶、移液器、烧杯、滤纸、记号笔等。

（2）试剂：①格利斯试剂：甲液：取对氨基苯磺酸 0.5 g 溶于 30% 醋酸 150 ml 中。乙液：取甲萘胺 0.1 g 溶于蒸馏水 20 ml 中，过滤，滤液中加入 30% 醋酸 150 ml。临用时甲、乙两液等量混合；②亚硝酸钠标准液：准确称取亚硝酸钠 0.149 5 g 置于 100 ml 容量瓶中，用蒸馏水定容，临用时再稀释 100 倍。

3．操作方法

（1）标准色阶的制备：取 7 支比色管，分别加入稀释标准液 0 ml、0.1 ml、0.2 ml、0.4 ml、0.6 ml、0.8 ml、1.0 ml，再分别加蒸馏水至 5.0 ml，然后每支管各加格利斯试剂 1 ml，放置 5 min。

（2）样品测定：取检液 1 ml 于小试管中，加蒸馏水 4 ml，然后加格利斯试剂 1 ml，5 min 后与标准色阶进行比较，最后推算含量。

任务3　氢氰酸和氰化物的检验

【任务目标】

知识：掌握氢氰酸和氰化物的检验原理及方法。
技能：能正确和熟练对氢氰酸和氰化物进行检验并做出诊断。
素质：注意保护自身安全；节约使用试剂；爱护仪器和器皿。

【任务实施】

一、检样及处理

中毒动物吃剩的饲料、呕吐物及胃肠内容物是检验氢氰酸和氰化物的最适宜检样，其次是肺、脑、肝和血液。对吃剩的饲料或呕吐物及胃肠内容物可用“水蒸气蒸馏法”提取，脏器和血液可用“微量扩散法”或“提取法”提取。因氢氰酸不稳定易挥发，特别是在酸性环境中很快分解，故应及时检验。严重腐败的检样，很难检出氢氰酸或氰化物。若检样未发生腐败，保存在非酸性的密闭容器中，数日后仍可检出。

二、定性检验

1．快速普鲁士蓝法　灵敏度0.1～10 μg，此法不需水蒸气蒸馏，可用检样直接检验，操作简便、快速。

（1）原理：酸化的检样受热后，氰化物变成氢氰酸逸出，在碱性条件下与硫酸亚铁作用，生成亚铁氰络盐，经酸化后，与高铁离子反应，生成普鲁士蓝。

（2）器材与试剂。

①器材：三角烧瓶、试管、滴管、滤纸、电炉、容量瓶、烧杯、滤纸、记号笔等。

②试剂：10%硫酸亚铁溶液（用时现配）、10%酒石酸溶液、10%氢氧化钠溶液、10%盐酸溶液。

（3）操作方法：取检样5～10 g置于三角烧瓶中，加蒸馏水溶解成糊状，再加入10%酒石酸溶液酸化，立即在瓶口上盖一张滤纸，并迅速向滤纸的中央加10%硫酸亚铁溶液1～2滴，稍干，再加10%氢氧化钠溶液1～2滴，然后缓缓加热，当微沸有蒸气产生时，取下滤纸（瓶口再盖一张滤纸，重复操作），向滤纸上滴加10%盐酸溶液或将滤纸浸于10%盐酸溶液中。如有氰化物，滤纸立即显蓝色，若含量低，可显蓝绿色。有时反应不明显，须放置12 h以上，蓝色反应才能出现。

（4）注意事项：若检样为血液，可加20%三氯乙酸溶液酸化并使蛋白质凝固。也可用蒸馏液进行此反应，其方法是取碱性接收液2 ml于试管中，加10%硫酸亚铁溶液2～3滴，微热，加10%盐酸溶液酸化，如有氰化物存在，即产生蓝色或蓝绿色，含量高时，可产生蓝色沉淀。

2．苦味酸试纸法　灵敏度 15 μg。

（1）原理：氰化物在弱酸性条件下加热可产生氢氰酸，氢氰酸遇碳酸钠生成氰化钠，再遇苦味酸即生成异紫酸钠，呈玫瑰红色。

（2）器材与试剂。

①器材：三角烧瓶、电炉、容量瓶、电子天平、烧杯、滤纸、记号笔等。

②试剂：10% 苦味酸溶液、10% 酒石酸溶液、饱和碳酸钠溶液。

（3）操作方法：碱性苦味酸试纸的制作：取定性滤纸一条，在 10% 苦味酸溶液中浸湿，用滤纸吸去多余溶液，再滴加饱和碳酸钠溶液，置阴凉处阴干即可；取检样 5 ～ 10 g 置于三角烧瓶中，加蒸馏水。混匀使之呈糊状，加 10% 酒石酸溶液酸化，立即在瓶口上悬一条碱性苦味酸试纸条，加胶塞封盖，在小火上缓缓加热。如试纸条变为玫瑰红色，则说明有氰化物存在。

（4）注意事项：本反应不是氰化物的唯一反应，酮、醛、硫化氢等还原性物质也可呈阳性反应，因此，需做空白对照试验，或用其他试验确证。此方法可与快速普鲁士蓝法同时进行，即将碱性苦味酸试纸条悬于瓶内，瓶口盖上滤纸做快速普鲁士蓝反应。

3．水合茚三酮法

（1）原理：在碳酸氢钠作用下，氰化物生成氢氰酸，氢氰酸能催化水合茚三酮，在碱性介质中生成红棕色阳离子化合物。

（2）器材与试剂。

①器材：滴管、脱脂棉、三角烧瓶、玻璃管、胶塞、电子天平、移液器、烧杯、试管、记号笔等。

②试剂：无水碳酸钠粉末水合茚三酮结晶、碳酸氢钠粉末。

（3）操作方法：水合茚三酮棉花的制作：取无水碳酸钠少许，加蒸馏水 1 ～ 2 滴使之溶解，取一小团脱脂棉在碳酸钠溶液中湿润后挤去多余溶液，再蘸取水合茚三酮 1 ～ 2 粒备用（此时棉花应为黄色，若变红说明试剂不纯或变质，不能再用）；取一小三角烧瓶，另配胶塞，胶塞中心插入内径为 0.3 ～ 0.5 cm 的小玻璃管，将水合茚三酮棉花松松插入玻璃管的下口内。向小三角烧瓶内加被检样 5 ～ 10 g，加 3 ～ 5 倍量的蒸馏水调成糊状但总体积不超过三角烧瓶高度的 1/2，再加碳酸氢钠粉 0.2 ～ 0.5 g，立即将胶塞塞紧摇振均匀，反应 5 min。若有氰化物存在，水合茚三酮棉花变成红色。检验装置如图 2.15 所示。

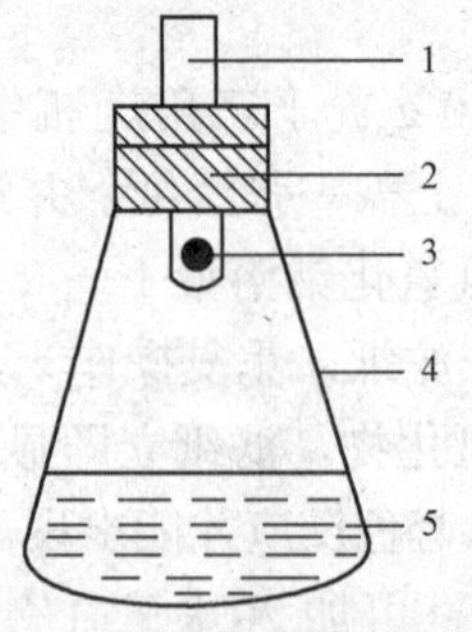

图 2.15　水合茚三酮法检验装置

1．直径 0.3 ～ 0.5 cm 玻璃管；2. 胶塞；3．水合茚三酮棉花；4. 三角烧瓶；5．检样

（4）注意事项：本反应速度快，不受氰复盐的干扰，加碳酸氢钠后必须立即塞紧胶塞，否

则氢氰酸迅速外逸而影响测定结果。本反应也可取蒸馏液进行检验，方法是取蒸馏液 2 ～ 5 ml 于试管中，加碳酸钠 0.1 g 和水合茚三酮结晶少许，摇振溶解后，溶液显红色说明含有氰化物。

三、定量测定——吡啶－巴比妥酸比色法

1．原理　氰离子在弱酸性条件下可与溴反应，生成溴化氰，溴化氰再与吡啶作用生成 5- 羟基戊二烯醛，可与巴比妥酸反应生成紫红色化合物。

2．器材与试剂

（1）器材：分光光度计、比色管、滴管、试管、容量瓶、三角烧瓶、移液器、烧杯、记号笔等。

（2）试剂。

①溴水：取溴液 0.2 ml、溴化钾 18 g，加蒸馏水 100 ml 溶解，混匀，置于棕色瓶中避光保存。

②吡啶－巴比妥酸试剂：甲液（吡啶溶液）：取吡啶 6 ml、蒸馏水 4 ml、浓盐酸 1 ml，混匀。乙液（巴比妥酸溶液）：取巴比妥酸 0.1 g 溶于蒸馏水 10 ml 中。将甲液与乙液等量混合即成吡啶－巴比妥酸试剂。

③氰化物标准溶液：取氰化钾 0.25 g 于 10 ml 容量瓶中，加蒸馏水溶解并稀释至刻度。准确吸取该液 10 ml 于 100 ml 三角烧瓶中，加 10% 碘化钾溶液 3 滴，稀氨水 3 滴，用 0.02 mol/L 硝酸银溶液滴定，刚发生浑浊即为终点。可从 0.02 mol/L 硝酸银溶液消耗的毫升数计算出氰化物的浓度（1 ml 0.02 mol/L 硝酸银溶液相当于 1.08 mg 氢氰酸）。将剩余的氰化钾溶液用蒸馏水稀释成每毫升相当于 0.1 ml 氢氰酸，作为储备液。临用时将储备液再稀释 100 倍，即为氰化物标准溶液（1 μg/ml）。

④ 10% 酒石酸溶液、10% 醋酸溶液、0.1% 氢氧化钠溶液、0.02 mol/L 硝酸银溶液、10% 碘化钾溶液。

3．操作方法

（1）绘制标准曲线：取 9 支 10 ml 比色管，分别加入浓度为 1 μg/ml 的氰化物标准溶液 0、0.2、0.4、0.6、0.8、1.0、1.2、1.5、2.0 ml，然后补加蒸馏水至 5 ml，再加 10% 醋酸 0.2 ml、溴水 0.2 ml，混匀，放置 2 min 后加吡啶－巴比妥酸试剂 1 ml，充分混匀，静置反应，30 min 后在分光光度计上以波长 580 nm 测其光密度值，并以浓度为横坐标，光密度值为纵坐标，绘制标准曲线。

（2）测定：称取待检样 10 g，用蒸馏法提取检样中的氰化物，收集蒸馏液于事先装有 0.1% 氢氧化钠溶液 5 ml 的 100 ml 容量瓶中。当收集蒸馏液近刻度时，取下接收容量瓶，用蒸馏水补至刻度线。取蒸馏液 5 ml，按标准曲线绘制法，测定光密度。然后从标准曲线上查出相应的氢氰酸浓度，并计算样品中含量。

4．计算

$$\text{氢氰酸（mg/g）} = \frac{A \times V_1}{W \times V_2}$$

式中，A：从标准曲线上查得的氢氰酸浓度（μg/ml）；V_1：蒸馏液总体积（ml）；V_2：测光密度时取蒸馏液的量（ml）；W：检样量（g）。

任务 4　有机磷农药的检验

【任务目标】

知识：掌握有机磷农药的检验原理及方法。

技能：能正确和熟练对有机磷农药进行检验并做出诊断。

素质：采集样品时不怕脏；注意保护自身安全；节约使用试剂；爱护仪器和器皿。

【知识准备】

一、检样采集

根据中毒途径不同，检样的采集也有所不同。经消化道中毒者，生前可采集病畜的呕吐物、洗胃时第一次导出液、剩余饲料、血液等。对硫磷、敌百虫、甲基对硫磷等有机磷农药中毒时，也可取尿液。动物死亡后，可取其胃及胃内容物、肝脏、血液及吃剩的饲料、饮水；经呼吸道中毒者，可取呼吸道分泌物、血液、肺及肝脏；因污染皮肤而中毒者，可取被污染部位的皮肤及皮下组织、血液及肝脏。

二、检样中有机磷的提取

（一）试剂

绝大多数有机磷易溶于有机溶剂。通常用苯、氯仿、二氯甲烷、丙酮、乙醇等中、强极性的有机溶剂，而氯仿和苯较常用。根据有机磷农药易挥发和在碱性溶液中易水解的特点，一般均在中性或弱碱性条件下用沸点较低的有机溶剂提取。

（二）操作方法

1．挥发性强、沸点低的有机磷农药的提取　可用水蒸气蒸馏法提取。收集蒸馏液 50 ～ 100 ml 于分液漏斗中，然后用有机溶剂提取分离，再用无水硫酸钠脱水，挥发至近干时供检。

2．固体检样的提取　取适量被检样于带塞三角烧瓶中，加入氯仿或苯浸泡，并不断振摇，1 h 后过滤，收集滤液于蒸发皿中，将残渣用氯仿或苯洗 2 次，再合并洗液于蒸发皿中，60 ℃以下水浴上蒸发近干时供检。

3．半固体检样的提取　取适量被检样于研钵中，加适量无水硫酸钠研成砂粒状，再移入带塞三角烧瓶中，按固体检样的提取方法进行提取。若检样中含水分较多，用无水硫酸钠不易磨成细砂粒状，可取适量检样于带塞三角烧瓶中用乙醇或丙酮等亲水性溶剂提取、过滤，过滤液用 2% 硫酸钠溶液稀释 5 ～ 6 倍，以降低有机磷在水中的溶解度，然后用正己烷在分液漏斗中振摇提取，分出正己烷于蒸发皿中。再向分液漏斗中加适量氯仿，振摇提取，将氯仿层合并于蒸发皿中，60 ℃以下水浴上蒸发近干，残渣待检。

4．液体检样的提取　取适量液体检样（如水、尿液等）置于分液漏斗中，加氯仿或苯振摇提取，分离出氯仿或苯于蒸发皿中，再重复提取 1 ～ 2 次，合并提取液，60 ℃以下水浴上蒸发近干时供检。

（三）定性检验

1．有机磷农药快速检查法　取可疑农药 5 ～ 10 滴于一洁净试管中，加蒸馏水 4 ml，振荡使之乳化，加入 10% 氢氧化钠溶液 1 ml。如变成金黄色，为 1605；如无颜色变化，再加入 1% 硝酸银溶液 3 ～ 4 滴，若出现灰黑色为敌敌畏，若出现棕色为乐果，若出现白色为敌百虫。

2．全血胆碱酯酶活性试纸测定法

（1）原理：乙酰胆碱遇血液中胆碱酯酶分解为胆碱和乙酸，乙酸的产生可引起 pH 值改变。用溴麝香草酚蓝（BTB）作为指示剂，在一定时间和温度内，观察颜色变化，推测酶活性。

（2）器材与试剂。

①器材：载玻片、pH 试纸、滤纸、剪刀、滴管、橡皮筋、温箱、记号笔等。

②试剂：乙酰胆碱试纸制备：取溴麝香草酚蓝 0.14 g、溴代乙酰胆碱 0.23 g，加无水乙醇 20 ml 溶解，用 0.4 mol/L 氢氧化钠溶液调 pH 值至 7.4 ～ 7.6（溶液应呈灰褐色）；将定性滤纸浸入其中，2 min 后取出阴干，剪成 1 cm^2 的小片，贮于磨口棕色瓶中，于干燥处避光保存。

（3）操作步骤：取乙酰胆碱试纸两片，置于载玻片的两端，分别加入被检病畜血和健康同种动物血 1 滴，做标记后，立即加盖另一载玻片，用橡皮筋扎紧，于 37 ℃保持 20 min，观察纸片颜色变化，根据颜色变化来估计酶的活性，见表 2.22。

表 2.22　胆碱酯酶活性与胆碱酯酶试纸颜色变化

试纸颜色	酶活性	中毒程度
红色	80 ～ 100	正常
紫红色	60	轻度
深紫色	40	中度
蓝色	20	严重

（4）结果判定：黄色：胆碱酯酶活性正常（−）；黄绿色：胆碱酯酶活性轻度降低（+）；淡蓝色：胆碱酯酶活性中度降低（++）；蓝色：胆碱酯酶活性重度降低（+++）；深蓝色：胆碱酯酶活性极度降低（++++）。

【任务实施】

1．各元素的检验　有机磷农药经钠溶解破坏后，有机元素变为无机元素，按各元素定性分析方法进行检验。

（1）器材与试剂。

①器材：酒精灯、滴管、试管、滤纸、干燥箱、水浴箱、记号笔等。

②试剂：金属钠；10 g/L 硝普钠溶液（现用现配）；100 g/L 硫酸亚铁溶液（现用现配）；50 g/L 三氯化铁溶液；50 g/L 硝酸银溶液；钼酸铵酒石酸溶液（钼酸铵 5 g 溶于 100 ml 水，加入浓硝酸 35 ml，再加入酒石酸 20 g，摇匀溶解即可）；联苯胺冰醋酸饱和溶液；醋酸钠饱和溶液。

（2）操作步骤：取金属钠 0.1 ～ 0.2 g 放入试管中，酒精灯微加热，当钠蒸气上升至约 1 cm 高时，立即在中心处滴入样本精制液 2 ～ 3 滴，继续加热灼烧试管，冷却，加水煮沸，过滤，取滤液供试验用。

①磷的检验：取滤液用酸中和后在水浴上蒸干，加水溶解，取样液 1 滴于滤纸上，加钼酸铵酒石酸溶液 1 滴，烘干，再加联苯胺溶液 1 滴，最后加醋酸钠溶液 1 滴，如有磷存在，则出现蓝色斑。联苯胺易氧化，在空气中久置后或有氧化剂存在时，均易变蓝，须做空白对照试验。

②硫的检验。

a．硫化铅试验：取滤液 0.5 ml 置于试管中，加 1 mol/L 醋酸铅 1 滴，再滴入稀醋酸至溶液显酸性，若有棕黑色沉淀产生即表明有硫存在。

b．硝普钠试验：取滤液 0.5 ml 置于试管中，加 10 g/L 硝普钠溶液 1 滴，如显深红色至紫色，则表明有硫存在。

③氮的检验：取滤液 0.5 ～ 1.0 ml 放入试管中，分别加入 100 g/L 硫酸亚铁溶液 1 ～ 2 滴和 50 g/L 三氯化铁溶液 1 ～ 2 滴，再加入 6 mol/L 盐酸至酸性，如生成普鲁士蓝，则表明有氮存在。

若同时检查硫、氮元素，可取滤液 0.5 ml，加稀盐酸使之呈酸性，再加 50 g/L 的三氯化铁溶液 1 ～ 2 滴，若有红色显现，表明有 CNS^- 存在。

④氯的检验：取滤液 1 ml，加硝酸使之呈酸性，加热至微沸数分钟，以驱去氰化氢、硫化氢，待冷却后加入 50 g/L 硝酸银溶液 1 ～ 2 滴，如有白色沉淀表明有氯存在。

2．有机磷农药的纸层析

（1）器材与试剂。

①器材：层析用滤纸、铅笔、滴管、烘箱、酒精灯、记号笔等。

②试剂：固定相（8% 液体石蜡乙醚溶液）；流动相（乙醚：丙酮：水＝1 ：1 ：2，混合后取水层）；85% 乙醇；甲醇：5 g/L 氢氧化铵：水＝19 ：1 ：1；显色剂［荧光黄－溴显色剂，它包括 0.5 g/L 荧光黄水溶液（临用时取 1 ml 加 9 ml 乙醇）和 5% 溴四氯化碳溶液，此显色剂对所有有机磷农药均能显色］；5 g/L 的双溴苯醌氯酰亚胺乙醇溶液（此试剂只对含硫磷酸酯杀虫剂显色）；间苯二酚－氢氧化钠溶液（10 g/L 间苯二酚酒精溶液和 50 g/L 氢氧化钠酒精溶液，临用时等量混合，此试剂对不含硫磷酸酯显色）。

（2）操作方法：将层析用滤纸裁成长 35 cm，宽度可根据样本数而定，在距滤纸一端 2 ～ 3 cm 处用铅笔画一起线，然后用固定相浸渍，取出晾干后，用毛细管吸取样液 0.01 ml，滴于起线上，同时用已知样本进行对照。将此滤纸用展开剂层析后，取出，稍干，按下列任何一种方法显色：

①用双溴苯醌氯酰亚胺乙醇溶液喷雾或浸渍后，置 110 ℃烘箱中 30 ～ 40 min。硫磷酸酯与试剂起作用呈现不同颜色：1059 呈黄色，1605 呈红色，3911、4049 呈黄红色。不含硫磷酸酯的敌百虫、敌敌畏须用间苯二酚 - 氢氧化钠溶液喷雾或浸渍后，再放置 100 ℃烘箱中 5 min 后显红色。

②用荧光素溶液喷雾或浸渍后，在溴四氯化碳蒸气上熏，背景出现粉红色，表示含有机磷农药的地方出现白色、黄白色斑点。不同有机磷杀虫剂比移值（Rf 值，指原点到斑点中心的距离与原点到溶剂前沿的距离的比值）不同，例如 1059、3911 常出现 2 个以上斑点，1240 常出现长条状斑点。

【重要提示】

（1）选择合适的溶剂。

（2）在浓缩时，温度要控制好。

（3）制作试纸时，应防止被酸或碱污染；试纸只能阴干，不能烘干。

（4）滴于试纸的血滴直径不能超过 0.8 cm。

（5）刚加血时两试纸均应呈蓝黑色，否则为试纸失效。

（6）观察血斑时，应观察试纸反面，以血斑中心颜色为准，最好成一斜角观察，不能直接对光。

（7）当酶活性低于 60% 时，应重试一遍，以免判断错误；如无溴化乙酰胆碱，可用氯乙酰胆碱代替，具有同样的效果。

（8）当被检动物营养不良、贫血、肝脏疾病或应用过磺胺药物时，均可影响胆碱酯酶的活性，故判定结果时要结合临床症状。

（9）当纸片颜色变化不易观察时，可将被检全血改为血清，两者操作方法相同，只是当试纸加上被检血清和阴性对照血清时均显蓝色。

思考与练习

1．简述毒物样品采集、包装及送检方法。

2．简述氢氰酸和亚硝酸盐的检验方法。

3．简述有机磷农药的检验方法。

模块三 临床诊疗基本技术

项目一 穿刺术

项目目标

了解穿刺术的种类和用途，熟悉穿刺术的注意事项，掌握不同动物穿刺术的操作要领；能根据病畜种类和病情正确选择穿刺方法。

任务1 瘤胃穿刺术

【任务目标】

知识：掌握瘤胃穿刺的适应证、准备、部位、方法及注意事项。

技能：能根据动物的种类及病情，正确地操作瘤胃穿刺。

素质：保定确实，勿伤人畜，消毒严格。

【知识准备】

1．适应证 牛羊急性瘤胃膨胀时，穿刺放气紧急救治和向瘤胃内注入防腐制酵药液制止瘤胃内继续发酵产气。

2．准备 站立保定，术部剪毛常规消毒。

3．部位 在左侧肷窝部，由髋结节向最后肋骨所引水平线的中点，牛距腰椎横突下方10～12 cm处（图3.1），羊距腰椎横突下方3～5 cm处，也可选在瘤胃隆起最高点穿刺。

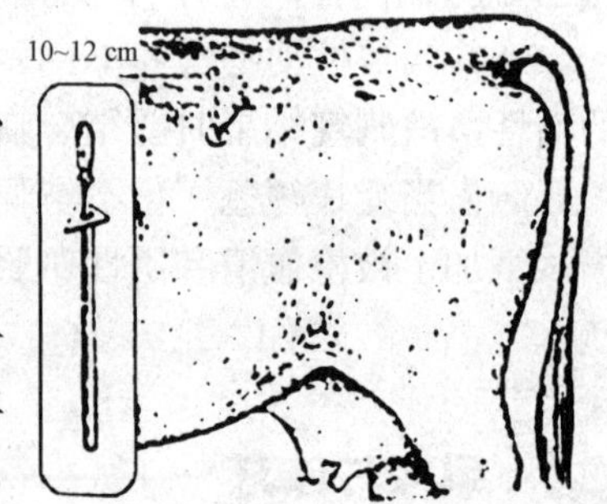

图3.1 牛的瘤胃穿刺部位

【任务实施】

1．动物保定 动物站立保定。

2．术部消毒 穿刺部位剪毛，用5%碘酊消毒。

3．穿刺操作 先在穿刺点旁1 cm处做一小的皮肤切口，有时也可不做切口，羊一般不切口。术者左手将皮肤切口移向穿刺点，右手持套管针将针尖置于皮肤切口内，向对侧肘头方向迅速刺入10～12 cm，左手固定套管，右手拔出内针，用手指不断堵住管口，间歇放气，使瘤胃内的气体间断排出。若套管堵塞，可插入内针疏通。

4．注入药物　气体排出后，为防止复发，可经套管向瘤胃内注入制酵剂。

5．拔穿刺针　穿刺完毕，用力压住皮肤切口，拔出套管针，消毒创口，皮肤切口结节缝合 1 针，涂碘酊，或以碘仿火棉胶封闭穿刺孔。

【重要提示】

（1）放气速度不宜过快，以防止发生急性脑贫血，造成休克，同时注意观察病畜的表现。

（2）根据病情，为了防止臌气继续发展，避免重复穿刺，可将套管针固定，留置一定时间后再拔出。

（3）穿刺和放气时，应注意防止针孔局部感染。因为放气后期往往伴有泡沫样内容物流出，污染套管针口周围并易流进腹腔，从而继发腹膜炎。

（4）经套管针注入药液时，注药前一定要确切判定套管针仍在瘤胃内后，方可实施药液注入。

任务 2　腹膜腔穿刺术

【任务目标】

知识：掌握各种动物腹膜腔穿刺的适应证、准备、部位、方法及注意事项。

技能：能根据动物的种类及病情，正确地操作腹膜腔穿刺。

素质：保定动物时，注意安全；按规定操作。

【知识准备】

1．适应证　用于原因不明的腹水，穿刺抽液检查积液的性质以协助明确病因；排出腹腔的积液进行治疗；采集腹腔积液，以帮助对胃肠破裂、肠变位、内脏出血、腹膜炎等疾病进行鉴别诊断；腹腔内给药或洗涤腹腔。

2．准备　站立保定，术部剪毛常规消毒。

3．部位　牛、羊在脐与膝关节连线的中点。猪、犬、猫均在脐与耻骨前缘连线的中间腹白线上或腹白线的侧旁 1 ～ 2 cm 处。马在剑状软骨后方 2 ～ 5 cm 腹白线上。

【任务实施】

1．动物保定　大动物采取站立保定，小动物采取平卧位或侧卧位保定。

2．术部消毒　穿刺部位剪毛，用 5% 碘酊消毒。

3．穿刺操作　术者左手固定穿刺部位的皮肤并稍向一侧移动，右手控制套管针或针头的深度，垂直刺入腹壁 3 ～ 4 cm，待抵抗感消失时，表示已穿过腹壁层，即可回抽注射器，抽出腹水放入备好的试管中送检。

4．拔穿刺针　放液后拔出穿刺针，用无菌棉球压迫针孔片刻，覆盖无菌纱布，胶布固定。

【重要提示】

（1）刺入深度不宜过深，以防刺伤肠管。穿刺位置应准确，要确实保定，确保人畜安全。

（2）抽、放腹水引流不畅时，可将穿刺针稍做移动或稍变动体位，抽、放液体速度不可过快。

（3）穿刺过程中应注意动物的反应，观察呼吸、脉搏和黏膜颜色的变化，发现有特殊变化时应停止操作，并进行适当处理。

（4）当腹腔过度紧张时，穿刺时易刺入肠管而将肠内容物误为腹腔积液，造成错诊，穿刺时须特别注意。穿刺中应注意防止空气进入胸膜腔。针孔如被堵塞，可用针芯疏通。洗涤要反复进行 2 ～ 3 次，放出洗涤液后注入治疗性药物。

任务 3　胸膜腔穿刺术

【任务目标】

知识：掌握胸膜腔穿刺的适应证、准备、部位、方法及注意事项。

技能：能根据动物的种类及病情，正确地操作胸膜腔穿刺。

素质：保定动物时，注意安全；按规定操作；节约使用试剂和药品。

【知识准备】

胸膜腔穿刺是指用穿刺针刺入胸膜腔的穿刺方法。

1. 应用　主要用于排出胸腔的积液、血液，或洗涤胸腔及注入药液进行治疗；也可用于检查胸腔有无积液，或采集胸腔积液，鉴别其性质，帮助诊断。

2．器材　套管针或 16 ～ 18 号长针头；胸腔洗涤剂，如 0.1％依沙吖啶溶液、0.1％高锰酸钾溶液、生理盐水（加热至与体温等温）。

3．部位　牛、羊、马在右侧第 6 肋间或左侧第 7 肋间，猪、犬在右侧第 7 肋间，与肩关节水平线交点下方 2 ～ 3 cm 处，胸外静脉上方约 2 cm 处。

【任务实施】

1．动物保定　动物站立保定。

2．术部消毒　穿刺部位剪毛，用 5% 碘酊消毒。

3．穿刺操作　术者左手将术部皮肤稍向上方移动 1 ～ 2 cm，右手持套管针，手指控制在 3 ～ 5 cm 处，在靠近肋骨前缘垂直刺入。穿刺肋间肌时有阻力感，当阻力消失而感空虚时，即表明已刺入胸腔内。

4. 放出积液　套管针刺入胸腔后，左手把持套管，右手拔去内针，即可流出积液或血液。

5．洗涤胸腔　有时放完积液之后，需要洗涤胸腔，可将装有清洗液的输液瓶乳胶管或输液器连接在套管口或注射针上，高举输液瓶，药液即可流入胸腔，然后将其放出。

如此反复冲洗 2 ～ 3 次，最后注入治疗性药物。

6．拔穿刺针　放液或洗涤完毕，插入内针，拔出套管针或针头，使局部皮肤复位，术部涂擦碘酊，用碘仿火棉胶封闭穿刺孔。

【重要提示】

（1）穿刺或排液过程中，应注意无菌操作，并防止空气进入胸腔。

（2）穿刺时必须注意并防止损伤肋间血管与神经。

（3）套管针刺入时，应以手指控制套管针的刺入深度，以防刺入过深损伤心、肺。

（4）穿刺过程中遇有出血时，应充分止血，改变位置再行穿刺。

（5）放液时不宜过急，应用拇指不断堵住套管口，做间断性引流，防止胸腔减压过急，影响心、肺功能。

（6）如针孔堵塞不流，可用内针疏通，直至放完为止。

（7）需进行药物治疗时，可在抽液完毕后，将药物经穿刺针注入。

任务 4　肠穿刺术

【任务目标】

知识：掌握肠穿刺的适应证、准备、部位、方法及注意事项。

技能：能根据动物的种类及病情，正确地进行肠穿刺。

素质：部位准确，无菌操作，客观分析。

【知识准备】

1．适应证　急性盲肠臌气，放气急救和向肠腔内注入防腐制酵药液，用于治疗肠臌胀。

2．准备　套管针或盐水针头、静脉注射针头、外科刀与缝合器械等。

3．部位　马盲肠穿刺部位在右侧肷窝的中心，即距腰椎横突下方约一掌处，或选在肷窝最明显的突起点。马结肠穿刺部位在左侧腹部膨胀最明显处。

【任务实施】

1．动物保定　动物站立保定。

2．术部消毒　穿刺部位剪毛，用 5% 碘酊消毒。

3．穿刺操作　盲肠穿刺时，右手持套管针向对侧肘头方向刺入 6 ～ 10 cm；左手立刻固定套管，右手将针芯拔出，让气体缓慢或断续排出。必要时，可以从套管针向盲肠内注入药液。

4．拔穿刺针　当排气结束时，左手压紧针孔周围皮肤，右手拔出套管针。术部注意清洁消毒。

任务 5　心包穿刺术

【任务目标】

知识：掌握心包穿刺的适应证、准备、部位、方法及注意事项。

技能：能根据动物的种类及病情，正确地操作心包穿刺。

素质：防止气胸。

【知识准备】

1．适应证　用于排除心包积脓或向心包内注入药液进行冲洗和治疗心包疾病；采集心包液供实验室检查，辅助心包炎的诊断。

2．部位　左侧第 5 肋间，肩关节水平线下 2 cm 处。

【任务实施】

动物站立保定，使其左前肢前伸半步，充分暴露心区。术部剪毛消毒后，术者左手将术部皮肤稍向前移动，右手持穿刺针沿第 6 肋骨前缘垂直刺入 2 ～ 4 cm，拔出针芯，心包积液即可自行排出。如果针孔堵塞，可用针芯疏通堵塞物，也可连接注射器回抽，取出的心包液可送往实验室进行检查。如为脓液需要冲洗，可注入药液来冲洗心包腔或最后注入抗生素。术后术部涂以碘酊消毒。

【重要提示】

（1）术者要控制针头刺入深度，以免过深而损伤心脏。

（2）动物要确实保定，防止其骚动，以确保穿刺成功。

（3）穿刺前，可以用手术刀在术部切一个 0.5 ～ 1.0 cm 的小口，以利于针头刺入。穿刺完毕后，要在创口涂以碘酊，并用火棉胶封闭。

任务 6　膀胱穿刺术

【任务目标】

知识：掌握膀胱穿刺的适应证、准备、部位、方法及注意事项。

技能：能根据动物的种类及病情，正确地进行膀胱穿刺。

素质：保定确实，部位准确。

【知识准备】

1．适应证　当患畜尿路阻塞或膀胱麻痹，尿液在膀胱内潴留，易导致膀胱破裂时，须采取膀胱穿刺排出尿液，以缓解症状，为进一步治疗提供条件。

2．部位　牛、马可通过直肠对膀胱进行穿刺；猪、羊、犬在耻骨前缘白线侧旁1 cm处。

【任务实施】

大家畜施行站立保定，先灌肠排除粪便，术者将事先消毒好的连有胶管的针头握于手掌中并使手呈锥形缓缓伸入直肠，在直肠正下方触到充满尿液的膀胱，在其最高处将针头向前下方刺入，并固定好针头，直至排完尿为止。必要时，也可在胶管外端连接注射器，向膀胱内注入药液。然后将针头同样握于掌中而带出肛门。

猪、羊、犬可采取横卧保定，助手将其左或右后肢向后牵引，充分暴露术部。术部剪毛、消毒后，在耻骨前缘或触诊腹壁波动最明显处进针，向后下方刺入深达2～3 cm，刺入膀胱后，固定好针头，待尿液排完后拔出针头，术部涂以碘酊消毒。

【重要提示】

（1）动物要确实保定，以确保人畜安全。

（2）针头刺入膀胱后，一定要固定好，防止滑脱，若进行多次穿刺易引起腹膜炎和膀胱炎。

（3）通过直肠进行膀胱穿刺时，应严格按照直肠检查的要求规范操作。若动物强烈努责，手无法进入直肠，不可强行操作，可考虑在坐骨切迹下方施行尿道切开术。

项目二　补液、输血及给氧疗法

掌握补液、输血及给氧疗法的应用范围、适应证、使用方法及注意事项，能根据动物种类和病情合理选择应用。

任务1　补液疗法

【任务目标】

知识：掌握补液疗法的适用范围、补液原则、操作方法及注意事项。
技能：能根据动物的种类和病情，正确选择补液剂并进行补液。
素质：科学合理，避免盲目。

【知识准备】

动物体液平衡发生紊乱时，由静脉输入不同成分和数量的溶液进行纠正，这种治疗方法称为补液疗法。补液疗法具有调节体内水和电解质平衡，补充循环血量，维持血压，中和毒素，补充营养物质等作用，对机体疾病的康复起重要作用。临床上进行补液时首先要补足有效的循环血量，因为血容量不足，不但组织的缺氧无法纠正，而且肾脏也会因为缺血而不能恢复正常的功能，代谢产物无法排出；同时还应考虑纠正酸碱平衡失调，纠正酸碱中毒。临床一般是用生理盐水、不同浓度的葡萄糖溶液、复方氯化钠、全血、血浆、6%右旋糖酐、5%碳酸氢钠、10%氯化钾溶液、10%氯化钙溶液等。

一、适用范围

（1）各种原因引起的脱水（伴有严重腹泻或呕吐、大出汗等）、大出血、休克以及某些发热性疾病或败血症等。

（2）饮食废绝的患畜或各种原因引起的营养衰竭，因生理消耗的水分仍在继续，如果不及时补液，极易造成脱水。

（3）各种原因引起的酸碱平衡紊乱，都需要用输液的方法进行纠正。

（4）中毒性疾病（动物毒素中毒、植物毒素中毒、有毒元素及矿物中毒、细菌内毒素中毒、有毒气体中毒等），输液可以防止水、电解质代谢紊乱，促进毒素排泄，增强机体的抵抗力。

（5）某些抗生素、合成抗菌药、血管扩张药、升压药和肾上腺皮质激素等，使用时需要加在某些溶液中静脉给药。

（6）某些较大的外科手术的术前、术后和烧伤时，需输入某些溶液，以防止水、电解质代谢紊乱，促进动物麻醉后的苏醒，补充能量。

二、补液原则

应根据病畜的具体情况，缺什么补什么（缺水补水，缺盐补盐）；缺多少补多少。为此，必须根据病畜的临床检查和必要的实验室检验，综合所有症状，做出明确的判断，制定合理的方案。

1．水、钠代谢紊乱的补液疗法

（1）高渗性脱水（以失水为主）：动物患咽炎、咽麻痹、食道梗塞、破伤风等疾病可引起机体饮水不足或咽下困难，由于进入动物机体内水量减少而畜体仍通过呼气、汗液、尿、粪便不断排出水分，所以造成失水多、失钠少的以失水为主的高渗性脱水，其临床表现为：口腔极为干燥，饮欲增加，尿少而浓缩，尿的比重增高，血液不浓稠或变化不大；病畜体温升高，运动失调，甚至出现昏迷。

对高渗性脱水，应以补水为主，盐和水的比例为 1 ：2（即 1 份生理盐水，2 份 5% 葡萄糖液）。

（2）低渗性脱水（以失盐为主）：动物严重腹泻、反复呕吐、大面积烧伤或在中暑、急性过劳时全身大出汗，导致体液大量丧失后，如果补液不当或仅饮大量的水而不补盐，则会造成失盐多、失水少的以失盐为主的低渗性脱水。患畜的临床表现为：口腔湿度变化不大，无渴感，尿量多，血液很快浓缩；病畜疲乏无力，皮肤弹力极差，眼球下陷，循环衰竭。

对低渗性脱水，应以补充盐类为主，盐和水的比例为 2 ：1（即 2 份生理盐水，1 份 5% 葡萄糖液）。

（3）等渗性脱水（混合性脱水）：动物患急性胃肠炎时的腹泻、呕吐、剧烈而持续的腹痛、大出汗后或低渗性脱水而无水补充时均能导致等渗性脱水。其临床表现为：口腔干燥，口渴欲饮，尿量减少，血液浓稠，严重时因微循环障碍，有效循环血量减少而导致休克。

患病动物经不同途径丧失体液的量不同，丧失体液的质也不一样，因此，纠正脱水不光要着眼于脱水的数量，更应注意到丧失体液的质量，才能够使补液更合理，效果更佳。不同途径丧失体液的组成与参考补液药物详见表 3.1。

表 3.1　经各途径损失体液的组成及临床补液药物的选择

液体	呕吐物	腹泻物	第三腔隙液
钠离子	60（30 ～ 90）	115（80 ～ 150）	各种成分与血浆相同
钾离子	15（5 ～ 25）	17（5 ～ 30）	

续表

液体	呕吐物	腹泻物	第三腔隙液
氯离子	120（90 ～ 140）	70（40 ～ 100）	各种成分与血浆相同
碳酸氢根离子	0（0）	80（60 ～ 110）	
选择药物	林格氏液	乳酸林格、碳酸氢钠	乳酸林格
注：数字的单位为 mEq ／ L。			

（4）确定补液量。

①按血细胞比容容量来判定脱水程度及确定补液量的简易方法见表 3.2。

表 3.2　血细胞比容容量与脱水、补液量的关系

血细胞比容 /%	脱水程度	脱水占体重的比值 /%	补液量（L/500 kg 体重）
45	轻度	5	25
50	中度	7	35
55	重度	9	45
60	极度	12	60
注：根据美国第 21 届兽医协会年会（1975 年）资料。			

②测定血细胞比容容量来计算补液量。

需补液量 =［测定血细胞比容 - 正常血细胞比容］×［0.05× 体重（kg）/32］

③在临床实践中，若无条件测定血细胞比容容量，常根据病畜的临床症状来判定脱水程度，确定补液量。

轻度脱水：病畜表现精神沉郁，有渴感，尿量减少，口腔干燥，皮肤弹力减退。其失水量约占体重的 4%，若体重为 200 kg，则失水量为 8 L。

中度脱水：病畜尿少或不排尿，血液黏稠度增高，血浆减少，循环障碍，全身瘀血，其失水量约占体重的 6%。

重度脱水：病畜眼球及静脉塌陷，角膜干燥无光，无热，或兴奋或抑制，甚至昏睡，其失水量约为体重的 8%。

缺水程度判定及缺水量的计算见表 3.3。

表 3.3　缺水程度判定及缺水量的计算表

脱水程度	轻度	中度	高度	重度	超度
体重减少 /%	4 ～ 6	6 ～ 8	8 ～ 10	10 ～ 12	12 ～ 15
眼球凹陷程度	±	++	+++	++++	+++++
捏皮实验 /s	-	2 ～ 4	6 ～ 10	20 ～ 45	45 以上
黏膜干燥	-	+	++	+++	++++
休克痉挛	-	-	-	+	++

续表

脱水程度	轻度	中度	高度	重度	超度
死亡	－	－	－	－	＋
缺水量 / [ml·（kg·d）$^{-1}$]	60	80	100	120	140
必须投给量 / [ml·（kg·d^{-1}）]	20	25	30	40	50
注：必须投给量为缺水量的 1/3，捏皮实验的部位为脊背部皮肤。					

2．酸碱平衡紊乱的补液疗法　机体内环境的稳定需要体液的酸碱平衡，维持这一平衡主要依靠血液缓冲体系、肾和呼吸系统功能。临床常见的酸碱失衡包括代谢性酸、碱中毒和呼吸性酸、碱中毒，对于一些复杂的疾病，还有可能出现混合性酸碱平衡失调的现象，因此，补液时需根据患畜具体情况加以纠正。

（1）代谢性酸中毒：病畜长期禁食、脂肪分解过多，并有酮体积聚，均可消耗 HCO_3^-；急性肾功能减退，H^+ 排出障碍，机体内 H^+ 增加，也可造成代谢性酸中毒。严重腹泻病畜，患吞咽障碍的病畜，由于大量消化液丧失，带走大量 HCO_3^-，病畜脱水后可引起酸性产物积聚。严重感染、大面积创伤或烧伤、大手术、休克、机械性肠阻塞等，由于组织缺血缺氧，则糖代谢不全，产生丙酮酸、乳酸等中间产物，同时由于损伤、感染，微生物分解产物和代谢产物及组织分解产物等，积聚于体内，或吸收进入血液循环中，导致酸中毒、酮病、软骨病、佝偻病等，当营养中的磷单方面过多时，则血液中的 HPO_4^- 含量增多，HCO_3^- 含量减少，从而导致血液酸中毒。

临床症状表现为病畜呼吸深而快，黏膜发绀，体温升高，出现不同程度的脱水现象，血液浓稠。实验室检查血细胞比容增高，血气分析 pH 值和 HCO_3^- 明显下降，二氧化碳结合量降低。

应在针对病因治疗并处理水、电解质失衡的同时，应用碱剂（最常用的是碳酸氢钠）治疗。具体用法，可用 HCO_3^- 测得值计算碳酸氢钠用量：

HCO_3^- 需要量（mmol）= HCO_3^- 正常值 − HCO_3^- 测得值（mmol/L）× 体重（kg）× 0.4 或以 CO_2CP 测得值计算的碳酸氢钠溶液用量

5%碳酸氢钠溶液需要量（ml）=［CO_2CP 正常值 −CO_2CP 测得值］× 体重（kg）×0.6 式中，CO_2CP 指二氧化碳结合力。

（2）代谢性碱中毒：治疗中长期给予过量的碱性药物，使血液内的 HCO_3^- 浓度升高，发生碱中毒。牛的许多胃肠疾病和马的继发性胃扩张都可发展成为严重的代谢性碱中毒。如肠套叠、皱胃扭转或变位、皱胃阻塞等，这些疾病可使大量的 H+ 丢失在胃内，胃分泌盐酸需氯离子从血液循环中进入胃内，因此在分泌盐酸过程中产生大量 HCO_3^-，使血液中 HCO_3^- 含量增加而引起碱中毒。如钾摄入不足、胃肠分泌液丢失、长期服用利尿剂等原因引起的缺钾也可导致代谢性碱中毒。

临床表现则为呼吸浅而慢，并可有嗜睡甚至昏迷等神志障碍，实验室检查，血液 pH 值、HCO_3^- 浓度均升高。

因这类病畜多半同时有低氯、低钾情况，临床治疗多采用补氯、补钾，而补钾有助于碱中毒的纠正。一般轻度代谢性碱中毒呕吐不剧者，只需静脉滴注等渗盐水即可达到治疗目的，这是因为等渗盐水中含 Cl^- 较多，有助于纠正低氯情况；重度代谢性碱中毒，可用 2% 氯化铵溶液加入 5%葡萄糖等渗盐水 500 ～ 1 000 ml 中由静脉内缓慢滴注。但如病畜肝、肾功能减退，则不能使用氯化铵，而需补充盐酸。

（3）呼吸性酸中毒：当病畜通气功能减弱，体内生成的二氧化碳不能充分排出时，则二氧化碳分压（PCO_2）增高，引起高碳酸血症时即有呼吸性酸中毒。引起通气减弱的情况，可以是气胸、肺水肿、支气管和喉痉挛等急性肺部病变，亦可能是广泛肺纤维化、重度肺气肿等慢性阻塞性肺部疾病；而全身麻醉过深、镇静剂过量等亦可造成肺通气功能减弱。

临床上表现为呼吸困难和气促、发绀等症状，甚至有昏迷等神志障碍；血气分析显示血液 pH 明显下降，PCO_2 增高，而 HCO_3^- 正常或增加。

治疗原则首先应改善病畜的通气功能，可考虑气管切开、气管内插管和应用呼吸机；同时要控制肺部感染，扩张小支气管，促进痰液排出。

（4）呼吸性碱中毒：当病畜肺泡通气过度，体内生成的二氧化碳排出过量，则 PCO_2 降低，引起低碳酸血症时即有呼吸性碱中毒。引起过度通气的临床情况包括高热、严重感染或创伤、中枢神经系统疾病、低氧血症和肝功能衰竭等。

临床症状表现为四肢麻木、肌肉震颤、四肢抽搐、心率过快等；通过血气分析显示血液 pH 值增高，PCO_2 和 CO_2CP 降低。

治疗原则是积极处理原发病，减少二氧化碳的呼出，吸入含 5%二氧化碳的氧，给予钙剂进行对症治疗。

3．电解质紊乱的补液疗法

（1）钾代谢紊乱：钾是生命必需的电解质之一。它维持细胞新陈代谢，调节体液的渗透压和酸碱平衡，并保持细胞的应激功能。机体每日所需的钾均从饮食中获得，由小肠内吸收。水果、蔬菜和肉类中均含丰富的钾。钾的排出主要由肾调节，尿中每日排钾约为排出总量的 90%，其余 10%由粪便排出。临床常见的钾代谢紊乱包括低血钾症和高血钾症。

①低钾血症：一方面由于长期的钾摄入不足，常见于慢性消耗性疾病、术后长期禁食、食欲减退的病畜或长期饲喂含钾少的饲料；另一方面见于钾的排出增加，常见严重腹泻、呕吐、长期应用肾上腺皮质激素、创伤和大面积烧伤以及病畜应用速尿等利尿药物。

临床病畜表现为厌食、恶心、呕吐和腹胀（肠蠕动明显减弱）、肌肉无力、腱反射减退、血压降低、嗜睡等症状；血清钾测得值明显降低，心电图有典型的低钾血症表现：T 波降低、双相或倒置，ST 段压低或 U 波出现。

临床治疗以补钾为主，补氯化钾时，如病畜能口服则不应静脉输液。需静脉输液的，应以 10% 氯化钾溶液经稀释后经静脉缓慢滴入，其浓度不应大于 0.3 g/100 ml，滴速应低于 80 滴 /min，绝对禁止以氯化钾溶液静脉内直接推注，以免血钾突然增高导致严重心律不齐和停搏。补钾时还必须注意尿量的变化，尿少时补钾将使钾积滞体内，引起高钾血症。同时应纠正可能存在的酸中毒。

②高钾血症：各种造成血钾积聚在体内或排钾功能有障碍的情况，均可造成高钾血症。口服或静脉输入氯化钾过多，酸中毒以及大面积软组织挤压伤，重度烧伤或其他有严重组织破坏以致大量细胞内钾短期内移至细胞外液的创伤，均可引起高钾血症。急性或慢性肾功能衰竭而使肾脏排钾减少，也可引起高钾血症。

临床病畜表现为软弱无力、虚弱和血压降低等症状，严重者出现呼吸困难，心搏动骤停，以致突然死亡。血清钾测得值明显升高，心电图有典型的高钾血症表现：T 波高而尖，QT 时间延长，以后 QRS 时间亦延长。

应迅速查出引起高钾血症的原因，进行病因治疗。由于钾必须由肾排出，因此需注意肾功能情况。应停给一切含钾的溶液或药物；静脉输入 5% 碳酸氢钠溶液以降低血钾并同时纠正可能存在的酸中毒，开始可用 5% 碳酸氢钠溶液 60 ～ 100 ml 静脉内推注，继以 5% 碳酸氢钠溶液 100 ～ 200 ml 静脉内滴入。给予高渗葡萄糖和胰岛素：一般用 25% 的葡萄糖液 200 ml 以 3 ～ 4 g ∶ 1 IU 的比例加入正规胰岛素 12 IU，静脉滴入，可使血钾浓度暂时降低，此项注射，可每 3 ～ 4 h 重复一次。给 10% 葡萄糖酸钙溶液以对抗高钾血症引起的心律失常，需要时可重复使用，根据动物个体的大小选择合适的剂量。

（2）钙代谢紊乱：由于日粮中缺少钙质食物和维生素 D，妊娠阶段，随着胎儿的发育、骨骼的形成，母体大量的钙被胎儿夺去，在哺乳阶段，血液中钙大量进入乳汁，致使母畜出现低血钙症状，临床表现为肌肉兴奋性增高，精神狂躁、不安，全身性痉挛，步态强拘，甚至瘫痪。常见于产后母畜。临床以对症治疗为主，静脉滴注 10% 葡萄糖酸钙溶液（或 5% 氯化钙溶液），或在饲料中补喂骨粉、磷酸氢钙。

（3）镁代谢紊乱：临床常见低镁血症，又称青草搐搦、缺镁痉挛症、青草蹒跚，是牛、羊等反刍家畜的一种常见的矿物质代谢障碍性疾病，多发生于夏季高温多雨时节，尤以产后处于泌乳期的母畜多见。夏季高温多雨，青草生长旺盛，尤其是生长在低洼、施氮肥和钾肥多处的青草，不仅含镁量很低，而且含钾或氮偏高，牛、羊长时间放牧或长期饲喂这样的青草，就会造成血镁过低而发病。从生理上讲，镁在钙代谢途径的许多环节中具有调节作用，血液镁含量降低时，机体从骨骼中动员钙的能力降低。因此，低血镁时，生产瘫痪的发病率高，特别是产前饲喂高钙饲料，以致分娩后血镁过低而妨碍机体从骨骼中动员钙，难以维持血钙水平，从而发生生产瘫痪。

临床表现为兴奋不安，突然倒地，头颈侧弯，牙关紧闭，心动过速，口吐白沫，粪尿失禁。抢救不及则很快死亡。临床可静脉滴注 25% 硫酸镁注射液、25% 硼酸葡萄糖酸钙注射液，在茂盛的嫩草地上放牧牛、羊时，时间不宜过长，牛、羊不要吃得太饱。饲料中含镁达不到 0.2% 以上时，应在牛的饲料中补充镁，如每天在精料中添加氧化镁 20 ～ 40 g 或碳酸镁 40 ～ 60 g。

【任务实施】

对饮食欲及胃肠吸收功能较好的病畜，可经口饮给足量的水和盐水，或口服补液盐（ORS 液，由葡萄糖 20 g、氯化钠 3.5 g、碳酸氢钠 2.5 g、氯化钾 1.5 g，加水 1 000 ml 组成）。必要时可通过灌肠的方法补给。对饮食欲一般或较差的病畜，常常采用注射法补液。

1. 静脉注射补液法　为最常用的方法，注射部位及方法可参照“静脉注射法”，其作用迅速，效果确实，但要注意一次输入量不宜过多，大动物每次输入 1 000 ～ 3 000 ml，中等动物每次输入 500 ～ 1 500 ml，小动物每次输入 50 ～ 300 ml，必要时可多次反复补给。

2．腹腔注射补液法　猪、犬等动物需补液时，可通过腹腔注射来进行。

3．皮下注射补液法　个别病例必要时可通过皮下分点注射的方法进行补液。

动物各途径补液的优缺点及禁忌证见表3.4。

表3.4　动物各途径补液的优缺点及禁忌证

投给途径	优点	缺点	禁忌
口服	为补充营养的最佳途径； 电解质及葡萄糖易吸收	有时困难； 强灌易呕吐，易造成异物性肺炎	
皮下	可短时间大量投给； 高钾液（35 mEq/L）无副作用	仅用于等渗无刺激性药物； 休克及末梢循环不良时助长脱水（局部聚集）	脓皮症、 皮肤损伤
静脉	水、电解质扩散最快； 高、低渗均可； 大量、长时间无副作用	需控制速度； 刺激性大的易致静脉炎； 长时间需选择中心静脉	
腹腔	吸收较快	操作不当可损伤内脏； 易发生腹膜炎	腹膜炎、 腹水、休克
直肠	可很好地吸收水分； 可少量多次投给	需等体温，等渗，无刺激性肠炎、下痢时吸收不良	

【重要提示】

（1）补液时避免盲目，应事先了解病史，认真做好临床检查和必要的实验室检查，根据病畜的具体情况，遵循缺什么补什么，缺多少补多少的原则，制定合理的补液方案。

（2）补液前应仔细检查药品的质量，注意有无杂质、沉淀及变质等，对加入其他药剂应避免配伍禁忌。

（3）补液时速度宜先慢后快，先输等渗溶液，再输高渗溶液，同时注意药液温度，不可过高或过低，以免造成心内膜炎或致休克，可将药液加温至机体温度。

（4）补液技术应熟练，避免中途因病畜的骚动，使针头脱至血管外，药液漏入皮下。

（5）补液时病畜需设专人看管，如遇输液反应，病畜表现不安、骚动、呼吸加快、大出汗、肌肉震颤、心率加快或心律不齐时，应立即停止补液，仔细查找原因，并进行必要的处理。

（6）无论采用何种方法对病畜进行补液，都必须严格遵守无菌操作规程。

相关链接

动物临床常用输液药物

目前国外已有专门用于动物的输液药物，从单方到复方，从补液药物到各种营养补液制剂应有尽有。而我国则很少有专供动物选用的药品及剂型，仍是应用大动物或人医治疗的输液药物。现仅就我国目前常用的输液药物做一简述，详见表3.5。

表 3.5　小动物常用输液药物的特点与缺点

输液药物	特点	缺点
生理盐水	渗透压与细胞外液（ECF）相等，但钠离子较ECF高； 应用于剧烈呕吐所致的低氯性碱中毒； 在禁用钙、钾时使用	不能单独使用； 因氯化钠含量高（900 mg/dl），在心脏病时禁用； 快速投给易引起酸中毒（注 1）；
林格氏液	离子组成近于ECF，但氯离子远大于ECF； 纠正代谢性酸中毒； 与葡萄糖等输液药物配合使用	很少单独使用； 钠离子浓度高及心脏功能障碍时慎用
乳酸林格氏液	电解质组成更接近ECF； 具备林格氏液的特点； 可以单独应用于出血和休克； 手术中应用可以防止产生第三腔隙液； 用于低钠血症	肝脏负担、肝疾患时慎用； 细胞内液（ICF）脱水时，单一制剂不能缓解ICF的缺乏； 不含自由水； 加重肾脏负担，肾脏浓缩不良时慎用
葡萄糖液	用于绝食的动物。1 g 可提供 16.8 J 热量； 5% 葡萄糖为等渗液，仅补充水分； 维持血浆渗透压时的滴速为 5 ～ 10 ml/kg 体重； 肝脏炎症时可以维持血糖及控制糖异生； 提供自由水分	过量投给造成细胞水肿、水中毒； 高渗糖可刺激静脉造成静脉炎； 末梢血管浓度限为 20%，当加入碳酸氢钠或氢化可的松时可降低刺激； pH 值为 4 ～ 5； 加速酸中毒； 超过 0.5 g/kg/h 可造成高血糖； 引起低血钾（刺激胰岛素分泌而使ECF的钾向ICF转移）
复合低渗电解质输液药物	2 ～ 4 份的 5% 葡萄糖溶液与 1 份生理盐水合成的输液剂，有的加有乳酸钠； 在脱水症状不明显时事先投给； 含电解质和自由水； 动物入院时已经病情严重，应事先补充林格氏液	
胶体制剂	本品为血浆制品或血浆代用品（注 2），适用于血浆胶体渗透压降低所致的循环血量减少； 浮肿； 血浆总蛋白低于 3.5 ～ 4 g/dl，且有下降趋势时	

注 1：该代谢性酸中毒为稀释性酸中毒，快速投给使ECF的碳酸氢根离子浓度降低及循环血量升高，导致肾脏排泄碳酸氢根离子增多所致。

注 2：国内所用的胶体制剂多为血浆代用品，如右旋糖苷、甘露醇、山梨醇等。

动物临床主要疾患和水、电解质异常及其参考用药详见表 3.6。

表 3.6 小动物临床主要疾患和水、电解质异常及其参考用药

疾患	体液异常	参考药物
糖尿病性昏睡	脱水、代谢性酸中毒、低血钾、低血镁、胰岛素注射后低血糖	果糖制剂 乳酸林格氏液 碳酸氢钠注射液
尿崩症	水缺乏性脱水	生理盐水 1 份 5% ～ 10% 葡萄糖溶液 2 ～ 3 份 碳酸氢钠 1 ～ 2 ml/kg 10% 氯化钾溶液 20 ml/L
原发性醛固酮增多症	低血钾、低血钠、代谢性酸中毒、低血镁	林格氏液 氯化钾
肾上腺机能不全	高血钾、低血钠、代谢性酸中毒、休克	乳酸林格氏液 生理盐水 糖制剂 碳酸氢钠溶液
心脏功能不全	浮肿、肺水肿、低血钠、呼吸性碱中毒	胶体制剂 乳酸林格氏液
急性肺炎	水缺乏性脱水（发热导致的过呼吸）、呼吸性酸中毒、低血氯	生理盐水 1 份 5% ～ 10% 葡萄糖溶液 2 ～ 3 份 碳酸氢钠溶液 1 ～ 2 ml/kg 10% 氯化钾溶液 20 ml/L
肾脏功能不全	代谢性酸中毒、高血钾、高血磷、低血钙、贫血、低蛋白血症、浮肿	乳酸林格氏液 胶体制剂 葡萄糖制剂 碳酸氢钠溶液
重剧感染	脱水症、代谢性酸中毒	生理盐水 1 份 5% ～ 10% 葡萄糖溶液 2 ～ 3 份 碳酸氢钠溶液 1 ～ 2 ml/kg 10% 氯化钾溶液 20 ml/L
急性胰腺炎	低血钙、低血镁、原发性休克、脱水、继发性休克（梗阻）	葡萄糖酸钙溶液 林格氏液 乳酸林格氏液
肝硬化	休克、低血钾、代谢性酸中毒	氯化钾溶液 胶体制剂 （乳酸）林格氏液
急性肠炎	脱水、低血钾、代谢性酸中毒	乳酸林格氏液 氯化钾溶液 碳酸氢钠溶液
烫伤、挫伤	休克、高血钾	抗休克治疗

任务 2　输血疗法

【任务目标】

知识：掌握输血疗法的适应证、血型与采血、输血方法及注意事项。
技能：能根据动物的种类和病情，正确进行输血操作。
素质：科学严谨，用法得当。

【知识准备】

输血疗法是指在动物大失血、大出血、休克或衰竭时，给动物输注一定容量的血液，以补充血浆蛋白，维持血液胶体渗透压，增加血容量，改善血液循环，增强细胞携氧能力，同时能增强机体抗感染能力和解毒能力。

一、适应证

输血疗法适用于大失血及各种原因引起的贫血的治疗，通过输血不仅可以有效维持循环血量，增强携氧能力，还有助于改善心脏机能；对于患白细胞、血小板减少症的病畜，输入新鲜血液，可刺激造血机能，纠正机体凝血机制；同时对于严重烧伤、营养性衰竭、败血症、持久和剧烈腹泻引起的体液大量丧失，输血不仅能补充血容量，还能及时补给 γ 球蛋白，提高机体抵抗力。

二、血型

各种家畜血型差别很大，马有 8 种血型；牛有 12 种血型、80 种以上的血型因子；猪有 15 种血型、40 种以上的血型因子；犬有 8 种血型；猫有 3 种血型；兔有1种血型；水貂有 4 种血型。

理论上，输血时应输以同型血液或相同血液。那么，由于不同家畜有多种不同的血型，势必给配血工作造成很大困难，从而使输血疗法无法推广应用。但是临床实践证明，这种担心是多余的，因为家畜血液中天然存在的同种抗体并不像人类那样普遍，红细胞表面的抗原性也较弱，在给家畜输血时真正发生抗原和抗体的反应并不多见。各种动物首次输血都可以选用任何一个健康、成年、无传染病和血液寄生虫病、未孕、无体质过敏的同种动物作为供血者，而不必考虑它与受血者的血型是否相符，通常都不会发生严重危险。而无论何种动物，受血后都能在 3 ～ 10 d 内产生免疫抗体，如果此时又以同一供血动物再次供血，则容易产生输血反应。鉴于此，临床上常常对需多次或大量输血的动物，准备多个供血动物，并把重复输血的时间缩短在 3 d 以内。

一般对牛、马的第一次输血，即使不进行血液相合试验也多无危险，但是并不能保证万无一失。不同型血液在输血时可能造成血液凝集、溶血现象，使动物发生不良反应，严重时引起死亡。所以，为了安全起见，在输血前应对供血动物与受血动物进行血液相合试验。

【任务实施】

一、采血

将抗凝剂（4%的枸橼酸钠溶液、10%的氯化钙溶液或10%的水杨酸钠溶液等）置于灭菌的贮血瓶内，随后从供血动物颈静脉采血，应使血液沿瓶壁流入，并轻轻晃动贮血瓶，使血液与抗凝剂充分混合，以防血液凝固。4%的枸橼酸钠溶液、10%的氯化钙溶液与血液比例应为1 ∶ 9，10%的水杨酸钠溶液与血液比例为1 ∶ 5。健康大动物一次的采血量为8 ～ 10 ml/kg，牛、马一次可采血2 000 ml左右，犬的采血量为10 ～ 20 ml/kg，15 kg的犬可采血200 ～ 250 ml。

二、血液的相合检验

血液的相合检验有交叉配血试验、生物学试验和三滴试验三种方法。

（一）交叉配血试验（玻片凝集反应）

（1）预选供血动物（同种、同属、年轻体壮的健康动物）3 ～ 5头，各静脉采血1 ～ 2 ml，以生理盐水做5 ～ 10倍稀释。

（2）采受血动物的血液5 ～ 10 ml于试管内，室温下静置或离心分离血清（也可加4%枸橼酸钠溶液0.5 ml或1 ml，采血4.5 ml或9 ml，混合后，离心取上层血浆备用）。

（3）用吸管吸取受血动物血清（或血浆），于每一玻片（每一供血动物要用一张玻片）上各滴两滴，立即用另一吸管吸取供血动物血液稀释液，分别加一滴于血清（或血浆）内。

（4）用手轻轻晃动玻片，使血清（或血浆）与血液稀释液充分混合，在大约20 ℃的室温下，静置10 ～ 15 min，观察红细胞凝集反应结果。

（5）判定结果：红细胞呈沙砾状凝块，液体透明，显微镜下红细胞彼此堆积在一起，界限下清者为阳性反应，不能用于输血。玻片上液体呈均匀红色，无红细胞凝集现象，显微镜观察，每个红细胞界限清楚，无凝集现象者为阴性反应，可用于输血。

（6）注意事项：凝集试验时室温以18 ℃～ 20 ℃为宜，过低（8 ℃以下）或过高（24 ℃以上）均会影响试验结果的准确性；观察时间不能超过30 min，以免液体蒸发而发生假凝集；必须用新鲜而无溶血现象的血液；所用玻片、吸管等器材必须清洁。

（二）生物学试验

血液的生物学试验是检查血液是否相合的可靠依据，要求在给病畜输血之前进行。

试验时，首先检查动物的体温、呼吸、脉搏、黏膜色泽等，然后抽取供血动物一定量的血液注入受血动物静脉内，马、牛可注入100 ～ 200 ml，中小家畜10 ～ 20 ml，过10 min后，若受血动物无异常反应，如不安、脉搏加快、呼吸困难、肌肉震颤等，则可进行输血。若出现上述反应，即为血液不相合，不能用该供血动物进行输血。

另外，在对牛进行输血时，因其反应较迟钝，所以在生物学试验中需静脉注射两

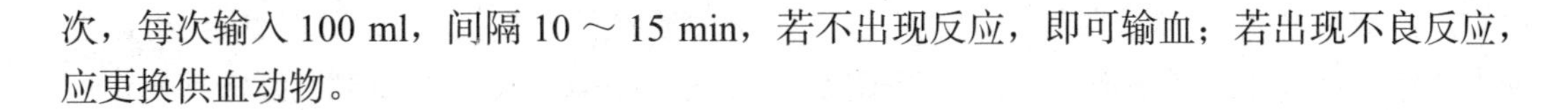

次，每次输入 100 ml，间隔 10 ～ 15 min，若不出现反应，即可输血；若出现不良反应，应更换供血动物。

（三）三滴试验

吸取 4% 枸橼酸钠溶液 1 滴于清洁干燥的玻片上，再在上面滴供血动物和受血动物的血液各 1 滴，轻轻吹动使其混匀，观察有无凝集反应。若无凝集反应表示血液相合，可以输血；如有凝集反应，则表示血液不合，不可输血。

三、输血方法

输血分为全血输血和血液成分输血，可根据病畜的具体情况选择使用。

1．全血输血　全血是指血液的全部成分，包括血细胞及血浆中的各种成分。将血液采入含有抗凝剂或保存液的容器中，不做任何加工，即为全血。全血分新鲜全血和保存全血。血液采集后 24 h 以内的全血称为新鲜全血，各种成分的有效存活率在 70%以上；将血液采入含有保存液的容器后尽快放入（4±2）℃冰箱内，即为保存全血。保存期根据保存液的种类而定。

2．血液成分输血　随着医学和科学技术的进步，近年来由于血液成分分离机的广泛应用以及分离技术和成分血质量的提高，输血疗法已由原来的单纯输全血，发展为血液成分输血。血液成分通常是指血浆蛋白以外的各种血液成分制剂，包括红细胞制剂、白（粒）细胞制剂、血小板制剂、周围造血干细胞制剂、血浆制剂和各种凝血因子等由血液分离出的所有血液成分。

血液成分输血是将全血制备成各种不同成分，供不同用途使用的一种输血方法。这样既能提高血液使用的合理性，减少不良反应，又能一血多用，节约血液资源。该方法国外在小动物方面应用较多，国内也有报道，反映良好。因此，可在珍贵动物或宠物上应用，然后再进行推广，也是今后兽医临床输血技术发展的方向。

3．特殊方式的输血

（1）亲缘之间输血：近年来，人们对亲缘关系（主要指母子或母女关系）之间能否任意输血，输血后能否发挥正常的输血效果，对受血者是否产生不良影响等问题进行了一系列研究，其目的主要是研究在紧急情况下当幼畜因某种原因需要输血时，母畜作为供血者的安全性。研究表明，具有母女关系的牛之间的输血不仅可行，而且在某些方面还显示出积极的作用。从母牛体内采血 1 L 输给亲生小母牛后 24 h、48 h、72 h 检查，其血红蛋白明显升高，同时发现输血后血浆肌酐水平接近正常，说明输血后对肾功能无不良影响，其他血液学指标也均在正常范围之内。临床反应方面，输血后进行体温、呼吸频率和心搏数的检测，发现只是在输血之后呼吸频率有所增加，心搏数暂时稍减少，其他指标正常。可见具有母女关系的牛之间输血属于相合性输血，是能达到输血治疗要求和目的的。

（2）自身输血：自身输血就是收集患畜自身的血液，并将之用于患畜自身输注，以达到输血治疗的目的。临床实践证明，这是一种安全、可靠、有效、经济的输血方法。自身输血具有以下优点：可以杜绝输血引起的传染性疾病的传播，如病毒性肝炎、犬瘟热等；可以杜绝红细胞、白细胞、血小板以及蛋白质抗原产生的同种免疫反应；可以杜绝由于免疫反应导致的溶血、发热、变态反应等；术前多次采血，可以刺激红细胞再生；省略输血前相合血交叉试验；血源有困难的地方，可免除寻找同种血型的困难。

四、自家血疗法

自家血疗法又称自体血液疗法，即从患畜的血管内采取一定量血液，立即回注到其特定部位或病灶周围健康组织的皮下，从而用来治疗疾病的一种方法。

自体血液疗法是一种蛋白刺激疗法，它兼有自体血清和自体疫苗的作用，可促进机体的免疫功能。同时，自体血液的注射对机体可起到积极的刺激作用，尤其对中枢神经系统的刺激作用更强，从而引起机体抵抗力和防御能力的增强，是一种特殊的非特异性治疗方法，在外科临床上用以治疗皮肤病、感染性疾病、某些眼病、淋巴结炎、睾丸炎、肌肉风湿等疾病。

具体的操作方法因患畜种类的不同而异，一般是在严格的消毒下，从颈静脉（马、牛等）或后肢外侧隐静脉（犬）采血。为了防止凝血，可以先在注射器内吸入少量抗凝剂。采血量的多少应根据动物大小及病灶范围确定，一般在治疗马、牛等大动物的角膜炎、结膜炎时，可采血 5 ～ 10 ml。采血后应立即将血液回注到患畜的指定部位，如较为常见的颈部皮下或者病灶周围健康组织的皮下。注射完毕，局部消毒处理。每隔两天注射一次，可以连续治疗 4 ～ 5 次。

近年来，有些临床兽医工作者采用普鲁卡因自体血液疗法，同时配合使用抗生素，来治疗患畜的眼病，效果也非常理想。用 0.25%～ 0.5% 盐酸普鲁卡因和青霉素，配合自体血液注射治疗牛角膜炎，获得理想效果。

自体血液疗法没有严格的禁忌证，但是对于高热病畜、网状内皮系统有明显抑制的病畜不宜使用。

该疗法虽然在兽医临床上已经有了很长的应用历史，但时至今日也没有完全阐明其作用机理，因而极大地限制了它的发展，这还有待于广大的兽医科研人员和临床工作者不断探索、总结，从而为这一传统疗法的发展、完善做出贡献。

【重要提示】

（1）溶血反应。若输入大量不相合的血液，尤其是第一次输血 7 d 后第二次输血时，会引起严重的溶血反应。病畜在输血过程中会突然出现不安，呼吸、脉搏加快，肌肉震颤，不时排尿、排粪，高热，尿中出现血红蛋白，可视黏膜发绀，甚至休克。猪在鼻盘、腹侧、臀部出现紫斑，全身发抖，咳嗽，呕吐，精神沉郁，出现血尿等。一般牛、马多在输入血液 200 ml 时、猪在输入 10 ～ 100 ml 时出现反应。

当在输血过程中出现溶血反应时，应该立即停止输血，改用 5% ～ 10% 葡萄糖溶液或生理盐水等，随后再注入 5% 碳酸氢钠溶液，皮下注射 0.1%盐酸肾上腺素 5 ～ 10 ml（马、牛）。出现血红蛋白尿时，可用 0.25%普鲁卡因溶液做双侧肾区封闭。肝功能不全时，还需要注射 VB、VC、VK 等。

（2）发热反应。在输血期间或输血后 1 ～ 2 h 内体温升高 1 ℃以上并有发热症状，称为发热反应。主要是由于抗凝剂或输血器械中含有致热原所致，轻者只发生短时间体温升高，猪可出现呕吐，多在输血后 12 h 内消失。重者表现恶寒战栗，食欲废绝，体温升高持续 2 ～ 3 d。

为防止动物出现发热反应，要严格执行无菌和无致热原技术。在 100 ml 血液中加入 2% 普鲁卡因溶液 5 ml 或氢化可的松 50 mg。反应严重者，停止输血，并肌内注射盐酸哌替啶（杜冷丁）或盐酸氯丙嗪，或者两者合用，静脉输入，肌内注射 0.1% 肾上腺素液 3 ～ 5 ml。

（3）过敏反应。可能因输入的血液中含有致敏物质，或因多次输血后，体内产生过敏性抗体所致，个别情况也可能是一种对蛋白过敏反应现象。病畜主要表现为：呼吸急促、痉挛，皮肤上出现荨麻疹等症状，甚至发生过敏性休克。此时应停止输血，肌内注射苯海拉明、扑尔敏等抗组织胺的药物，并用钙剂等解救。

（4）输血过程的一切操作均须严格遵守无菌操作规程。

（5）每次输血前要做生物学试验，以免出现较严重的输血反应。

（6）采血时，要注意所用抗凝剂与所采血液的比例。采血和输血过程中，要轻轻摇动贮血瓶，以防止出现血凝块、破坏血球和产生气泡。

（7）在输血过程中，要严防空气注入血管，密切注意病畜表现，若出现异常反应，应该立即停止输血。

（8）输血时，血液不需加热，否则容易造成血浆中的蛋白凝固或变性及红细胞破坏。

（9）在使用枸橼酸钠作为抗凝剂输血时，由于枸橼酸钠进入血液后很快与钙离子结合，致使血液游离钙下降，因此输血后应立即补充钙剂，以防止血钙降低导致心肌机能障碍。

（10）严重溶血的血液，不宜应用，应废弃。

（11）在输血前要对病畜及供血动物做详细的病史调查，尤其要询问有无输血史。第一次输血后，于 3 ～ 10 d 内可产生抗体。如果反复输血，可间隔 24 h 后进行，但是一般只能重复 3 ～ 4 次。输血主要用于牛、羊、马、犬。一般不用种公牛（马）的血液给已配的母牛（马）或待配的母牛（马）输血，以防新生仔畜发生溶血性疾病。

任务 3　给氧疗法

【任务目标】

知识：掌握给氧疗法的适应证、操作方法及注意事项。
技能：能根据动物的种类和病情，正确进行给氧操作。
素质：适时应用，方法得当。

【知识准备】

给氧疗法是通过给病畜吸入高于空气中氧浓度的氧气，来提高病畜肺泡内的氧分压，达到改善组织缺氧目的的一种治疗方法。给氧疗法在兽医临床上主要用于急救，适用于任何原因引起的缺氧，如因呼吸系统疾病影响肺活量的患畜，心功能不全使肺部充血而引起的呼吸困难，各种中毒引起的呼吸困难，中枢神经性疾病引起的昏迷，外科手术及分娩时出现的大出血、休克，以及过度全身麻醉引起的呼吸麻痹等。

【任务实施】

一、0.3% 过氧化氢溶液静脉注射输氧法

新鲜 3% 过氧化氢溶液，用 10% ～ 25% 葡萄糖溶液稀释 10 倍，使其浓度达到 0.3%，供马属动物用；牛、羊等动物，在使用过氧化氢溶液给氧时浓度不可超过 0.24%。稀释后的过氧化氢溶液，按照马 5.0 ml/kg 体重、牛 2.0 ml/kg 体重、其他动物 1 ～ 2 ml/kg 体重进行静脉注射，每天 2 ～ 3 次。溶液要现用现配，避免久置。

二、鼻导管输氧法

1．输氧装置（图 3.2）

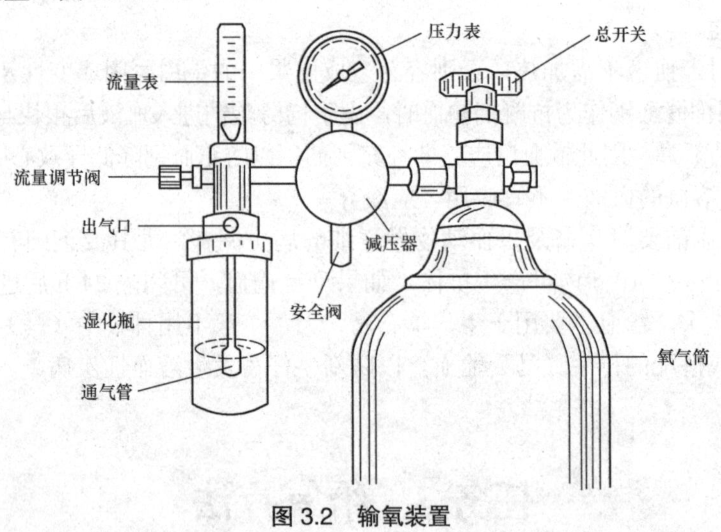

图 3.2　输氧装置

（1）氧气筒，为柱形无缝钢筒，顶端设总开关以控制氧气的输出量，侧边有与氧气表相连的气门，是氧气从筒中输出的途径。

（2）压力表，从表上的指针能测知筒内氧气的压力，压力越大，则说明氧气贮存量越多。

（3）减压器，是一种弹簧自动减压装置，用于减低来自氧气筒内的氧气压力，使氧流量平衡，保证安全，便于使用。

（4）流量表，表内装有浮标，当氧气通过流量表时，即将浮标吹向上端平面所指刻度，测知每分钟氧气的流出量。

（5）湿化瓶，瓶内装入 1/3 或 1/2 的冷开水，通气管浸入水中，用于湿润氧气，以免呼吸道黏膜被干燥氧气刺激，通气管和鼻导管相连。

（6）安全阀，当氧气流量过大、压力过高时，内部活塞即自行上推，使过多的氧气由四周小孔流出，以保证安全。

2．输氧方法　打开氧气筒总开关及流量表，检查氧气流出量是否通畅，以及全套装置是否适用。根据动物个体大小选择粗细不同的橡皮鼻导管，一端连接湿化瓶上的玻璃管，一端插入动物鼻孔内并适当固定，打开总开关，输氧过程中观察病畜心跳、脉搏、血压、精神状态、皮肤颜色、温度与呼吸方式等有无改善来衡量氧疗效果，还可测定动脉血气分析判断疗效，应选择适当的用氧浓度。停氧时，应先分离鼻导管接头，再关流量表开关，以免一旦关开倒置，大量气体冲入呼吸道损伤肺组织。

三、皮下输氧法

把氧气注入肩后或两肋皮下疏松结缔组织中，通过皮下毛细血管内红细胞逐渐吸收而达到给氧的目的。操作方法是：将注射针头刺入皮下，把输氧导管和针头相连接，打开流量表的旁栓或氧气筒上的总开关，则氧气输入，皮肤逐渐鼓起，待皮肤比较紧张时停止输入。如一次注入量不足，可另加一处。牛、马 6 ～ 10 L，中小动物 0.5 ～ 1 L，输入速度为每分钟 1 ～ 1.5 L，皮下给氧后一般于 6 h 内被吸收。

【重要提示】

1．为保证安全，给氧时，病畜需妥善保定，氧气筒与病畜保持一定的距离，周围严禁烟火以防燃烧和爆炸。

2．输氧导管宜选用便于穿插、较为细软的橡皮管，以减少对鼻、咽黏膜的刺激。给氧前应检查导管是否通畅，并清洁病畜鼻腔。

3．搬运氧气筒不许倒置，不许剧烈震动，附件上不许涂油类。

4．吸入氧气时，其流量的大小应按病畜呼吸困难的改善状况进行调节；皮下给氧时，不能把氧气注入血管内，以防形成气栓。

讨论：

1．如何看待补液疗法的安全性？

2．在人的日常生活中，献血、输血需要注意什么？

思考与练习

1．简述补液疗法的适用范围、操作方法及注意事项。

2．简述水钠代谢紊乱的补液原则。

3．简述自家血疗法的适应证、操作方法及注意事项。

4．如何处理输血后产生的不良反应？

5．简述给氧疗法的种类及注意事项。

项目三　普鲁卡因封闭疗法

掌握普鲁卡因封闭疗法的概念、原理、适应证及操作方法，能根据动物种类和病情合理选择应用封闭疗法。

任务 1　病灶周围封闭法

【任务目标】

知识：掌握病灶周围封闭法的适应证、操作方法及注意事项。

技能：能根据动物种类和病情，正确操作病灶周围封闭法。

素质：注意麻醉药的使用安全；节约用药。

【知识准备】

普鲁卡因封闭疗法是将一定浓度和剂量的普鲁卡因溶液，注射于机体一定部位的组织和血管内，从而达到治疗疾病的一种方法。普鲁卡因溶液可调节神经机能，并使其恢复正常的对组织和器官的调节作用，而且在炎症过程中可以使炎灶内血管收缩，渗出减少，疼痛减轻，促进炎症的修复，因而在兽医临床上得到广泛应用。临床上常用的普鲁卡因封闭疗法有病灶周围封闭法和静脉封闭法。其中病灶周围封闭法主要适用于创伤、烧伤、蜂窝织炎、乳房炎，以及各种急性、亚急性炎症等的治疗；静脉封闭法适用于肠痉挛、风湿病、乳房炎以及各种创伤、挫伤、烧伤的治疗。

【任务实施】

病灶周围封闭法是在病灶周围约 2 cm 处的健康组织内，分点注入 0.25%～0.5% 盐酸普鲁卡因溶液，所注药量以能达到浸润麻醉的程度即可，马、牛 20～50 ml，猪、羊 10～20 ml，每天或隔天 1 次。为了提高治疗效果，可在药液中加入 50 万～100 万 IU 青霉素，实践表明效果更佳。

本法常用于治疗创伤或局部炎症，但在治疗化脓创时须特别注意注射点不可距病灶太近，以免因注射而引起病灶扩展。

【重要提示】

病灶周围封闭的部位应选定正确，针头刺入的角度及深度要准确，必须保证

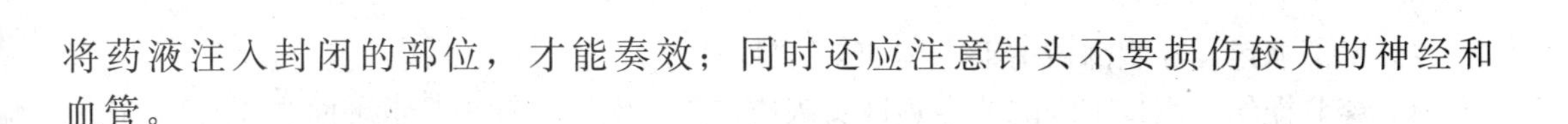

将药液注入封闭的部位，才能奏效；同时还应注意针头不要损伤较大的神经和血管。

任务 2　环状分层封闭法

【任务目标】

知识：掌握环状分层封闭法的适应证、操作方法及注意事项。
技能：能根据动物种类和病情，正确操作环状分层封闭法。
素质：注意麻醉药的使用安全；节约用药。

【任务实施】

本法常用于治疗四肢蜂窝织炎初期、愈合迟缓的创伤及蹄部疾病。一般于四肢病灶上方 3 ～ 5 cm 处的健康组织上进行环状分层注射。前肢在前臂部及其下 1/3 处和掌骨中部，后肢在胫部及其下 1/3 处和拓骨中部。注射时，将针头刺入皮下再刺达骨膜，边注药边拔针，使药液浸润到皮下至骨的各层组织内，可分成 3 ～ 4 点注射。注射所用药量根据部位的直径大小而定，一般每次用 0.25％盐酸普鲁卡因溶液 100 ～ 200 ml，注射时应注意局部解剖结构。不要让针头损伤到较大的神经和血管。

任务 3　交感神经干胸膜上封闭法

【任务目标】

知识：掌握交感神经干胸膜上封闭法的适应证、操作方法。
技能：能根据动物种类和病情，正确操作交感神经干胸膜上封闭法。
素质：注意麻醉药的使用安全；节约用药。

【知识准备】

交感神经干胸膜上封闭法是把普鲁卡因溶液注入胸膜外、胸椎下的蜂窝组织里，以浸润通向腹腔和盆腔脏器的交感神经而使其麻醉，从而控制腹腔及盆腔器官手术后炎症的发展，以及治疗这些器官的炎症，如腹膜炎、胃炎、子宫炎、膀胱炎、睾丸炎、去势后并发症、胃扩张、痉挛疝、肠臌气等。

【任务实施】

1．动物保定　病畜取站立保定。

2．术部消毒　穿刺部位剪毛，用 5% 碘酊消毒。

3．穿刺操作　用长 12 cm 的穿刺针头刺透皮肤，然后将针头与水平面成 30° ～ 35° 刺向椎体，抵椎体后，稍稍抽回针头，将针头略微起立 5° ～ 10° ，再向椎体下方推进少许，不见有针头流出血液，没有空气被吸入胸膜腔，证明针头确实在胸膜上即可注药。

4．注入药物　马、牛用 0.5% 的盐酸普鲁卡因溶液 0.5 ml/kg 计算总量，左右两侧各注射一半；猪用 0.5% 的盐酸普鲁卡因溶液 2 ml/kg 计算总量。

任务 4　腰部肾区封闭法

【任务目标】

知识：掌握腰部肾区封闭法的适应证、操作方法及注意事项。

技能：能根据动物种类和病情，正确操作腰部肾区封闭法。

素质：注意麻醉药的使用安全；节约用药。

【知识准备】

腰部肾区封闭法是将盐酸普鲁卡因溶液注入肾脏周围脂肪囊中，通过浸润麻醉肾区神经丛来治疗疾病的一种方法。临床上适用于治疗各种急性炎症，如创伤、蜂窝织炎、腱鞘炎、黏液囊炎、关节炎、溃疡、去势后水肿、精索炎等。此外，对胃扩张、肠臌气、肠便秘亦有效果。

【任务实施】

马腰部肾区封闭的部位是：左肾区在第一腰椎横突与最后肋骨之间，距背中线 8 ～ 10 cm；右肾区在 18 肋骨前面，距背中线 10 ～ 12 cm 处，穿刺时用 10 ～ 12 cm 长的穿刺针头垂直刺入。左侧平均深度为 8 cm，右侧平均深度为 5 ～ 6 cm。针头到达肾区脂肪囊以后，拔出针芯不应有血液流出，这时可先试注少量药液，注射犹如注到皮下一样不应有阻力，分离针头与针筒，残留在针头内的药液不会被吸入，这时可注入温的 0.25% 盐酸普鲁卡因溶液，马、牛的用量为 1 ml/kg，总量不要超过 600 ml。注射速度要慢，每分钟约 60 ml。注射可选在一侧进行，也可分注在两侧，或者两侧交替进行，两次注射间隔 5 ～ 10 d。

牛腰部肾区封闭一般在右侧进行，术部选在最后肋骨与第一腰椎突之间，或在第一、第二腰椎之间，从横突末端向背中线退 1.5 ～ 2.0 cm 作为刺入点，刺入深度平均为 8 ～ 11 cm。

【重要提示】

注射速度要慢，每分钟约 60 ml。注射可选在一侧进行，也可分注在两侧，或者两侧交替进行，两次注射间隔 5 ～ 10 d。

任务 5　静脉封闭法

【任务目标】

知识：掌握静脉封闭法的适应证、操作方法及注意事项。

技能：能根据动物种类和病情，正确操作静脉封闭法。

素质：对症应用，科学实施。

【知识准备】

1．适用范围　用于肠痉挛、风湿病、蹄叶炎、乳房炎以及各种创伤、挫伤、烧伤的治疗。

2．器材与药品　0.25%～0.5%的盐酸普鲁卡因注射液、青霉素、注射器、针头以及消毒药品。

3．注射部位　颈静脉。

【任务实施】

同颈静脉注射法。一般注射 0.1% 的普鲁卡因生理盐水，大动物每次用量为 100～250 ml，中、小动物酌减。

【重要提示】

（1）静脉封闭注药时，必须缓慢，每分钟以 50～60 滴为宜。为防止普鲁卡因的过敏反应，可加入适量氢化可的松液。

（2）注射部位和深度必须准确，针刺部位过浅未穿透荐坐韧带时，药液必然下沉而波及坐骨大神经，易引起两后肢麻痹；针刺入过深时可穿透腹膜而进入腹腔，达不到预期的治疗效果。

任务 6　穴位封闭法

【任务目标】

知识：掌握穴位封闭法的适应证、操作方法。

技能：能根据动物种类和病情，正确操作穴位封闭法。

素质：注意麻醉药的使用安全；节约用药。

【知识准备】

穴位封闭是将盐酸普鲁卡因溶液直接注入患畜的抢风、百会、大胯等穴位，来治疗动物的各种疾病。临床上用于马、牛、犬等动物四肢的扭伤、风湿、类风湿等疾病。

【任务实施】

病畜要确实保定，术者首先找准穴位，局部剪毛、消毒，依据不同穴位注入不同浓度的普鲁卡因溶液，刺入穴位后注入药液即可。为了确保疗效，可在盐酸普鲁卡因溶液中加入泼尼松、丹参（复方丹参）注射液、青霉素等药物。每天1次，连用2～3 d即可。

讨论：

如何看待普鲁卡因静脉封闭疗法的安全性？

思考与练习

1. 简述普鲁卡因封闭疗法的应用范围及原理。
2. 简述病灶周围封闭法的适应证、操作方法及注意事项。
3. 简述环状分层封闭法的适应证、操作方法及注意事项。
4. 简述静脉封闭法的适应证、操作方法及注意事项。

项目四　冲洗疗法

项目目标

掌握冲洗疗法的适应证、操作方法及注意事项，能根据动物种类和病情合理选择应用冲洗疗法。

任务 1　洗眼法与点眼法

【任务目标】

知识：掌握洗眼法与点眼法的适应证、操作方法及注意事项。
技能：能根据动物种类和病情，正确进行洗眼与点眼操作。
素质：固定动物头部时注意安全；节约用药；勤观察。

【知识准备】

洗眼法与点眼法主要用于各种眼病，特别是结膜与角膜炎症的治疗。给予水溶性眼药时，不宜过多，一般只要 2 ～ 3 滴，多则因流出而不起作用；大部分眼药水的药性只能维持 2 h 左右，故用眼药水时应每 2 h 重复使用；滴眼药水时药瓶不能触及眼球；给予软膏剂眼药时，可将药膏涂于下眼睑，长度以 3 mm 为宜，因其药效维持时间为 4 h 左右，故应每 4 h 重复给药一次。

【任务实施】

1．洗眼法　助手固定动物头部，术者用一手拇指与食指翻开上下眼睑，另一只手持冲洗器、洗眼瓶或注射器，使其前端斜向内眼角，徐徐向结膜上灌注药液，冲洗眼内分泌物。

2．点眼法　洗净眼分泌物之后，助手固定动物头部，术者左手食指向上推上眼睑，以拇指与中指捏住下眼睑缘，向外下方牵引，使下眼睑呈一囊状，右手拿点眼药瓶，靠在外眼角眶上，斜向内眼角，将药液滴入眼内，闭合眼睑，用手轻轻按摩 1 ～ 2 下，以防药液流出，并促进药液在眼内扩散。如用眼药膏，可用玻璃棒一端蘸眼药膏，横放在上下眼睑之间，闭合眼睑，抽去玻璃棒，眼药膏即可留在眼内，用手轻轻按摩 1 ～ 2 下，以防流出，或直接将眼药膏挤入结膜囊内。

洗眼药通常用 2％～ 4％硼酸溶液、0.1％～ 0.3％高锰酸钾溶液及生理盐水。常用的点眼药有 0.55％硫酸锌溶液、3.5％盐酸可卡因溶液、0.5％阿托品溶液、0.1％盐酸肾上腺素溶液、0.5%锥虫黄甘油、2%～4%硼酸溶液、1%～3%蛋白银溶液，还有红霉素等抗生素眼药膏或药液。

【重要提示】

（1）防止动物骚动，点药瓶或洗眼器不能与病眼接触，与眼球不能成垂直方向，以防感染和损伤角膜。

（2）给予水溶性眼药时，不宜过多，一般只要 2～3 滴，多则因流出而不起作用；大部分眼药水的药性只能维持 2 h 左右，故用眼药水时应每 2 h 重复使用。

（3）滴眼药水时药瓶不能触及眼球；给予软膏剂眼药时，可将药膏涂于下眼睑，长度以 3 mm 为宜；因其药效维持时间为 4 h 左右，故应每 4 h 重复给药一次。

任务 2　鼻腔冲洗法

【任务目标】

知识：掌握鼻腔冲洗法的适应证、操作方法及注意事项。

技能：能根据动物种类和病情，正确进行鼻腔冲洗操作。

素质：固定动物头部时注意安全；动作温柔，不粗暴；节约用药；勤观察。

【知识准备】

当鼻腔有炎症时，可选用一定的药液进行鼻腔冲洗。

【任务实施】

洗鼻时，助手要确实固定动物头部。洗涤时，将胶管插入鼻腔一定深度，同时用手捏住外鼻翼，然后连接漏斗，装入药液，稍高抬漏斗，使药液流入鼻内，即可达到冲洗的目的。

【重要提示】

（1）洗鼻时，应注意把动物头部保定好，使头稍低。

（2）冲洗液温度要适宜；灌洗速度要慢，防止药液进入喉或气管。

任务 3　导胃与洗胃法

【任务目标】

知识：掌握导胃与洗胃法的适应证、操作方法及注意事项。

技能：能根据动物种类和病情，正确进行导胃与洗胃操作。

素质：保定动物要确实，注意安全；投胃管时要动作温柔，不粗暴。

【知识准备】

用一定量的溶液灌洗胃，清除胃内容物的方法即洗胃法，临床上主要用于治疗急性胃扩张、瘤胃积食、瘤胃酸中毒以及饲料或药物中毒的病畜。清除胃内容物及刺激物，避免毒物的吸收，常用导胃与洗胃法。

【任务实施】

1．动物保定　大动物于柱栏内站立保定，中、小动物可站立保定或在手术台上侧卧保定。

2．测量胃管长度　先用胃管测量从口、鼻到胃的长度，并做好标记。马是从鼻端到第 14 肋骨；牛是从唇至倒数第 5 肋骨；羊是从唇至倒数第 3 肋骨。马经鼻插入胃管，牛经口插入胃管进行导胃。

3．插入胃管　将动物头部固定好并用开口器打开口腔，把胃管从口腔插入食管内，胃管到胸腔入口及贲门处时阻力较大，应缓慢插入，以免损伤食管黏膜。胃管前端经贲门到达胃内后，阻力突然消失，此时会有酸臭气体或食糜排出。

4．冲洗胃内容物　胃管插入胃内后，胃管游离端接上漏斗，灌入温水或其他冲洗液 1 000 ～ 2 000 ml。利用虹吸原理，高举漏斗，不待药液流尽，随即放低头部和漏斗，或用抽气筒反复抽吸，以洗出胃内容物。如此反复多次，逐渐排出胃内大部分内容物。冲洗完后，缓慢抽出胃管，解除保定。

【重要提示】

（1）操作中动物易骚动，要注意人畜安全。

（2）根据不同种类的动物，选择适宜长度和粗度的胃管。

（3）当中毒物质不明时，应抽出胃内容物送检。洗胃溶液可选用温开水或等渗盐水。

（4）洗胃过程中，应随时观察脉搏、呼吸的变化，并做好详细记录。

（5）每次灌入量与吸出量要基本相符。在动物胃扩张时，开始灌入温水使食糜膨胀，但不宜过多，以防胃破裂。瘤胃积食和瘤胃酸中毒时，宜反复灌入大量温水，方能洗出瘤胃内容物。

任务 4　阴道及子宫冲洗法

【任务目标】

知识：掌握阴道及子宫冲洗法的适应证、操作方法及注意事项。

技能：能根据动物种类和病情，正确进行阴道及子宫冲洗操作。

素质：保定动物要确实，注意安全；操作过程要认真，动作温柔，不粗暴。

【知识准备】

阴道冲洗主要是为了排出炎性分泌物，用于阴道炎的治疗。子宫冲洗用于治疗子宫内膜炎和子宫蓄脓，排出子宫内的分泌物及脓液，促进黏膜修复，以尽快恢复其生殖功能。

【任务实施】

1．阴道冲洗　先充分洗净外阴部，而后插入开膣器开张阴道，即可用洗涤器冲洗阴道。

2．子宫冲洗　充分洗净外阴部，而后插入开膣器开张阴道，再用颈管钳子钳住子宫外口左侧下壁，拉向阴唇附近，然后依次应用由细到粗的颈管扩张棒，插入颈管使之扩张，再插入子宫冲洗管。通过直肠检查确认冲洗管已插入子宫角内之后，用手固定好颈管钳子与冲洗管，然后将洗涤器的胶管连接在冲洗管上，将药液注入子宫内，边注入边排除，另一侧子宫角也同样的方法冲洗，直至排出液透明为止。

冲洗药液有：温生理盐水、5%～10%葡萄糖溶液、0.1%依沙吖啶溶液及0.1%～0.5%高锰酸钾溶液等，还可用抗生素及磺胺类制剂。

【重要提示】

（1）操作过程要认真，防止粗暴，特别是在冲洗管插入子宫内时，需谨慎、缓慢，以免造成子宫壁穿孔。

（2）不要应用强烈刺激性或腐蚀性的药物冲洗。

（3）冲洗液量不宜过大，一般500～1 000 ml即可。

（4）冲洗完后，应尽量排净子宫内残留的洗涤液。

任务5　尿道及膀胱冲洗法

【任务目标】

知识：掌握尿道及膀胱冲洗法的适应证、操作方法及注意事项。

技能：能根据动物种类和病情，正确进行尿道及膀胱冲洗操作。

素质：保定动物要确实，注意安全；操作过程要认真，动作温柔，不粗暴；节约用药。

【知识准备】

尿道冲洗和膀胱冲洗主要用于尿道炎及膀胱炎的治疗，目的是排除炎性渗出物和注入药液，促进炎症的治愈；也可用于导尿或采集尿液供化验诊断。本法对母畜操作容易，对公畜的难度较大。

【任务实施】

根据动物种类及性别使用不同类型的导尿管，公畜选用不同口径的橡胶或软塑料导尿管，母畜选用不同口径的特制导尿管。用前将导尿管放在0.1%高锰酸钾溶液或温水中浸泡5～10 min，插入端蘸液状石蜡。冲洗药液宜选择刺激性或腐蚀性小的消毒、收敛剂，常用的有生理盐水、2%硼酸、0.1%～0.5%高锰酸钾、1%～2%石炭酸、0.1%～0.2%依沙吖啶等溶液，也常用抗生素及磺胺制剂的溶液，冲洗药液温度要与体温相等。注射器与洗涤器、术者的手和母畜外阴部，以及公畜阴茎、尿道口均要清洗消毒。

1. 母畜膀胱冲洗　大动物于柱栏内站立保定，中、小动物在手术台上侧卧保定。助手将畜尾拉向一侧或吊起，术者将导尿管握于掌心，前端与食指平齐，呈圆锥形伸入阴道（大动物15～20 cm），先用手指触摸尿道口，轻轻刺激或扩张尿道口，适时插入导尿管，徐徐推进，当进入膀胱后，先排净尿液，然后用导尿管另一端连接洗涤器或注射器，注入冲洗药液，反复冲洗，直至排出的药液透明为止。最后将膀胱内药液排除。当触摸识别尿道口有困难时，可用开膣器开张阴道，即可观察到尿道口。

2. 公犬膀胱冲洗　术者左手抓住公犬阴茎，右手将导尿管经尿道外口徐徐插入尿道，并慢慢向膀胱推进。导尿管通过坐骨弓处的尿道弯曲时常发生困难，可用手指隔着皮肤向深部压迫，迫使导尿管末端进入膀胱，一旦进入膀胱内，尿液即从导尿管流出。冲洗方法与母畜膀胱冲法相同。

【重要提示】

（1）所用物品必须严格灭菌，并按无菌操作进行，以预防尿路感染。

（2）选择光滑和粗细适宜的导尿管，插管动作要轻柔，以防止粗暴操作损伤尿道及膀胱壁。

（3）插入导尿管时前端宜涂润滑剂，以防损伤尿道黏膜。

（4）对膀胱高度膨胀且又极度虚弱的病畜，导尿不宜过快，导尿量不宜过多，以防腹压突然降低引起虚脱，或膀胱突然减压引起黏膜充血，发生血尿。

讨论：

1. 不同浓度药物冲洗子宫时对子宫会有什么影响？
2. 给反刍动物洗胃时，若将瘤胃内容物全部洗出，会有什么后果？

思考与练习

1．简述洗眼与点眼操作的要点。
2．简述导胃与洗胃法的适应证、操作方法及注意事项。
3．简述阴道及子宫冲洗法的适应证、操作方法及注意事项。
4．简述尿道及膀胱冲洗法的适应证、操作方法及注意事项。

项目五　物理疗法

项目目标

掌握物理疗法的适应证、操作方法及注意事项，能根据动物种类和病情合理选择应用物理疗法。

任务1　按摩疗法

【任务目标】

知识：掌握按摩疗法的适应证、操作方法及禁忌。

技能：能根据动物种类和病情正确进行按摩操作。

素质：力度适中，频率适当。

【知识准备】

按摩是一种以机械性刺激为主的物理疗法，即术者用手或器械按压病畜患部或特定的部位（穴位），从而达到治疗疾病的目的。通过按摩可以增强病畜局部血液及淋巴液的循环，促进溢血、渗出物和纤维素的消散；改善组织的新陈代谢，促进组织的再生，提高肌肉的紧张度和收缩力；使神经麻痹恢复机能等。

按摩疗法主要用于挫伤、肌肉萎缩、神经麻痹及不全麻痹、肌炎、肌肉过劳、肌病、肌肉风湿、骨痂形成缓慢、黏液囊炎、腱鞘炎等慢性及亚急性过程。按摩疗法禁用于损伤、皮肤病、淋巴管炎、化脓性疾病、血栓性静脉炎、肿瘤及局部增温等病理过程。

【任务实施】

家畜自然站立，患部刷拭干净。术者将手洗净擦干，用滑石粉涂手（为了便于按摩）后，沿淋巴流的方向开始按摩，根据需要可采用推摩法、摩擦法、揉捏法、叩打法、颤摩法（振动法）等作用于体表，从而达到治疗或增强其生理功能的目的。

1．推摩法　用手掌或手指（对细小组织如腱）进行，先从患部周围健康部位开始，然后转移到患部，最后又回到健康部位，如此反复进行。此法最为常用，往往在按摩开始及结束时作为进行其他按摩法的预备按摩。

2．摩擦法　用手掌或手指旋转式摩擦皮肤，可向不同方向进行。指端须移动皮肤，不能只贴着皮肤滑动，最好与推摩法结合使用。

3．揉捏法　包括滚揉捏、滑揉捏、扭揉捏。

4．叩打法　用手指、手掌或空拳以及橡皮小槌等进行连续或间断的击打。

5．颤摩法（振动法）　用手或振动器进行迅速而有节奏的反复振荡。

按摩可以每天进行 1 ～ 2 次，每次 10 ～ 15 min。按摩进行的次数和手法的轻重要根据疾病的性质和疾病所处的阶段灵活掌握。

任务 2　水疗法

【任务目标】

知识：掌握水疗法的适应证、操作方法及禁忌。

技能：能根据动物种类和病情正确进行水疗操作。

素质：温度适宜，耐心细致。

【知识准备】

水疗法是利用不同温度、压力、成分的水，以不同形式作用于畜体外部进行疾病治疗的一种方法，一般包括冷疗法和温热疗法。

冷疗法主要应用在急性炎症的最早期，作用是使患部血管收缩，减少炎性渗出和炎性浸润，防止炎症扩散和局部肿胀，以及消除疼痛。主要适用于肌肉、腱、腱鞘、韧带、关节等各种急性和亚急性炎症初期。一切化脓性炎症忌用冷疗法，有外伤的部位不可用湿的冷疗法。

温热疗法的作用是使患部温度提高、血液循环旺盛，血管扩张，使细胞氧化作用增强，机体新陈代谢增强，以及局部白细胞吞噬作用加强等。临床上常用于治疗各种急性炎症的后期和亚急性炎症，如亚急性腱炎、腱鞘炎、肌炎及关节炎和尚未出现组织化脓溶解的化脓性炎症的初期。对于恶性肿瘤和有出血倾向的病例禁用温热疗法。对于有创口的炎症不宜使用湿的温热疗法。

【任务实施】

一、冷疗法

1．冷敷　用冷水把毛巾或脱脂棉浸湿，稍微拧干后敷于患部，也可用装有冷水、冰块或雪块的胶皮袋冷敷于患部，并用绷带固定。每天数次，每次 30 min。

2．冷蹄浴　用于治疗蹄、趾、指关节的疾患。让患肢站在冷水桶内浸泡，不断更换桶内冷水，每次浸泡 30 min。冷水中最好加入高锰酸钾溶液（浓度为 0.1%），以增强防腐作用。有条件时也可用自来水浇注患部或将患畜牵至小河中浸泡 30 min，同样可达到治疗目的。

二、温热疗法

1．热敷　在 40 ℃～ 50 ℃的温水中浸湿毛巾，或用温热水装入胶皮袋中，敷于患部，每天 3 次，每次 30 min。为加强热敷效果，可用热药液替代普通水，如复方醋酸铅液（醋酸铅 25 g，明矾 5 g，水 5 000 ml）、10%～ 25%的硫酸镁溶液、食醋以及中药等，均有较好的热敷效果。

2．温蹄浴　具体方法与冷蹄浴相同，只是将冷水换成 42 ℃左右的温水。

3．酒精热绷带　将 95%的酒精或白酒放在水浴中加热到 50 ℃，用棉花浸渍，趁热包裹患部，再用塑料薄膜包于其外，防止挥发，塑料薄膜外包上棉花以保持温度，最后用绷带固定。这种绷带维持治疗作用的时间可长达 10 ～ 12 h，所以每天更换一次绷带即可。

4．石蜡疗法　患部仔细剪毛，用排笔蘸 65 ℃的融化石蜡，反复涂于患部，使局部形成 0.5 cm 厚的防烫层。然后根据患部不同，适当选用以下方法：

（1）石蜡棉纱热敷法：适用于各种患部。用 4 ～ 8 层纱布，按患部大小叠好，浸于石蜡中（第一次使用时，石蜡温度为 65 ℃，以后逐渐提高温度，但最高不要超过 85 ℃），取出，挤去多余蜡液，敷于患部，外面加棉垫保温并固定之。也可把熔化的石蜡灌于各种规格的塑料袋中，密封备用。使用时，用 70 ℃～ 80 ℃水浴加热后，敷于患部，外面用绷带固定，治疗效果很好。

（2）石蜡热溶法：适用于四肢游离部。做好防烫层后，从肢端套上一个胶皮套，用绷带把胶皮套下口绑在腿上固定，把 65 ℃石蜡从上口灌入，上口用绷带绑紧，外面包上保温棉花并用绷带固定。

石蜡疗法可隔日进行一次。

任务 3　光疗法

【任务目标】

知识：掌握光疗法的适应证、操作方法及禁忌。
技能：能根据动物种类和病情正确进行光疗操作。
素质：部位准确，强度适中。

【知识准备】

光疗法是利用一些波长较短的光线照射病畜患部，以达到治疗疾病的一种方法。临床上经常用到的光疗法有紫外线疗法、红外线疗法和激光疗法。

紫外线位于可见光谱中紫色光线之外，是光疗法中应用比较广泛的一种光线。医学上常用的紫外线包括短波紫外线（波长为 200 ～ 275 nm）和中波紫外线（波长为 275 ～ 300 nm）两种，前者因具有较强的杀菌作用而被用于室内消毒，后者因其可以使皮肤内血管扩张，改善血液循环和新陈代谢而多用于治疗。常用于治疗皮肤损伤、疖、湿疹、皮肤炎、肌炎、久不愈合的创伤、溃疡、炎性浸润、风湿症、骨及关节病等。在动物患有血液性疾病和心脏代偿机能减退时禁用。

红外线位于可见光谱中红色光线之外，是不可见光，临床上用于治疗的红外线波长范围为 760 ～ 3 000 nm。在合理的剂量作用下，红外线可使局部血液循环旺盛，新陈代谢活跃，酶的活性增强，白细胞游走和吞噬作用增强，具有镇静、镇痛，促进炎性产物的吸收和排出，以及促进创面肉芽和上皮组织生长等作用。多用于治疗亚急性和慢性炎症过程，如创伤、挫伤、溃疡、湿疹、神经炎及风湿症等。对急性炎症、肿瘤、血栓性静脉炎等禁用。

由于激光具有方向性好、单色性强、亮度高和相干性好的特性，所以在医学临床中主要用来治疗疾病，激光疗法已引起临床学家的重视。激光对生物体的作用主要表现在热效应、光化效应、压强效应及电磁场效应四个方面，并且因激光器的种类和输出功率不同，它对活组织的作用也不同。目前在兽医临床上常用的激光器有低功率的氦－氖激光治疗机和中等功率、大功率的二氧化碳激光治疗机。

1．氦－氖激光治疗机　其治疗作用有提高机体免疫机能及防御适应能力，刺激组织再生和修复，生物刺激和调节以及消炎镇痛。临床上用于治疗创伤、挫伤、溃疡、烧伤、脓肿、疖、蜂窝织炎、关节炎、湿疹、睾丸炎、奶牛疾病性不育症（如卵巢机能不全、卵泡囊肿、黄体囊肿、持久黄体、卡他性及化脓性子宫内膜炎）、乳房炎、阴道炎、阴道脱垂等，还用于激光麻醉。

2．二氧化碳激光治疗机　常用小功率的二氧化碳激光（10 W 以下）扩焦照射，可使局部组织血管扩张，血液循环加快，新陈代谢旺盛，同时具有刺激、消炎、镇痛和改善局部组织营养之功能。临床上用于治疗化脓创，溃疡，褥疮，慢性肌炎及仔猪黄痢、白痢，羔羊下痢，犊牛、驹下痢及消化不良，奶牛腹泻、瘤胃迟缓，马的胃肠卡他、肠闭结等。高功率的二氧化碳激光（30 W 以上）主要利用其“破坏”作用，用于手术切割和气化，如利用它切除奶牛乳房的乳头状瘤以及其他部位的肿瘤。

另外，二氧化碳激光经聚焦后，其光点处能量高度集中，在极短的时间内可使局部产生高温，组织凝固、脱水和组织细胞被破坏，从而达到烧灼、止血的作用。

【任务实施】

一、紫外线疗法

紫外线疗法可分为全身照射和局部照射，临床上多用局部照射。照射前，要先清除患部的污垢、痂皮、脓汁等。照射时，紫外线灯距患部 50 cm，第一次照射 5 min，以后每天增加 5 min，连用 5 d，但是最长时间不能超过 30 min。另外，要用防护面罩保护动物的眼睛，操作人员也应戴上黑色防护眼镜。

目前在临床上常用的紫外线治疗器械有水银石英灯（水英弧光灯）、氩气水银石英灯以及冷光水银石英灯。

二、红外线疗法

红外线疗法可选用太阳灯或红外线灯作为红外线光源。操作时，确实保定动物，把灯光对准治疗部位，灯头距体表 60 ～ 100 cm，调节距离使光线照射处的体表温度为 45 ℃。每天进行 1 ～ 2 次，每次 20 ～ 40 min。

三、激光疗法

激光治疗中最常用的一种方法就是照射法，可根据照射部位的不同，分为局部照射（患部照射）、穴位照射和神经经络照射。

1．局部照射（患部照射）　是将激光直接对准病变部位进行照射，治疗各种疾病的一种常见方法。

2．穴位照射　是将激光聚焦或用光纤对准病畜某些穴位进行照射，又叫激光针灸。

3．神经经络照射　是将激光束进行聚焦后或用原来的光束或用光纤，对准某一神经经络进行照射。如氦－氖激光照射马、牛、羊、猪及犬的正中神经及胫神经，持续 20 ～ 30 min，即可达到麻醉的目的。

采用激光治疗疾病时，应将激光器射出窗口到照射部位之间的距离控制在 50 ～ 100 cm，每天 1 次，每次的照射时间为 10 ～ 20 min（二氧化碳激光烧灼每次 0.5 ～ 1.0 min），连续 10 ～ 14 d 为一个疗程，连续两个疗程之间应间隔一周为宜。

【重要提示】

（1）操作过程中病畜要确实保定，激光器要合理放置，操作人员应戴防护眼镜，以确保人、畜、机的安全。

（2）在照射前，创面应用生理盐水清洗干净，除去污物，创缘周围剪毛；穴位应剪毛，除去污垢，拭净，并以龙胆紫标记。

（3）激光束（光斑）与被照射部位尽量垂直，使光斑呈圆形，准确地照射在病变部位或穴位上，若不便直接照射穴位，可通过光纤使激光垂直照射在治疗部位。

（4）照射时间是指激光准确地照射在被照射部位的时间，若因病畜移动使光斑移开，此段时间不能包括在照射时间内。

（5）二氧化碳激光照射器进行照射时，需采用扩焦照射，照射距离为 50 ～ 100 cm，以局部皮肤有适宜的温热感为宜，不要使其过热，以免烫伤病畜。若为了达到烧灼的目的，那么必须采用聚焦照射且越接近焦点越好。

（6）激光器应该严格按照生产厂家所提供的说明书上的使用操作方法和注意事项进行操作，以免发生意外。

（7）激光器一般可连续工作 4 h 以上，不必中途关机。

任务4　烧烙疗法

【任务目标】

知识：掌握烧烙疗法的适应证、操作方法及注意事项。

技能：能根据动物种类和病情，正确进行烧烙疗法的操作。

素质：保定动物要确实，注意安全；操作过程要认真，避免被烫伤。

【知识准备】

烧烙疗法主要用于慢性炎症的治疗，特别是对慢性骨和关节的疾病如慢性骨化性骨膜炎、跗关节内肿等，疗效较好。烧烙疗法也可以用于外科手术过程中的烧烙止血或烧烙组织等。

【任务实施】

1．直接烧烙　病畜停食 8 h 后，将其横卧保定，术者手持烧至半红的刀状烙铁，在患部进行烧烙。先烧掉毛，再由轻到重，边烙边喷醋，至皮肤烙至呈焦黄色为度。烙后防止啃咬和感染。

2．间接烧烙　病畜站立保定，将浸醋的棉纱垫固定于穴位上，然后用烧至半红的烙铁反复在棉垫上烙熨，每穴烙 10 min，其间应不断加醋，以免将棉纱垫烧焦。若不见愈，1 周后可重复烧烙。

讨论：

1. 如何看待物理疗法与药物疗法的辩证关系？
2. 在日常生活中，有哪些物理疗法的例子？

思考与练习

1． 简述按摩疗法的要点。

2． 简述水疗法的适应证、操作方法及注意事项。

3． 简述光疗法的适应证、操作方法及注意事项。

项目六　特异疗法

熟悉特异疗法的种类、适应证、操作方法及注意事项，能根据现场实际合理选择和应用特异疗法。

任务1　瘤胃内容物疗法

【任务目标】

知识：掌握瘤胃内容物疗法的适应证、操作方法及注意事项。

技能：能根据动物病情正确进行瘤胃内容物疗法的操作。

素质：保定动物要确实，注意安全；操作过程要认真，不粗暴。

【知识准备】

反刍兽瘤胃的消化机能，主要靠瘤胃中大量微生物群的作用。饲料进入瘤胃后，由微生物群发酵、分解，引起各种各样的生物化学反应而完成。

健康牛在正常饲养条件下，瘤胃内容物的微生物具有高度活性。当消化障碍时，其微生物群减少，或作用力降低。此时将健康牛的具有高度活性微生物群的瘤胃内容物取出，注入病牛胃内，可增加病牛瘤胃内微生物群及其活性，因而使病牛瘤胃发酵旺盛，促进分解、合成及吸收功能，恢复瘤胃的消化功能，借此达到治疗某些疾病的目的。

瘤胃内容物疗法主要用于治疗前胃弛缓、瘤胃积食、瘤胃臌气、酮血症、乳热、乳酸过多症、瘤胃腐败症、饥饿等，此外，也可用于由瘤胃微生物群障碍而引起的疾病。

【任务实施】

（1）准备横木开口器、橡胶胃管（长 2.5 m，直径 1.5 ～ 2.0 cm，前端 40 cm 长部位上有直径 5 mm 的小孔多个）、吸引唧筒、3 ～ 5 L 玻璃瓶。

（2）牛于柱栏内站立保定，头部不能过高。

（3）装横木开口器。

（4）胃管前端涂润滑剂，然后通过横木开口器的圆孔插入胃管至胃内，进入胃内时可排出气体。

（5）胃管末端接上吸引唧筒抽取，胃内容物可逆流进入采液瓶中。抽取过程中如前端堵塞，可前后抽动胃管或用力吹入空气。如用于诊断一般采集 100 ～ 200 ml，用于治疗时采集 3 ～ 5 L 或更多。

（6）将采出的健康牛的胃内容物经胃管或直接经口投入病牛胃内。根据病情每天一次，一次量为 3 ～ 5 L 或更多。或取一只羊的新鲜瘤胃内容物，用 40 ℃生理盐水约 3 L 稀释过滤，给病牛灌服。

【重要提示】

（1）供给胃液牛要选择同一环境、同一饲料的饲养条件的健康牛。这是因它的微生物群相同，到病牛胃内活性不减，继续增殖而发挥作用。

（2）有条件时最好对供给胃液牛进行 pH 值、原虫数及活性度的检查。

（3）根据病情可并用其他药物进行对因和对症治疗。

（4）投给胃内容物后，要给予优质的干草、青草或青贮饲料等，以增强瘤胃内微生物群的活性。

任务 2　乳房送风疗法

【任务目标】

知识：掌握乳房送风疗法的适应证、操作方法及注意事项。

技能：能根据动物病情正确进行乳房送风疗法的操作。

素质：保定动物要确实，注意安全；操作过程要认真，不粗暴 。

【知识准备】

乳房送风即向乳房内注入清洁空气，是治疗牛产后瘫痪最有效和最简单的疗法，尤其适用于对补钙疗法反应不佳或复发的病例。但要注意注入空气的量，以乳房皮肤紧张，乳腺基部边缘清楚，叩之呈鼓音为宜。空气过量会使腺泡破裂，空气不足则无疗效。

乳房内送入空气后，刺激乳腺内的神经末梢，传至大脑，可提高其兴奋性，消除其抑制状态；其次可增加乳房内的压力，压迫乳房血管，减少乳房的血流量，因此全身血流量增加，使血钙的含量不再减少。乳房送风对因血钙、血磷降低而导致的生产瘫痪有很好的治疗效果。

【任务实施】

（1）用 0.1%新洁尔灭溶液消毒乳房，拭干。

（2）将乳房内乳汁挤尽，再用酒精棉球消毒乳头孔。

（3）将乳房送风器的金属筒内放入消毒纱布或脱脂棉。

（4）将消毒过的乳导管涂凡士林后徐徐插入乳池内。

（5）连接送风器，手握橡皮球徐徐打气。打入空气量以乳房皮肤紧张，基部边缘轮廓清楚为准，此时用手指弹敲乳房呈鼓音。

（6）取出乳导管，轻柔捏挤乳头，并用纱布条轻轻扎住乳头，以防止空气外溢，过 1 h 后解除放气。

（7）送风后用青霉素生理盐水 200 ml 分别经乳头注入 4 个乳房内，防止发生炎症。

【重要提示】

（1）要严格消毒，以防引起乳腺感染。

（2）注入 4 个乳池内的空气量一定要掌握好，量少不起作用，过量可使乳腺腺泡破裂而影响泌乳。

任务 3　安乐死术

【任务目标】

知识：掌握安乐死术的适应证、操作方法及注意事项。

技能：能根据动物病症选择合理的安乐死术。

素质：用药合理，操作熟练 。

【知识准备】

安乐死术是对无治疗价值或预后不良的严重病例采取简便而无痛苦的方法致死，可以减少治疗过程中不必要的浪费，同时也能减少犬、猫主人的痛苦心情。对凶猛犬、猫，可先使用 846 合剂、乙酰丙嗪、氯丙嗪等镇静药，使其安静，再施安乐死术。

【任务实施】

一、饱和硫酸镁法

硫酸镁的使用浓度约为 40 g/100 ml，以 1 ml/kg 体重的剂量快速静脉注射，可不出现挣扎而迅速死亡。这是因为镁离子具有抑制中枢神经系统快速意识丧失和直接抑制延髓呼吸中枢及血管运动中枢的作用，同时还有阻断末梢神经与骨骼肌接合部的传导使骨骼肌弛缓的作用。

二、戊巴比妥钠法

用 5% 戊巴比妥钠注射液以 1.5 ml/kg 体重的剂量快速静脉注射即可。幼犬、猫静脉注射困难时，可用同等剂量施以腹腔内注射。建议剂量为体重在 4.5 kg 以内用 2 ml，体重每加 4.5 kg，再追加 1 ml。本品投予上述剂量，因深麻醉而引起意识丧失，呼吸中枢抑制及呼吸停止，导致心脏立即停止跳动。这期间，动物由兴奋而变成嗜睡乃至死亡，术者及主人无须紧张。

三、氯化钾法

用 10% 氯化钾溶液以 0.3 ～ 0.5 ml/kg 体重剂量快速静脉注射即可。钾离子在血中浓度增高，可导致心动过缓、传导阻滞及心肌收缩力减弱，最后抑制心肌使心脏突然停搏而致死。但动物在死前，常有剧烈痛苦、挣扎现象，国外一般不用氯化钾做安乐死术。

四、吸入法

1．处死箱－二氧化碳（钠瓶或干冰） 二氧化碳浓度要高（至少 40%，最好 70%）。根据二氧化碳释放的方式和箱内的浓度，犬和猫可能出现某种程度的应激状态。在将动物置入箱内前先充气能改善效果。本法尤其适用于猫，当浓度大于 60% 时，猫于 90 s 内丧失知觉，并于 5 min 内死亡。

2．处死箱或面罩－氟烷或甲氧氟烷 这些药物可用于幼犬、小猫或难于保定的猫。

任务 4 灌肠法

【任务目标】

知识：掌握灌肠法的适应证、操作方法及注意事项。

技能：能根据动物种类和病情正确进行灌肠操作。

素质：保定动物要确实，注意安全；操作过程要轻柔，不粗暴。

【知识准备】

灌肠法是指向直肠内注入大量的药液、营养液或温水，直接作用于肠黏膜，使药液、营养液被吸收或排出宿粪，以及除去肠内分解产物与炎性渗出物，达到疾病治疗的目的。

【任务实施】

一、浅部灌肠法

灌肠时，将动物站立保定好，助手把尾拉向一侧。术者一手提盛有药液的灌肠用吊筒，另一手将连接吊筒的橡胶管徐徐插入肛门 10 ～ 20 cm，然后高举吊筒，使药液流入直肠内。灌肠后使动物保持安静，以免引起排粪动作而将药液排出。对以人工营养、消炎和镇静为目的的灌肠，在灌肠前应先把直肠内的宿粪取出。

二、深部灌肠法

1．保定　将病牛在柱栏内确实保定，用绳子吊起尾巴。

2．麻醉　为使肛门括约肌及直肠松弛，可施行后海穴封闭，即以 10 ～ 12 cm 长的封闭针头，与脊柱平行地向后海穴刺入 10 cm 左右，注射 1%～2%普鲁卡因溶液 20 ～ 40 ml。

3．塞入塞肠器。

木制塞肠器长 15 cm，前端直径为 8 cm，后端直径为 10 cm，中间有直径 2 cm 的孔道器，后端装有两个铁环，塞入直肠后，将两个铁环拴上绳子，系在颈部的套包或夹板上。

球胆制塞肠器，将带嘴的排球胆剪两个相对的孔，中间插一根直径 1 ～ 2 cm 的胶管，然后再用胶粘合，胶管的一端露出 5 ～ 10 cm，朝向牛头一端露出 20 ～ 30 cm，连接灌肠器。塞入直肠后，由原球胆嘴向球胆内打气，胀大的球胆堵住直肠膨大部，即自行固定。

4．灌水　将灌肠器的胶管插入木制塞肠器的孔道内，或与球胆制塞肠器的胶管相连接，缓慢地灌入温水或 1%温盐水 10 000 ～ 30 000 ml。灌水量的多少依据便秘的部位而定。灌肠开始时，水进入顺利，当水到达结粪阻塞部位时则流速缓慢，甚至随病畜努责而向外返流，以后当水通过结粪阻塞部，继续向前流时，水流速度又见加快。如病畜腹围稍增大，并且腹痛加重，呼吸增数，胸前微微出汗，则表示灌水量已经适度，不要再灌。灌水后，经 15 ～ 20 min 取出塞肠器。

如无塞肠器，术者也可用双手将插入肛门内的灌肠器的胶管连同肛门括约肌一起捏紧固定。但此法不可预先做后海穴麻醉，以免肛门括约肌弛缓，不易捏紧。尾巴也不必吊起或拉向一侧，而是任其自然下垂，避免动物努责时，水喷在术者身上。在灌肠过程中，如动物努责，可让助手在动物前方摇晃鞭子，吸引其注意力，以减少努责。唧筒式灌肠器和唧筒式灌肠法分别如图 3.3 和图 3.4 所示。

图 3.3　唧筒式灌肠器

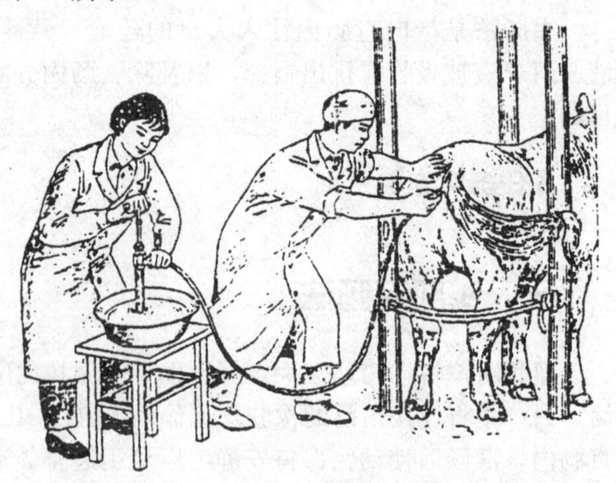

图 3.4　唧筒式灌肠法

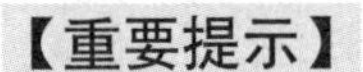

【重要提示】

（1）直肠内存有蓄粪时，按直肠检查要领取出，再进行灌肠。

（2）避免粗暴操作损伤肠黏膜或造成肠穿孔。

（3）溶液注入后由于排泄反射，易被排出，应用手压迫尾根和肛门或于注入溶液的同时，用手指刺激肛门周围，也可通过按摩腹部减少排出。

思考与练习

1．简述瘤胃内容物疗法的原理、适应证、操作方法及注意事项。

2．简述乳房送风法的适应证、操作方法及注意事项。

3．简述灌肠法在兽医临床上的应用及注意事项。

模块四　临床给药疗法

项目一　注射给药法

了解注射给药的种类和用途，熟悉注射给药的注意事项，掌握不同动物注射给药的操作要领；能根据病畜种类和病情正确选择注射方法。

任务 1　注射器使用与药液抽吸

【任务目标】

知识：掌握注射用品的种类、要求及药物抽吸方法和注射给药注意事项。
技能：能根据药物的制剂类型正确抽吸药液。
素质：科学选择合适的针头与注射器。

【知识准备】

注射给药法是使用无菌注射器或输液器将药液直接注入动物体组织内、体腔或血管内的给药方法。注射给药法是临床治疗上最常用的技术，具有避免胃肠内容物的影响、给药量小、确实、见效快等优点。

1．注射器和针头　动物用注射器按材料分为玻璃制（图 4.1）、金属制、塑料制、塑钢制等；按其容量分为 1 ml、2.5 ml、5 ml、10 ml、20 ml、30 ml、50 ml、100 ml 等规格。大量输液时使用容量较大的输液瓶。此外，还有装甲注射器、连续注射器（图 4.2）、远距离吹管注射器等用于特殊用途的注射器。注射器由针管和活塞两部分组成。注射针头按其内径大小及长短分为不同型号，主要有 4、4 1/2、5、5 1/2、6、6 1/2、7、8、9、12、16、20 号等规格。针头由针尖、针梗、针栓三部分组成。

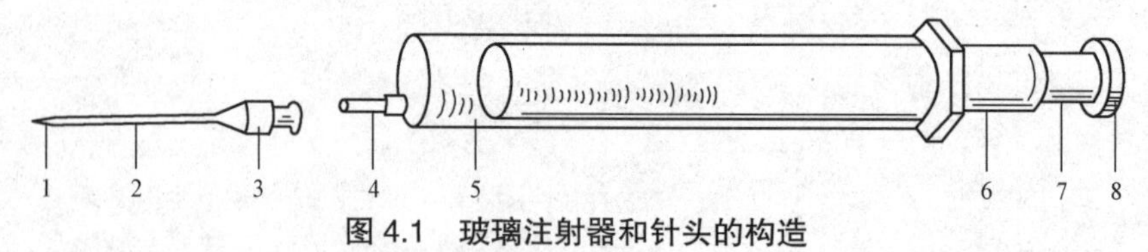

图 4.1　玻璃注射器和针头的构造

1．针尖；2．针梗；3．针栓；4．乳头；5．空筒；6．活塞；7．活塞轴；8．活塞柄使用时应按动物的种类、注射方法和剂量的不同，选择合适的注射器与针头。并应检查注射器有无破损，针头和针管、活塞是否适合，金属注射器的橡胶垫是否老化，松紧度的调节是否适宜，针尖是否锐利、通畅，与注射器的连接是否严密等。所有注射器械在使用前必须清洗干净并进行消毒（煮沸或高压蒸汽灭菌）。塑料制注射器为一次性使用。

图 4.2　连续注射器

2．注射药品　消毒药为 2% ～ 5% 碘酊、70% ～ 75% 乙醇等；注射用药根据实际处方准备。

3．注射盘　常规放置下列物品：无菌持物钳、皮肤消毒液（2%碘酊和 70%乙醇）、棉签或乙醇棉球、静脉注射用的止血带和止血钳。

【任务实施】

1．自安瓿内吸取药液的方法　将安瓿尖端药液弹至体部，用乙醇棉球消毒安瓿颈部，然后用砂轮在安瓿颈部划一锯痕，再次消毒，折断安瓿。将针头斜面向下放入安瓿内液面之下，抽动活塞吸药。吸药时手持针栓柄，不可触及针栓其他部位（图 4.3）。

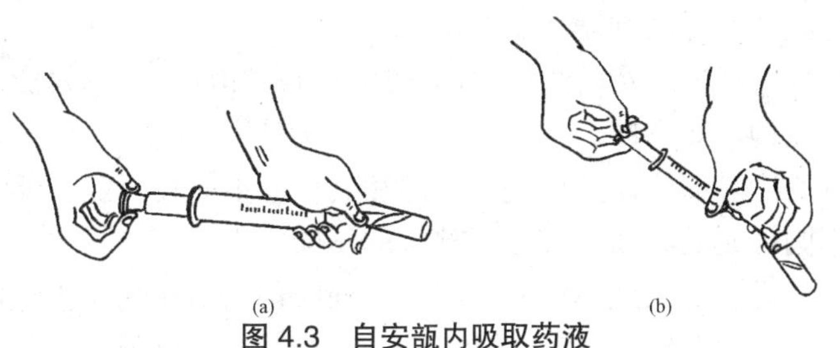
(a)　(b)
图 4.3　自安瓿内吸取药液
（a）自小安瓿内吸取药液；（b）自大安瓿内吸取药液

抽毕，将针头垂直向上，轻拉针栓，使针头中的药液流入注射器内，使气泡聚集在乳头处，轻推针栓，驱出气体。如注射器乳头位于一侧，排气时将乳头稍倾斜，使气泡集中在乳头根部，用上述方法驱出气体。将安瓿套在针头上备用。

2．自密封瓶内吸取药液的方法　除去铝盖中心部分，用 2%碘酊、70%乙醇棉签消毒瓶盖，将针头插入瓶内，注入与所需药量等量的空气，以增加瓶内压力，避免形成负压。倒转药瓶及注射器，使针尖在液面以下，吸取所需药量。再以食指固定针栓，拔出针头，排尽空气（图 4.4）。

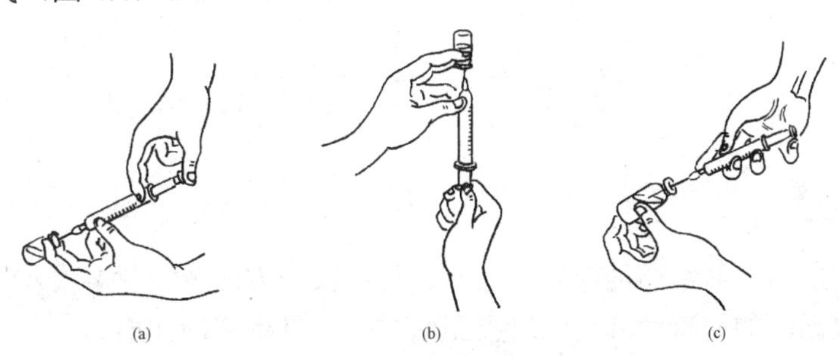
(a)　(b)　(c)
图 4.4　自密封瓶内吸取药液
（a）把空气注入瓶内；（b）倒转瓶抽吸药液；（c）按住针栓拔出针头

3．吸取结晶、粉剂或油剂药物的方法　用无菌生理盐水或注射用水或专用溶媒将结晶、粉剂药物溶解，待充分溶解后吸取。如为混悬液，应先摇匀再吸药。油剂可先用双手对搓药瓶后再抽吸。油剂及混悬液抽吸时应选用稍粗的针头。

【重要提示】

（1）应按动物的种类、注射方法和剂量的不同，选择合适的注射器与针头。并应检查注射器有无破损，针头和针管、活塞是否适合，金属注射器的橡胶垫是否老化，松紧度的调节是否适宜，针尖是否锐利、通畅，与注射器的连接是否严密等。所有注射器械在使用前都必须清洗干净并进行消毒（煮沸或高压蒸汽灭菌）。塑料制注射器为一次性使用。

（2）严格遵守无菌操作原则，防止感染。注射前须洗手、戴口罩。对被毛浓厚的动物，可先剪毛。用棉球蘸 2%碘酊消毒注射部位，以注射点为中心向外螺旋式旋转涂擦，待碘酊干后，用 70%乙醇以同法脱碘，待干后方可注射。

（3）认真执行查对制度，做好“三查七对”。三查：操作前查、操作中查和操作后查；七对：核对畜主姓名、动物、药名、剂量、浓度、时间、用法。

（4）检查药液质量。如药液变色、沉淀、浑浊，药物有效期已过或安瓿有裂缝，均不能使用。多种药物混合注射时则需注意配伍禁忌。

（5）根据药液量、黏稠度及刺激性强弱选择注射器和针头。注射器须完好无损、不漏气。针头应锐利、无钩、无弯曲。注射器和针头衔接紧密。

（6）选择合适的注射部位，防止损伤神经和血管，不能在炎症、硬结、瘢痕及皮肤病处进针。应注意不同种属的动物，其注射部位的不同。

（7）注射药物按规定时间现配现用，临用时抽取，以防药物效价降低或污染。

（8）注射前须排尽注射器内空气，以防空气进入形成空气栓子。排空时应防止浪费药物。

（9）进针后，推进药液前，应抽动活塞，检查有无回血。静脉注射时须见有回血方可注入药液。皮下、肌内注射时，如发现回血，则应拔出针头重新进针，切不可将药液注入血管内。

（10）运用无痛注射技巧。首先要分散动物的注意力，采取适当的体位，使肌肉松弛，注射时做到“二快一慢”，即进针和拔针快，推注药液慢，但对骚动不安的动物应尽可能在短时间内注射完毕。对刺激性强的药物，针头宜粗长，进针宜深，以防疼痛和形成硬结。同时注射多种药物时，先注射无刺激性或刺激性弱的药物，后注射刺激性强的药物。如注射一种药物量大时，应采取分点注射。

任务 2　皮内注射

【任务目标】

知识：掌握皮内注射给药的应用、注射部位、操作方法及注意事项。

技能：能根据药物的特性和动物种类正确并熟练进行皮内注射。

素质：保定动物要确实，注意安全；操作过程要轻柔，不粗暴；节约用药。

【知识准备】

皮内注射是将药液注入表皮与真皮之间的注射方法，主要用于诊断，如牛提纯结核菌素变态反应、青霉素过敏试验等。

一、适用范围

皮内注射与其他治疗性注射相比，其药液的注入量少，所以不用于治疗。主要用于某些疾病的变态反应诊断，如牛结核、副结核、牛肝蛭病、马鼻疽等，或做药物过敏试验，以及炭疽疫苗、绵羊痘苗等的预防接种。一般仅在皮内注射药液、疫苗或菌苗 0.1 ～ 0.5 ml。

二、注射前准备

小容量注射器或 1 ～ 2 ml 特制的注射器与短针头。

三、注射部位

根据不同动物可选在颈侧中部或尾根内侧。

【任务实施】

（1）按常规消毒，排尽注射器内空气。

（2）左手绷紧注射部位，右手持注射器，针头斜面向上，与皮肤成 5° 刺入皮内（图 4.5）。

（3）待针头斜面全部进入皮内后，左手拇指固定针柱，右手推注药液，局部可见一半球形隆起，俗称“皮丘”。

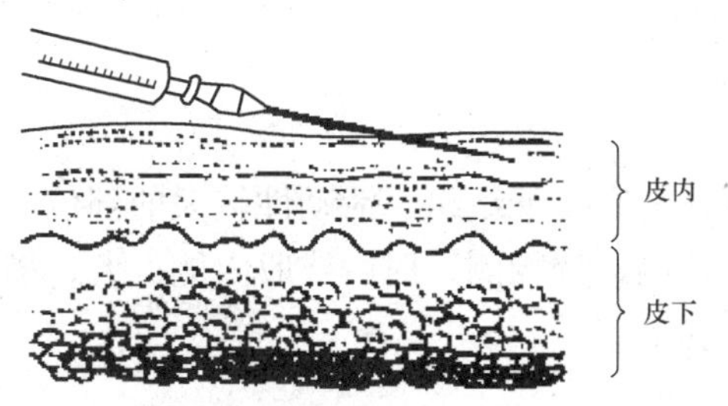

图 4.5　皮内注射的进针角度

（4）注毕，迅速拔出针头，术部轻轻消毒，但应避免压挤局部。

注射正确时，可见皮丘，推药时感到有一定的阻力，如误入皮下则无此现象。

【重要提示】

（1）注射部位一定要认真判定准确无误，否则将影响诊断和预防接种效果。

（2）进针不可过深，以免刺入皮下。

（3）拔出针头后注射部位不可用棉球按压揉擦。

任务3　皮下注射

【任务目标】

知识：掌握皮下注射给药的应用、注射部位、操作方法及注意事项。
技能：能根据药物的特性和动物种类正确并熟练进行皮下注射。
素质：操作规范，药物选择正确。

【知识准备】

皮下注射是将药物注射到皮下结缔组织内，经毛细血管、淋巴管吸收进入血液，以发挥药效，而达到防治疾病的目的。

一、适用范围

凡是易溶解、无强刺激性的药品及疫苗、菌苗、血清、抗蠕虫药（如伊维菌素）等，某些局部麻醉，不能口服或不宜口服的药物，以及要求在一定时间内发生药效时，均可做皮下注射。

二、注射前准备

根据注射药量多少，可用2 ml、5 ml、10 ml、20 ml、50 ml的注射器及相应针头。当抽吸药液时，先将安瓿封口端用酒精棉球消毒，并随时检查药品名称及质量。

三、注射部位

注射多选在皮肤较薄、富有皮下组织、活动性较大的部位。大动物多在颈部两侧；猪在耳根后或股内侧；羊在颈侧、背胸侧、肘后或股内侧；犬、猫在背胸部、股内侧、颈部和肩胛后部；禽类则选在翼下。

【任务实施】

1．药液的吸取　首先用酒精棉球消毒盛药液的瓶口，然后用砂轮切掉瓶口的上端，再将连接在注射器上的注射针插入安瓿的药液内，慢慢抽拉内芯。当注射器内混有气泡时，必须排出。此时注射针要安装牢固，以免脱掉。

2．消毒　注射局部首先进行剪毛、清洗、擦干，除去体表污物。注射时，要切实保定患畜，对术者的手指及注射部位进行消毒。

3．注射　注射时，术者左手中指和拇指捏起注射部位的皮肤，同时用食指尖下压使其呈皱褶陷窝，右手持连接针头的注射器，针头斜面向上，从皱褶基部陷窝处与皮肤成

30°～40°（图 4.6），刺入针头的 2/3，并根据动物体型的大小，适当调整进针深度，此时如感觉针头无阻抗，且能自由活动针头，左手把持针头连接部，右手抽吸无回血即可推压针筒活塞注射药液。如需注射大量药液，则应分点注射。注射完毕后，左手持干棉球按住刺入点，右手拔出针头，局部消毒。必要时可对局部进行轻轻按摩，促进吸收。当要注射大量药液时，应利用深部皮下组织注射，这样可以延缓吸收并能辅助静脉注射。

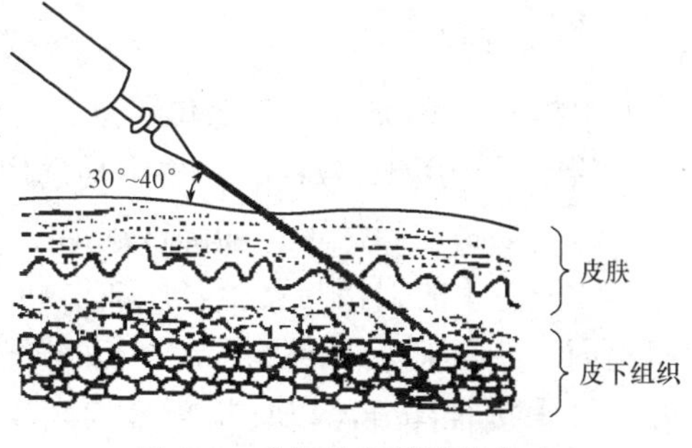

图 4.6　皮下注射的进针角度

【重要提示】

刺激性强的药品不能做皮下注射，特别是对局部刺激较强的钙制剂、砷制剂、水合氯醛及高渗溶液等，易诱发炎症，甚至组织坏死。

任务 4　肌内注射

【任务目标】

知识：掌握肌内注射给药的应用、注射部位、操作方法及注意事项。
技能：能根据药物的特性和动物种类正确并熟练进行肌内注射。
素质：树立无菌观念，正确选择药物。

【知识准备】

一、适用范围

肌肉内血管丰富，药液注射于肌肉内吸收较快。由于肌肉内的感觉神经较少，疼痛轻微，因此，刺激性较强和较难吸收的药液，进行血管内注射而有副作用的药液，油剂、乳剂等不能进行血管内注射的药液，为了缓慢吸收、持续发挥作用的药液等，均可采用肌内注射。但由于肌肉组织致密，仅能注射较少量的药液。

二、注射部位

大动物与犊、驹、羊、犬等多在颈侧及臀部；猪在耳根后、臀部或股内侧（图 4.7）；禽类在胸肌部或大腿部。但应避开大血管及神经径路的部位。

图 4.7　猪的肌内注射部位

【任务实施】

根据动物种类和注射部位不同，选择大小适当的注射针头，犬、猫一般选用 7 号针头，猪、羊选用 12 号针头，牛、马选用 16 号针头。

（1）动物适当保定，局部常规消毒处理。

（2）左手的拇指与食指轻压注射局部，右手持注射器，使针头与皮肤垂直，迅速刺入肌肉内。一般刺入 2 ～ 3 cm，小动物刺入深度酌减，尔后用左手拇指与食指握住露出皮外的针头接合部分，以食指指节顶在皮上，再用右手抽动针管活塞，观察无回血后，即可缓慢注入药液。如有回血，可将针头拔出少许再行试抽，直至见无回血后方可注入药液。注射完毕，用左手持酒精棉球压迫针孔部，迅速拔出针头。

【重要提示】

（1）肌内注射由于吸收缓慢，能长时间保持药效，维持血药浓度。

（2）肌肉比皮肤感觉迟钝，因此注射具有刺激性的药物不会引起剧烈疼痛，但强刺激性药物如钙制剂、浓盐水等不宜做肌内注射。

（3）由于动物的骚动或操作不熟练，注射针头或玻璃或塑料注射器的接合头易折断。

（4）长期进行肌内注射的动物，注射部位应交替更换，以减少硬结的发生。

任务 5　静脉注射

【任务目标】

知识：掌握静脉注射给药的应用、准备、操作方法及注意事项。

技能：能根据药物的特性和动物种类正确并熟练进行静脉注射。

素质：正确对待病畜，合理选择用药。

【知识准备】

静脉注射是将药液注入静脉内或利用液体静压将一定量的无菌溶液、药液或血液直接滴入静脉的方法，是临床治疗和抢救病畜的重要手段。药液直接注入脉管内，随血液分布全身，药效快，作用强，注射部位疼痛反应较轻。但药物代谢较快，作用时间较短。药物直接进入血液，不会受到消化道及其他脏器的影响而发生变化或失去作用。病畜能耐受刺激性较强的药液，如钙制剂、水合氯醛、10%氯化钠溶液、九一四等，以及容纳大量的输液和输血。

一、适用范围

静脉注射适用于大量输液、输血；或以治疗为目的的如急救、强心等急需速效的药物；或注射药物有较强的刺激作用，又不能皮下、肌内注射，只能通过静脉注射才能发挥药效。

二、注射前的准备

（1）静脉注射的用品包括注射盘、注射器及针头、瓶套、开瓶器、止血带、血管钳、胶布、剪毛剪、无菌纱布、药液、输液卡、输液架。

（2）根据注射用量可备 50 ～ 100 ml 注射器及相应的注射针头或连接乳胶管的针头。大量输液时则应分别使用 250 ml、500 ml、1 000 ml 输液瓶，并以乳胶管连接针头，在乳胶管中段装以滴注玻璃管或乳胶管夹子，以调节滴数，掌握其注入速度。采用一次性输液器则更为方便。

（3）注射药液的温度要尽可能地接近体温。使用输液瓶时，输液瓶的位置应高于注射部位。

【任务实施】

1．牛的静脉注射

（1）颈静脉注射法。

①保定。

②消毒。

③注射者用左手压迫颈静脉的近心端（靠近胸腔入口处），或者用绳索勒紧颈下部，使静脉回流受阻而怒张。确定注射部位后（颈静脉的下 1/3 与中 1/3 的交界处的颈静脉上，图 4.8），右手持针头用力迅速地垂直刺入皮肤（因牛的皮肤很厚，不易穿透，最好借助腕力奋力刺入）及血管，若见到有血液流出，表明已将针头刺入颈静脉中，再沿颈静脉走向稍微向前送入，固定好针头后，连接注射器或输液瓶的胶管，即可注入药液。

图 4.8　牛的静脉注射部位

④注射完毕，一手拿灭菌棉球紧压针孔处，另一手迅速拔针并按压片刻。

（2）尾静脉注射法。

①保定。

②消毒。

③注射者一手举起牛尾，使它与背中线垂直，另一手持注射器在尾腹侧中线，垂直于尾纵轴进针至针头稍微触及尾骨（在近尾根的腹中线处进针，部位根据动物大小不同而变化，一般距肛门 10 ～ 20 cm）。抽吸注射器判断有无回血，如有回血即可注射药液或采血。如果无回血，可将针稍微退出 1 ～ 5 mm，并再次用上述方法鉴别是否刺入。

④注射完毕，一手拿灭菌棉球紧压针孔处，另一手迅速拔针并按压片刻。

⑤牛的尾静脉注射法适用于小剂量的给药和采血，可代替颈静脉穿刺法，且尾部抽血可减轻患牛的紧张程度，避免牛吼叫和过度保定，操作简便快捷。

2．犬的静脉注射

（1）前臂皮下静脉（也称头静脉）注射法：此静脉位于前肢腕关节正前方稍偏内侧。犬可侧卧、伏卧或站立保定，助手或犬主人从犬的后侧握住犬的肘部，使皮肤向上牵拉和静脉怒张，也可用止血带或乳胶管结扎，使静脉怒张。操作者位于犬的前面，注射针由近腕关节 1/3 处刺入静脉，当确定针头在血管内后，针头连接管处见到回血，再顺静脉管进针少许，以防犬骚动时针头滑出血管；松开止血带或乳胶管，即可注入药液，并调整输液速度。静脉输液时，可用胶布缠绕固定针头（图 4.9）。注射完毕，以干棉签或棉球按压穿刺点，迅速拔出针头，局部按压或嘱畜主按压片刻，防止针孔出血。

（2）后肢外侧小隐静脉注射法：此静脉位于后肢胫部下 1/3 的外侧浅表皮下，由前斜向后上方，易于滑动。注射时，使犬侧卧保定，局部剪毛消毒。用乳胶带绑在犬股部，或由助手用手紧握股部，使静脉怒张。操作者位于犬的腹侧，左手从内侧握住下肢以固定静脉，右手持注射针由左手指端处刺入静脉（图 4.10）。

图 4.9　犬的前臂皮下静脉注射

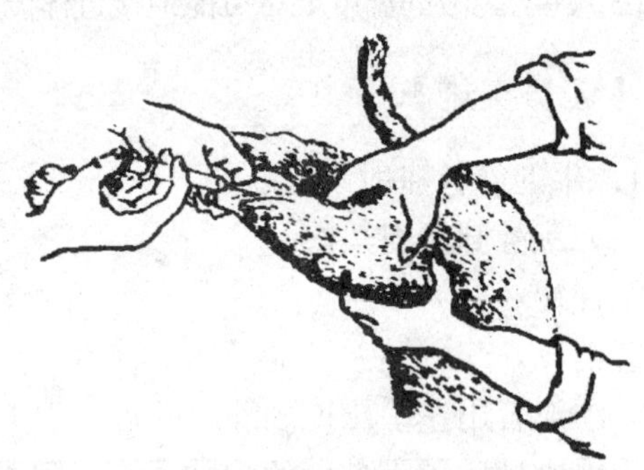

图 4.10　犬的后肢外侧小隐静脉注射

（3）后肢内侧面大隐静脉注射法：此静脉在后肢膝部内侧浅表的皮下。助手将犬背卧后固定，伸展后肢向外拉直，暴露腹股沟，在腹股沟三角区附近，先用左手中指、食指探摸股动脉跳动部位，在其下方剪毛消毒；然后右手持针头，由跳动的股动脉下方直接刺入大隐静脉管内。注射方法同前述后肢外侧小隐静脉注射法。

3．猪的静脉注射

（1）耳静脉注射法：将猪站立或侧卧保定，耳静脉局部剪毛、消毒。具体操作如下：一人用手压住猪耳背面耳根部静脉管处，使静脉怒张，或用酒精棉签反复涂擦，并用手指头弹叩，以引起血管充盈。术者用左手把持耳尖，并将其托平；右手持连接注射器的针头或头皮针，沿静脉管的径路刺入血管内，轻轻抽动针筒活塞，见有回血后，再沿血管向前进针。松开压迫静脉的手指，术者用左手拇指压住注射针头，连同注射器固定在猪耳上，右手徐徐推进针筒活塞或高举输液瓶即可注入药液（图 4.11）。注射完毕，左手拿灭菌棉球紧压针孔处，右手迅速拔针。为了防止血肿或针孔出血，应压迫片刻，最后涂擦碘酊。

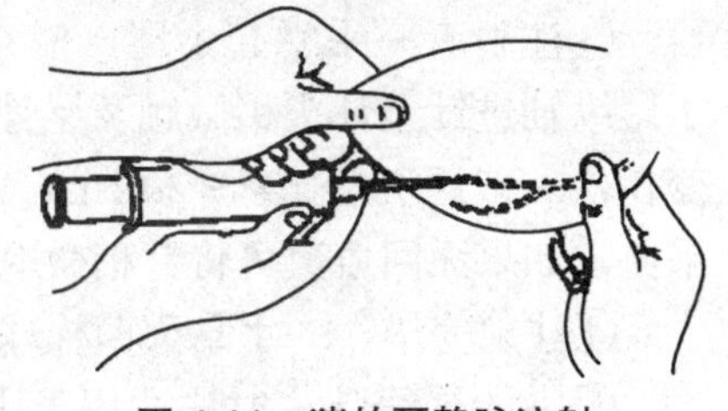

图 4.11　猪的耳静脉注射

（2）前腔静脉注射法：用于大量输液或采血。前腔静脉是由左右两侧的颈静脉和腋静脉在第一对肋骨间的胸腔入口处于气管腹侧面汇合而成。

注射部位在第 1 肋骨与胸骨柄结合处的前方。由于左侧靠近膈神经，易损伤，故多于右侧进行注射。针头刺入方向，呈近似垂直并稍向中央及胸腔倾斜，刺入深度依猪体大小而定，一般为 2 ～ 6 cm。因此，应选用 7 ～ 9 号针头。

取站立或仰卧保定。其方法是：站立保定时的部位在右侧，于耳根至胸骨柄的连线上，距胸骨端 1 ～ 3 cm 处，术者拿连接针头的注射器，稍斜向中央刺向第 1 肋骨间胸腔入口处，边刺入边抽动注射器活塞或内管，见有回血时，标志着已刺入前腔静脉内，即可徐徐注入药液。取仰卧保定时，胸骨柄可向前突出，并于两侧第 1 肋骨结合处的直前侧方呈两个明显的凹陷窝，用手指沿胸骨柄两侧触诊时感觉更明显，多在右侧凹陷窝处进行注射。先固定好猪两前肢及头部，消毒后，术者持连接针头的注射器，由右侧沿第 1 肋骨与胸骨结合部前方的凹陷窝处刺入，并稍斜刺向中央及胸腔方向，边刺边回血，见回血后，即可注入药液，注完后左手持酒精棉球紧压针孔，右手拔出针头，涂抹碘酊消毒（图 4.12）。

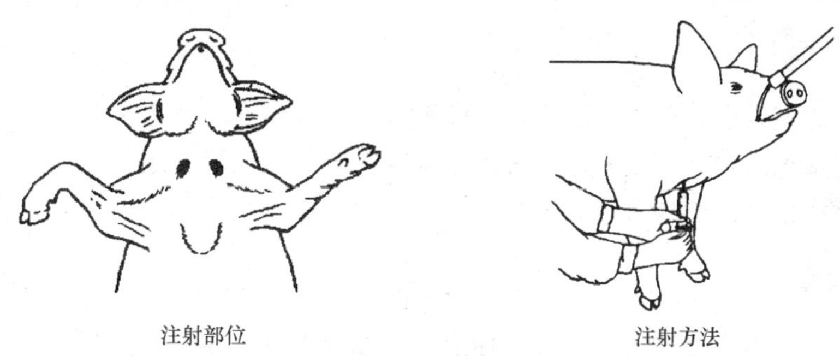

注射部位　　注射方法

图 4.12　猪的前腔静脉注射

【重要提示】

（1）严格遵守无菌操作，对所有注射用具及注射部位，均应严格消毒。

（2）动物确实保定，看清脉管并明确注射部位后扎入针头，以免引起血肿。

（3）检查针头是否通畅，如针孔被组织块或血凝块堵塞，应及时更换针头。

（4）注入药液前应排除注射器或输液胶管中的空气。

（5）针头刺入静脉后，要再顺静脉方向进针 1 ～ 2 cm，连接输液管后使之固定。

（6）对所需注射药品的质量（如有无杂质、沉淀等）应严格检查，不同药液混合使用时要注意配伍禁忌。对组织刺激性强或有腐蚀性的药液要严禁漏出血管外；油剂不能进行静脉注射。

（7）给动物补液时，速度不要过快，大家畜以每分钟 30 ～ 60 ml 为宜，犬、猫等小动物以每分钟 25 ～ 40 滴为宜。药液在注入前应保证其接近动物体温。

（8）输液过程中，要随时注意观察动物的表现，如有不安、出汗、呼吸困难、肌肉震颤，犬发生皮肤丘疹、眼睑和唇部水肿等症状时，应立即停止注射，待查明原因后再行处置。

（9）要随时观察药液注入情况，当发现输入液体突然过慢或停止以及注射局部明显肿胀时，应检查回血（放低输液瓶，或一手捏紧乳胶管上部，使药液停止下流，再用另一手在乳胶管下部突然加压或拉长，并随即放开，利用产生的一时性负压，观察其是否回血；也可用右手小指与手掌捏紧乳胶管，同时以拇指与食指捏紧远心端前段乳胶管并拉长，造成负压，随即放开，看其是否回血）。如针头已滑出血管外，则应重新刺入。

（10）当发现药液外漏时，应立即停止注射，并根据不同的药液采取如下措施：①如果是等渗溶液（如生理盐水或等渗葡萄糖溶液），一般很快自然吸收，不必做任何处理。②如果是高渗盐溶液，则应向肿胀局部及其周围注入适量的灭菌蒸馏水，以稀释原液。

③如果是刺激性强或有腐蚀性的药液，则应向其周围组织内注入生理盐水；如果是氯化钙溶液，可注入10%硫酸钠或10%硫代硫酸钠10～20 ml，使氯化钙变为无刺激性的硫酸钙和氯化钠。④局部进行温敷，以缓解疼痛。⑤如果是大量药液外漏，应做早期切开，并用高渗硫酸镁溶液引流。

任务6 气管内注射

【任务目标】

知识：掌握气管内注射给药的应用、注射部位、操作方法及注意事项。
技能：能根据药物的特性和动物种类正确并熟练进行气管内注射。
素质：操作标准，用药合理。

【知识准备】

气管内注射是将药液注入气管内，使之直接作用于气管黏膜的注射方法。

一、适用范围

气管内注射适用于气管及肺部疾病的治疗。临床上常将抗生素注入气管内治疗支气管炎和肺炎、进行肺脏的驱虫，注入麻醉剂以治疗剧烈的咳嗽。

二、注射部位

气管内注射根据动物种类及注射目的不同而注射部位不同。一般在颈部上1/3处，腹侧面正中，两个气管软骨环之间进行注射（图4.13、图4.14）。

图4.13 牛的气管内注射

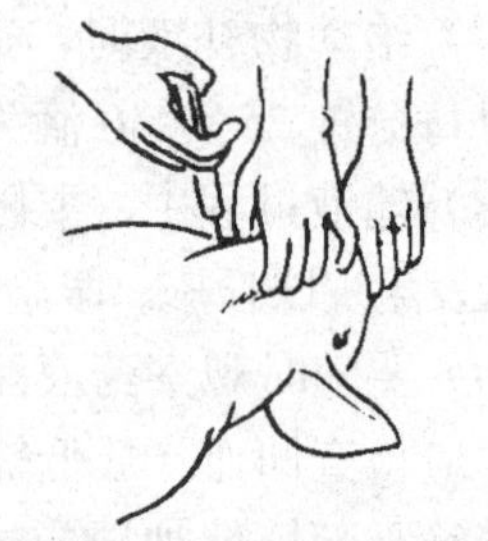

图4.14 猪的气管内注射

【任务实施】

（1）动物仰卧、侧卧或站立保定，使前躯稍高于后躯，局部剪毛、消毒。
（2）术者一手持连接针头的注射器，另一手握住气管，于两个气管软骨环之间垂直刺

入气管内，此时摆动针头，感觉前端空虚，再缓缓滴入药液。

（3）注射完毕后拔出针头，涂擦碘酊消毒。

【重要提示】

（1）注射前宜将药液加温至与畜体同温，以减轻刺激。

（2）注射过程如遇动物咳嗽，应暂停注射，待安静后再行注入。

（3）注射速度不宜过快，最好一滴一滴地注入，以免刺激气管黏膜，咳出药液。

（4）如病畜咳嗽剧烈，或为了防止注射诱发咳嗽，可先注射2%盐酸普鲁卡因溶液2～5 ml（大动物）后，降低气管的敏感反应，再注入药液。

（5）注射药液量不宜过多，猪、羊、犬一般3～5 ml，牛20～30 ml。量过大时，易由于发生气管阻塞而引起呼吸困难。

任务7　胸腔内注射

【任务目标】

知识：掌握胸腔内注射给药的应用、注射部位、操作方法及注意事项。

技能：能根据药物的特性和动物种类正确并熟练进行胸腔内注射。

素质：树立无菌意识，预防气胸。

【知识准备】

胸腔内注射也称胸膜腔内注射，是将药液或气体注入胸膜腔内的注射方法。注入胸腔的药物吸收较快，对胸腔炎症疗效显著。同时通过排出积液、气体或冲洗，会使病情减轻。因此，本法对于治疗胸腔内出血、胸腔积液、胸腔积气等病症疗效显著。应注意，胸腔内有心脏和肺脏，注射或穿刺时容易误伤。

一、适用范围

胸腔内注射适用于治疗胸膜的炎症、抽出胸膜腔内的渗出液或漏出液做实验室诊断、注入消炎药或洗涤药液及气胸疗法时向胸腔内注入空气以压缩肺脏。

二、注射部位

牛、羊在右侧第5～6肋间，左侧第6肋间；马在右侧第6～7肋间，左侧第7～8肋间；猪在右侧第5～6肋间，左侧第6肋间；犬、猫在右侧第6肋间或左侧第7肋间。各种动物都是在与肩关节水平线相交点下方2～3 cm，即胸外静脉上方沿肋骨前缘刺入。大动物取站立姿势，小动物以犬坐姿势为宜。

三、注射前准备

大动物用20号长针头，小动物用6～8号针头，并分别连接于相应的针管上。为排出胸腔内的积液或洗涤胸腔，通常要使用套管针。一般根据动物的大小或治疗目的来选用器材。

【任务实施】

（1）动物站立保定，术部剪毛、消毒。

（2）术者左手将穿刺部位皮肤稍向前方移动1～2 cm；右手持连接针头的注射器，沿肋骨前缘垂直刺入，深度3～5 cm，可依据动物个体大小及营养程度确定。

【重要提示】

（1）注入药液。刺入注射针时，一定注意不要损伤胸腔内的脏器，注入的药液温度应与体温相近。在排出胸腔积液、注入药液或气体时，必须缓慢进行，并且要密切注意病畜的反应。

（2）注入药液后，拔出针头，使局部皮肤复位，并进行消毒处理。

任务8　腹腔内注射

【任务目标】

知识：掌握腹腔内注射给药的应用、注射部位、操作方法及注意事项。

技能：能根据药物的特性和动物种类正确并熟练进行腹腔内注射。

素养：选择合适药物，操作规范。

【知识准备】

腹腔内注射是利用药物的局部作用和腹膜的吸收作用，将药液注入腹腔内的一种注射方法。

一、适用范围

当静脉管不宜输液时可用本法。腹腔内注射在大动物较少应用，而在小动物的治疗上则经常采用。在犬、猫也可注入麻醉剂。本法还可用于腹水的治疗，利用穿刺排出腹腔内的积液，借以冲洗、治疗腹膜炎。

二、注射部位

牛在右侧肷窝部；马在左侧肷窝部；犬、猪、猫则宜在两侧后腹部；猪在第5、6乳头之间，腹下静脉和乳腺中间也可进行。

【任务实施】

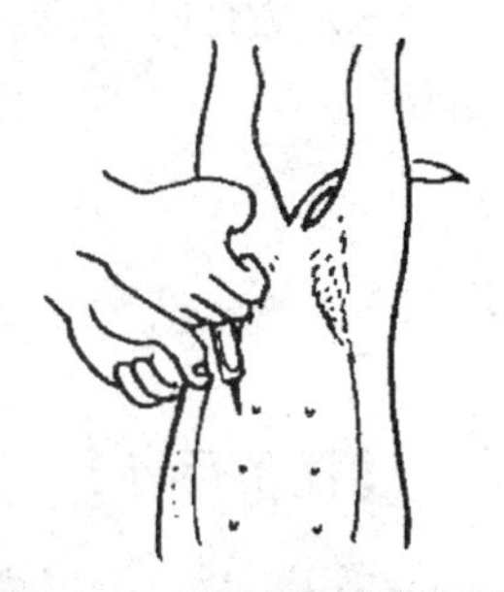
图 4.15 猪的腹腔内注射

（1）单纯为了注射药物，牛可选择肷部中央。如有其他目的则可依据腹腔穿刺法进行。

（2）给犬、猪、猫注射时，先将其两后肢提起，做倒立保定；局部剪毛、消毒。

（3）术者一手把握腹侧壁，另一手持连接针头的注射器，在距耻骨前缘 3 ～ 5 cm 处的中线旁，垂直刺入。刺入腹腔后，摇动针头有空虚感时，即可注射（图 4.15）。

任务 9　瘤胃内注射

【任务目标】

知识：掌握瘤胃内注射给药的应用、注射部位、操作方法及注意事项。

技能：能根据药物的特性和动物种类正确并熟练进行瘤胃内注射。

素质：保定确实，防止伤及人畜。

【知识准备】

1．适用范围　主要用于牛、羊瘤胃臌气的止酵及瘤胃炎症的治疗。

2．注射前准备　套管针或盐水针头（羊一般可选用较长的 14 ～ 16 号肌肉注射针头）、手术刀、剪毛剪及常规消毒药品。

3．注射部位　侧腹部髋结节与最后肋间连线的中央，即肷窝部位。

【任务实施】

（1）动物站立保定，术部剪毛、消毒。

（2）若选用套管针，术者右手持套管针对准穿刺点，成 45° 迅速用力刺入瘤胃 10 ～ 20 cm，左手固定套管针外套，拔出内芯，此时用手堵住针孔，频频间歇性放出气体，待气体排完后，再行注射。如中途堵塞，可用内芯疏通后注射药液（常用止酵剂有：鱼石脂酒精、1%～ 2.5%福尔马林、1%来苏水、植物油、0.1%新洁尔灭等）。无套管针时，手术刀在术部切开 1 cm 小口后，再用盐水针头（羊不必切开皮肤）刺入。

（3）注射完毕，视情况套管针可暂时保留，以便下次重复注射用。

【重要提示】

（1）放气不宜过快，以防止脑贫血的发生。

（2）反复注射时，应防止术部感染。

（3）拔针时要快，以防瘤胃内容物漏入腹腔和腹膜炎的发生。

任务 10　瓣胃内注射

【任务目标】

知识：掌握瓣胃内注射给药的应用、注射部位、操作方法及注意事项。

技能：能根据药物的特性和动物种类正确并熟练进行瓣胃内注射。

素质：用药合理，部位准确。

【知识准备】

瓣胃内注射是将药液注入牛、羊等反刍动物瓣胃的注射方法。使瓣胃内容物软化，主要用于瓣胃阻塞。

1．适用范围　将药液直接注入于瓣胃中，主要用于治疗瓣胃阻塞或某些特殊药品给药（如治疗血吸虫的吡喹酮）。

2．注射前准备　15 cm 长针头，注射器，注射用药品：液状石蜡、25%硫酸镁溶液、生理盐水、植物油等。

3．注射部位　瓣胃位于右侧第 7 ～ 10 肋间，其注射部位在右侧第 9 肋间与肩关节水平线相交点的下方 2 cm 处（图 4.16）。

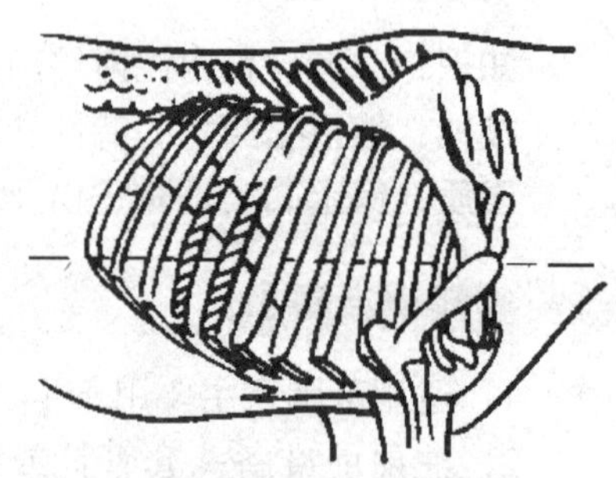

图 4.16　牛瓣胃内注射的位置

【任务实施】

（1）术者左手稍移动皮肤，右手持针头垂直刺入皮肤后，使针头朝向左侧肘头左前下方，刺入深度 8 ～ 10 cm（羊稍浅），先有阻力感，当刺入瓣胃内则阻力减小，并有沙沙感。此时注入 20 ～ 50 ml 生理盐水，再回抽如混有食糜或胃内容物，即为正确，可开始注入所需药物（如 25%～ 30%硫酸镁溶液、生理盐水、液状石蜡等）。

（2）注射完毕，迅速拔出针头，术部擦涂碘酊，也可用碘仿火棉胶封闭针孔。

任务 11　乳房内注射

【任务目标】

知识：掌握乳房内注射给药的应用、注射部位、操作方法及注意事项。

技能：能根据药物的特性和动物种类正确并熟练进行乳房内注射。

素质：对症应用，树立无菌意识。

【知识准备】

乳房内注射是指经导乳管将药液注入乳池的注射方法。

1．适用范围　主要用于治疗奶牛、奶山羊乳房炎，或通过导乳管送入空气，治疗奶牛生产瘫痪。

2．注射前准备　导乳管（或尖端磨得光滑钝圆的针头）、50 ～ 100 ml 注射器或输液瓶、乳房送风器及药品。动物站立保定。挤净乳汁，清洗乳房并拭干，用 70%乙醇消毒乳头。

【任务实施】

（1）用左手将乳头握于掌内，轻轻向下拉，右手持消毒导乳管，自乳头口徐徐插入。

（2）再以左手把握乳头及导乳管，右手持注射器与导乳管连接，或将输液瓶的乳胶导管与导乳管连接，然后徐徐注入药液。

（3）注射完毕，拔出导乳管，以左手拇指与食指捏闭乳头开口，防止药液外流。右手按摩乳房，促进药液充分扩散（图 4.17）。

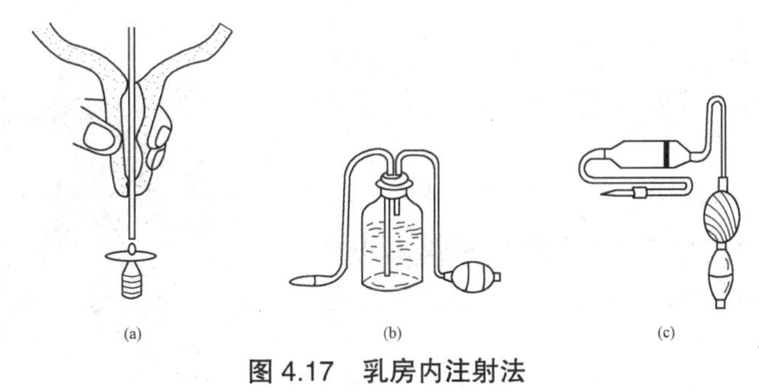

图 4.17　乳房内注射法

（a）插入导乳管；（b）输液瓶；（c）乳房送风器

（4）如治疗产后瘫痪需要送风，可使用乳房送风器，或 100 ml 注射器及消毒后手用打气筒送风。送风之前，在金属滤过筒内放置灭菌纱布，滤过空气，防止感染。先将乳房送风器与导乳管连接，或 100 ml 注射器接合端垫 2 层灭菌纱布与导乳管连接。4 个乳头分别充满空气，充气量以乳房的皮肤紧张、乳腺基部边缘清楚变厚、轻敲乳房发出鼓音为标准。充气后，可用手指轻轻捻转乳头肌，并结系一条纱布，防止空气溢出，经 1 h 后解除。

（5）为了注入药液洗涤乳房时，可将洗涤药剂注入后，随后挤出，如此操作，反复数次，直至挤出液体透明为止，最后注入抗生素溶液。

任务 12　穴位注射

【任务目标】

知识：掌握穴位注射给药的应用、注射部位、操作方法及注意事项。

技能：能根据症状选择有效药物和穴位并熟练完成注射。

素质：选穴科学，操作规范，药物对症。

【知识准备】

穴位注射是用药液注射于穴位、痛点或反应点，通过针刺和药物对穴位的刺激及药理作用三者结合起来，从而调整动物机体的功能，改善病理状态，治疗家畜疾病。这是中西兽医结合的一种新的治疗方法，具有节省药物（一般用药量为肌内注射的1/5～1/3）、操作简便的优点。

1．适用范围　在兽医临症上，现已由眼病、风湿症、神经麻痹等的治疗，逐步广泛应用到许多常见多发病和少数传染病如流感等的治疗，确有较好的效果，深受基层兽医和广大群众的欢迎。

2．注射前准备　注射针头、注射器、药物、消毒药。

【任务实施】

1．注射部位

（1）穴位注射：一般毫针穴位均可使用。可根据不同疾病，选用不同的主治穴位（图4.18）。

图 4.18　水针疗法

（2）痛点或敏感点注射：选用循经络分布所触到的阳性反应点，或根据触压诊断找出患畜软组织损伤处的压痛点最明显处，或有其他敏感点，作为注射点进行注射。

（3）患部肌肉起止点注射：如痛点不明显，可在患部较长肌肉或肌腱损伤的起止点进行注射，注射深度要达到骨膜和肌膜之间。

2．药物及剂量　凡适宜皮下或肌内注射的药物，都可用于水针疗法。对于一般毫针、圆利针或火针所适应的疾病，临床上较常用的药物是灭菌注射水、0.1%氯化钠注射液、5%～10%葡萄糖注射液等（这些药物没有特殊的治疗目的，仅使刺激增强而持久），0.5%～2%盐酸普鲁卡因（穴位封闭，多用于各种局部疼痛性疾病），维生素B和B_1，30%安乃近，25%硫酸镁，康母朗（镇跛痛），硝酸士的宁，安那咖，百尔定，盐酸氯丙嗪（冬眠灵），复方氮基比林，0.2%依沙吖啶，某些抗菌或者用当归、黄连素、穿心莲、蟾酥（仅用0.5～2 ml）等中草药注射液（这些都是针对性选用有治疗作用的药物在做小剂量的穴位注射时应用），适用于各种急性、慢性疾病。注射量应根据注射部位肌肉的厚薄、注射点的多少，以及药物性质和病情而定。每个穴位一次注入的药液量，头部和耳穴等处一般0.5～2 ml，四肢上部及背腰可为5～20 ml。肌肉丰厚处的穴位、药性缓和的药物，可多注射些（如葡萄糖溶液、生理盐水等，每穴可注射40～60 ml），若注射点较多，应酌情减少。

3．注意事项

（1）注射后局部常有轻度的肿胀和疼痛，一般经 1 d 左右可自行消失，故同一穴位处以 2 ～ 3 d 注射一次为宜。

（2）个别病例注射后有体温升高现象，无须处理，能自行恢复。为慎重起见，对原因不明的高热病畜最好不用此法治疗。

（3）一般药液不宜注入关节腔内（除关节腔注射的药液外），如不慎注入，将会引起发热、关节肿痛和跛行加重，经 2 ～ 3 d 后才能消失。还要防止不宜做静脉注射的药液误入血管内，葡萄糖（尤其是高渗葡萄糖）不要注入皮下，一定要注入深部。

（4）注意无菌操作，以防感染。对于孕畜不宜用此法治疗。

（5）要注意药物性能、药理作用、配伍禁忌、副作用、过敏反应和每个穴位注射药物的总剂量等，以防引起副作用和不良反应。两种药物混合注射时，必须注意配伍禁忌。

任务 13　阴部外动脉注射

【任务目标】

知识：掌握阴部外动脉注射给药的应用、注射部位、操作方法及注意事项。

技能：能根据不同动物种类正确并熟练进行阴部外动脉注射。

素养：无菌操作，操作规范。

【知识准备】

阴部外动脉注射治疗奶牛乳房炎是由日本兽医师野村武等人于 1977 年试验成功的。

1．适用范围　本法对各型乳房炎疗效都很高，且几乎没有副作用。对应用乳池内灌注和全身用药传统方法治疗不见症状好转的病牛，可以施以阴部外动脉注射治疗，效果良好。

2．注射部位　髋结节和股关节之间的三角区最凹部。

【任务实施】

（1）器械准备：长针头（盐水放气针）、注射器、治疗药物、麻醉药物、手术刀、剪毛剪、消毒药。

（2）动物准备：将病牛保定于六柱栏内，在患侧术部用剪毛剪除毛，面积为 6 cm×4 cm，然后用 5% 碘酊和 70% 酒精消毒。

（3）局部麻醉后，在患侧髋结节和股关节之间的三角区最凹部用手术刀切 1 ～ 2 cm 的纵行切口，以切透皮肤为宜，然后用盐水放气针从切口垂直入针 17 ～ 20 cm，见鲜血射出即可接上注射器将药物缓慢推入血管内 。

（4）注射完毕拔针消毒。

讨论：

1. 如何看待注射给药的安全性？
2. 注射给药法的应用前提是什么？

思考与练习

1．简述不同制剂类型药物的抽吸方法及注意事项。

2．简述静脉、肌内、皮下注射的部位、操作方法及注意事项。

3．简述皮下注射与皮内注射的区别。

4．静脉注射时药物外渗应如何处理？

5．简述腹腔内注射的部位、应用、操作方法及注意事项。

6．常用注射器的种类有哪些？注射的原则是什么？

项目二　投药技术

熟悉投药技术的类型、应用、操作方法及注意事项，能根据病畜种类和病情正确选择投药方法。

任务1　水剂投药法

【任务目标】

知识：掌握水剂投药法的应用、操作方法及注意事项。
技能：能根据药物的制剂类型和动物病情正确选择与应用水剂投药法。
素质：正确掌握药量，避免盲目加量。

【知识准备】

经鼻投药法即用胃管经鼻腔插入胃内，将药液投入胃内，是投服大量药液时的常用方法，多用于马、牛、羊。根据牛、马个体的大小，选用相应口径及长度的橡胶管。成年牛、马可用特制的胃管，其一端钝圆；马驹、羊可用大动物导尿管。此外，需有与胃管口径相匹配的漏斗。胃管用前应以温水清洗干净，排出管内残水，前端涂以如液状石蜡、凡士林等润滑剂，而后盘成数圈，涂油钝圆端向前，另一端向后，用右手握好。

经口投药法是投服少量药液时常用的方法，多用于猪、犬、猫等中小动物，其次是牛、马。投药前，要准备好灌角、橡胶瓶、小勺、洗耳球或注射器等投药器具。

【任务实施】

一、经鼻投药法

（一）牛经鼻投药法

（1）将病牛在柱栏内妥善保定，畜主站在牛头左侧握住笼头，固定牛头不要过度前伸。

（2）术者站于牛头稍右前方，用左手无名指与小指伸入左侧上鼻翼的副鼻腔，中指、食指伸入鼻腔与鼻腔外侧拇指固定内侧的鼻翼。

（3）术者右手持胃管将前端通过左手拇指与食指之间沿鼻中隔徐徐插入鼻腔，同时左手食指、中指与拇指将胃管固定在鼻翼边缘，以防病畜骚动时胃管滑出。

（4）当胃管前端抵达咽部后，随病牛咽下动作将胃管插入食道。有时病畜可能拒绝不咽，推送困难，此时不要勉强推送，应稍停或轻轻抽动胃管，或在咽喉外部进行按摩，诱发吞咽动作，伺机将胃管插入食道（表 4.1）。

表 4.1　胃管插入食道或气管的鉴别表

鉴别方法	插入食道内	插入气管内
手感	推动胃管稍有阻力感	无阻力、有咳嗽
观察	胃管前端在食道沟呈明显的波动式蠕动下行	无
触摸	手摸颈沟区感到有一硬的管状物	无
听诊	将胃管后端放在耳边，可听到不规则的咕噜音或水泡音，无气流冲击音	随呼吸动作听到有节奏的呼出气流音冲击耳边
嗅诊	可闻到胃内容物发酵所产生酸臭气体	无味气体与呼吸动作一致
水试	偶尔出现气泡	随呼吸出现气泡
洗耳球	捏瘪后不弹起	捏瘪后解除压力马上恢复原状

（5）为了检查胃管是否正确进入食道内，可做充气检查。再将胃管前端推送到颈部下 1/3 处，在胃管另一端连接漏斗，即可投药。

（6）投药完毕，再灌以少量清水，冲净胃管内残留药液，而后右手将胃管折曲一段，徐徐抽出，当胃管前端退至咽部时，以左手握住胃管与右手一同抽出。胃管用毕洗净后，放在 2% 煤酚皂溶液中浸泡消毒备用。

（7）经鼻给牛投药胃管达到咽部时，易使前端折回口腔而被咬碎，需注意（图 4.19）。

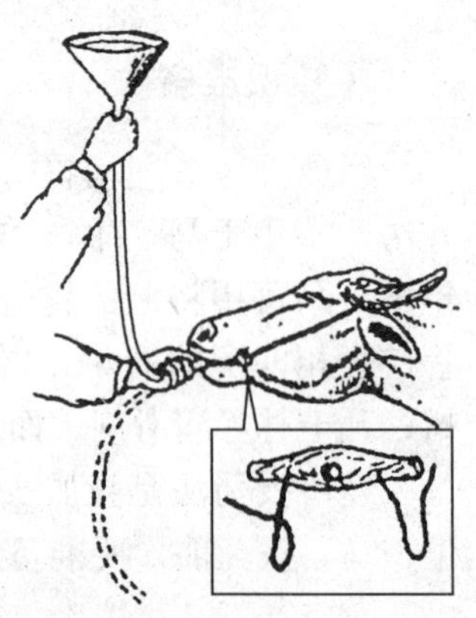

图 4.19　牛的胃管投药法

（二）猪、羊经鼻投药法

给猪、羊经鼻投药胃管应细，一般使用大动物导尿管即可（图 4.20）。

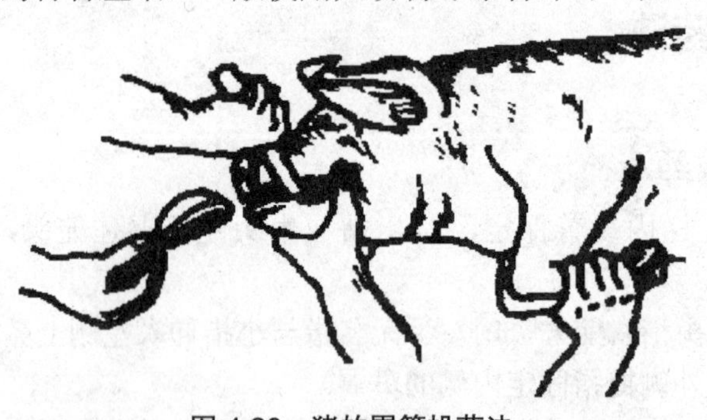

图 4.20　猪的胃管投药法

二、经口投药法

1．牛经口投药法　将牛保定于保定栏内站立，使用鼻钳或由助手一手握住角根和鼻中隔，使头稍抬高，固定头部。术者以灌药瓶灌药（图 4.21）。

2．猪经口投药法　助手用腿夹住猪的颈部，用手抓住两耳，使头稍仰，术者以灌药器投药。

3．犬经口投药法

（1）胃导管投药法：此法适用于投入大量水剂、油剂或可溶于水的流质药液。此方法简单，安全可靠，不浪费药液。投药时对犬施以坐姿保定。打开口腔，选择大小适合的胃导管，用胃导管测量犬鼻端到第 8 肋骨的距离后，做好记号。用润滑剂涂布胃导管前端，插入口腔从舌面上缓缓地向咽部推进，在犬出现吞咽动作时，顺势将胃导管推入食管直至胃内。判定插入胃内的标志是，从胃管末端吸气呈负压，犬无咳嗽表现。然后连接漏斗，将药液灌入。灌药完毕，除去漏斗，压扁导管末端，缓缓抽出胃导管。

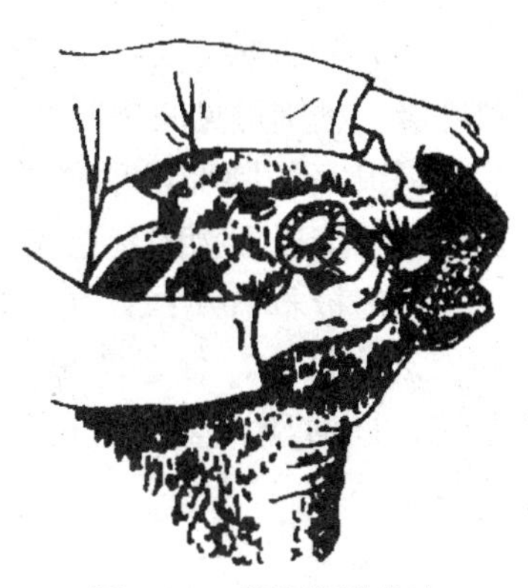

图 4.21　橡胶瓶灌药法

（2）匙勺、洗耳球或注射器投药法：适用于投服少量的水剂药物、粉剂或研碎的片剂加适量水制成的溶液、混悬液，以及中草药煎剂。投药时，对犬施以坐姿保定，助手使犬嘴处于闭合状态，犬头稍向上保持倾斜。操作者以左手食指插入嘴角边，并把嘴角向外拉，用中指将上唇稍向上推，使之形成兜状口。右手持匙勺、洗耳球或注射器将药液灌入。注意一次灌入量不宜过多；每次灌入后，待药液完全咽下后再重复灌入，以防误咽。

【重要提示】

（1）插入或抽动胃管时要小心、缓慢，不得粗暴。

（2）当病畜呼吸极度困难或有鼻炎、咽炎、喉炎、高温时，忌用胃管投药。

（3）牛插入胃管后，遇有气体排出，应鉴别是来自胃内还是呼吸道。来自胃内的气体有酸臭味，气味的发出与呼吸动作不一致。

（4）牛经鼻投药，胃管进入咽部或上部食道时，如发生呕吐，则应放低牛头，以防呕吐物误咽入气管，如呕吐物很多，则应抽出胃管，待吐完后再投。牛的食道较马短而宽，故胃管通过食道的阻力较小。

（5）当证实胃管插入食道深部后进行灌药。如灌药后引起咳嗽、气喘，应立即停灌。如灌药中因动物骚动使胃管移动脱出，亦应停止灌药，待重新插入判断无误后再继续灌药。

（6）经鼻插入胃管，常因操作粗暴、反复投送、强烈抽动或管壁干燥，刺激鼻黏膜肿胀发炎，有时血管破裂引起鼻出血。在少量出血时，可将动物头部适当高抬或吊起，冷敷额部，并不断淋浇冷水。如出血过多冷敷无效，可用 1% 鞣酸棉球塞于鼻腔中，或者皮下注射 0.1% 盐酸肾上腺素 5 ml 或 1% 硫酸阿托品 1 ～ 2 ml，必要时可注射止血药。

（7）胃管投药时，必须正确判断是否插入食道，否则会将药液误灌入气管和肺内引起异物性肺炎。

（8）药物误投入呼吸道后，动物立即表现不安，频繁咳嗽，呼吸急促，鼻翼开张或张口呼吸；继则可见肌肉震颤，出汗，黏膜发绀，心跳加快，心音增强，音界扩大；数小时后体温升高，肺部出现明显广泛的啰音，并进一步呈现异物性肺炎的症状。如灌入大量药液，可造成动物的窒息或迅速死亡。

（9）抢救措施：在灌药过程中，应密切注意病畜表现，一旦发现异常，应立即停止并使动物低头，促进咳嗽，呛出药物。其次应用强心剂或给以少量阿托品以兴奋呼吸系统，同时应大量注射抗生素制剂，直至恢复。严重者，可按异物性肺炎的疗法进行抢救。

任务2　混饲给药法

【任务目标】

知识：掌握混饲给药法的应用、操作方法及注意事项。

技能：能根据药物的制剂类型和动物病情正确选择与应用混饲给药法。

素质：搅拌均匀，合理选用药物。

【任务实施】

一、适用范围

混饲给药法是将药物均匀地混拌在饲料中，让畜禽采食时连同药物一次食入胃内的一种给药方法。该法简便易行、节省人力，故常用于现代集约化养猪场、养禽场的预防性给药，也适合于尚有食欲的发病猪群、禽群的治疗用药。

二、注意事项

1．准确掌握药物拌料的浓度　按照拌料给药的标准，准确、认真计算所用药物剂量，如按动物每千克体重给药，应严格按照个体体重，计算出动物群体体重，再按要求将药物拌入料内；同时也要注意拌料用药标准与饲喂次数相一致，以免造成药量过小起不到作用或药量过大引起动物中毒。

2．药物与饲料必须混合均匀　特别是在大批量饲料拌药时，更需多次逐步分级扩充，以达到充分混匀的目的。切忌将全部药量一次加入所需饲料中，因为简单混合会造成部分动物药物中毒而大部分动物吃不到药物，达不到防治疾病的目的或贻误病情。

3．密切注意不良反应　有些药物混入饲料后，可与饲料中的某些成分发生拮抗作

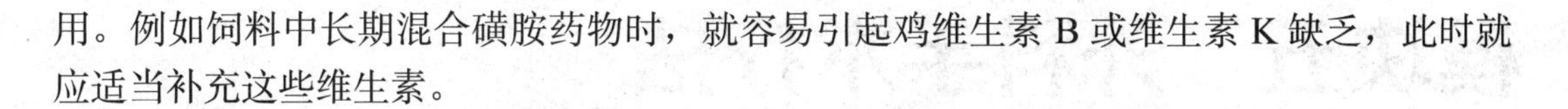

用。例如饲料中长期混合磺胺药物时，就容易引起鸡维生素 B 或维生素 K 缺乏，此时就应适当补充这些维生素。

讨论：

1. 当猪发生高热病时，如何选择用药方法？
2. 当给鸡群采用饮水给药时，发现药物溶解度差，应采取什么措施？

思考与练习

1. 如何判断胃管插入气管还是食管？
2. 群体用药预防可以选择的给药方法有哪些？
3. 简述混饲给药法的操作方法及注意事项。
4. 简述水剂投药法的操作方法及注意事项。
5. 简述胃管投药的注意事项。

模块五　外科手术疗法

项目一　常用外科手术器械识别及其使用方法

了解各种常用外科器械的结构特点及基本性能，能正确熟练地应用各种常见的外科手术器械。

任务1　临床常用手术器械识别及其使用方法

【任务目标】

知识：掌握常用外科手术器械的种类与特点。

技能：能正确熟练地应用各种常见的外科手术器械。

素质：识别各个器械的使用手法。

【任务实施】

外科手术器械是施行手术必需的工具。常用的基本手术器械有外科手术刀、手术剪、手术镊、止血钳、持针钳、缝合针、巾钳、肠钳、牵开器、有沟探针等，现分述如下：

1. 外科手术刀　用于切开和分离组织，有活动刀柄和固定刀柄两种。活动刀柄手术刀是由刀柄和刀片两部分构成。刀片有不同大小和外形，刀柄也有不同的规格，常用的刀柄规格为4、6、8号，这三种型号的刀柄只安装19、20、21、22、23、24号大刀片；3、5、7号刀柄安装10、11、12、15号小刀片。按刀刃的形状可分为圆刃手术刀、尖刃手术刀和弯形尖刃手术刀等（图5.1）。

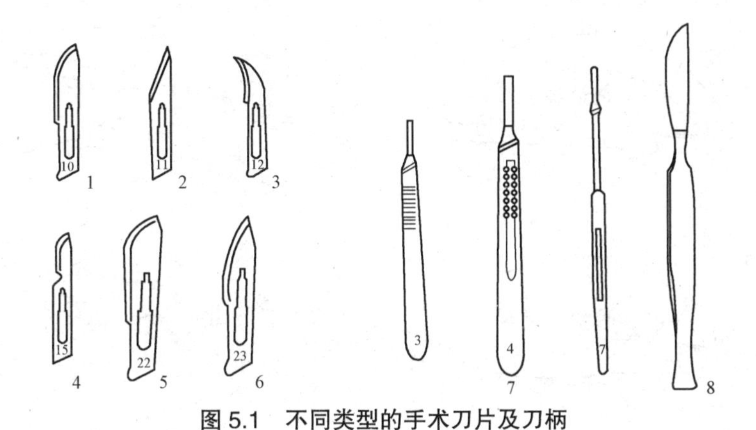

图 5.1 不同类型的手术刀片及刀柄

1. 10 号小圆刃；2.11 号角形尖刃；3.12 号弯形尖刃；4.15 号小圆刃；5.22 号大圆刃；6.23 号圆形大尖刃；
7. 刀柄；8. 固定刀柄圆刃

常用长窄形的刀片，装置于较长的刀柄上，装刀方法是用止血钳或持针钳夹持刀片装置于刀柄前端的槽缝内（图 5.2）。

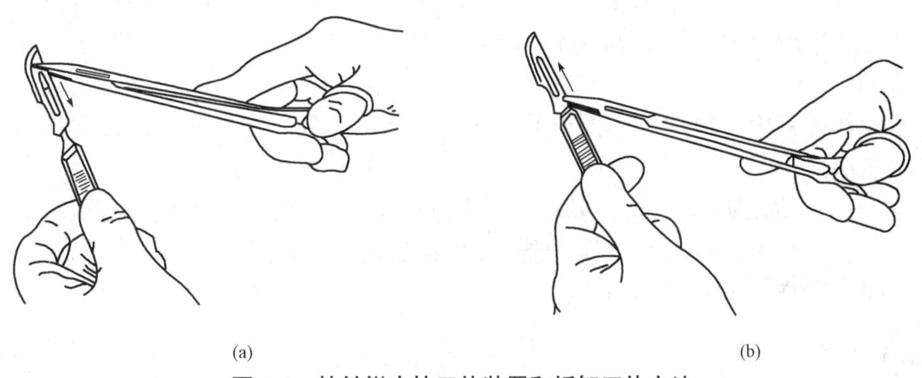

图 5.2 持针钳夹持刀片装置和拆卸刀片方法

在手术过程中，不论选用何种大小和外形的刀片，都必须有锐利的刀刃，才能迅速而顺利地切开组织，而不引起组织过多的损伤。为此，必须十分注意保护刀刃，避免碰撞。

使用手术刀的关键在于精确的动作和适当的执刀力量，执刀的姿势和动作的力量根据不同的需要有下列几种：

（1）指压式（卓刀式）：为常用的一种执刀法，以手指按刀背后 1/3 处。用腕与手指力量切割，适用于切开皮肤、腹膜及切断钳夹住的组织［图 5.3（a）］。

（2）执笔式：如同执钢笔，动作涉及腕部，力量主要在手指。需要用小力量短距离精细操作，用于切割短小切口，分离血管、神经等［图 5.3（b）］。

（3）全握式（抓持式）：力量在手腕，用于切割范围广，用力较大的切开，如切开较长的皮肤切口、筋膜、慢性增生组织等［图 5.3（c）］。

（4）反挑式（挑起式）：即刀刃由组织内向外面挑开，以免损伤深部组织，如腹膜切开［图 5.3（d）］。

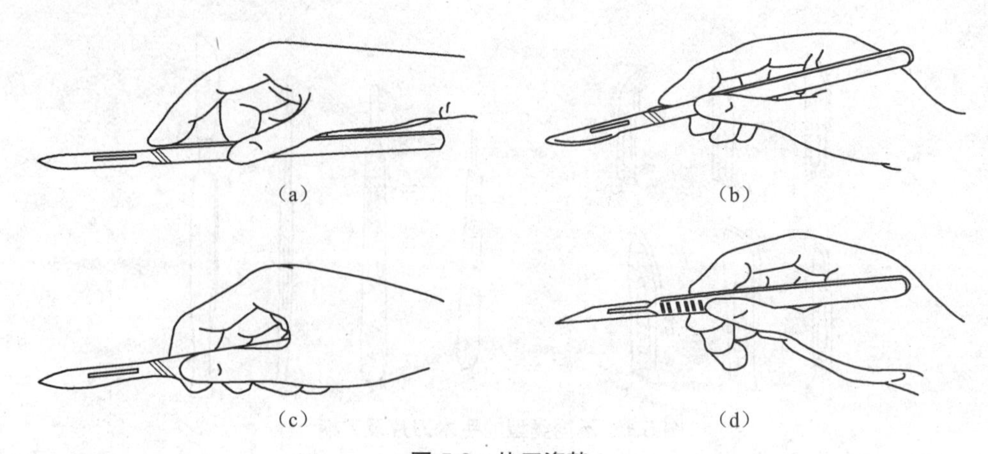

图 5.3 执刀姿势

(a) 指压式;(b) 执笔式;(c) 全握式;(d) 反挑式

执刀时不论采用何种执刀方式，拇指均应放在刀柄的横纹或纵槽处，食指稍在其他指的近刀片端以稳住刀柄并控制刀片的方向和力量。握刀柄的位置高低要适当，否则会影响操作或控制不稳。在应用手术刀切开或分离组织时，除特殊情况外，一般要用刀刃突出的部分，避免用刀尖插入深层看不见的组织内而误伤重要的组织和器官。

手术操作过程中要根据不同部位的解剖，适当地控制力量和深度，否则容易造成意外的组织损伤。

2. 手术剪　依据用途不同，手术剪可分为两种，一种是沿组织间隙分离和剪断组织的，叫组织剪，组织剪的尖端较薄，剪刃要求锐利而精细（图 5.4）；另一种是用于剪断缝线的，叫剪线剪，剪线剪头钝而直，刃较厚（图 5.5）。

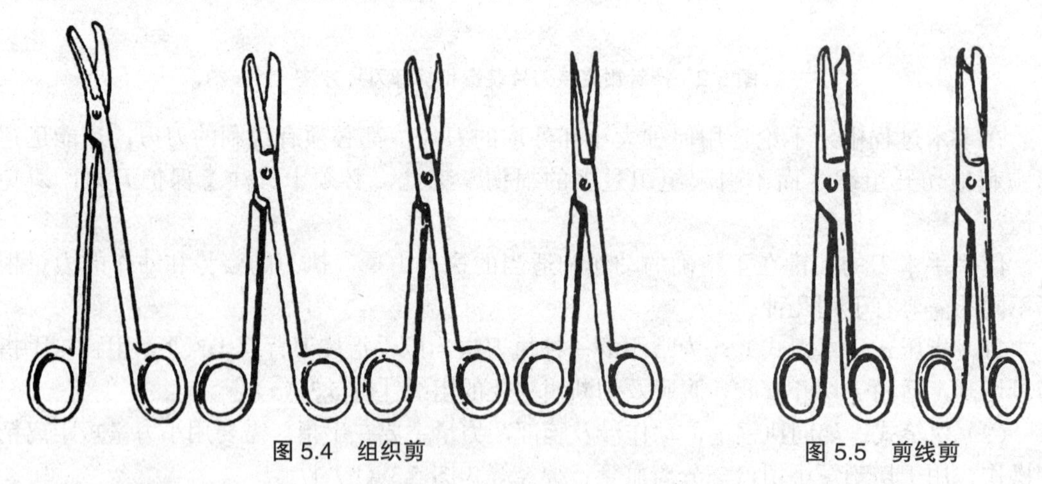

图 5.4 组织剪　　图 5.5 剪线剪

3. 手术镊　用于夹持、稳定或握起组织以利切开及缝合。它有不同的长度。镊的尖端分有齿及无齿（平镊），又有短型与长型、尖头与钝头之别，可按需要选择。有齿镊损伤性大，用于夹持坚硬组织；无齿镊损伤性小，用于夹持脆弱的组织及脏器。拿握手术镊的姿势如图 5.6 所示。

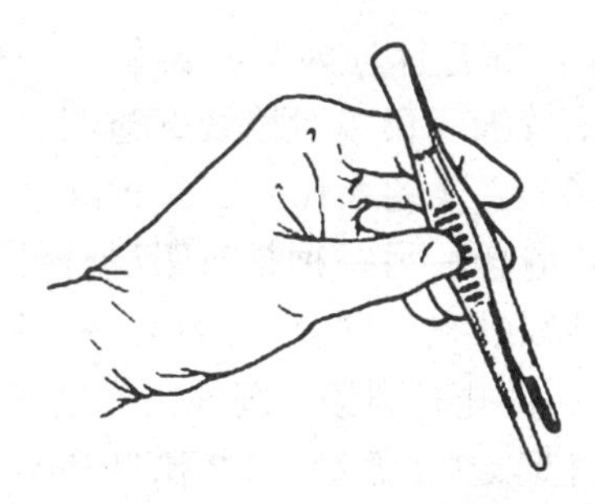
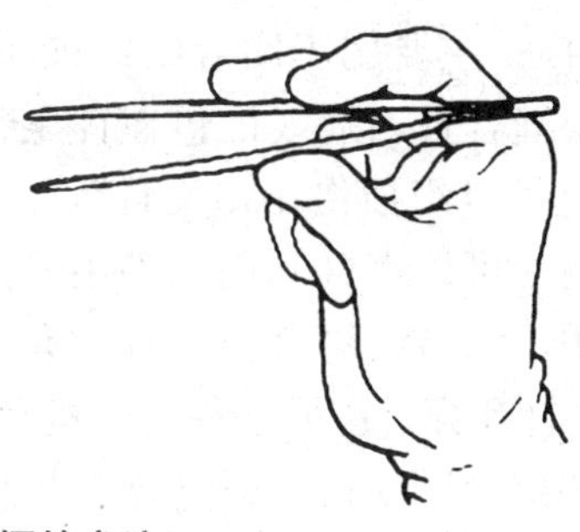

图 5.6　拿握手术镊的方法

4．止血钳　又称血管钳，主要用于夹住出血部位的血管或出血点，以达到直接钳夹止血，有时也用于分离组织、牵引缝线。止血钳一般有弯、直两种（图 5.7）。松钳的方法如图 5.8 所示。

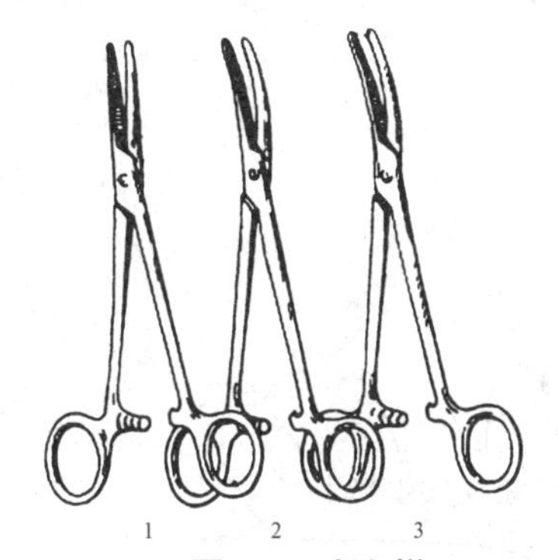

图 5.7　止血钳

1．直止血钳；2．弯止血钳；

3．有齿止血钳

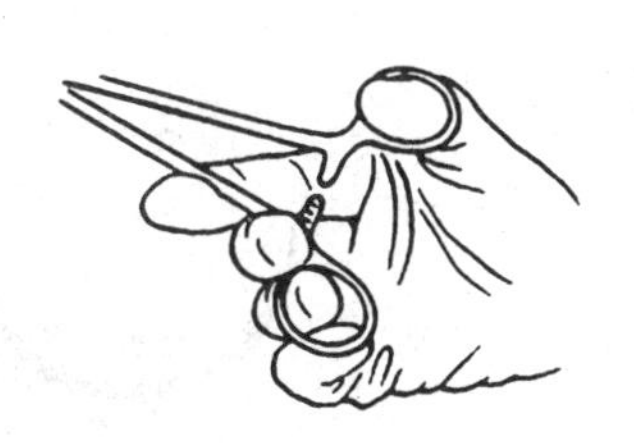

图 5.8　右手及左手松钳法

任何止血钳对组织都有压榨作用，只是程度不同，所以不宜用于夹持皮肤、脏器及脆弱组织。

5．持针钳　又称持针器，用于夹持缝针缝合组织。通常有两种形式，即握式持针钳和钳式持针钳（图 5.9），兽医外科临床上常使用握式持针钳。

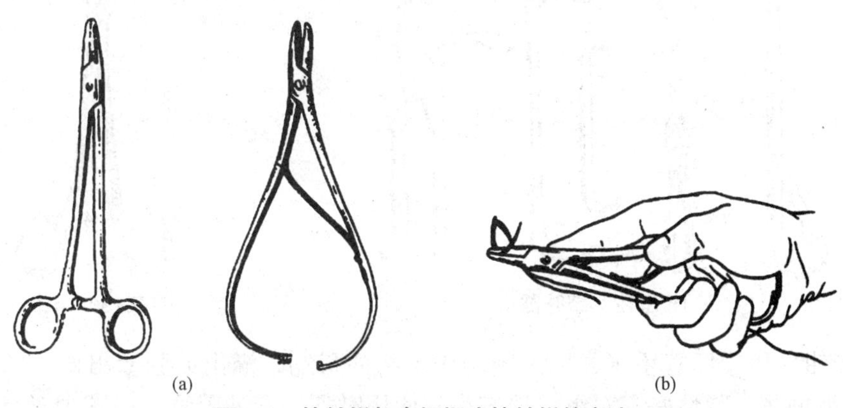

图 5.9　持针钳与拿握握式持针钳的方法

（a）持针钳；（b）拿握握式持针钳的方法

6．缝合针　主要用于闭合组织或贯穿结扎。缝合针分为两种类型，一种为带线缝合针或称无眼缝合针，缝线已包在针尾部，针尾较细，仅单股缝线穿过组织，使缝合孔道最小，因此对组织损伤小，又称为“无损伤缝针”（图 5.10），这种缝合针有特定包装，保证无菌，可以直接利用，多用于血管肠管缝合。另一种是有眼缝合针，这种缝合针能多次利用，比带线缝合针便宜，有眼缝合针以针孔不同分为两种，一种为穿线孔缝合针，缝线由针孔穿进；另一种为弹机孔缝合针。针孔有裂槽，缝线由裂槽压入针眼内，穿线方便、快速（图 5.11）。缝合针规格分为直型、1/2 弧型、3/8 弧型和半弯型。缝合针尖端分为圆锥形和三角形，三角形针有锐利的刃缘，能穿过较厚致密组织。直型圆针用于胃肠、子宫、膀胱肌等缝合，用手指直接持针操作，此法动作快，操作空间较大。弯针有一定弧度，操作灵便，不需要较大空间，适用于深部组织缝合。缝合部位越深，空间越小，针的弧度应越大。弯针需用持针器操作。三角形针适用于皮肤、腱、筋膜及瘢痕组织缝合。

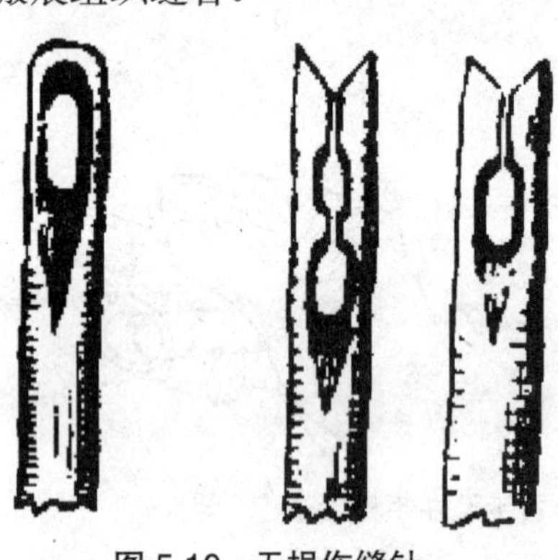

图 5.10　无损伤缝针

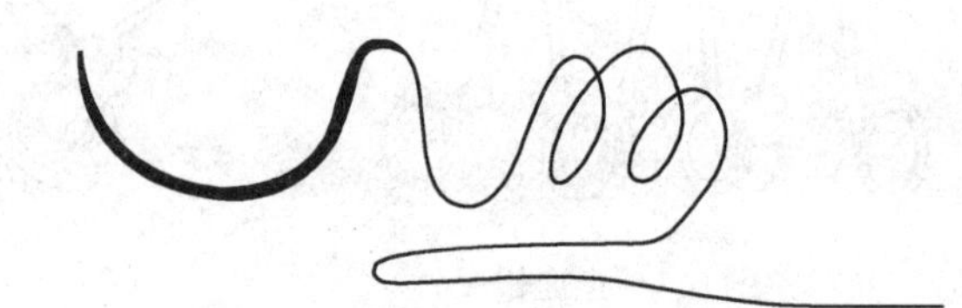

图 5.11　弹机孔缝合针针尾构造

7．牵开器　又称拉钩，用于牵开手术部位表面组织，加强深部组织的显露，以利于手术操作。根据需要有各种不同类型的牵开器（图 5.12）。

8．巾钳　用以固定手术巾，有数种样式，普通常用的巾钳如图 5.13 所示。

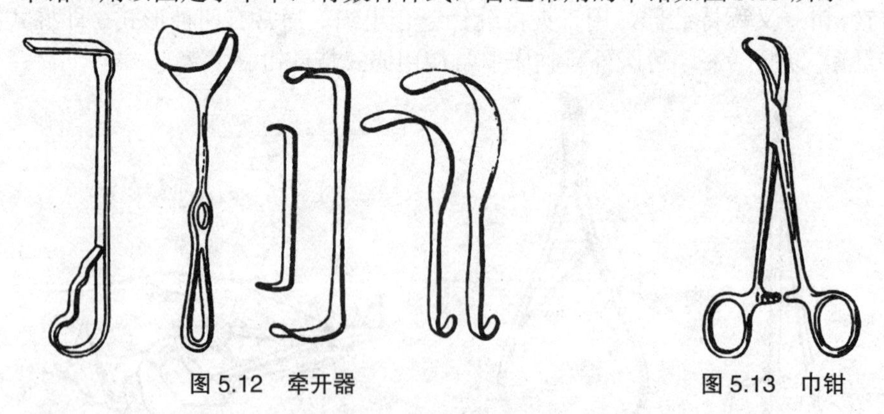

图 5.12　牵开器

图 5.13　巾钳

9．肠钳　用于肠管手术．以阻断肠内容物的移动、溢出或肠壁出血。肠钳结构上的特点是齿槽薄，弹性好，对组织损伤小，使用时须外套乳胶管，以减少对组织的损伤（图 5.14）。

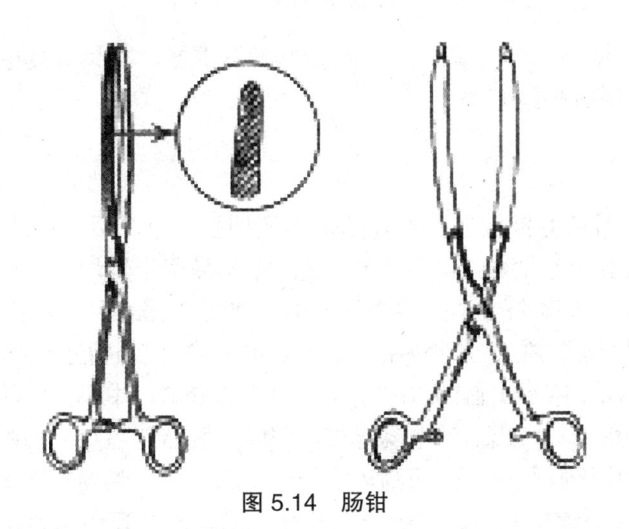

图 5.14　肠钳

10．探针　分为普通探针和有沟探针两种，用于探查窦道及瘘管，借以引导进行窦道及瘘管的切除或切开。在腹腔手术中，常用有沟探针引导切开腹膜。

任务 2　高频电刀使用

【任务目标】

知识：熟悉高频电刀的工作原理、类型及其使用方法。

技能：能正确利用高频电刀对组织进行切割并凝血。

素质：正确使用，精心保养。

【知识准备】

一、工作原理

电刀利用高频电流来切开组织和达到止血的效果。电刀在手术中可达到以下几种功能：

（1）干燥：低功率凝结不需要电光。

（2）切割：释放电光，对组织有切割效果。

（3）凝固：电光对组织不会割伤，可用于止血和烧焦组织。

（4）混切：同时起切割及止血作用。

二、主要类型

中国内地 DD-2 型高频电刀、中国台湾省越胜 500S Ⅱ型手术电刀、瑞士 Prifzer 手术电刀和美国 Valleylab 电刀等。其结构由高频电子发生器、高频电极板、高频电刀头三部分组成，老式电刀还有脚踏开关。

【任务实施】

高频电子发生器和电极板在手术开始前由巡回护士准备妥当，电极板有硬极板和软极板，软极板与患者接触紧密，电阻为 0，使用中不易产生烧灼伤，现多应用软极板；高频电子发生器的电能等级调节至关重要，电能等级是依据各种不同的外科手术、医生技巧及电刀头的不同而定。在普通外科手术中一般单极输出，电能设定原则是：

（1）低电能，用于细小出血的电凝止血，粘连的分离，中小血管的解剖分离；

（2）中电能，用于较大出血的电凝止血，腹腔内脏器、组织的切割、游离；

（3）高电能，用于肝脏组织的切割、癌细胞切除（如乳腺癌根治术）。

电能的设定还需要依据主刀医生的个人经验。术者操纵高频电刀头，电刀头上有两个控制开关按钮，上方的主管电凝，下方的主管电切，电凝主要用于点状止血，一般直径 1 mm 以下血管电凝可以控制出血，电切主要用于切割组织兼有止血功能。高频电刀头的电极有长、短之分，长电极用于深部组织操作，短电极用于浅部组织操作。

【重要提示】

高频电刀的缺点是由于电刀的热散射作用，往往造成切口周围组织小血管的损伤，特别是切割操作缓慢时造成的损伤更大，结果手术切口很容易液化，造成延迟愈合。在开放式气管内麻醉时应用高频电刀，由于发生器放电火花，可以造成爆炸事件，致使人员伤亡；高频电刀电极板应与患者紧密接触，若接触不良可以造成患者烧灼伤；在电凝和电切时可产生组织气化烟雾污染空气环境，术中应注意用吸引器将烟吸净。

任务 3　器械传递及使用

【任务目标】

知识：掌握器械传递的方法及使用器械的素养。

技能：学会正确传递器械，养成爱护手术器械的职业素养。

素质：无菌传递，传递方法正确。

【任务实施】

1．器械传递　在施行手术时，所需要的器械较多，为了避免在手术操作过程中刀、剪、缝合针等器械误伤手术操作人员和争取手术时间，手术器械须按正确的方法传递。

器械的整理和传递由器械助手负责，器械助手在手术前应将所用的器械分门别类依次放在器械台的一定位置上，传递时器械助手须将器械之握持部递交在术者或第一助手的手掌中，例如传递手术刀时，器械助手应握住刀柄与刀片衔接处的背部，将刀柄端送

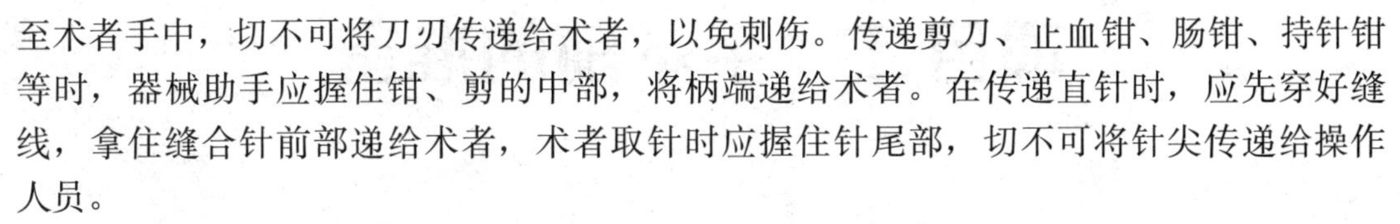

至术者手中，切不可将刀刃传递给术者，以免刺伤。传递剪刀、止血钳、肠钳、持针钳等时，器械助手应握住钳、剪的中部，将柄端递给术者。在传递直针时，应先穿好缝线，拿住缝合针前部递给术者，术者取针时应握住针尾部，切不可将针尖传递给操作人员。

2．使用器械的素养　爱护手术器械是外科工作必备的素养之一，为此，除了正确而合理的使用外，还须十分注意爱护和保养。器械保养方法如下：

（1）利刃和精密器械要与普通器械分开存放，以免相互碰撞而损伤。

（2）使用和洗刷器械不可用力过猛或投掷。在洗刷止血钳时要特别注意洗净齿床内的凝血块和组织碎片。

（3）手术后要及时将所用器械用清水洗净，擦干、保存，不常用或库存器械要放在干燥处，放干燥剂。

（4）金属器械在非紧急情况下禁止用火焰灭菌。

讨论：

1. 临床上除了上述常用手术器械外还有其他手术器械吗?
2. 试列出一套瘤胃切开术的手术器械。

思考与练习

1．识别常用外科手术器械，并练习使用。
2．怎样养成爱护手术器械的素养?

项目二　手术前的准备

具备手术的组织与分工及手术计划拟订的能力，施术动物术前的检查及术部的消毒与术部的隔离的能力，手术人员穿戴手术衣帽、口罩，手及手臂消毒的能力；根据不同器械选择不同的消毒方法的能力。

任务1　手术的组织分工

【任务目标】

知识：掌握手术前的组织分工。

技能：具备手术前手术的组织与分工能力。

素质：团队意识，分工合作。

【任务实施】

手术工作是一项集体活动，所以必须在有明确分工负责的基础上进行协调默契的配合，才能顺利成功完成。一般可做如下分工：

1．术者　是拟订手术计划，实施主要手术的人员。

2．手术助手　是协助术者进行主要手术，处理应激情况，如切开、止血、清理术野、缝合及术后处理等工作。必要时可代替术者进行手术。手术过程中手术助手站在术者对面。

3．手术器械助手　专职手术前进行器械的准备，手术中为术者传递手术器械，应对手术器械非常熟悉以及熟悉术者手势，及时、准确地传递给术者，及时清理器械上的血迹、污物及线头。手术过程中，手术器械助手应站在术者的对面或右侧。

4．麻醉助手　专职负责麻醉工作，实施全身麻醉或局部麻醉或电针麻醉。

5．保定助手　保定动物，保证人畜安全。

任务2　手术计划的拟订

【任务目标】

知识：掌握手术计划的内容。

技能：能够拟订不同手术的手术计划。

素质：分工详细，各司其职。

【任务实施】

手术计划的拟订是术前的必备工作，根据全身检查的结果，订出手术实施方案。手术计划是外科医生判断力的综合体现，也是检查判断力的依据。在手术进行中，有计划和有秩序地工作，可以减少手术中失误，即使出现某些意外，也能设法应付，不致出现忙乱，造成贻误，对初学者尤为重要。手术计划可根据每个人的习惯制订，不强求一律，但一般应包括如下内容：

（1）手术的名称、目的、日期及手术人员的分工。

（2）保定和麻醉方法选择（包括麻前给药）。

（3）手术通路及手术进程。

（4）术前应做事项，如禁食、胃肠减压等。

（5）手术方法及手术中应注意事项。

（6）可能发生的手术并发症、预防和急救措施，如虚脱、休克、窒息、大出血等。

（7）特殊药品和器械的准备。

（8）术后护理、治疗和饲养管理。

任务 3　施术前的准备

【任务目标】

知识：掌握术前对病畜的全面检查。

技能：能够在手术前对病畜进行全面检查及必要的处理，并对手术风险做出正确评估。

素质：准备充分，术前评估客观。

【任务实施】

1．消毒　是指应用适宜的化学药剂来消灭微生物或抑制微生物生长繁殖活动，在临床上称为消毒。如手术者手臂的消毒、手术部位消毒等。

2．灭菌　是指用适宜的物理方法（尤其是热力学方法），将附着于手术所用器械等物品上的微生物消灭，称为灭菌。

在实际应用上，消毒与灭菌是两个专业术语，概念上虽有区别却无严格的界限划分。消毒或灭菌只是被消毒或被灭菌对象不同，而目的是一样的，都是消灭微生物或抑制微生物的生长繁殖活动。

3．临床上常用灭菌与消毒的方法　兽医外科临床上常用灭菌与消毒的方法有煮沸灭菌法、高压蒸汽灭菌法、化学药品消毒法和火焰灭菌法等。

（1）煮沸灭菌法：除速干的物品（纱布、药棉等）以外的手术用品都可采用此方法，此法简单有效。将水煮沸 3 ～ 5 min 后，放入需要灭菌物品浸没水中，但玻璃器皿与冷水同煮，避免热胀冷缩而破裂，煮沸后再煮沸 15 min，杀死一般细菌，若再煮沸 60 min 可杀灭细菌芽孢。

（2）高压蒸汽灭菌法：需要特制的高压蒸汽灭菌器具，温度在 121.6 ℃～ 126 ℃，压力在 1.05 ～ 1.4 kg/cm^2，维持 30 min，可杀灭所有微生物。

（3）化学药品消毒法：对于细菌芽孢难于杀灭，但使用方便，尤其适用于对不适宜采用热力学方法灭菌的物品。常用的化学药品消毒药剂有：

①新洁尔灭。毒性低，刺激小，消毒力强于酒精，可用 0.1% 新洁尔灭水溶液，浸泡金属手术器械 30 min，可杀灭一般的细菌；浸泡 18 h 可杀死细菌芽孢。但在使用时应注意不能与肥皂、碘酊、$KMnO_4$、升汞等配伍。为防止金属手术器械生锈，可在每 1 000 ml 0.1% 新洁尔灭水溶液中加入 5 g　$NaNO_2$ 作为防锈剂，浸泡后的金属手术器械，必须用灭菌生理盐水冲洗干净后才能使用。

② 70%～ 75% 酒精溶液。杀菌力强，主要用于手术人员手指、手术区皮肤、小手术器械等，也可用于浸泡手术器械，浸泡 1 h 以上能有效灭菌。

③ 2%～ 5% 碘酊溶液。能杀死细菌、细菌芽孢、霉菌、病毒，常用于手术部位皮肤、手术人员手指、小面积创伤消毒等。

④ 1% 煤酚皂溶液、1% 甲醇溶液。也可用于浸泡消毒液使用，浸泡金属手术器械 30 min 以上，但金属器械使用前，均需要用灭菌生理盐水冲洗后才能使用。

（4）火焰灭菌法：在搪瓷盘中放入 95% 酒精，点燃可将搪瓷盘与搪瓷盘中金属手术器械灭菌。此方法灭菌效果确实有效，但会使金属手术器械变钝和失去光泽。

4. 术前检查与处理　术前对病畜的全面检查，决定保定及麻醉的方法，是否可以施行手术，如何施行手术以及预后的估计；并在术前 1 周给动物预防注射破伤风类毒素 0.5 ～ 1 ml，在紧急手术时可于术前给动物注射破伤风抗毒素，大动物 1 万～ 2 万 IU，小动物 3 000 ～ 4 000 IU。倒卧保定及腹腔手术时动物应禁食半天或一天，仅给予饮水；为了防止手术中出血过多可给予止血剂；为避免大动物在术中发生臌气可给予止酵剂；也可强心补液以加强机体的抵抗力。

任务 4　手术部位的准备

【任务目标】

知识：掌握手术部位准备、除毛消毒与隔离的方法。

技能：熟练掌握剪毛剃毛及消毒。

素质：剪毛正确，消毒规范。

【任务实施】

1. 术部除毛　视手术切口大小，剪毛时逆毛剪被毛，顺毛流方向剃毛。

2. 术部消毒　清水洗净，灭菌纱布拭干。用 5% 碘酊消毒，由中心向周围一圈一圈地涂，干后再用 75% 乙醇脱去碘。注意感染创则由边缘至创口消毒。

3．术部隔离　用创巾布覆盖，并固定，以便将切口以外被毛隔离开，防止污染。

任务 5　手术人员的手及手臂的准备与消毒

【任务目标】

知识：掌握手术人员的手及手臂的准备与消毒方法。

技能：能够对手术人员的手及手臂正确消毒。

素质：消毒规范。

【任务实施】

1．更衣　术者手术前均穿戴灭菌衣帽及口罩。手臂有创伤的，涂碘酊后贴胶布保护。衣袖卷至肘关节以上，修剪指甲，磨光。

2．手臂的洗刷与消毒　用肥皂水刷洗手臂，无菌布拭干。手臂消毒可用 0.1% 新洁尔灭溶液浸泡洗 5 min →无菌布拭干→ 2%碘酊涂擦甲缘、指端等处→ 75%乙醇脱碘→手术。也可用 0.1% 新洁尔灭反复浸泡洗刷后用 75%乙醇涂擦后即可进行手术。手术人员手术前戴无菌手套，在戴无菌手套时不可触及手套外面；若不戴手套手术，每隔一定时间要用消毒液清洗手上黏附的血液和皮脂腺、汗腺管排出的细菌。

肥皂刷洗新洁尔灭洗手法：

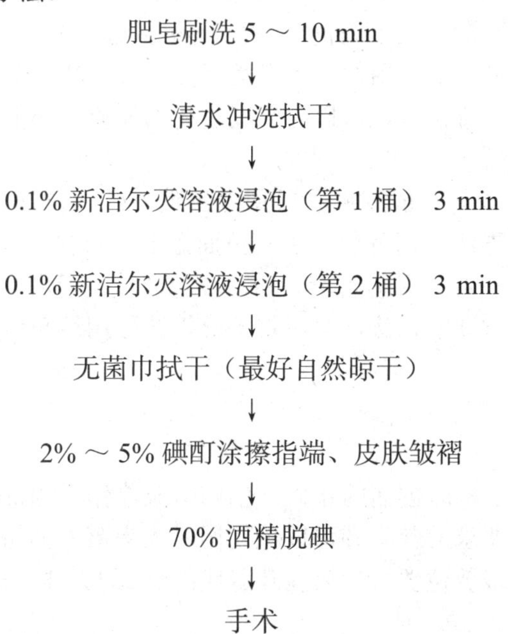

任务 6　手术器械、敷料的准备与消毒

【任务目标】

知识：掌握手术器械、敷料的准备及不同手术器械的消毒方法。
技能：能够对不同手术器械、敷料正确进行消毒。
素质：消毒规范。

【任务实施】

1．手术器械的准备与消毒

（1）手术器械的准备。

①将手术所需要的器械放入搪瓷盘内。

②对所准备的器械逐一进行检查，刀、剪之类检查其锐利程度，不锐利的器械能磨者，用细磨石磨锐利，不能磨者则另行更换新的。对止血钳、持针器、剪刀等有关节的器械，要检查关节的灵活性及其闭合情况等。

③检查完之后，对所有器械用纱布擦拭干净。对新购入器械宜先用纱布沾上汽油擦去油垢，再用清洁纱布擦干。

④手术刀、剪等有刃及带齿的器械宜用脱脂棉或纱布包裹其有刃、齿部分，以免消毒时损坏刀刃及锐齿。

⑤缝合针及注射针头应穿在纱布块上，或用纱布包起来，以供取用方便。

（2）手术器械的消毒。

① 金属器械的消毒。一般有煮沸消毒法、高压蒸汽消毒法、化学消毒法、火焰消毒法等数种。可根据设备条件、器械种类、用途等灵活选用。

②玻璃器械的消毒。最常用的是煮沸消毒法。金属注射器的活塞橡皮及塑料注射器消毒时切勿与消毒锅壁直接接触，以防温度过高而变质。一般试管及其他玻璃仪器，可用高压蒸汽消毒法。

③橡胶材料的消毒。一般胶皮管可用煮沸消毒法，洗净与玻璃器械一起消毒。乳胶手套用高压蒸汽消毒法，消毒前于手套里面撒上滑石粉，同时将手套口向外翻转约 6 cm，左、右手套叠在一起，并另附滑石粉一小包（戴手套用），然后用消毒巾或纱布包起来进行消毒。若用煮沸消毒法，也应将手套折叠好用纱布包好，然后进行煮沸消毒，但禁用碱性溶液。

2．敷料的准备与消毒

（1）敷料的准备。

①纱布块。用于手术时创面的止血、创伤引流或作为绷带包扎的衬垫材料。裁纱布的方法是，止血纱布要求剪裁整齐，以免使用时线头落入创伤内，裁剪时先将大块纱布展开按一定尺寸确定裁剪位置，然后在裁剪线的位置上，抽掉两根线，沿抽掉线的线缝用敷料剪剪开，制成矩形纱布块。

纱布块的大小颇不一致，根据临床使用情况，一般宽 15 ～ 20 cm，长 25 ～ 30 cm 较

实用。将裁剪好的纱布，使两毛边沿长轴折向中心，再对折起来，成为四层的长条，将长条的两端对折至中间，再对折一次，即成为 7 ～ 10 cm 的纱布块。然后用报纸或纱布每十块一包包好，以备消毒。

②止血棉球。用于手术中创面止血。其制作方法是将 15 ～ 18 cm 见方的纱布，沿对角线剪两块三角形，将其中一块铺开，在中间放入适量的棉花或纱布碎屑，将长边和上角折叠在棉花上，然后两对角打结，使之包成一个球形物，剪掉多余的纱布头，以备下次再用。

③纱布棉垫。用于包扎伤口的衬垫物。制作时先将大块纱布剪成 40 cm×40 cm 纱布块，于两层纱布中间夹上一薄层脱脂棉（厚薄要均匀）压平，然后按需要剪成不同大小的纱布棉垫叠在一起，用纱布包好，以备灭菌。

④棉球。棉球的制作先将大块脱脂棉按层次分开成薄片，然后由此撕下一小片（直径为 3 ～ 4 cm），术者左手握拳，手心留有较小空隙，然后将撕下的棉花片放于左手拇指与食指之间的小孔上，以右手食指尖端将此棉花片塞入拳内，如此连续操作，满一拳后放入 75％酒精瓶或 5％碘酊瓶内，使之浸入酒精或碘酒，以备临床消毒用。

（2）敷料的消毒：止血棉球、止血纱布、纱布棉垫及其他敷料制备完善以后，装入贮槽，将贮槽周围的窗孔及底部窗孔打开，以便消毒时蒸汽流通。然后将贮槽放入高压消毒器之物品桶内进行高压蒸汽消毒，151 b 压力维持 30 min。而后取出贮槽，将贮槽周围及底部的窗孔关闭，备手术时使用。

棉纱制品用过后，应本着节约的原则，尽量收回，经适当处理消毒后再利用。被血迹污染的敷料，先用 0.5％氨水或常水浸泡，再用洗衣粉洗去血迹，然后用清水漂洗干净、晒干。被碘酊污染的敷料、布单等物品，应先用 2％硫代硫酸钠溶液浸泡 1 h 脱碘，然后再用清水洗净。被脓汁污染的敷料，应放在 25％氢氧化钠溶液中煮 1 h，再彻底洗净、晒干，最后与用剩的敷料一起装入贮槽内，进行消毒后再利用。

【重要提示】

（1）使用高压蒸汽灭菌时，压力表必须准确，保证使用安全。

（2）加水不宜过多，也不宜过少。

（3）放气阀门下连的金属软管必须保留，否则放气不充分，冷空气滞留有碍灭菌质量。

（4）灭菌后应立即间断缓慢放气，待气压表指针指至 0 处，及时取出内容物，可保持物品干燥。

（5）灭菌后放气时，不可过快（尤其是内装玻璃制品或其他易碎物品时）。

（6）经常测定高压灭菌器灭菌效果，简单易行的方法是化学指示剂法。市售有 121 ℃压力蒸汽灭菌化学指示卡。

讨论：

（1）临床上除了上述消毒方法外还有其他消毒方法吗？

（2）给动物做手术前应该从哪几个方面做好准备工作？

思考与练习

1. 如何拟订手术计划？手术时手术人员如何进行分工协作？
2. 常用的外科消毒方法有哪几种？
3. 如何对手术动物进行术部准备？
4. 练习术前手术人员的手及手臂的消毒及手术的穿着。
5. 练习常用外科手术器械的高压蒸汽灭菌。

项目三　麻醉技术

具备局部麻醉药和全身麻醉药的认知能力，能正确操作局部麻醉和全身麻醉。

任务 1　局部麻醉技术

【任务目标】

知识：掌握麻醉及局部麻醉的基本知识和局部麻醉的临床操作方法。
技能：能够对临床常见外科手术操作局部麻醉技术。
素质：用药准确，技术规范。

【知识准备】

1．麻醉的概念　麻醉是指对动物用人为的方法——化学或物理——使动物机体局部或全身感觉被抑制或改变神经体液的活动，从而导致动物有机体暂时性的局部感觉迟钝、消失或伴有肌肉松弛的全身知觉暂时性完全消失。

2．麻醉的目的　麻醉的目的是在给动物手术时，避免动物的骚动，减少手术时对动物机体的不良刺激，以便于手术能安全顺利地进行。

3．麻醉的方法　常见的麻醉方法有局部麻醉和全身麻醉，电针麻醉也是一种方法，但效果不确实。局部麻醉是利用局部麻醉药物有选择性地暂时性地阻断感觉神经末梢、神经纤维以及神经干的神经冲动的传导作用，从而使神经所分布或支配的相应部位组织的感觉暂时性丧失的一种麻醉方法。

4．常用的局部麻醉药

（1）盐酸普鲁卡因：为临床上常用的局部麻醉药，其特点为毒性小，对感觉神经亲和力强，使用安全，药效迅速，注入组织后 1 ～ 3 min 即可呈现麻醉作用，但是药效维持时间短，一般在 45 ～ 60 min，其渗透组织的能力弱，一般不做表面麻醉。在临床上盐酸普鲁卡因常用 0.5% ～ 1% 溶液做浸润麻醉；用 2% ～ 5% 溶液做传导麻醉；用 2% ～ 3% 溶液做脊髓麻醉；用 4% ～ 5% 溶液做关节腔封闭麻醉。

在临床上为了延长局部麻醉药的作用时间，减少创口出血，降低组织对局部麻醉吸收过多、过快，常在局部麻醉药中每 250 ～ 500 ml 加入 0.1% 肾上腺素溶液 1 ml。

（2）盐酸利多卡因：其特点为麻醉强度与毒性在 1% 浓度以下与普鲁卡因相似，2% 浓度时，麻醉强度提高 2 倍，具有较强的穿透性和扩散性，作用时间快、持久，可维持 1 h 以上，对组织无刺激性，但毒性较普鲁卡因稍大。在临床上盐酸利多卡因也可用作多种局部麻醉，用 2.5% 溶液做表面麻醉，用 2% 溶液做传导麻醉，用 0.25% ～ 0.5% 溶液做浸润麻醉，用 2% 溶液做硬膜外腔麻醉。

（3）盐酸丁卡因：局部麻醉作用强，迅速，穿透力强。常用于表面麻醉。其毒性较普鲁卡因强 12 ～ 13 倍、麻醉效果强 10 倍。常用 0.5% 溶液做角膜麻醉，用 1% ～ 2% 溶液做口鼻黏膜麻醉。

【任务实施】

1. 表面麻醉　利用麻醉药的渗透作用，使其透过黏膜而阻滞浅在的神经末梢功能，称为表面麻醉，如口鼻、直肠、黏膜麻醉。

2. 浸润麻醉　沿手术切口线皮下注射或部分分层注射局部麻醉药，阻滞神经末梢的功能，称为浸润麻醉。常用 0.25% ～ 1% 普鲁卡因溶液。注射方法：先将针头插至所需深度，然后一边拔针一边推药液（图 5.15）。

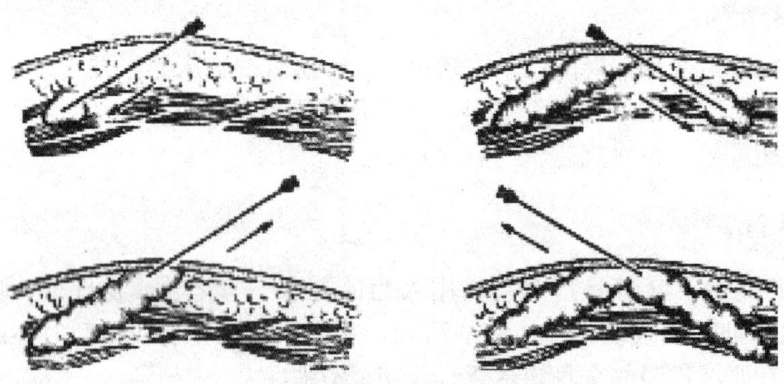

图 5.15　浸润麻醉注射的方法

麻醉方式有：直线浸润麻醉（图 5.16）、菱形浸润麻醉（图 5.17）、扇形浸润麻醉、基部浸润麻醉（图 5.18）和分层浸润麻醉（图 5.19）等。

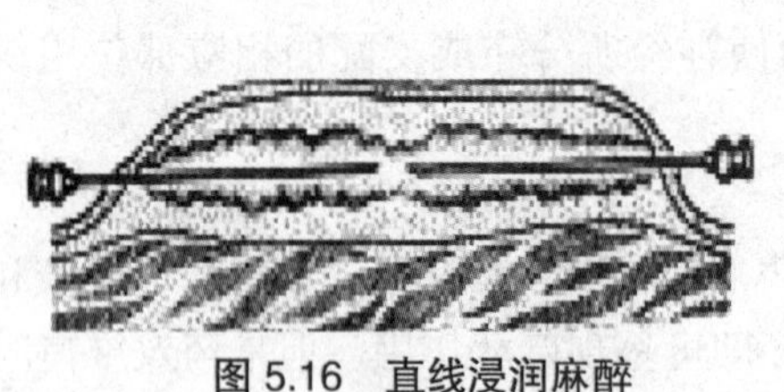

图 5.16　直线浸润麻醉

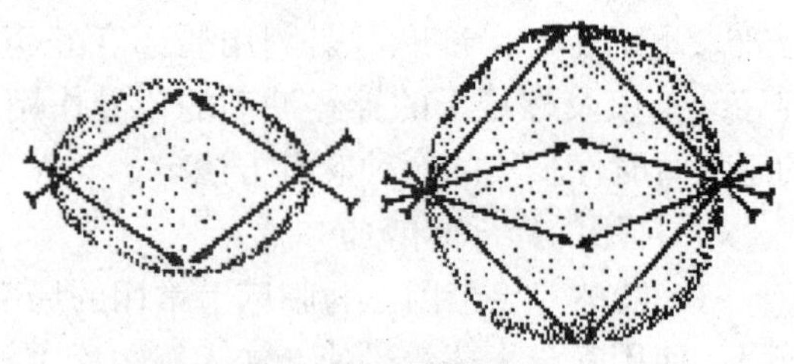

图 5.17　菱形浸润麻醉

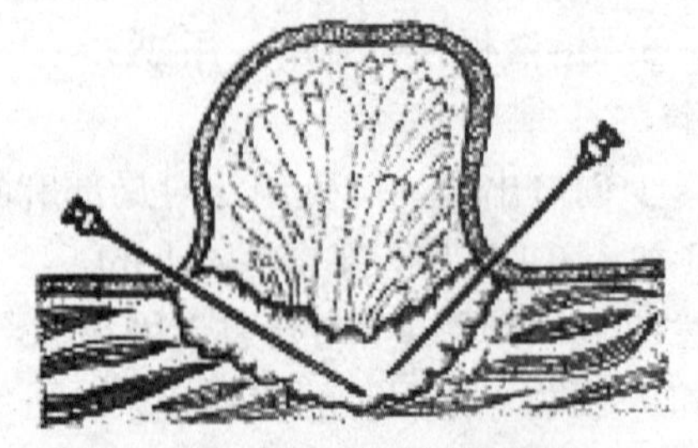

图 5.18　基部浸润麻醉

图 5.19　分层浸润麻醉

3．传导麻醉　在神经干周围注射麻醉药，使神经干所支配的区域失去痛觉，称为传导麻醉。传导麻醉的特点是使用少量麻药，产生较大区域的麻醉效果，常用 2% 利多卡因或 2%～5% 普鲁卡因溶液，药的浓度和用量与麻醉效果成正比（图 5.20、图 5.21）。

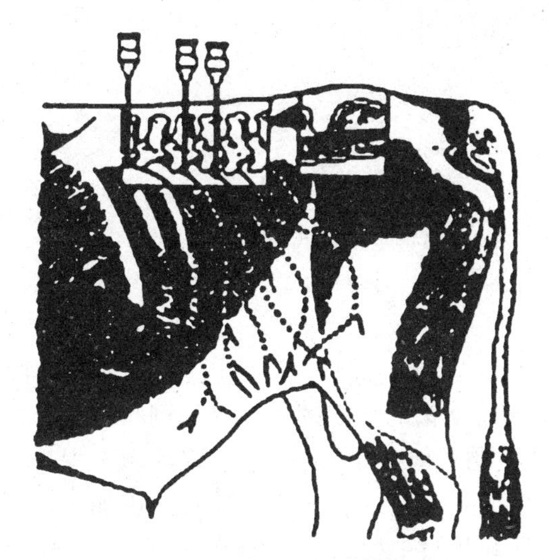

图 5.20　腰旁神经干传导麻醉

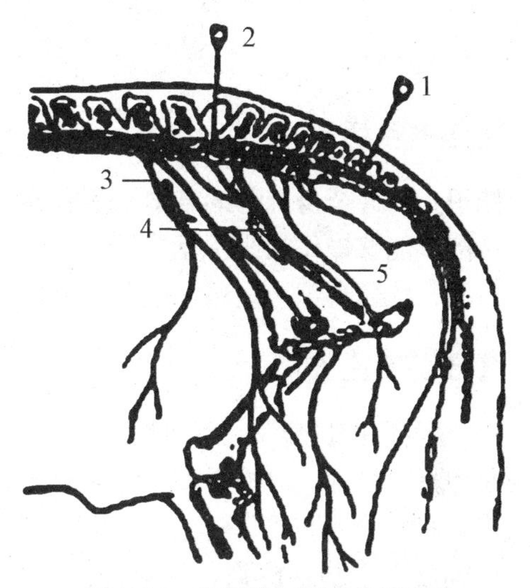

图 5.21　荐尾椎间隙硬外腔麻醉

1. 最后腰椎横突；2. 腰荐间隙硬外腔麻醉；
3. 股神经；4. 第 4 坐骨神经；5. 阴部神经

4．脊髓麻醉　将局部麻醉药注射到脊髓椎管内，阻滞脊神经的传导，使其所支配的区域无痛，称为脊髓麻醉（图 5.22）。兽医临床上多数采用硬外腔麻醉，医学上还有蛛网膜下腔麻醉。

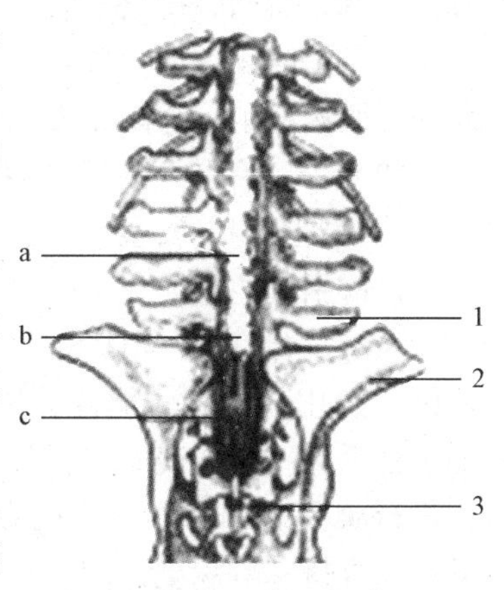

图 5.22　脊髓麻醉

1．第二尾椎；2. 髋结节；3. 第一尾椎
a 脊髓；b 脊髓圆椎；c 尾椎

脊髓麻醉注射部位有三个：第 1、2 尾椎间隙；荐骨与尾椎间隙；腰、荐椎间隙。第一处操作最方便。确定第 1、2 尾椎方法：将尾上下晃动，另一手指端抵于动物尾根背部中线，可探知尾根固定和活动部分的横沟（第 1、2 尾椎间隙），在横沟与中线交点处进针。消毒术部，以 45°～60°进针 3～4 cm 可刺入硬膜外腔，进针时可感觉到刺破弓间韧带至坚硬尾椎骨体，稍退针头，无回血，即可注射药液，若位置正确，药液注入应无过大阻力。根据注意剂量大小可分为：前位硬膜外腔，药量大，向前扩散至第二荐神经或更前方，动物常站立不稳或倒地；后位硬膜外腔，药量小，只使注射部位少数神经根麻醉，动物常维持站立状态，常应用于难产、尾部、会阴、直肠、膀胱的手术等。例如牛的硬膜外腔麻醉可用 2% 普鲁卡因溶液 10～15 ml 或 2% 利多卡因溶液 5～10 ml；猪和羊的硬膜外腔麻醉多选用荐尾椎间隙或腰

荐椎间隙，可用 3% 普鲁卡因溶液 3 ～ 5 ml 或 1% ～ 2% 利多卡因溶液 2 ～ 5 ml。前位硬膜外腔可用 3% 普鲁卡因溶液，最多不超过 10 ml。

任务 2　全身麻醉技术

【任务目标】

知识：掌握全身麻醉的基本知识和临床操作方法。

技能：能够操作临床常见外科手术全身麻醉技术，观察全身麻醉现象。

素质：选药合理，避免深麻，随时急救。

【任务实施】

1．全身麻醉的定义　采用注射给药的方式，使动物的中枢神经呈现抑制状态，动物全身肌肉呈现松弛，对外界刺激反应暂时消失或减弱，但生命中枢（呼吸和心跳）保持正常状态，称为全身麻醉。全身麻醉药通常先开始抑制大脑皮层功能，随着剂量加大，逐渐抑制间脑、中脑、桥脑、脊髓，最后可引起延髓呼吸中枢抑制。随着不同部位的中枢神经系统的抑制，会有一定的体征表现，根据体征的表现判断麻醉的深度。

2．麻醉深度的类型

（1）浅麻醉：动物麻醉后表现欲睡状态，各种反射活动降低或部分消失，茫然站立，头颈下垂，肌肉轻微松弛。

（2）深麻醉：动物进入睡眠状态，瞳孔缩小，各种反射消失，舌头拉出口腔外，不能缩回，肌肉松弛，心跳变慢，呼吸慢而深，阴茎脱出等。

（3）中度麻醉：介于浅麻醉与深麻醉之间。临床上常用控制药物剂量来控制麻醉深度，药量要适当、安全，若剂量过大，可抑制生命中枢（呼吸、心跳中枢等）对生命造成威胁，应引起注意。

（4）复合麻醉：根据手术需要和不同的麻醉深度，减少麻药毒副作用，扩大麻药应用范围，选用几种麻药配合使用，称为复合麻醉。若将两种麻药混合注入，称混合麻醉，如水合氯醛 - 硫酸镁（或酒精）；若间隔一定时间先后使用两种以上麻醉药，称合并麻醉，在进行合并麻醉时，于使用麻醉剂之前。先用一种中枢神经抑制药达到浅麻醉，再用麻醉剂以维持麻醉深度，前者即称为基础麻醉（如为了减少水合氯醛的有害作用并增强其麻醉强度，可在用麻醉药之前先注射氯丙嗪做基础麻醉，然后注射水合氯醛作为维持麻醉或强化麻醉以达到所需麻醉的深度）。即用一种麻醉药做基础麻醉（先抑制中枢达到浅麻醉），然后用另一种麻醉药做维持麻醉（维持麻醉深度）。在采用全身麻醉的同时配合应用局部麻醉，称为配合麻醉法，如浅麻醉配合局部麻醉。在大手术过程中常需用中度麻醉药物量结合追加麻醉药物量。但注意不能达到中毒量，随时注意呼吸节律、心跳、血压变化，若呈现呼吸节律不规则、心跳加快、血压下降，应立即停药，需要急救中毒。

3．兽医临床上使用的非吸入性麻醉药　全身麻醉药有吸入和非吸入两类方法，兽医临床上多用非吸入麻醉，吸入麻醉需要特殊设备，若开放式吸入麻醉，对环境有一定影响。

（1）硫喷妥钠：为微黄色带有硫的臭味的粉末，易溶于水，配成2.5％浓度：人，4～6 mg/kg；猪、羊，10～25 mg/kg，小猪用上限，大猪用下限，麻醉时间10～25 min，苏醒时间0.5～1 h；小牛犊：一次量15～20 mg/kg，麻醉时间10～15 min。

临床上成年牛一般使用浅麻醉配合局部麻醉，全身深度麻醉不多，因为有许多不利的因素，如肺活量小，瘤胃大，易造成瘤胃膨气引起呼吸困难；牛的唾液腺发达，大量唾液回流到口腔，易造成吸入性肺炎；牛的贲门括约肌松弛，瘤胃内容物逆流也易造成窒息；牛的嗳气功能受阻，易导致瘤胃臌胀发生。若要必须做深度麻醉，要考虑防止这些不利因素，如采用减弱唾液分泌、抑制微生物发酵等方法。

（2）氯胺酮：氯胺酮是一种非巴比妥类的麻醉药，作用迅速，能选择性地抑制大脑联络径路和丘脑－新皮层系统，呈现全身麻醉，使用1 mg/kg肌肉注射后3～5 min呈现麻醉，持续30 min。氯胺酮麻醉药的特点是痛觉完全消失，吞咽、咽喉、眼睑、角膜反射仍未消失，保持呼吸道畅通，小动物临床上使用较多。

（3）速眠新：速眠新又称846合剂，为一种新型速效、肌肉松弛的麻醉药。各种动物都可作为全身麻醉药使用，尤其是小动物、鹿临床上广泛应用。但该药尚未录入药典。

临床上以肌内注射，使用剂量为每千克体重，杂种犬0.1 ml，纯种犬0.08 ml，猫、兔0.04 ml，牛为每100 kg体重1～1.5 ml。

速眠新的特效拮抗剂是苏醒灵3号，苏醒灵3号静脉注射30 s、肌内注射1～5 min就能起作用。苏醒灵3号与速眠新用量比为1.5 ∶ 1（*v/v*），苏醒灵3号的用量稍比速眠新麻醉药量大些。

（4）舒泰：舒泰是一种新型分离麻醉剂，含镇静剂替来他明和肌松剂唑拉西泮。用于犬、猫和野生动物的保定及全身麻醉。

临床上注射舒泰前15 min应皮下注射硫酸阿托品，犬：0.05～0.1 mg/kg；猫：0.05 mg/kg。舒泰使用剂量如下：小手术：犬：10～15 mg/kg，猫10 mg/kg；大手术：犬15～25 mg/kg，猫15 mg/kg，肌内注射；也可静脉注射，但剂量减半。麻醉维持时间视剂量而定，为20～60 min。

（5）龙朋（二甲苯胺噻唑）：龙朋常作为牛麻药，用量小，作用快，安全。用量为肌内注射0.2～0.5 mg/kg体重，20 min达到镇痛、镇静、肌肉松弛，麻醉效果达高峰。表现为精神忧郁、活动减少、头颈下垂、眼半闭、唇下垂、大量流涎、站立不稳、呈睡眠状、头颈扭向躯体一侧、全身肌肉松弛、意识完全丧失。麻醉作用维持时间为60～120 min。羊可用每千克体重1 mg，麻醉效果与牛相似。

（6）水合氯醛：主要作为马属类动物的全身麻醉药，而对牛作为全身麻醉药使用安全性小。

【重要提示】

（1）能局麻，不全麻；能浅麻，不深麻；能站立，不倒卧。

（2）尽量采用复合麻醉和配合麻醉，取长补短，减少副作用和并发症。

（3）采用必要的麻前用药，及禁食、禁水、补液、强心、输血等措施。

（4）准备好相应的中毒解救药及并发症防治设施。

讨论：

临床上如何区分全麻的强度？

思考与练习

1．常用的局部麻醉方法有哪些？

2．常用的非吸入性麻醉药有哪些？

项目四　组织分离技术

掌握组织切开的原则、各种组织分离的方法及注意事项，能够对各种组织进行分离。

任务1　皮肤切开法

【任务目标】

知识：掌握皮肤切开的方法。

技能：能用紧张切开法和皱襞切开法切开皮肤。

素质：切口合理，避免过大，注意安全。

【知识准备】

组织切开是指用机械的方法和物理的方法遵循术部的解剖生理特点，把原先完整的组织切开或分离，以造成手术通路，显露并切除某一器官或病变组织，从而达到治疗疾病的目的。

分离的操作方法分为锐性分离和钝性分离。锐性分离用刀或剪进行。用刀分离时，用刀沿组织间隙做垂直的切开。用剪刀分离时应将剪刀伸入组织间隙进行短距离的剪开。钝性分离是指用刀柄、止血钳、剥离器或手指等进行，通常用于肌肉、筋膜和良性肿瘤的分离。

组织切开是显露术野的重要步骤。切开时应遵循以下原则：

（1）切口须接近病变部位，最好能直接到达手术区，并能根据手术需要，便于延长扩大。

（2）切口在体侧、颈侧以垂直于地面或斜行的切口为好，体背、颈背和腹下沿体中正线或靠近正中线的矢状线的纵行切口比较合理。

（3）切口避免损伤大血管、神经和腺体的输出管，以免影响术部组织或器官的机能。

（4）切口应该有利于创液的排出，特别是脓汁的排出。

（5）二次手术时，应该避免在瘢痕上切开，因为瘢痕组织再生力弱，易发生弥漫性出血。

【任务实施】

1．皮肤紧张切开　由于皮肤活动性比较大，切口部位由术者与助手用手在切口两旁或上下将皮肤展开固定，或用拇指及食指在切口两旁将皮肤撑紧、固定，刀刃与皮肤垂直，用力均匀地一刀切开所需长度和深度，要避免多次切割、重复刀痕，以免影响创缘对合和愈合［图 5.23（a）］。

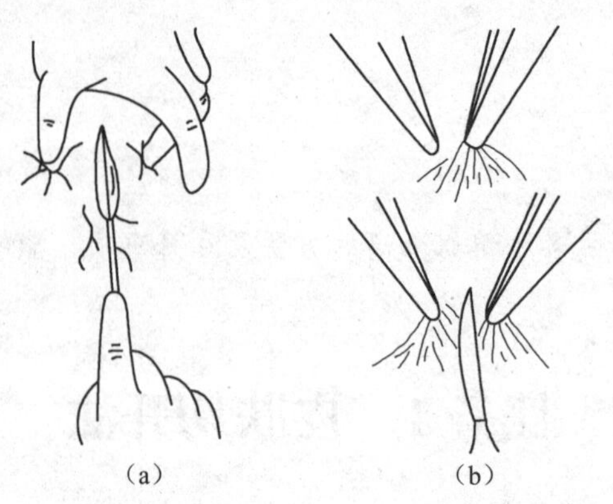

图 5.23　紧张皮肤切开法和皱襞切开法

2．皮肤皱襞切开　在切口的下面有大血管、大神经、分泌管和重要器官，而皮下组织甚为疏松，为了使皮肤切口位置正确而不误伤其下面组织，术者和助手应在预定切线的两侧，用手指或镊子提拉皮肤呈垂直皱襞，并进行垂直切开［图 5.23（b）］。

任务 2　肌肉分离法

【任务目标】

知识：掌握肌肉分离的方法。

技能：能用不同方法对肌肉进行分离。

素质：钝性分离，避免伤及血管神经。

【任务实施】

肌肉分离一般是沿肌纤维方向做钝性分离。在紧急情况下，或肌肉较厚并含大量腱质时，为了使手术通路广阔和排液方便也可横断切开（图 5.24）。

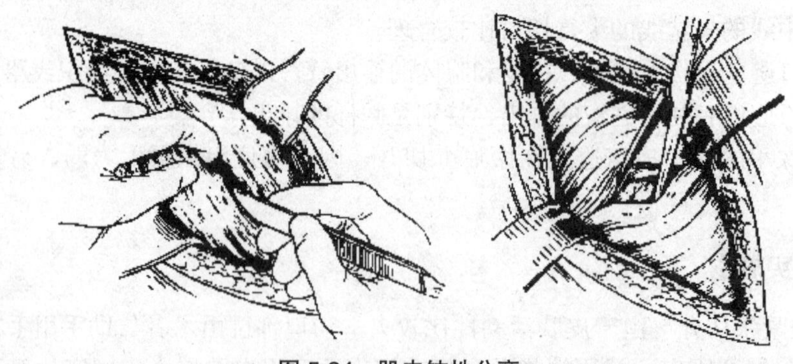

图 5.24　肌肉钝性分离

任务 3　腹膜切开法

【任务目标】

知识： 掌握腹膜切开法的要点。
技能： 能用不同方法切开腹膜。
素质： 谨慎操作，防止伤及内脏。

【任务实施】

腹膜切开时，为了避免伤及内脏，可用组织钳或止血钳提起腹膜做一小切口，利用食指和中指或有沟探针引导，用手术刀或剪分割（图 5.25）。

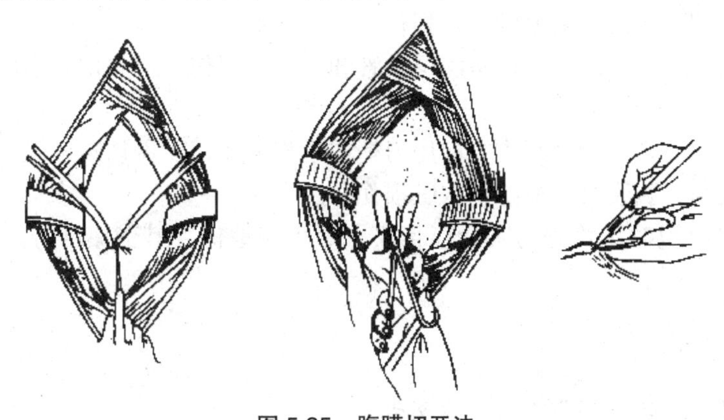

图 5.25　腹膜切开法

任务 4　其他组织切开法及注意事项

【任务目标】

知识： 掌握其他组织切开法及注意事项。
技能： 学会皮下疏松结缔组织、筋膜、肠管等其他组织切开的方法。
素质： 无菌操作，及时止血。

【任务实施】

1. 皮下疏松结缔组织的分离　皮下结缔组织内分布许多小血管，故用钝性分离，先将组织刺破，再用手或器械分离。

2. 筋膜的分离　为了防止筋膜下血管、神经受到损伤，应先用镊子将筋膜提起切一个小口。用弯止血钳伸入切口，分离膜下组织和筋膜的连系，然后用手术剪剪开。

3. 肠管切开　肠管的侧壁切开时，一般于肠管纵带上纵行切开，并应避免损伤对侧肠管。

4．索状组织的分离　分离索状组织（如精索），除了可应用手术刀（剪）做锐性切割外，尚可用刮断、拧断等方法，以减少出血。

5．良性肿瘤、放线菌病灶、囊肿及内脏粘连部分的分离　宜用钝性分离，分离的方法是对未机化的粘连可用手指或刀柄直接剥离，对已机化的致密组织，可先用手术刀切一小口，再用钝性剥离与锐性分割结合，进行剥离。

【重要提示】

（1）组织切口大小必须适当。

（2）切开时，须按解剖层次分层进行，并注意保持切口从外到内的大小相同。

（3）切开的组织必须整齐，力求一次切开。手术刀与皮肤、肌肉垂直，防止斜切或多次同一平面上切割，造成不必要的组织损伤。

（4）切开深部筋膜时，为了预防深层血管和神经的损伤，可先切一小口，用止血钳分张开，然后再剪开。

（5）切开肌肉时，要沿肌纤维方向用刀柄或手指分离，少做切断，以减少损伤。

（6）切开腹膜、胸膜时，要防止内脏损伤。

（7）切割骨组织时，要先切割分离骨膜，尽可能地保存其健康部分，以利于骨组织愈合。

讨论：

试设计一种动物腹侧壁组织切开的方法。

思考与练习

1．组织切开时应遵循哪些原则？注意哪些事项？

2．如何切开腹膜？

项目五　止血技术

掌握止血的方法、应用及相关注意事项，能够在手术过程中采取正确的止血措施进行止血。

任务 1　全身预防性止血法

【任务目标】

知识：掌握全身预防性止血法。

技能：能用不同方法对动物进行全身预防性止血。

素质：合理选择有效的止血药物。

【知识准备】

止血是手术过程中自始至终会遇到而又必须立即处理的基本操作技术。手术中完善的止血，可以保证术部良好的显露，有利于争取手术时间，避免误伤重要器官，直接关系到施术动物的健康。因此要求手术中的止血必须迅速而可靠，并在手术前采取积极有效的预防性止血措施，以减少手术中出血。

血液自血管中流出的现象，称为出血。在手术过程中或意外损伤血管时，即伴随着出血的发生，按照受伤血管的不同，出血的种类有以下四种。

1．动脉出血　特征：血液鲜红，呈喷射状流出，喷射线出现规律性起伏并与心脏搏动一致。一般自血管断端近心端喷出。

2．静脉出血　血液较缓，从血管中均匀地泉涌状流出，颜色为暗红或紫红。一般血管远心端出血较近心端多。

3．毛细血管出血　色泽介于动、静脉血液之间，多呈渗出性点状出血。

4．实质出血　实质器官、骨松质及海绵组织的损伤，为混合性出血。血液自小动脉、小静脉内流出，血液颜色和静脉血相似。不易形成断端的血栓。

【任务实施】

1．输血　在术前 30 ～ 60 min，输入同种同型血液，牛、马 500 ～ 1 000 ml，猪、羊 200 ～ 300 ml。还可输血浆、成分输血。

2．注射增高血液凝固性和血管收缩药　包括：凝血质注射液（促进血液凝固）、维生素 K、安络血注射液（增强毛细血管的收缩力，降低毛细血管渗透性）、止血敏（增强血小板机能和粘合力）、对梭基苄胺（抗血纤溶芳酸）。

任务 2　局部性预防止血法

【任务目标】

知识：掌握局部性预防止血法。
技能：能用不同方法对动物进行局部性预防止血。
素质：科学实施，防止组织缺血性坏死。

【任务实施】

1．肾上腺素止血　常配合局部麻醉进行。一般是在每 1 000 ml 普鲁卡因溶液中加入 0.1% 肾上腺素溶液 2 ml，利用肾上腺素收缩血管的作用，达到手术局部止血之目的。其作用可维持 20 min 至 2 h。如血栓形成不牢固，可能发生二次出血。

2．止血带止血　适用于四肢、阴茎和尾部手术，可暂时阻断血流，减少手术中的失血，有利于手术操作。可用橡皮管止血带或绳索、绷带、局部垫纱布或手术巾，以防损伤软组织、血管、神经。

任务 3　临床常用止血法

【任务目标】

知识：掌握手术过程中的止血法。
技能：能用不同方法对动物手术过程中的出血进行止血。
素质：依据出血种类及性质采取有效的止血方法。

【任务实施】

1．压迫止血　用纱布或止血海绵压迫出血的部位，以清除术部的血液，辨清出血的组织和出血处，以便采取止血措施。在毛细血管渗血和小血管出血时，压迫片刻，出血即可自行停止。在止血时，是按压，不可用擦拭，以免损伤组织或使血栓脱落。

2．钳夹止血　利用止血钳最前端夹住血管的断端，钳夹方向应与血管垂直，钳住的组织要少，不可做大面积钳夹。

3．钳夹结扎止血　是常用而可靠的基本止血法，多用于较大血管出血的止血，其方法有两种：

①单纯结扎止血。用丝线绕过止血钳所夹住的血管及少量组织而结扎（图 5.26）。在结扎时，由助手放开止血钳同时收紧结扣，过早放松血管可能脱出，过晚放松则结扎住钳头不能收紧。

②贯穿结扎止血。持结扎线用缝合针穿过所钳夹组织（勿穿透血管）层进行结扎。常用的方法有“8”字缝合结扎及单纯贯穿结扎两种（图 5.27、图 5.28）。贯穿结扎止血的

优点是结扎线不易脱落，适用于大血管或重要部分的止血，在不易用止血钳夹住的出血点，不能用单纯结扎止血，而宜采用贯穿结扎止血的方法。

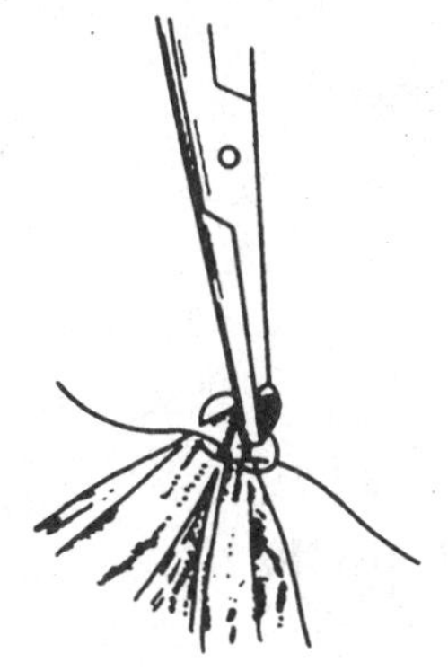

图 5.26　结扎止血

图 5.27　双结扎止血

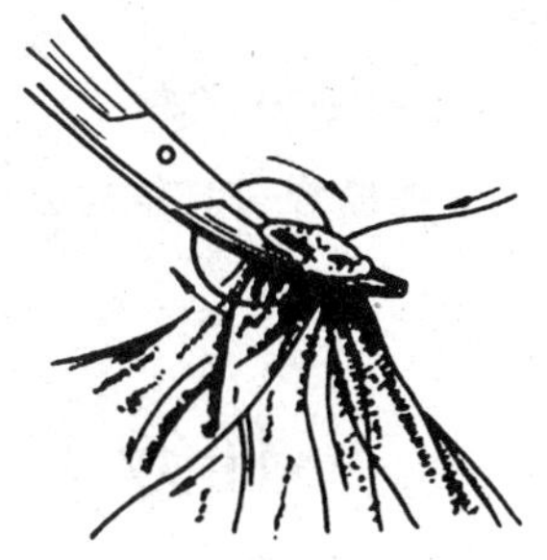

图 5.28　穿线扎止血

4．填塞止血　本法适用于深部大血管出血，一时找不到血管断端，钳夹或结扎止血困难时，用灭菌纱布紧塞于出血的手术创腔内，压迫出血部以达到止血目的。填塞止血留置的敷料通常是在 18 ～ 48 h 后取出。

讨论：

临床实践中还有哪些有效的止血方法？

思考与练习

1．简述手术过程中止血的方法。

2．止血的意义何在？怎样才能确保手术中动物少失血和止血？

项目六　缝合技术

掌握缝合、打结的方法及注意事项，掌握各种软组织的缝合技术。

任务1　打结方法及临床常用结的种类

【任务目标】

知识：掌握打结的方法及注意事项。

技能：能够区分正确与错误的结，学会单手打结、器械打结的方法。

素质：正确使用器械打结。

【知识准备】

打结是外科手术最基本的操作之一。正确而牢固地打结是结扎止血和缝合的重要环节。

1．结的种类　常用的结有方结、三叠结、外科结、假结和滑结等。

（1）方结：又称平结，是手术中最常用的一种，用于结扎较小的血管和各种缝合时的打结，不易滑脱。

（2）外科结：打第一个结时绕两次，使摩擦面增大，故打第二个结时不易滑脱和松动。此结牢固可靠，多用于大血管、张力较大的组织和皮肤缝合。

（3）三叠结：又称加强结，是在方结的基础上再加一个结，共3个结，较牢固，但遗留于组织中的结扎线较多。三叠结常用于有张力部位的缝合。

（4）假结（斜结）：此结易松脱。

（5）滑结：打方结时，两手用力不均，只拉紧一根线，虽两手交叉打结，结果形成滑结，而非方结，亦易滑脱。

各种结如图5.29所示。

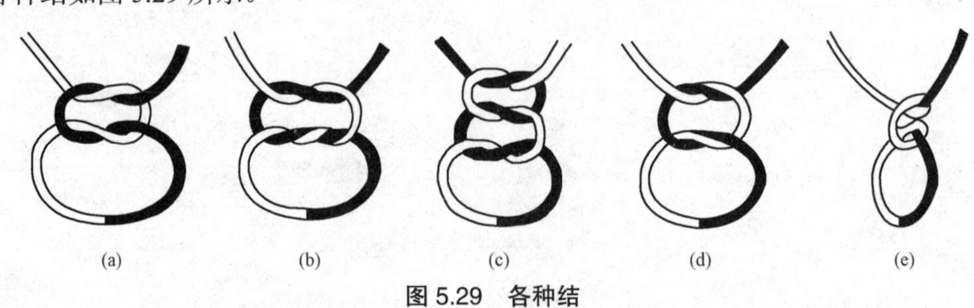

图5.29　各种结

（a）方结；（b）外科结；（c）三叠结；（d）假结；（e）滑结

【任务实施】

1．单手打结　为常用的一种方法，简便迅速。左、右手均可打结。虽各人打结的习惯常有不同，但基本动作相似（图 5.30）。

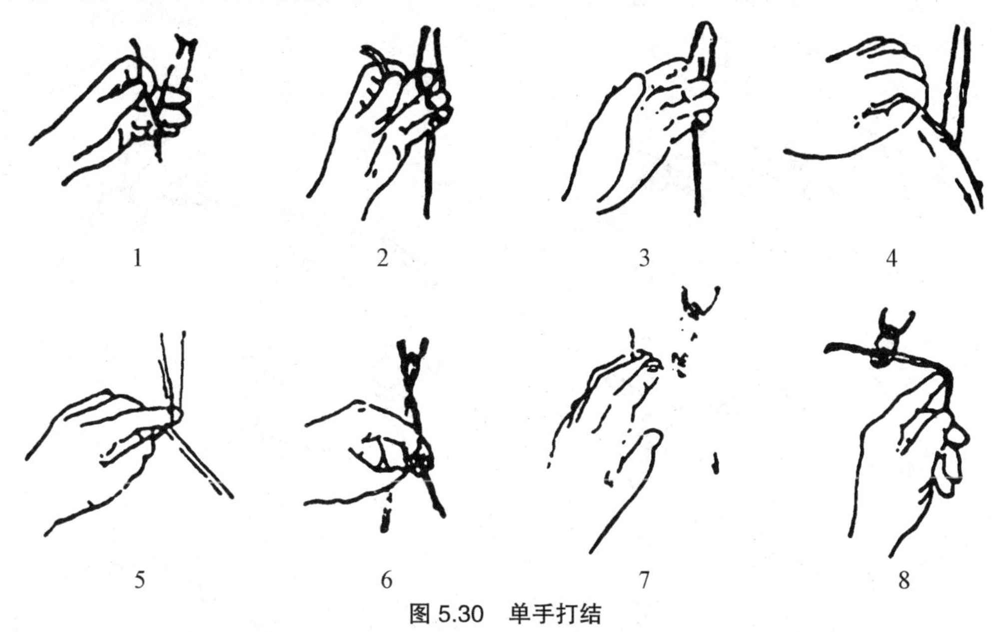

图 5.30　单手打结

2．双手打结　除了用于一般结扎外，对深部或张力大的组织缝合，结扎较为方便可靠（图 5.31）。

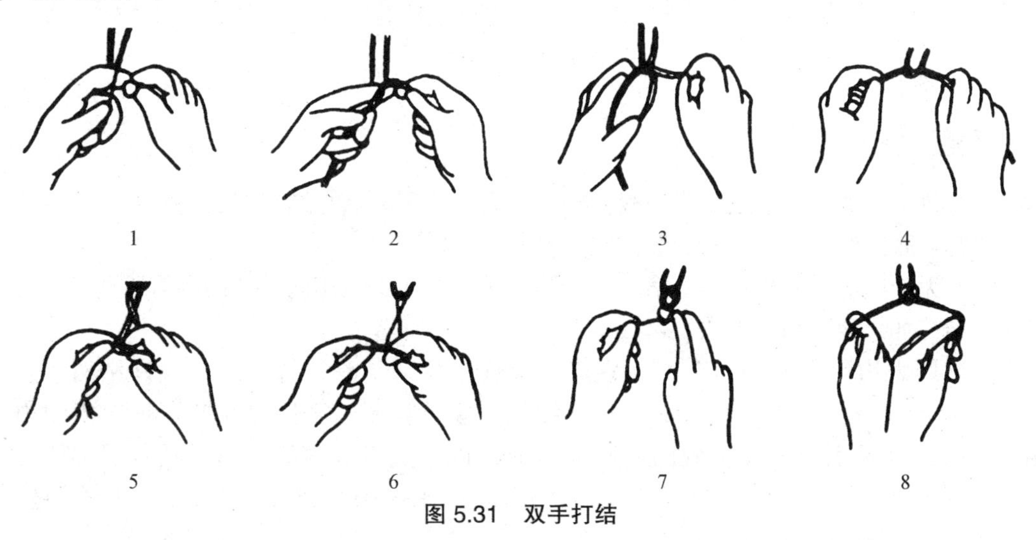

图 5.31　双手打结

3．器械打结　用持针钳或止血钳打结。适用于结扎线过短、狭窄的术部、创伤深处和某些精细手术的打结。方法是把持针钳或止血钳放在缝线的较长端与结扎物之间，用长线头端缝线环绕持针钳或止血钳一圈后，再打结即可完成第一结，打第二结时用相反的方向环绕持针钳或止血钳一圈后拉紧，成为方结（图 5.32）。

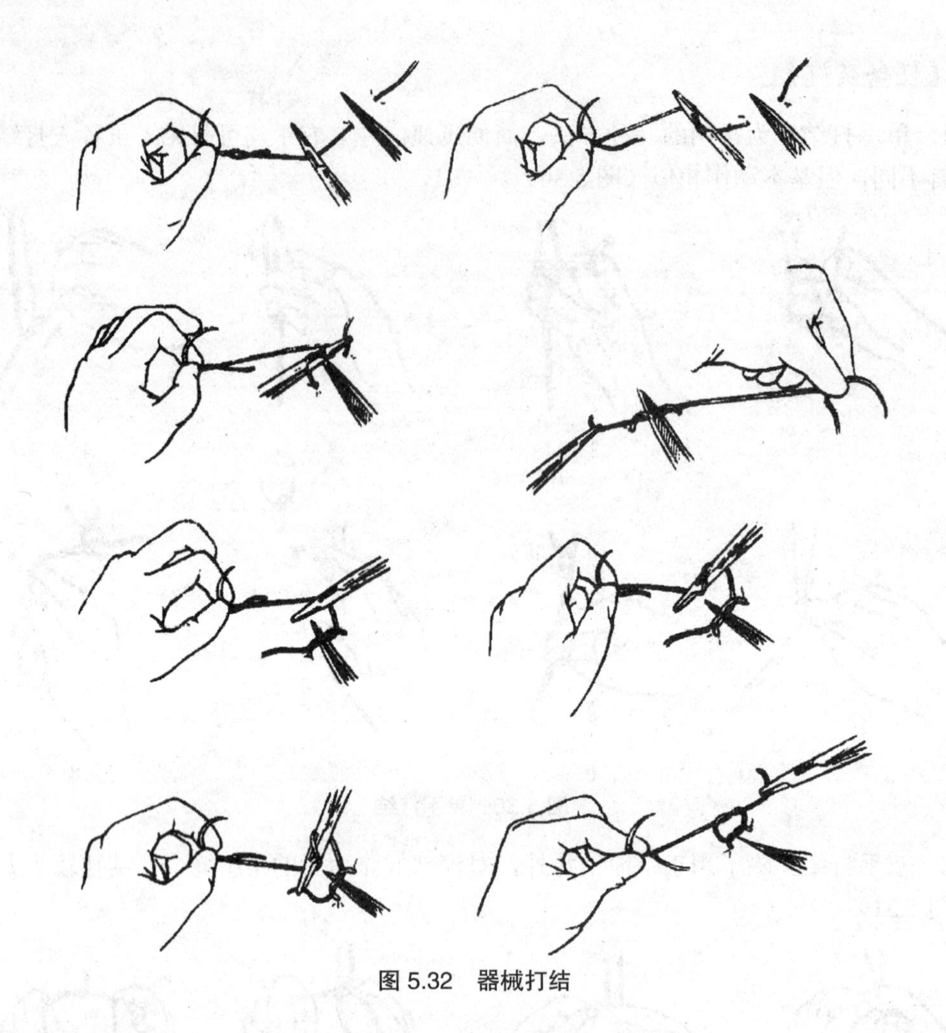

图 5.32　器械打结

【重要提示】

（1）打结收紧时要求三点成一线，即左、右手的用力点与结扎点成一直线，不可成角向上提起，否则使结扎点容易撕脱或结松动。

（2）无论用何种方法打结，第一结和第二结的方向不能相同，即两手需要交叉，否则即成假结。如果两手用力不均，可成滑结。

（3）用力均匀，两手的距离不宜离线太远，特别是深部打结时，最好用两手食指伸到结旁，以指尖顶住双线，两手握住线端，徐徐拉紧，否则易松脱。埋在组织内的结扎线头，在不引起结扎松脱的原则下剪短，以减少组织内的异物。丝线、棉线一般留 3 ～ 5 mm，较大血管的结扎应略长，以防滑脱；肠线留 4 ～ 6 mm；不锈钢丝留 5 ～ 10 mm，并应将钢丝头扭转埋入组织中。

课堂练习：

两位同学一组，准备 50 mm 绳线 1 条，分别练习单手打结和双手打结，计算单位时间打结个数，并验证打结数量和质量。

任务 2　软组织缝合技术

【任务目标】

知识：掌握软组织缝合的方法及注意事项。
技能：能选用正确方法对软组织进行缝合。
素质：缝线选择适当，缝合方法适当合理。

【知识准备】

1．缝合的基本原则　缝合是将已切开、切断或因外伤而分离的组织、器官进行对接或重建其通道，并促进创口愈合的方法。其目的在于，为手术切口或外伤性损伤而分离的组织或器官予以安定的环境，给组织的再生和愈合创造良好条件，保护创面免受感染，加速肉芽创的愈合，防止创面对合处裂开。创伤的愈合是否完善与缝合的方法及操作技术有一定的关系，掌握缝合的基本操作技术，是动物外科手术的重要环节。在缝合时应遵守以下原则：

（1）缝合时严格遵守无菌操作。

（2）缝合前必须创口止血，清除凝血块、异物及坏死的组织。

（3）创缘要均匀接近，在两针孔之间要有相当距离，以防拉穿组织。

（4）缝针刺入和穿出部位应彼此相对，针距相等，防止缝合创伤口形成皱襞和裂隙。

（5）无菌创经外科常规处理后，可做密闭缝合，而化脓腐败创以及具有深包囊的创伤可不缝合，必要时做部分缝合。

（6）缝合组织是同层组织相缝合，除非特殊需要，不同类型的组织不可缝合在一起。

（7）缝合后打结应有利于创伤愈合，打结时既要适当收紧又要防止拉穿组织。

（8）创缘、创壁应互相均匀对合，皮肤创缘防止内翻，创伤深部不应留有死腔，防止积血和积液。

（9）缝合的创伤，如在手术后出现感染症状，应迅速拆除部分缝线，以便排出创液。

2．缝线　常用的缝线有肠线和丝线。

（1）肠线：是由羊肠黏膜下组织或牛的小肠浆膜组织制成的可吸收缝线。主要为结缔组织和少量弹力纤维。肠线适用于胃肠和泌尿生殖道的缝合，不能用于胰脏手术，这是因肠线易被胰液消化吸收。

使用肠线时应注意以下几点：

①肠线的质地较硬，使用前须在温生理盐水中浸泡片刻，待柔软后再用，但浸泡时间不宜过长，防止肠线膨胀而易断。

②不可用持针钳、止血钳夹持肠线，也不要将肠线扭折，以防皱裂、易断。

③肠线经浸泡吸水后发生膨胀，较滑，结扎时须用三叠结，剪断后留的线头应留长，以免滑脱。

④肠线缝合多用连续缝合，以免线结太多致使手术后异物反应显著。

⑤在不影响手术效果的前提下，尽量选用细的肠线。

优点：可吸收。缺点：组织反应大。

（2）丝线：是蚕茧的连续性蛋白质纤维，是传统的、广泛使用的非吸收性缝线。丝线有型号编制，使用时应根据缝合的组织不同，选用不同的型号。粗线为 7 ～ 9 号，适用于大血管结扎，筋膜或张力较大的组织缝合；中等线为 3 ～ 4 号，适用于皮肤、肌肉、肌腱等组织缝合；细线为 0 ～ 1 号，适用于皮下、胃肠道组织的缝合；最细线为 000-0000 号，适用于血管、神经缝合。

优点：价廉，广泛应用；容易消毒；编织丝线张力强度高，操作使用方便，打结确实。缺点：缝合空隙器官时，如果丝线露出腔内，易产生溃疡；缝合膀胱、胆囊时，易造成结石；不能用于空腔器官的黏膜层缝合；不能缝合被污染或感染的创伤。

【任务实施】

1．对接缝合

(1) 单纯间断缝合：又称结节缝合，是最常用、操作容易、迅速的缝合方式。缝合时，每缝一针，打一次结。缝合要求：创缘密切对合，缝线距创缘距离根据缝合的皮肤厚度决定。打结在切口一侧，防止压迫切口。用于皮肤、皮下组织、筋膜、黏膜、血管、神经、胃肠道缝合（图 5.33 ～图 5.36）。

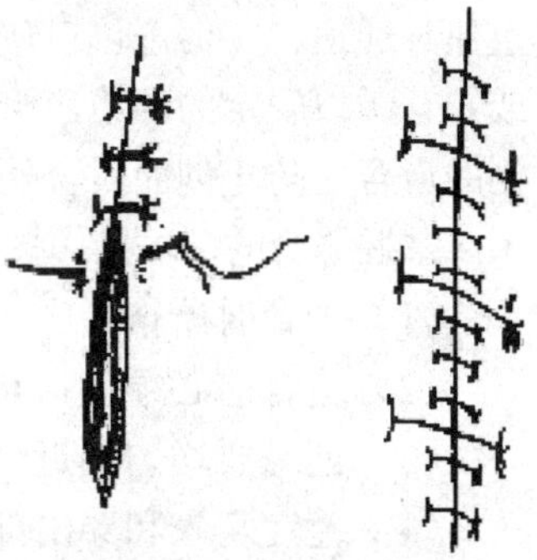

图 5.33　结节缝合

（2）单纯连续缝合：是用一条长的缝线自始至终连续地缝合一个创口，最后打结。第一针和打结操作同结节缝合，以后每缝一针前，对合创缘，避免创口形成皱褶，使用同一缝线以等距离缝合，拉紧缝线，最后留下线尾，在一侧打结。常用于具有弹性、无太大张力的较长创口（图 5.37、图 5.38）。用于皮肤、皮下组织、筋膜、血管、胃肠道缝合。

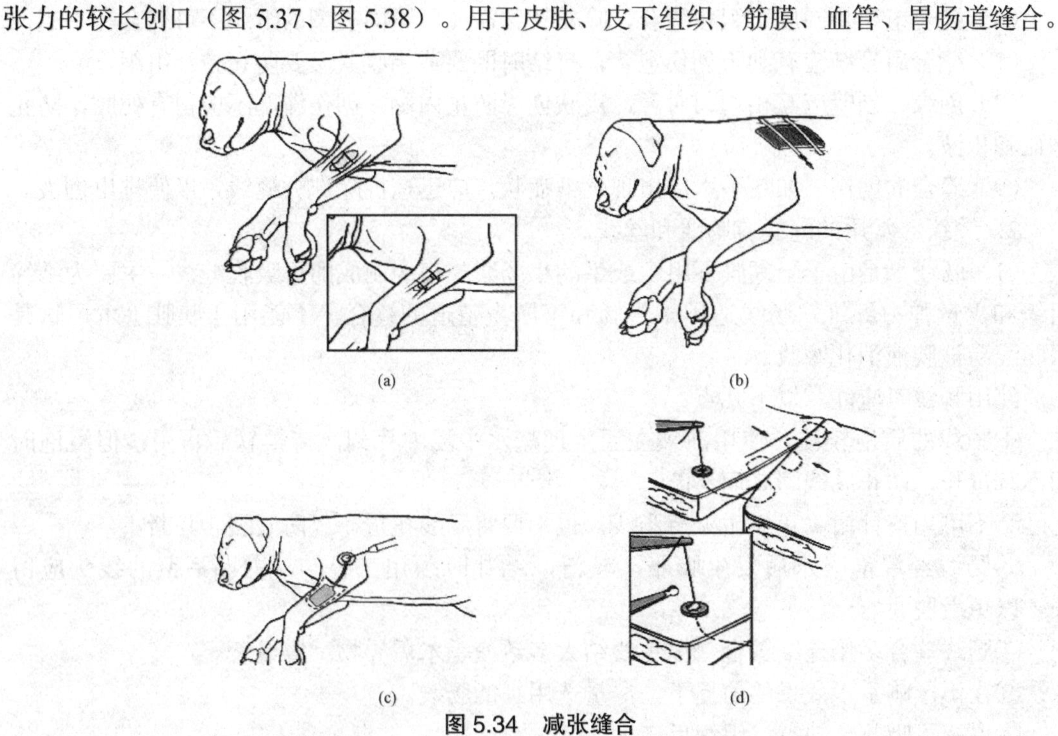

图 5.34　减张缝合

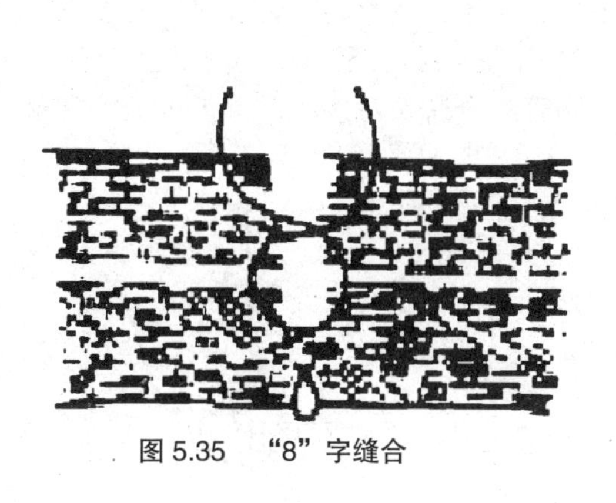

图 5.35　“8”字缝合

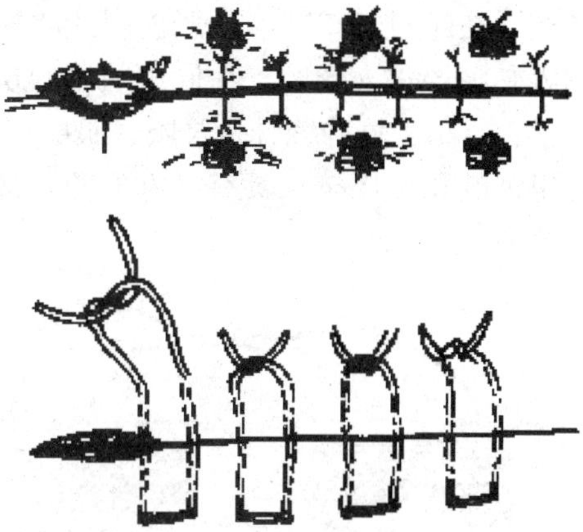

图 5.36　纽扣状缝合

图 5.37　螺旋缝合

图 5.38　锁扣缝合

（3）表皮下缝合：这种缝合如图 5.39 所示，适用于小动物表皮下缝合。缝合在切口一端开始，缝合针刺入真皮下，再翻转缝合针刺入另一侧真皮，在组织深处打结。应用连续水平褥式缝合平行切口。最后缝合针回转刺向对侧真皮下打结，埋置在深部组织内。一般选择可吸收性缝合材料。

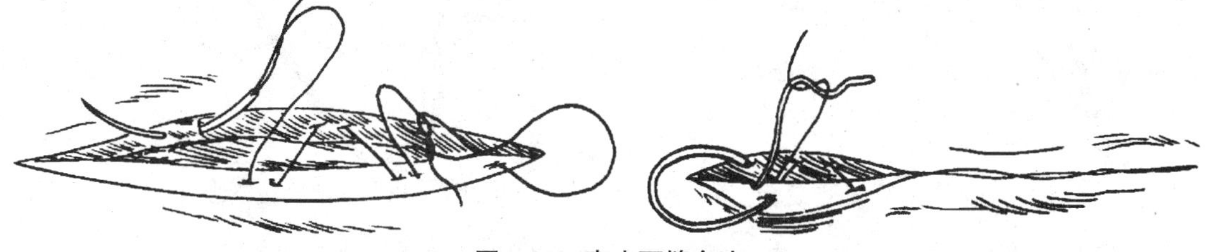

图 5.39　表皮下缝合法

（4）压挤缝合：是用于肠管吻合的单层间断缝合法，犬、猫的肠管吻合的临床观察认为，该法是很好的吻合缝合法，也用于大动物的肠管吻合。

压挤缝合如图 5.40、图 5.41 所示，缝合针刺入浆膜、肌层、黏膜下层和黏膜层进入肠腔。在越过切口前，从肠腔再刺入黏膜到黏膜下层，越过切口转向对侧，从黏膜下层刺入黏膜层进入肠腔。在同侧从黏膜层、黏膜下层、肌层到浆膜刺出肠表面。两端缝线拉紧、打结。这种缝合是浆膜、肌层相对接；黏膜、黏膜下层内翻。这种缝合是肠组织本身组织的相互压挤，具有良好的防止液体泄漏、肠管吻合密切对接和保持正常肠腔容积的效果。

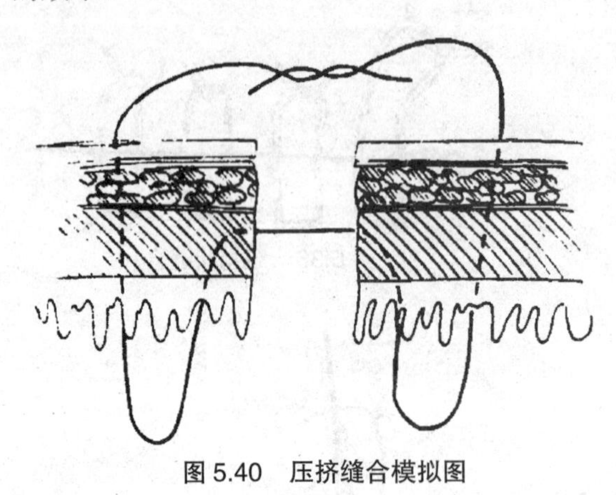

图 5.40　压挤缝合模拟图

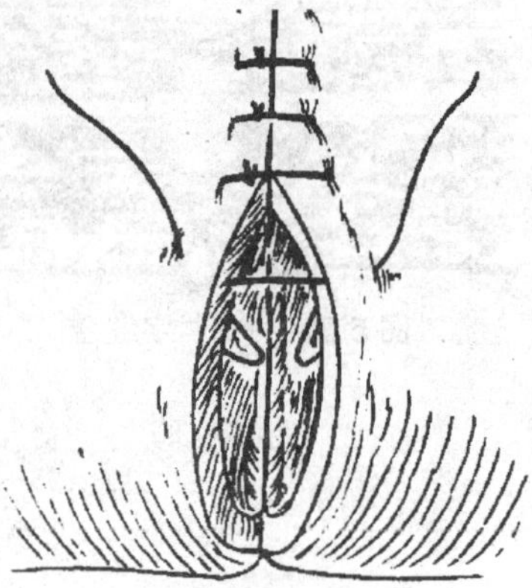

图 5.41　压挤缝合

（5）十字缝合：这种缝合法如图 5.42 所示，从第一针开始，缝合针从一侧到另一侧做结节缝合，第二针平行第一针从一侧到另一侧穿过切口，缝线的两端在切口上交叉形成 X 形，拉紧打结。用于张力较大的皮肤缝合。

（6）连续锁边缝合：这种缝合法与单纯连续缝合基本相似。在缝合时每次将缝线交锁。此种缝合能使创缘闭合良好，并使每一针缝线在进行下一次缝合前就得以固定（图 5.43）。多用于皮肤直线形切口及薄而活动性较大的部位缝合。

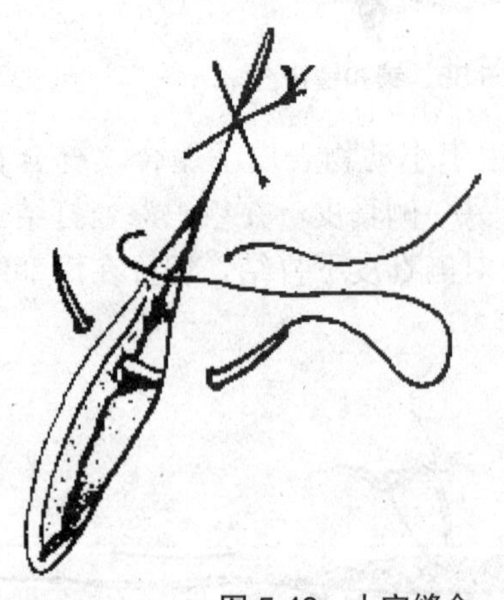

图 5.42　十字缝合

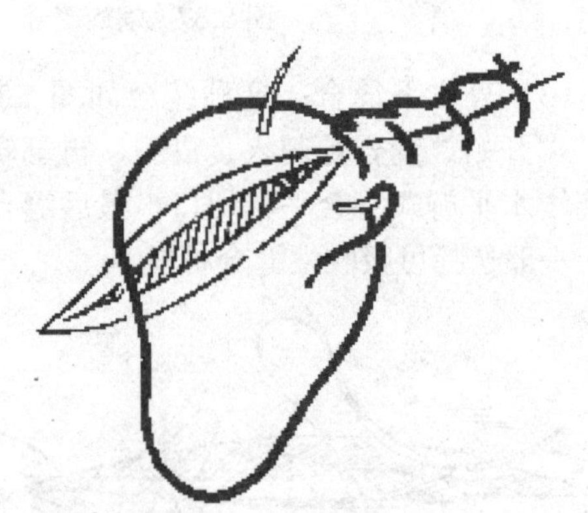

图 5.43　连续锁边缝合

2．内翻缝合　用于胃肠、子宫、膀胱等空腔器官的缝合，常见有：

（1）伦勃特氏缝合：是胃肠手术的传统缝合方法，又称为垂直褥式内翻缝合法。其分为间断与连续两种，常用的为间断伦勃特氏缝合。在胃肠或肠吻合时，用以缝合浆膜肌层。

①间断伦勃特氏缝合。缝线分别穿过切口两侧浆膜及肌层即行打结，使部分浆膜内翻对合，用于胃肠道的外层缝合（图 5.44）。

②连续伦勃特氏缝合。于切口一端开始先做一浆膜肌层间断内翻缝合，再用同一缝线做浆膜肌层连续缝合至切口另一端（图 5.45）。其用途与间断伦勃特氏缝合法相同。

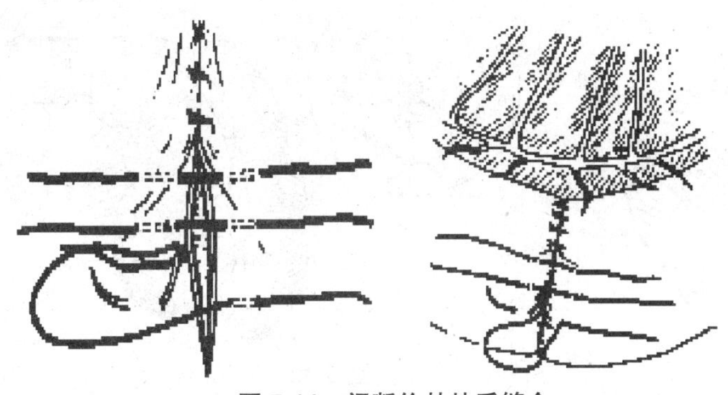

图 5.44　间断伦勃特氏缝合

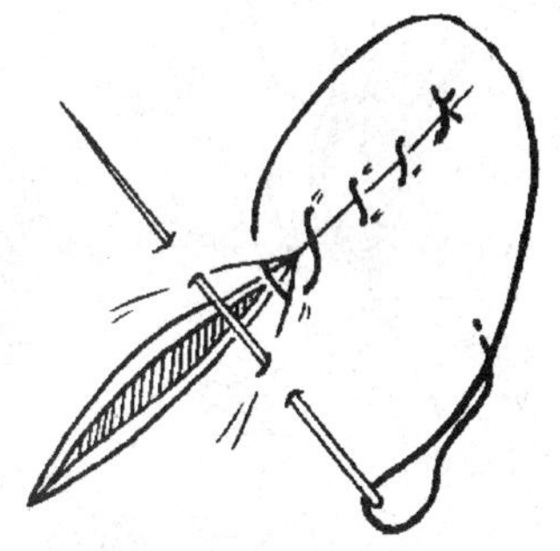

图 5.45　连续伦勃特氏缝合

（2）库兴氏缝合：又称连续水平褥式内翻缝合法。这种缝合法是从连续伦勃特氏缝合法演变来的，缝合方法是于切口一端开始先做一浆膜肌层间断内翻缝合，再用同一缝线平行于切口做浆膜肌层连续缝合至切口另一端（图 5.46）。适用于胃、子宫浆膜肌层缝合。

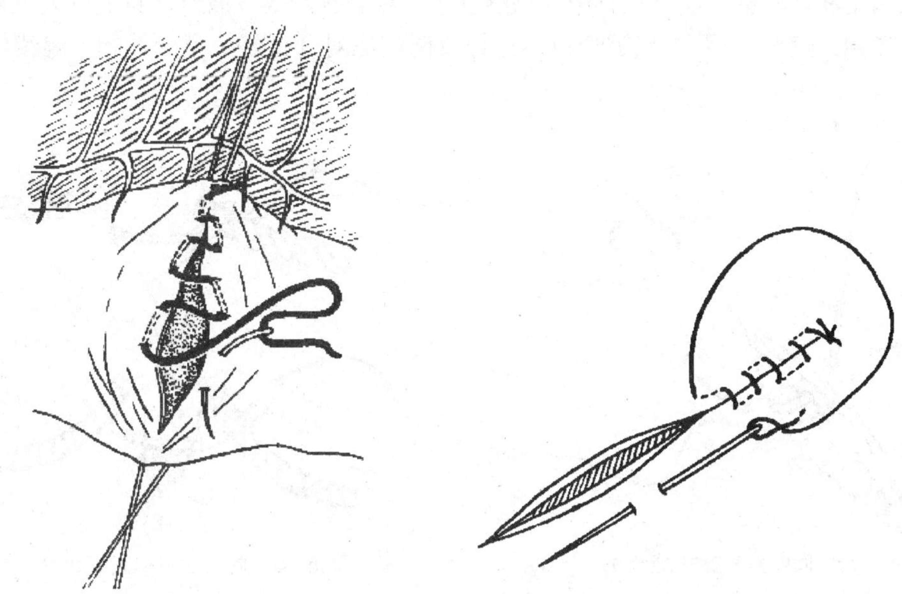

图 5.46　库兴氏缝合

（3）康乃尔氏缝合：这种缝合法与连续水平褥式内翻缝合法相同，仅在缝合时缝合针要贯穿全层组织，当将缝线拉紧时，则肠管切面即翻向肠腔（图 5.47）。多用于胃、肠、子宫壁缝合。

（4）荷包缝合：即做环状的浆膜肌层连续缝合。主要用于胃肠壁上小范围的内翻缝合，如缝合小的胃肠穿孔。此外，还用于胃肠、膀胱造瘘等引流管固定的缝合方法（图5.48）。

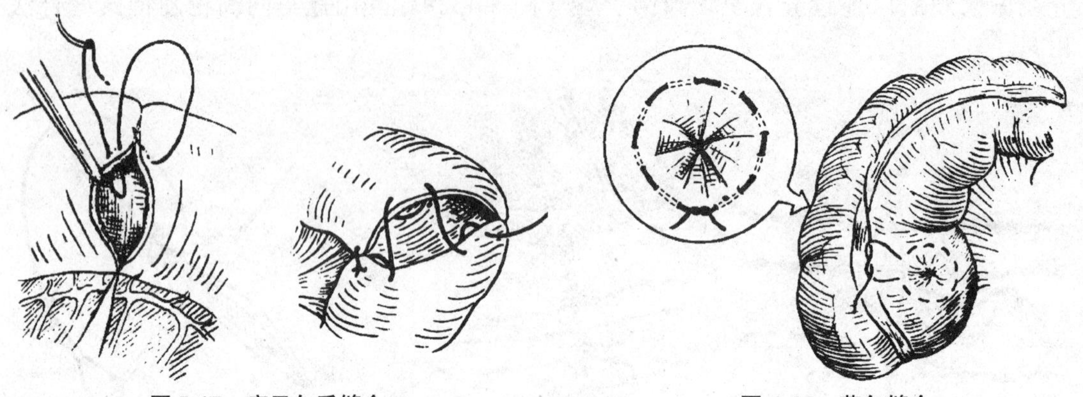

图 5.47　康乃尔氏缝合

图 5.48　荷包缝合

3．张力缝合

（1）间断垂直褥式缝合：这种缝合如图 5.49、图 5.50 所示。间断垂直褥式缝合是一种张力缝合。针刺入皮肤，距离侧缘约 8 mm，创缘相互对合，越过切口到相应对侧刺出皮肤。然后缝合针翻转在同侧距切口约 4 mm 刺入皮肤，越过切口到相应对侧距切口约 4 mm 刺出皮肤，与另一端缝线打结。该缝合要求缝合针刺入皮肤时，只能刺入真皮下，接近切口的两侧刺入点要求接近切口，这样皮肤创缘对合良好，不能外翻。缝线间距为 5 mm。

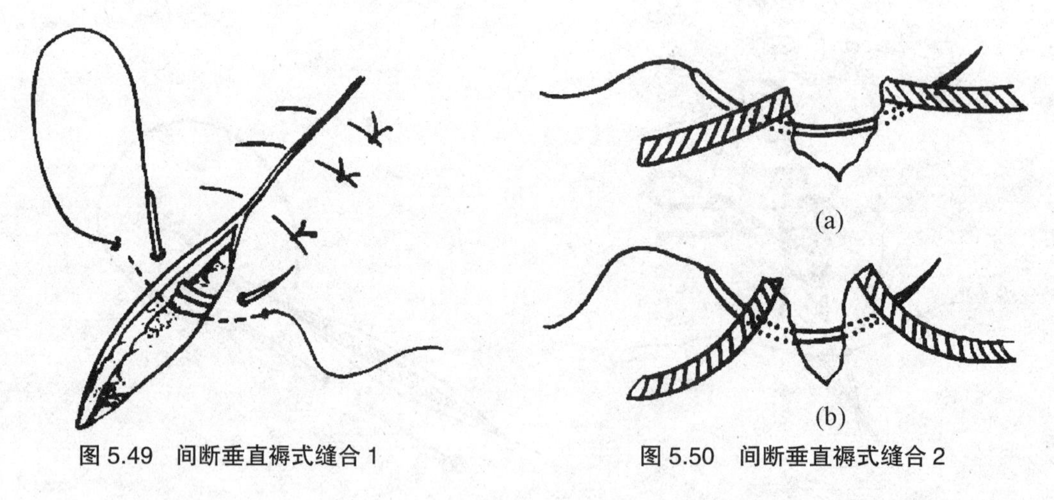

图 5.49　间断垂直褥式缝合 1

图 5.50　间断垂直褥式缝合 2

（a）正确的缝合位置；（b）不正确的缝合位置

（2）间断水平褥式缝合：这种缝合如图 5.51 所示。间断水平褥式缝合是一种张力缝合。特别适用于马、牛和犬的皮肤缝合。针刺入皮肤，距创缘 2 ～ 3 mm，创缘相互对合，越过切口到对侧相应部位刺出皮肤，然后缝线与切口平行向前约 8 mm，再刺入皮肤，越过切口到相应对侧刺出皮肤，与另一端缝线打结。该缝合要求缝合针刺入皮肤时刺在真皮下，不能刺入皮下组织，这样皮肤创缘对合才能良好，不出现外翻。根据缝合组织的张力，每个水平褥式缝合间距为 4 mm。

（3）近远－远近缝合：这种缝合如图 5.52 所示。近远－远近缝合是一种张力缝合。第一针接近创缘垂直刺入皮肤，越过创底，到对侧距切口较远处垂直刺出皮肤。翻转缝合针，越过创口到第一针刺入侧，距创缘较远处垂直刺入皮肤，越过创底，到对侧距创缘近处垂直刺出皮肤，与第一针缝线末端拉紧打结。

图 5.51　间断水平褥式缝合

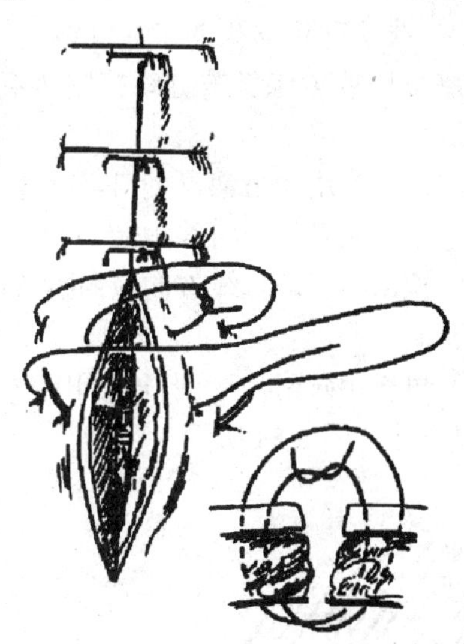

图 5.52　近远－远近缝合

课堂练习：

1. 准备多种常用的缝线，让同学从中挑选出适合皮肤、肌肉、腹膜、内脏的对应缝线。

2. 每人准备一块 30 cm × 40 cm 的硬纸板、缝合针及缝线，在纸板上画出虚拟的皮肤切口，练习各种皮肤缝合，同学们相互进行观摩比较。

任务 3　剪线与拆线技术

【任务目标】

知识：掌握剪线与拆线的方法。
技能：能正确并熟练进行剪线与拆线。
素质：方法正确，消毒严格。

【任务实施】

1. 剪线　将缝合或结扎打结后残余的缝线剪除，一般由助手操作完成。

方法：术者结扎完毕后，将双线尾提起略偏术者的左侧，助手用稍张开的剪刀尖沿着拉紧的结扎线滑至结扣处，再将剪刀稍向上倾斜，然后剪断，倾斜的角度取决于留线头的长短 。一般来说，倾斜 45° 左右剪线，遗留的线头较为适中（2 ～ 3 mm）。应注意的是，在深部组织结扎、较大血管的结扎和肠线或尼龙线所做的结扎，线头应稍留长一些，如丝线留 2 ～ 3 mm，羊肠线留 3 ～ 5 mm，钢丝线留 5 ～ 6 mm 并将钢丝两断端拧紧，肠线或尼龙线留 5 ～ 10 mm，皮肤缝线留 0.5 ～ 1 cm 为宜。

2．拆线　拆除皮肤创口的缝线。缝线拆除的时间，一般是在手术后 7 ～ 8 d 进行，但创伤已化脓或创缘已被缝线撕断不起缝合作用时，可根据创伤治疗需要随时拆除全部或部分缝线。

方法：（1）用碘酊消毒创口、缝线及创口周围皮肤后，将线结用镊子轻轻提起，剪刀插入线结下，紧贴针眼将线剪断。

（2）拉出缝线，拉线方向应向拆线的一侧，动作要轻巧，如强行向对侧硬拉则可能将伤口拉开。

（3）再次用碘酊消毒创口及周围皮肤。

拆线方法如图 5.53 所示。

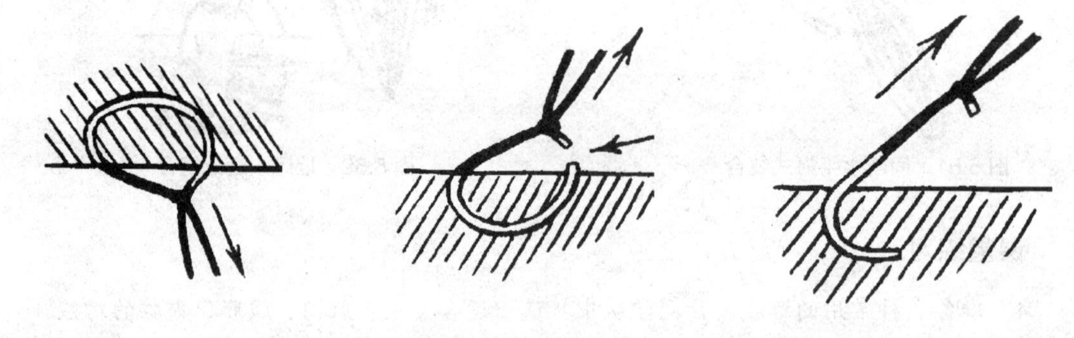

图 5.53　拆线方法

任务 4　各种软组织的缝合方法

【任务目标】

知识：掌握各种软组织的缝合方法。

技能：能正确并熟练对各种软组织进行缝合。

素质：缝合方法正确合理，避免过多缝线遗留在组织中。

【任务实施】

1．皮肤缝合　缝合前创缘必须对好，缝线要在同一深度将两侧皮下组织拉拢，以免皮下组织内遗留空隙。滞留血液或渗出液易引起感染，两侧针眼离创缘 1 ～ 2 cm，距离要相等。皮肤缝合采用间断缝合，缝合后应在创缘侧面打结，打结不能过紧。皮肤缝合完毕后，必须再次将创缘对好。

2．皮下组织缝合　缝合时要使创缘两侧皮下组织相互接触，一定要消除组织的空隙。使用可吸收性缝线，打结应埋置在组织内。

3．筋膜缝合　筋膜缝合应根据其张力强度。筋膜的切口应该与张力线平行，而不能垂直于张力线，所以在筋膜缝合时，要垂直于张力线，使用间断缝合。大量筋膜切除或缺损时，缝合使用垂直褥式或近远－远近等张力缝合法。

4．肌肉缝合　肌肉缝合时将纵行纤维紧密连接，瘢痕组织生成后，不能影响肌肉收缩功能。可采用结节缝合分别缝合各层肌肉。当小动物手术时，肌肉一般是纵行分离而不切断，因此肌肉组织经手术细微整理后，可不需缝合。对于横断肌肉，因其张力大，应该在麻醉或使肌肉松弛的情况下连同筋膜一起，进行结节缝合或水平褥式缝合。

5．腹膜缝合　腹膜薄且不易耐受缝合，应连同部分肌肉组织一起缝合。腹膜缝合必须完全闭合，不能使网膜或肠管漏出嵌闭在缝合切口处。

6．血管缝合　血管缝合常见的并发症是出血和血栓形成。操作要轻巧、细致，不得损伤血管壁。血管端吻合要严格执行无菌操作，防止感染。血管内膜要紧密相对，因此血管的边缘必须外翻，让内膜接触，外膜不得进入血管腔（图 5.54）。

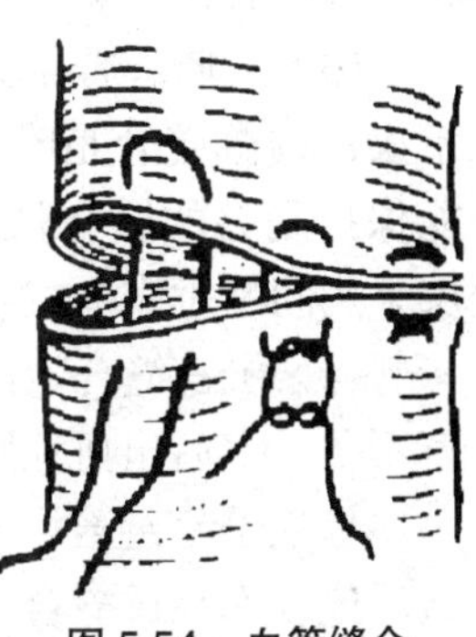

图 5.54　血管缝合

7．神经缝合　操作要轻柔，有精细的缝合器械，神经横断面要准确对合，避免神经鞘内和神经周围出血，缝合时不能损伤神经组织。

8．腱缝合　腱的断端应紧密联结，如果末端间有裂缝被结缔组织填补，将影响腱的功能。操作要轻柔，不能使腱的末端挫伤而引起坏死。缝合部位周围粘连会妨碍腱愈合后的运动，因此腱的缝合要求腱鞘保留或重建。腱、腱鞘和皮肤缝合部位不要相互重叠，以减少腱周围的粘连。手术必须在无菌操作下进行（图 5.55）。

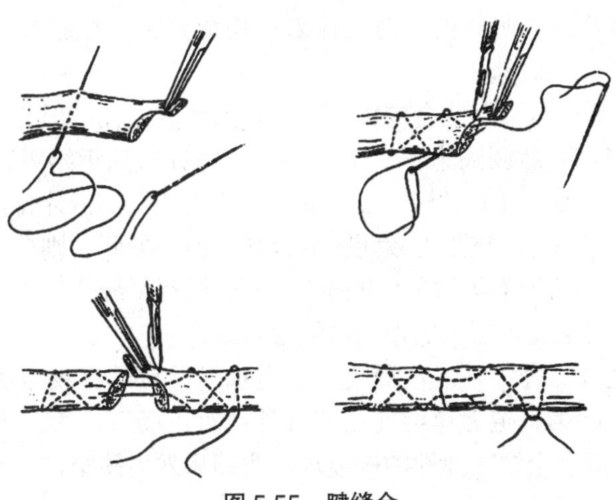

图 5.55　腱缝合

9. 空腔器官缝合　空腔器官是指胃、肠、子宫、膀胱等器官。根据空腔器官的生理解剖学和组织学特点，对于不同动物和不同器官，缝合要求是不同的。

（1）犬、猫的胃缝合。胃内具有高浓度的酸性内容物和消化酶，缝合时要求良好的密闭性，防止污染；缝线要保持一定的张力强度，这是因为术后动物呕吐或胃扩张对切口产生较强压力；术后胃腔容积减少，对动物影响不大。因此，胃缝合第一层连续全层缝合或连续水平褥式内翻缝合，第二层缝合在第一层缝合上面，采用浆肌层间断或连续垂直褥式内翻缝合。

（2）小肠缝合。小肠血液供应好，肌肉层发达，其解剖特点是低压力导管，而不是蓄水囊。其内容物是液态的，细菌含量少。小肠缝合后 3 ～ 4 h，纤维蛋白覆盖密封在缝线上，产生良好的密闭条件，术后肠内容物泄漏发生机会较少。由于小肠肠腔较小，缝合时防止肠腔狭窄是重要的。犬、猫的小肠缝合使用单层对接缝合。常用的压挤缝合法能达到良好对接，不易发生泄漏、狭窄和感染；缝合切口愈合快，有少量纤维结缔组织沉积，反应轻微，愈合后瘢痕较小，肠腔直径变化很小。

（3）大肠缝合。大肠内容物是固态的，细菌含量多。大肠缝合并发症是内容物泄漏和感染。内翻缝合是唯一安全的方法。内翻缝合浆膜与浆膜对合，防止肠内容物泄漏，并能保持足够的缝合张力强度。内翻缝合采用第一层连续全层或连续水平内翻缝合，第二层采用间断垂直褥式浆肌层内翻缝合。

（4）子宫缝合。剖腹取胎术实行子宫缝合有其特殊意义，因为子宫缝合不良会导致母畜不孕、术后出血和腹腔内粘连。

母牛子宫缝合，首先在子宫浆膜面做斜行刺口，使第一个结埋置在内翻的组织内，然后连续库兴氏缝合，最后一个结也要求埋置在组织内，不使其暴露在子宫浆膜表面。

母马子宫缝合前，应该先在子宫切口边缘上应用肠线全层连续压迫缝合，其目的是止血，因为马的子宫内膜很松散地附着在肌层上，大的内膜下静脉不能自然止血。然后应用双层内翻缝合，与母牛子宫缝合相似。

【重要提示】

（1）缝线（可吸收或不吸收的）对机体来讲均为异物，在缝合中尽可能减少缝线的用量。

（2）缝线在缝合后的张力与缝合的密度（即针数）成正比，但为了减少伤口内异物，缝合的针数不宜过多，一般间隔为 1 ～ 1.5 cm，使每针所加于组织的张力相近似，以便均匀分担组织张力。不可过紧或过松。皮肤缝合后应将积存的液体排出。

（3）连续缝合力量均匀，抗张力较间断缝合强，但一处断裂则全部松脱，伤口裂开。

（4）组织应按层次进行缝合，较大创伤要由深而浅逐层缝合，以免影响愈合或裂开。浅而小的伤口，缝线可穿过各层组织做一次缝合。

（5）腔性器官缝合闭合性好，不漏气、不透水，保持原有收缩功能。采用小针、细线，缝合组织要少，除第一道做单纯连续缝合外，对于肠管，第二道一般不宜做一周性的连续缝合，以免形成一个缺乏弹性的瘢痕环，收缩后发生狭窄。

课堂练习：

学生分组在白布袋上练习剪线和拆线技术。

讨论：

1. 临床上除了上述缝合方法外还有其他缝合方法吗?
2. 试设计一种既简便又实用的犬胃切口术的缝合方法。

思考与练习

1．软组织缝合的基本方法有哪些?

2．在缝合时应遵守哪些原则?

3．练习单手打结、双手打结、器械打结，练习方结、三叠结和外科结的打法。

4．在纸板上练习各种缝合方法，作为课后作业交阅。

项目七　包扎技术

熟悉外科手术过程中各种不同部位的包扎方法及注意事项，学会外科手术过程中根据各种不同部位选择不同的包扎技术。

任务1　认识包扎材料、卷轴绷带及其应用

【任务目标】

知识：认识包扎材料、卷轴绷带及其应用。
技能：学会卷轴绷带的应用。
素质：正确认识包扎材料。

【任务实施】

1．包扎材料及其应用

（1）敷料：常用敷料有纱布、海绵纱布及棉花等。

①纱布。纱布要求质软、吸水性强。多选用医用的脱脂纱布。根据需要剪叠成不同大小的纱布块。纱布块四边要光滑、没有脱落棉纱，并用双层纱布包好，高压蒸汽灭菌后备用。用以覆盖创口、止血、填充创腔和吸液等。

②海绵纱布。是一种多孔皱褶的纺织品（一般是棉制的），质柔软，吸水性比纱布好。其用法同纱布。

③棉花。选用脱脂棉花。棉花不能直接与创面接触，应先放纱布块，棉花则放在纱布上。为此，常可预制棉垫，即在两层纱布间铺一层脱脂棉，再将纱布四周毛边向棉花折转使其成方形或长方形棉垫。其大小按需要制作。棉花也是四肢骨折外固定的重要敷料。使用前应高压灭菌。

（2）绷带：多由纱布、棉布等制作成圆筒状，故称卷轴绷带，用途最广。另根据绷带的临床用途及制作材料的不同，还有其他绷带命名，如复绷带、夹板绷带、支架绷带、石膏绷带等。现将绷带及其临床应用分述于后。

2．卷轴绷带及其应用　卷轴绷带通常称为绷带或卷轴带，是将布剪成狭长的带条，用卷绷带机或手卷成。按其制作材料可分为纱布绷带、棉布绷带、弹力绷带和胶带四种。

（1）纱布绷带：有多种规格，长度一般为 6 m，宽度有 3、5、7、10 和 15 cm 不等。根据临床需要选用不同的规格。纱布绷带质柔软，压力均匀，价格便宜，但在使用时易

起皱、滑脱。

（2）棉布绷带：用本色棉布按上述规格制作。因其原料厚，坚固耐洗，施加压力不变形或断裂，常用以固定夹板、肢体等。

（3）弹力绷带：是一种弹性网状织品，质地柔软，包扎后有伸缩力，故常用于烧伤、关节损伤等。此绷带不与皮肤、被毛粘连，故拆除时动物无不适感。

（4）胶带：目前多数胶带是多孔制胶带，也称胶布或橡皮膏。胶带使用时难撕开，需用剪刀剪断。胶带是包扎不可缺少的材料。通常局部剪剃被毛，盖上敷料后，多用胶带粘贴在敷料及皮肤上将其固定。也可在使用纱布绷带或棉布绷带后，再用胶带缠固定。

任务 2　包扎的基本方法

【任务目标】

知识：掌握包扎的基本方法及应用。

技能：学会卷轴绷带的基本包扎技术。

素质：松紧适当，材料合理，安全有效。

【任务实施】

卷轴带多用于动物四肢游离部、尾部、角头部、胸部和腹部等的包扎。

1．基本方法　包扎时，一般以左手持绷带的开端，右手持绷带卷，以绷带的背面紧贴肢体表面，由左向右缠绕。当第一圈缠好之后，将绷带的游离端反转盖在第一圈绷带上，再缠第二圈压住第一圈绷带。然后根据需要进行不同形式的包扎法缠绕。无论用何种包扎法，均应以环形开始并以环形终止。包扎结束后将绷带末端剪成两条打个半结，以防撕裂。最后打结于肢体外侧，或以胶布将末端加以固定。

2．环形包扎法　方法是在患部把卷轴带呈环形缠数周，每周盖住前一周，最后将绷带末端剪开打结或以胶布加以固定。用于其他形式包扎的起始和结尾，以及用于系部、掌部、跖部等较小创口的包扎。

3．螺旋形包扎法　以螺旋形自下向上缠绕，每后一圈遮盖前一圈的 1/3 ～ 1/2。用于掌部、跖部及尾部等的包扎。

4．折转包扎法　又称螺旋回返包扎，方法是由上向下做螺旋形包扎，每一圈均应向下回折，逐圈遮盖上圈的 1/3 ～ 1/2。用于上粗下细径圈不一致的部位，如前臂和小腿部。

5．蛇形包扎法　或称蔓延包扎法。斜行向上延伸，各圈互不遮盖。用于固定夹板绷带的衬垫材料。

6．交叉包扎法　又称“8”字形包扎。方法是在关节下方做一环形带，然后在关节前面斜向关节上方做一周环形带后再斜行经过关节前面至关节之下方。如上操作至患部完全被包扎住，最后以环形带结束。用于腕的球关节等部位，方便关节屈曲。各种包扎法如图 5.56 所示。

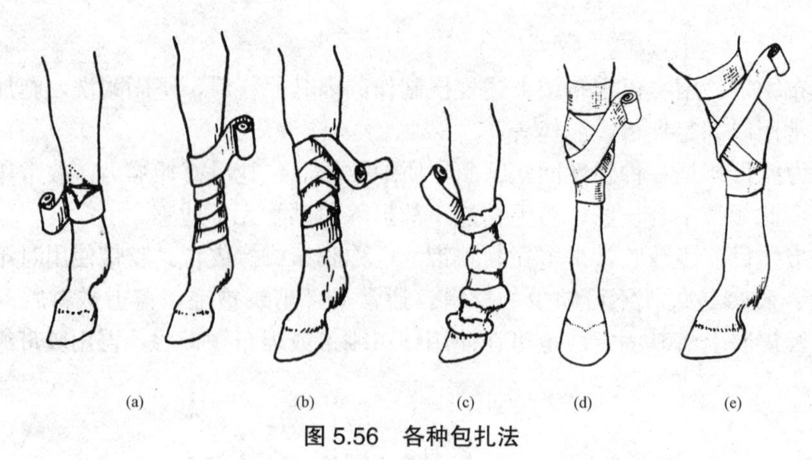

图 5.56　各种包扎法

（a）环形包扎法；（b）螺旋形包扎法；（c）折转包扎法；（d）蛇形包扎法；（e）交叉包扎法

任务 3　各部位包扎法

【任务目标】

知识：掌握动物各部位的包扎方法。

技能：能选用正确方法对动物各部位进行包扎。

素质：松紧适当，材料合理，安全有效。

【任务实施】

一、常见部位的包扎

1. 蹄包扎法　方法是将绷带的起始部位留出约 20 cm 作为缠绕的支点，在系部做环形包扎数圈后，绷带由一侧斜经蹄前壁向下，折过蹄尖经过蹄底至踵壁时与游离部分扭缠，以反方向由另一侧斜经蹄前壁做经过蹄底的缠绕。同样的操作至整个蹄底被包扎，最后与游离部打结固定于系都。为防止绷带被沾污，可在外部加上帆布套（图 5.57）。

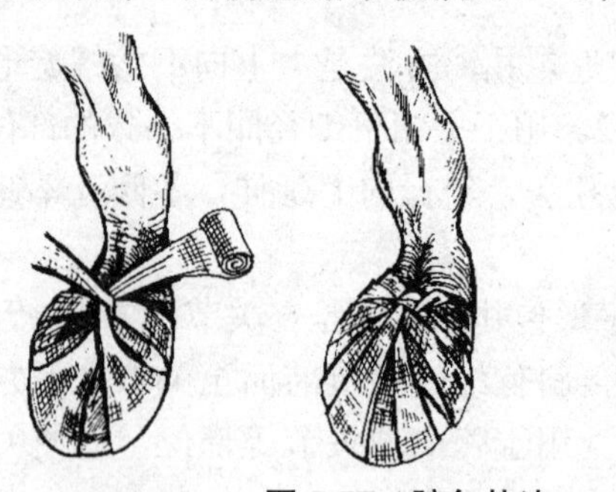
图 5.57　蹄包扎法

2．蹄冠包扎法　包扎蹄冠时，将绷带的两个游离端分别卷起，并以两头之间背部覆盖于患部，包扎蹄冠，使两头在患部对侧相遇，彼此扭缠，以反方向继续包扎。每次相遇均行相互扭缠，直至蹄冠完全被包扎为止。最后打结于蹄冠创伤的对侧（图 5.58）。

3．角包扎法　用于角壳脱落和角折。包扎时先用一块纱布盖在断角上，用环形包扎法固定纱布，再用另一角作为支点，以“8”字形缠绕，最后在健康角根处环形包扎打结（图 5.59）。

图 5.58　蹄冠包扎法

图 5.59　角包扎法

4．尾包扎法　用于尾部创伤或后躯、肛门、会阴部施术前、后固定尾部。先在尾根做环形包扎，然后将部分尾毛折转向上做尾的环形包扎后，将折转的尾毛放下，做环形包扎，目的是防止包扎滑脱，如此反复多次，用绷带做螺旋形缠绕至尾尖时，将尾毛全部折转做数周环形包扎后，绷带末端通过尾毛折转所形成的圈内（图 5.60）。

5．耳包扎法　用于耳外伤。

（1）垂耳包扎法：先在患耳背侧安置棉垫，将患耳及棉垫反折使其贴在头顶部，并在患耳耳郭内侧填塞纱布。然后绷带从耳内侧基部向上延伸到健耳后方，并向下绕过颈上方到患耳，再绕到健耳前方。如此缠绕 3 ～ 4 圈将耳包扎。

（2）竖耳包扎法：多用于耳成形术。先用纱布或材料做成圆柱形支撑物填塞于两耳郭内，再分别用短胶布条从耳根背侧向内缠绕，每条胶布断端相交于耳内侧支撑上，依次向上贴紧。最后用胶带“8”字形包扎将两耳拉紧竖直。

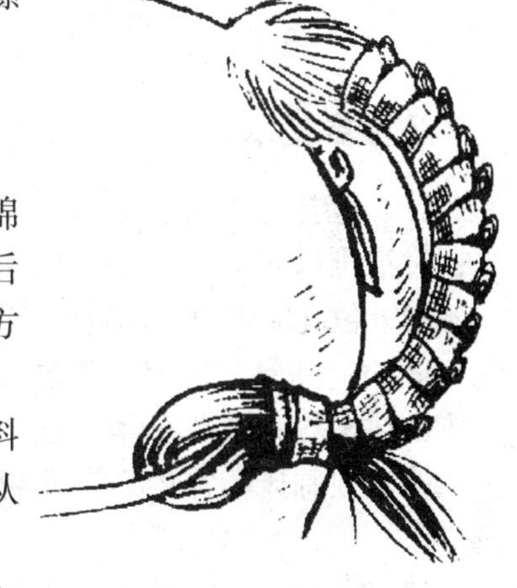

图 5.60　尾包扎法

二、复绷带和结系绷带

1．复绷带　复绷带是按畜体一定部位的形状而缝制，具有一定结构、大小双层盖布，在盖布上缝合若干布条以便打结固定。复绷带虽然形式多样，但都要求装置简便、固定确实。常用的复绷带如图 5.61 所示。

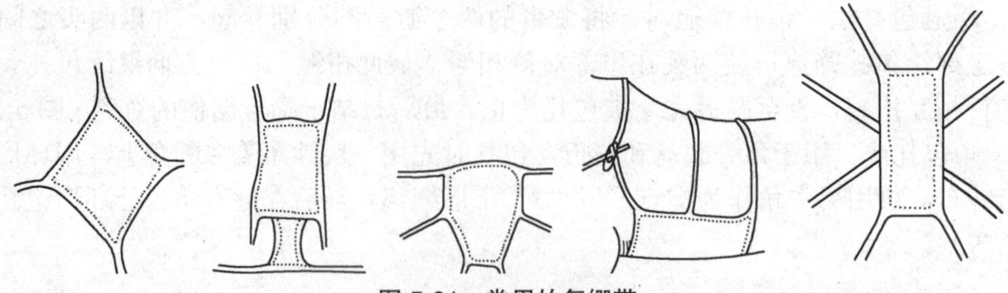

图 5.61　常用的复绷带

2．结系绷带　是用缝线代替绷带固定敷料的一种保护手术创口或减轻伤口张力的绷带（图 5.62）。结系绷带可装在身体的任何部位，其方法是在圆枕缝合的基础上利用游离的线尾，将若干层灭菌纱布固定在圆枕之间和创口之上。

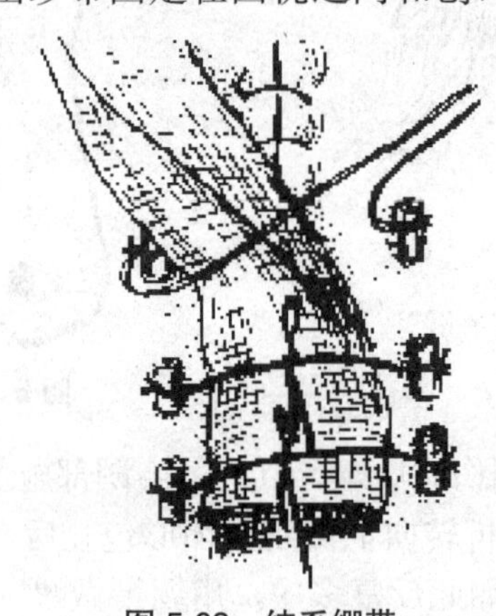

图 5.62　结系绷带

【重要提示】

（1）包扎时按包扎部位的大小、形状选择宽度适宜的绷带。过宽使用不便，包扎不平；过窄难以固定，包扎不牢固。

（2）包扎绷带时，动物保定要确实，包扎要求迅速、确实，用力均匀，松紧适宜，避免一圈松一圈紧。压力不可过大，以免发生循环障碍，但也不宜过松，以防脱落或固定不牢。在操作时绷带不得脱落污染。

（3）在临床治疗中不宜使用湿绷带进行包扎，因为其不仅刺激皮肤，而且容易造成感染。

（4）对四肢部的包扎须按静脉血流方向，从四肢的下部开始向上包扎，以免静脉瘀血。

（5）包扎至最后端应妥善固定以免松脱，一般用胶布贴住，比打结更为光滑、平整、舒适。如果采用末端撕开系结，则结扣不可置于隆突处或创面上。结的位置也应避免动物啃咬而松结。

（6）包扎应美观，绷带应平整无折皱，以免发生不均匀的压迫。交叉或折转应成一线，每圈遮盖多少要一致，并除去绷带边上活动的线头。

（7）解除绷带时，先将末端的固定结松开，再朝缠绕反方向以双手相互传递松解。解

下的部分应握在手中，不要拉很长或拖在地上。紧急时可以用剪刀剪开。

（8）对破伤风等厌气菌感染的创口，尽管做过一定的外科处理，也不宜用绷带包扎。

任务 4　石膏绷带的装置与拆除方法

【任务目标】

知识：掌握石膏绷带的装置与拆除方法及注意事项。

技能：能选用正确方法对石膏绷带进行装置与拆除。

素质：正确包扎，防止化脓，易于拆除。

【任务实施】

石膏绷带是在淀粉液浆制过的大网眼纱布上加上煅制石膏粉制成的。这种绷带用水浸后质地柔软，可塑制成任何形状敷于伤肢，一般十几分钟后开始硬化，干燥后成为坚固的石膏夹。根据这一特性，石膏绷带应用于整复后的骨折、脱位的外固定或矫形都可收到满意的效果。

1．石膏绷带的装置方法　应用石膏绷带治疗骨折时，可分为无衬垫和有衬垫两种（图 5.63）。根据操作时的速度逐个将石膏绷带卷轻轻地横放到盛 30 ℃～ 35 ℃温水的桶中，使整个绷带卷被淹没。待气泡出完后，两手握住石膏绷带圈的两端取出，用两手掌轻轻对挤，除去多余水分。从病肢的下端先做环形包扎，后做螺旋包扎向上缠绕，直至预定的部位。每缠一圈绷带，都必须均匀地涂抹石膏泥，使绷带紧密结合。骨的突起部，应放置棉花垫加以保护。石膏绷带上下端不能超过衬垫物，并且松紧要适宜。根据伤肢重力和肌肉牵引力的不同，可缠绕 6 ～ 8 层（大动物）或 2 ～ 4 层（小动物）。在包扎最后一层时，必须将上下衬垫外翻，包住石膏绷带的边缘，最后表面涂石膏泥，待数分钟后即可成型。犬、猫的石膏绷带应从第二、四指（趾）近端开始。

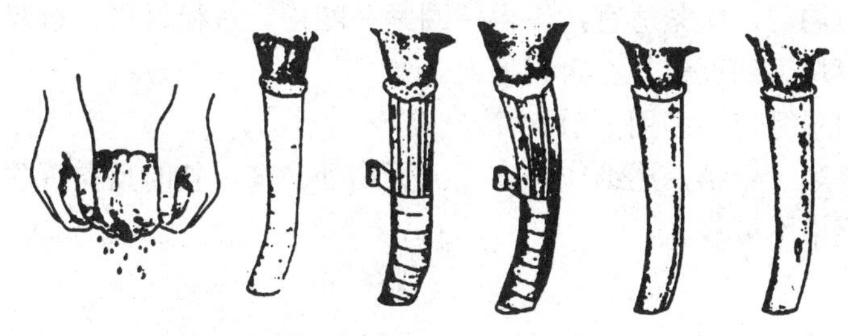

图 5.63　石膏绷带

在兽医临床上有时为了加强石膏绷带的硬度和固定作用，可在卷轴石膏绷带缠绕后的第三、四层（大动物）或第一、二层（小动物）暂停缠绕，修整平滑并置入夹板材料，使之成为石膏夹板绷带。

2．石膏绷带的拆除　石膏绷带拆除的时间，应根据不同的病畜和病理过程而定。一般大动物为 6 ～ 8 周，小动物为 3 ～ 4 周，如遇下列情况，应提前拆除或拆开另行处理。

（1）石膏夹内有大出血或严重感染。

（2）病畜出现原因不明的高热。

（3）包扎过紧，肢体受压，影响血流循环。表现为病畜不安，食欲减退，末梢部肿胀，蹄（指）温变冷。如出现上述症状，应立即拆除重行包扎。

（4）肢体萎缩，石膏夹过大或严重损坏失去作用。

拆除石膏绷带的方法：由于石膏绷带干燥后十分坚硬，拆除时多用专门工具，包括石膏手锯、石膏刀、石膏剪、石膏分开器、长柄石膏剪刀等（图 5.64）。先用热醋、双氧水或饱和食盐水在石膏夹表面划好拆除线，使之软化，然后沿拆除线用石膏刀切开或用石膏剪逐层剪开。

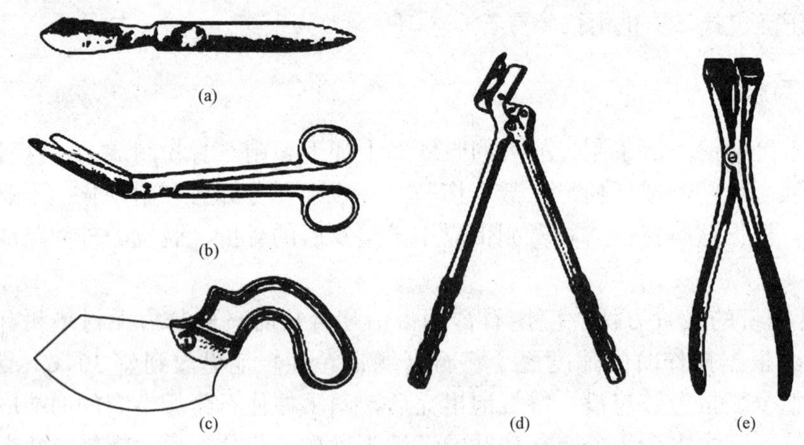

图 5.64　拆除石膏绷带的工具

（a）石膏刀；（b）石膏剪；（c）石膏手锯；（d）长柄石膏剪刀；（e）石膏分开器

【重要提示】

（1）按包扎部位选用合适大小与形状的绷带。

（2）包扎用力均匀，松紧适宜，不得一圈紧一圈松，过松易脱，过紧影响循环。

（3）体末部应从远到近包扎，否则瘀血。

（4）一般不用湿绷带，多用干敷。

（5）平整、美观、少结，尾结应打在无突无伤处。与包扎时反向拆除。

（6）厌气菌感染不可包扎。

思考与练习

1. 各种绷带包扎方法的操作技术及注意事项。

2. 用环形绷带包扎方法练习对犬的患肢进行包扎。

项目八 临床常用外科手术

熟悉兽医临床常用外科手术的适应证和手术方法，能根据动物所患疾病正确选择和操作外科手术。

任务1 瘤胃切开术

【任务目标】

知识：掌握瘤胃切开术的适应证、保定与麻醉方法。

技能：能根据患病动物的病情正确并熟练进行瘤胃切开操作。

素质：具备外科手术基本素养。

【知识准备】

1．适应证　适用于严重的瘤胃积食、创伤性网胃炎、瓣胃阻塞等。

2．保定与麻醉　柱栏站立保定。全身麻醉配合局部浸润麻醉或腰旁神经传导麻醉。

【任务实施】

1．手术部位及手术通路的打开　采用左侧肷部切口，按常规方法打开10～15 cm长的腹壁切口。

2．腹腔探查　当怀疑患病动物可能患有创伤性网胃炎时，可以将手伸入腹腔内网胃与膈肌之间进行探查，以此确诊疾病。

3．暴露瘤胃以及胃壁的固定与切开　用创钩扩大创口，将瘤胃壁背囊的一部分拉出切口外，并在瘤胃壁和切口之间填塞生理盐水纱布，以防瘤胃切开后内容物流入腹腔。切开瘤胃壁之前应先行固定瘤胃，常用的方法有如下几种：

（1）缝合法固定法：连续缝合瘤胃浆膜肌层与腹壁切口皮肤创缘，针距1.5～2.0 cm，缝合一周（图5.65）。

（2）四角吊线固定法：分别在瘤胃预定切口的左上角、右上角、左下角、右下角各做一条牵引线，由助手牵引固定（图5.66）。

固定好瘤胃后，按预定切口切开瘤胃，随后将切开的瘤胃壁外翻并固定，经切口塞入橡皮洞巾。

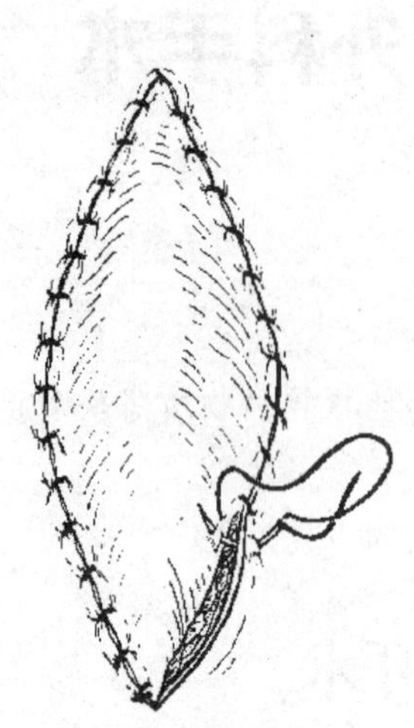
图 5.65　缝合法固定法

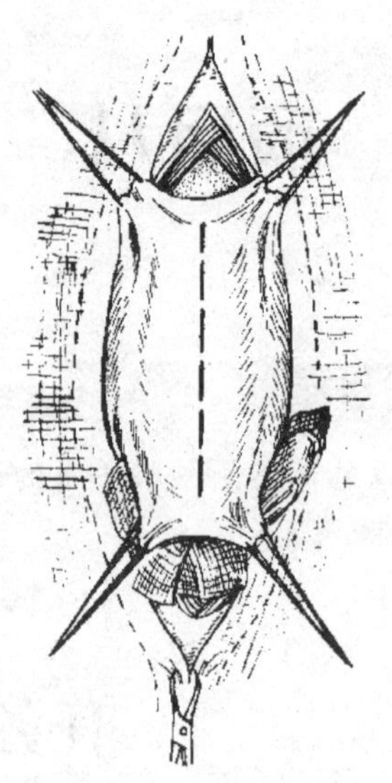
图 5.66　四角吊线固定法

4．取出瘤胃内容物和异物　如果发生瘤胃积食，取出胃内容物的 1/2 ～ 2/3，其余部分掏松并分散于瘤胃各部；如果在网胃内发现金属异物，应全部取出；如出现瘤胃酸中毒或农药中毒，要全部取出内容物，并用大量盐水冲洗，放入相应的解毒药。

5．缝合　内容物处理结束，除去洞巾，用温生理盐水冲洗胃壁切口上附着的胃内容物和血凝块。使瘤胃切口缘对合，连续全层缝合胃壁，缝合要求平整、严密，完毕后再用生理盐水冲洗胃壁，拆除缝合固定线或牵引线。此后，手术人员应重新消毒手臂，更换无菌器械后进入无菌手术，对瘤胃进行连续垂直或水平内翻浆膜肌层缝合，局部涂抗生素软膏，将瘤胃还纳入腹腔。

6．常规闭腹。

任务 2　犬胃切开术

【任务目标】

知识：掌握犬胃切开术的适应证、保定与麻醉方法。

技能：能根据患病动物的病情正确并熟练进行犬胃切开操作。

素质：切口合理，径路科学。

【知识准备】

1．适应证　取出胃内异物、摘除胃内肿瘤、急性胃扩张减压、胃扭转整复术及探查胃内的疾病等。

2．麻醉与保定　全身麻醉；进行仰卧保定。

3．手术部位　在腹前部脐孔至剑状软骨的腹正中线上做一合适大小的切口。

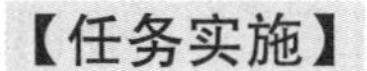

（1）对术部进行术前常规处理。

（2）在预定切口处切开皮肤、皮下组织、腹白线及腹膜，切除镰状韧带，打开腹腔。

（3）把胃从腹腔中轻轻拉出，胃的周围用大隔离巾与腹腔及腹壁隔离，以防切开胃时污染腹腔。在胃大弯部切一小口，要注意避开胃大弯的网膜静脉，创缘用舌钳牵拉固定或缝合牵引线固定，防止胃内容物流入腹腔。必要时扩大切口，吸出胃液，取出胃内异物，探查胃内各部（贲门、胃底、幽门窦、幽门）有无异常。

（4）用温青霉素生理盐水冲洗或擦拭胃壁切口，第一层用可吸收缝线做全层连续缝合，第二层做浆膜肌层连续水平内翻褥式缝合。

（5）缝合完毕，用温青霉素生理盐水冲洗胃壁，后将之还纳于腹腔，随即转入无菌手术，腹壁常规闭合。

【重要提示】

术后 2 d 绝食，3 ～ 4 d 后开始给以易消化的流食。以后 10 d 内保持少量饮食，防止胃过于胀满撑裂胃壁切口。最初数天静脉输液，连续应用抗生素 5 ～ 7 d。

任务 3　阉割术

【任务目标】

知识：掌握阉割术的保定与麻醉方法。

技能：能根据动物的种类正确并熟练进行阉割操作。

素质：无菌操作，正确使用器械。

【任务实施】

摘除或破坏动物的睾丸或卵巢的手术称为阉割术。摘除或破坏动物的睾丸又称去势术。

一、公猪去势术

小公猪的去势以 1 ～ 2 月龄，体重 5 ～ 10 kg 最为适宜；大公猪则不受年龄和体重的限制。

1．保定　左侧卧，背向术者，术者用左脚踩住公猪颈部，右脚踩住尾根。

2．手术方法

（1）小公猪去势术：术者用左手腕部按压猪右后肢股后，使该肢紧靠腹壁，充分显露两侧睾丸。用左手中指、食指和拇指捏住阴囊颈部，把睾丸推挤入阴囊底部，使阴囊皮肤紧张，将睾丸固定。右手持刀，在阴囊缝际的两侧 1 ～ 1.5 cm 处平行缝际一次性切开阴囊皮肤和总鞘膜，挤出睾丸。左手握住睾丸，食指和拇指捏住阴囊韧带与附睾尾连接部，剪断或用手撕断附睾尾韧带，左手把韧带和总鞘膜推向腹壁，充分显露精索后，用捋断法去掉睾丸，然后按同样的操作方法去掉另一侧睾丸。切口部碘酊消毒，切口不缝合（图 5.67）。临床上还可以采用无血去势钳钳夹和精索固定器固定精索的去势方法（图 5.68）。

图 5.67　小公猪去势术

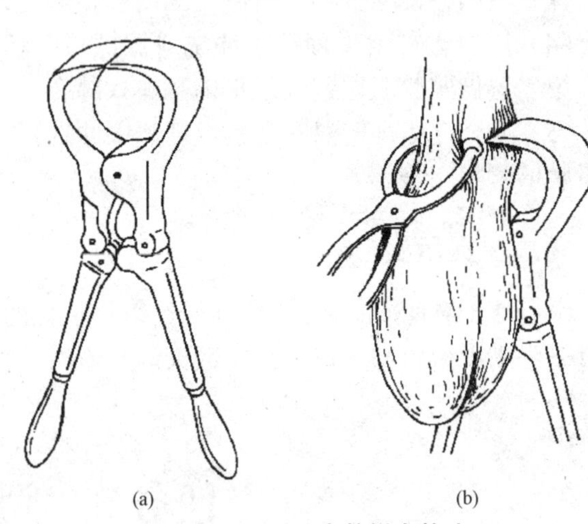

图 5.68　无血去势钳去势法

（a）无血去势钳；（b）无血去势钳钳夹和精索固定器固定精索

（2）大公猪去势术：左侧卧保定，在阴囊缝际两侧 1 ～ 1.5 cm 处平行阴囊缝际切开阴囊皮肤和总鞘膜，切断附睾尾韧带，撕开睾丸系膜后充分显露精索，用结扎法除去睾丸。皮肤切口一般不缝合。

二、公牛、公羊去势术

役用公牛去势一般在 1 ～ 2 岁较为适宜；肥育牛在 3 ～ 6 个月去势。公羊的去势在 4 ～ 6 周龄，也可以在成年时去势（此处以公牛为例）。

1．麻醉　一般不用麻醉，性烈公牛可用镇静药镇静。

2．保定　牛无血去势钳去势时，采用六柱栏内站立保定，但其后肢及尾要固定确实；有血去势时采用侧卧保定。羊常采取倒立保定，术者将羊两后肢提起，两腿夹住头颈，使羊腹部对着术者倒垂；也可采用侧卧保定。

3．术式　可分为有血去势法和无血去势法。

（1）有血去势法：术者左手握住牛的阴囊颈部，将睾丸挤向阴囊底部，使阴囊底部皮肤紧张，在阴囊的后面或前面平行阴囊缝际各做一个纵切口，一刀切开阴囊各层，挤出睾丸。用剪刀剪开附睾尾韧带并分离睾丸系膜，然后对精索用结扎法或捋断法处理后除去睾丸。另外，阴囊切口也可用横切法（图 5.69）。

（2）无血去势法：用无血去势钳钳夹阴囊颈部的精索，破坏血液供应，断绝睾丸的营养来源，使睾丸逐渐失去性功能，从而达到去势的目的。术者用手抓住牛阴囊颈部，将睾丸挤到阴囊底部，将精索推挤到阴囊颈外侧，用无血去势钳夹住精索，术者确定精索确实在两钳嘴之间后，助手用力合拢钳柄，即可听到清脆的“咯吧”声，表明精索已被挫灭。钳柄合拢后应停留 1 ～ 1.5 min，再松开钳嘴，松钳后再于其下方 1.5 ～ 2.0 cm 处的精索上钳夹第二道。另一侧的精索做同样的处理。钳夹部皮肤碘酊消毒。

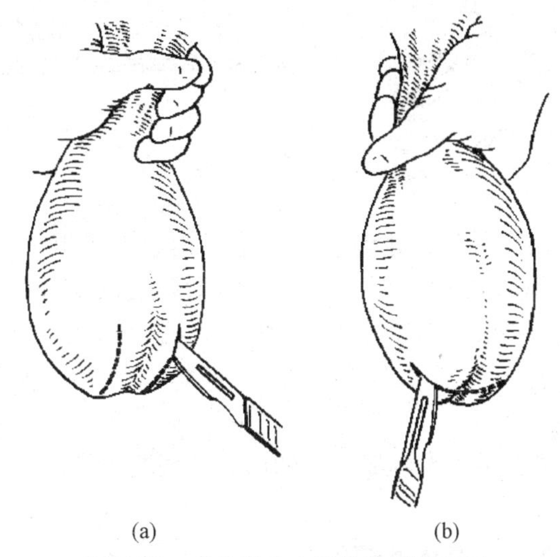

图 5.69　公牛有血去势法的阴囊切口

（a）纵切法；（b）横切法

三、小挑花（卵巢子宫切除术）

小挑花适用于 1 ～ 3 月龄、体重不超过 15 kg 的小母猪。术前禁饲 8 ～ 12 h，最好在清晨饲喂前施术。

1．保定　术者左手提起小母猪的左后肢，右手抓住猪左膝前皱襞，使其右侧卧。术者右脚立即踩住猪的颈部，脚跟着地，脚尖用力，与此同时，将猪的左后肢向后伸直，左脚踩住猪左后肢跖部，使之腹部接近呈仰卧姿势。术者呈“骑马蹲裆式”，身体重心落在两脚上，小猪则被充分固定。

2．手术切口定位　术者以左手中指顶住左侧髋结节，然后以拇指压迫同侧腹壁，向中指顶住的左侧髋结节垂直方向用力下压，使左手拇指所压迫的腹壁与中指所顶住的髋结节尽可能接近，使拇指与中指连线与地面垂直，此时左手拇指指端的压迫点稍前方即为术部。此切口相当于在髋结节向左侧乳头方向引一垂线，距左侧乳头缘 2 ～ 3 cm 处的垂线上（图 5.70）。

3．手术方法　术部消毒后，将皮肤稍向术者方向牵引，再用力下压腹壁，下压力量越大，就越离子宫角近，则手术更容易成功。术者右手持小挑刀（图 5.71），用拇指和食指控制刀刃的深度，切口与体轴方向平行，垂直切开皮肤，随之腹水从切口中涌出，停止运刀。在退出小挑刀时，将小挑刀旋转 90°，以开张切口，子宫角随即自动涌出切口外。一次切透腹壁，子宫角随即涌出切口者称为“透花法”。

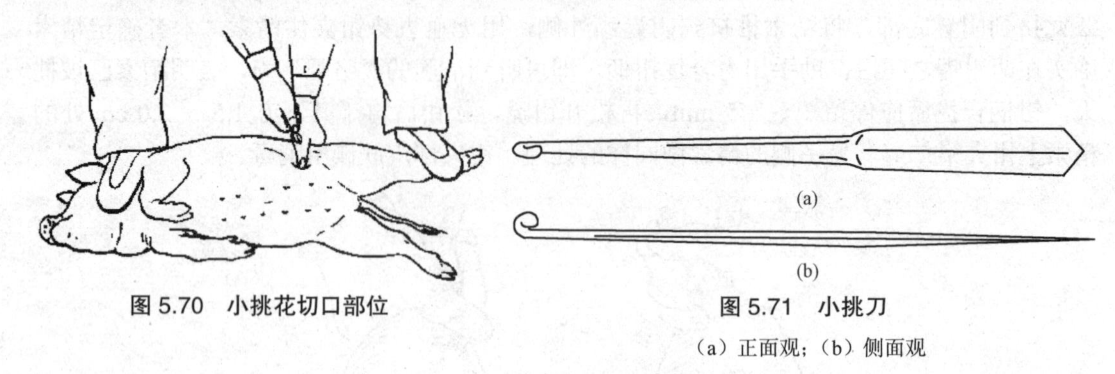

图 5.70　小挑花切口部位

图 5.71　小挑刀

（a）正面观；（b）侧面观

当部分子宫角涌出切口外后，术者左手拇指仍用力下压腹壁切口边缘。术者右手拇指立即捏住涌出切口外的部分子宫角，再用左手拇指、食指捏住子宫角，手指背部下压腹壁，两手交替地导引出两侧子宫角、卵巢和部分子宫体。然后用手指钝性挫断或用小挑刀切断子宫体后，术者两手抓住两侧子宫角、卵巢，撕断卵巢悬吊韧带，将子宫角、卵巢一同摘除。

切口不缝合，碘酊消毒后，术者提起猪的后肢稍稍摆动猪体，让猪自由活动。

四、大挑花（单纯卵巢摘除术）

大挑花适用于 3 月龄以上、体重在 15 kg 以上的母猪。在发情期最好不要进行手术，这是因为发情时卵巢、子宫充血，手术容易造成出血。术前禁饲 6 h 以上。

1. 保定　右侧卧保定。术者位于猪的背侧，用右脚踩住猪颈部，助手拉住两后肢并用力牵引伸直上面的后肢。对 50 kg 以上的母猪，由保定人员用木杠压住颈部保定。

2. 手术切口定位　髋结节前下方 5 ～ 10 cm（根据猪的大小而定），相当于肷部三角区中央（图 5.72）。

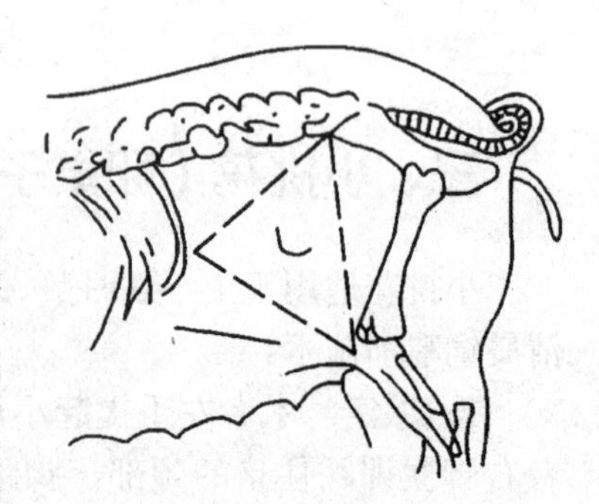

图 5.72　大挑花切口部位

3. 手术方法　术者左手捏起膝皱襞，使术部皮肤紧张。右手持刀将术部皮肤做半月形切口，长 3 ～ 4 cm。经皮肤切口伸入左手食指，垂直地钝性刺透腹肌和腹膜，若手指不易刺破腹肌和腹膜，可用刀柄先刺透一个破孔，然后再用食指扩大腹肌和腹膜切口。

术者手指经切口伸入腹腔内探查卵巢，卵巢一般在第二腰椎下方骨盆腔入口处的两旁，当食指指端触及卵巢后，将食指指端置于卵巢与子宫角之间的卵巢固有韧带上，将此韧带压迫在腹壁上，以防卵巢从指端滑脱。术者用食指指端将卵巢沿腹壁移动至切口处，右手用大挑刀刀柄插入切口内，将钩端与左手食指指端相对应，钩取卵巢固有韧带，将卵巢拉出切口外。卵巢一旦引出切口外，术者左手食指迅即伸入切口内，堵住切口以防卵巢回缩入腹腔内。左手中指、无名指和小指屈曲下压腹壁的同时，食指越过直肠下方进入对侧腹腔探查另一个卵巢，同法取出卵巢。两侧卵巢都导引出切口外后，对卵巢悬吊韧带用结扎法或止血钳除去卵巢。

当猪个体过大、食指无法探查对侧卵巢时，可先将引出腹壁切口外的卵巢经结扎后摘除，然后沿子宫角逐步导引出子宫体与对侧的子宫角和卵巢。对卵巢悬吊韧带及血管结扎后，摘除卵巢。向外导引子宫角时可采取边导引边还纳的操作方法，以防子宫角的污染。

对腹膜、肌肉、皮肤进行全层连续缝合或结节缝合，个体较大的母猪的腹壁切口应先缝合腹膜，再缝合肌肉和皮肤。

任务 4　开腹术

【任务目标】

知识：掌握开腹术的适应证、保定与麻醉方法。

技能：能根据患病动物的病情正确并熟练进行开腹操作。

素质：熟练手术环节。

【知识准备】

1．适应证　适用于腹腔各脏器疾病的手术治疗，如胃、肠、肝、肾疾病的手术治疗，剖宫产、卵巢子宫摘除以及腹腔探查等。

2．保定与麻醉　根据不同疾病的不同手术目的，可采用站立、侧卧或仰卧保定。小动物可采用全身麻醉；大动物可采用腰旁传导麻醉，必要时配合全身麻醉。

3．手术通路

（1）侧腹壁切口：在大动物开腹术中常用，有以下几种切口定位：

①肷部切口：定位方法是由髋结节到最后肋骨水平线的中央点，距腰椎横突下方 5 ～ 6 cm，向下做一条大小合适的切口。依据手术目的的不同，切口可以稍前移、后移或向下方移动，使切口尽量靠近患病或疑似患病器官，以利于进一步实施手术。此切口常用于瘤胃切开、瓣胃冲洗等的手术通路。

②肋弓下斜切口：定位方法是距离最后肋骨末端 25 ～ 30 cm 处定为肋弓下斜切口的中点，在此中点上做一合适大小的平行于肋弓的切口。根据手术目的的不同，切口位置也可稍有变化。此切口常用于剖腹产、皱胃变位的固定等。

（2）下腹壁切口：多用于小动物的开腹术。依据手术目的的不同，有正中线切口法和中线旁切口法两种。

①正中线切口法：切口部位在腹正中线上，脐孔的前部或后部。雄性动物应在脐前部，雌性动物根据手术需要可以选择脐孔前或后切口。

②中线旁切口法：切口部位在腹白线的一侧 2 cm 处，做一与正中线平行的切口，此切口部位不受性别的限制。

【任务实施】

1. 侧腹壁切开法　在手术部位上做大小合适的皮肤切口，并及时止血和清创。然后切开皮肌、皮下结缔组织及肌膜，彻底止血，用扩创钩扩大创口，充分显露术野。按肌纤维方向在腹外斜肌或其腱膜上做一小切口，并用钝性分离法分离肌肉切口，再以同样的方法按肌纤维方向分离腹内斜肌及其腱膜，接着再往深部，同样也按肌纤维方向切开并钝性分离腹横肌及其腱膜。腹壁肌肉切开后，充分止血，用扩创钩拉开腹壁肌肉，充分显露腹膜。切开腹膜时，注意保护腹腔器官，先提起腹膜切一小口，伸入有沟探针或手术镊引导，用反挑式运刀切开或用剪刀剪开腹膜。准备进行下一步手术。

2. 下腹壁切开法

（1）正中线切开法：按上述方法切开皮肤和皮下结缔组织，充分止血，用扩创钩扩大创口充分显露术野。然后切开腹白线，显露腹膜，以相同的方法切开腹膜。

（2）中线旁切开法：按上述方法切开皮肤和皮下结缔组织，继而切开腹直肌的鞘外板，然后按肌纤维的方向用钝性分离法分离腹直肌，再切开腹直肌的鞘内板，同样按前述方法切开腹膜。

当腹腔切开后，可分别进行目的手术的操作。

任务5　肠管手术

【任务目标】

知识：掌握肠管手术的适应证、保定与麻醉方法。

技能：能根据患病动物的病情正确并熟练进行肠管手术操作。

素质：污染手术的无菌处理。

【知识准备】

1. 适应证　适用于肠管内异物、肠变位、肠套叠、肠扭转、肠嵌闭等各种肠道疾病的手术治疗。

2. 保定与麻醉　同开腹术。

【任务实施】

1. 肠侧壁切开术　适用于异物或结粪阻塞肠管，但阻塞段肠管未发生坏死，经保守疗法无效时，及时采取此手术。

腹腔打开后，探查患病肠段并将其拉到腹腔切口外，对引出肠段用温生理盐水纱布保护隔离，用两把肠钳闭合阻塞物两侧肠腔，由助手固定肠管，在肠系膜对侧沿肠管纵轴方向切开肠壁，切开大小视阻塞物的大小而定。

助手自阻塞物两侧适当挤压出阻塞物，用酒精棉球消毒切口缘，然后术者立即进行螺旋缝合，随即转入无菌手术，肠壁清洁后，做连续伦伯特氏缝合或库兴氏缝合，缝合完毕，撤去肠钳，检查缝合是否严密。最后用生理盐水冲洗，外涂油剂抗生素，将肠管还纳入腹腔。

2．肠管切除及吻合术　适用于发生病变肠段出现坏死，应及时切除并吻合。

（1）肠管切除：腹腔打开后，引出病变肠段于切口外，用温生理盐水纱布保护隔离。肠切除部位应在病变部位两端 5 ～ 10 cm 的健康肠管上。

展开肠系膜后在肠管切除范围相应的肠系膜上做 V 形或扇形预定切除线。然后在其两侧对肠系膜血管进行双重结扎，在结扎线间切断肠系膜和血管（图 5.73）。在扇形肠系膜切断后，在预定切除肠管的切口两端，用无损伤肠钳夹住待切除肠管，在两钳之间切断肠管。将肠管断端用酒精棉球轻拭，准备吻合。

（2）肠管吻合：肠管吻合的方式有端端吻合、侧侧吻合以及端侧吻合三种，一般情况下多采用端端吻合，本书只以端端吻合为例进行介绍。

将两把肠钳靠拢，检查准备吻合的肠管有否扭转。用细丝线先从肠管的系膜侧将上、下两段肠管断端做一针浆肌层或全层缝合以作牵引，在其对侧缘用同样的方法做牵引线（图 5.74），并固定两肠断端以便于缝合。

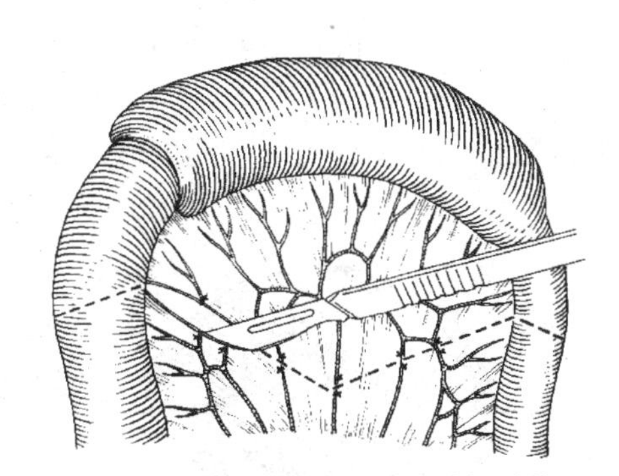

图 5.73　肠系膜血管双重结扎后的切除线

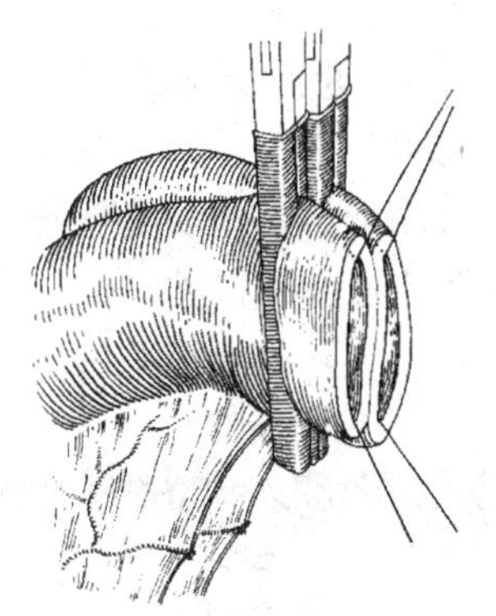

图 5.74　肠系膜侧和对侧肠系膜侧做牵引线

再用肠线连续全层缝合吻合口后壁（图 5.75），针距一般为 0.3 ～ 0.5 cm，至肠系膜侧向前壁折转处，再缝合吻合口前壁，缝针从一端的黏膜入针（图 5.76），穿出浆膜后，再自对侧浆膜入针穿出黏膜（图 5.77）。自此，采用康奈尔氏缝合法缝合前壁至后壁连续缝合起始部，与起始部线尾打结在肠腔内，将肠壁内翻（图 5.78、图 5.79），完成内层缝合。

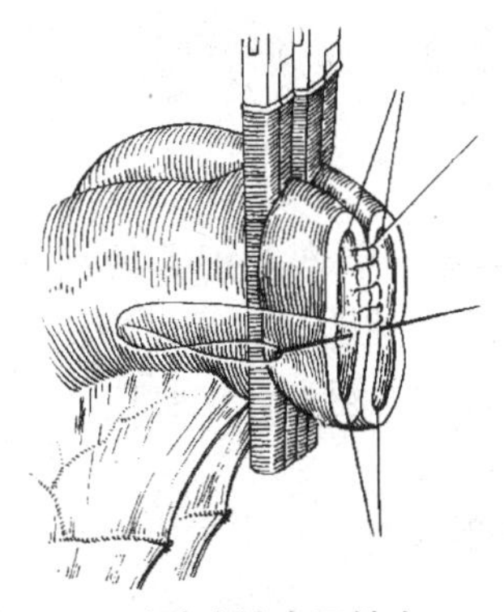

图 5.75　后壁连续全层缝合

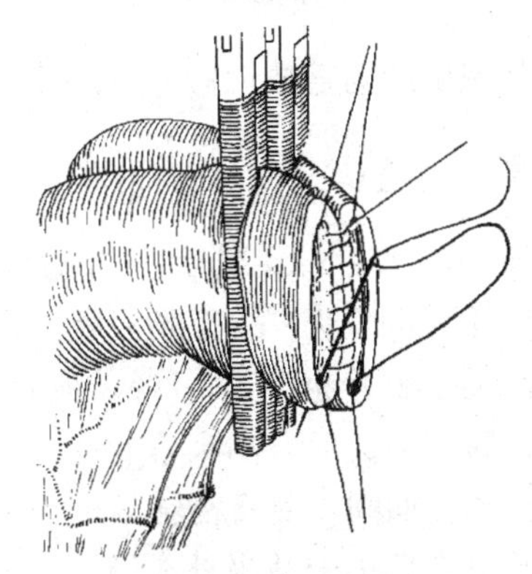

图 5.76　自后壁缝至前壁的翻转运针方法 1

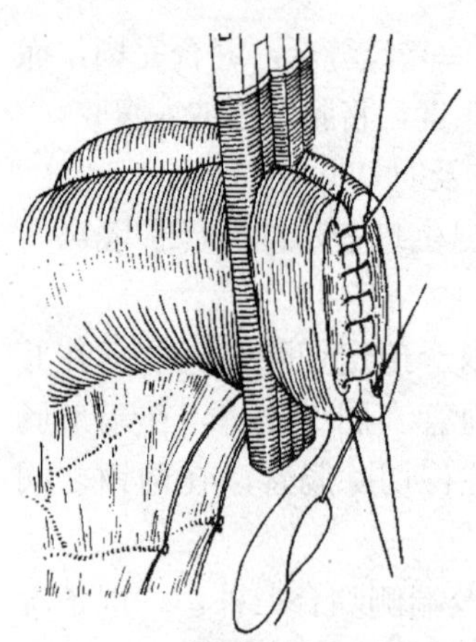

图 5.77 自后壁缝至前壁的翻转运针方法 2

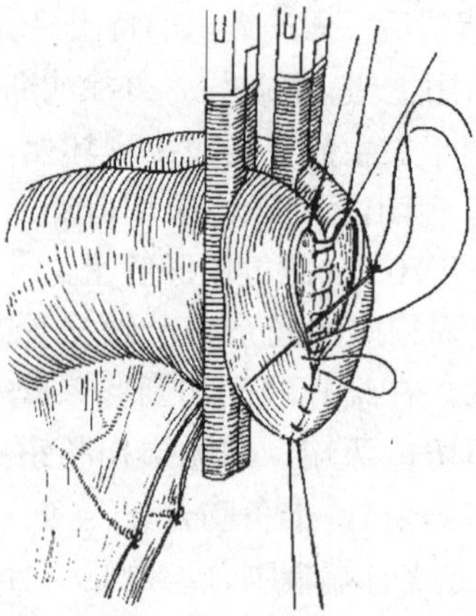

图 5.78 康奈尔氏缝合法缝合前壁

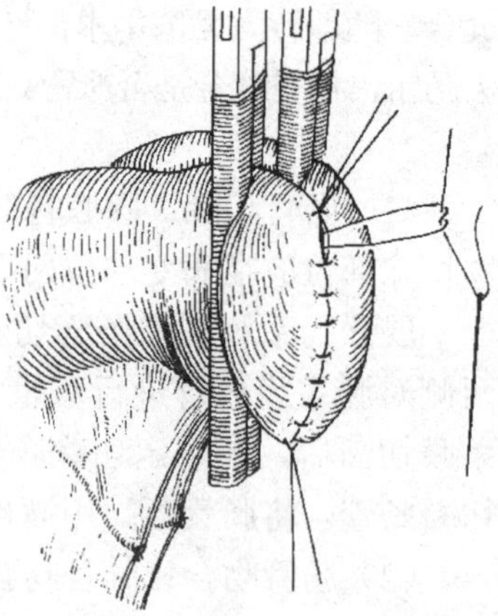

图 5.79 前壁与后壁线尾打结于肠腔内

完成第一层缝合后，取下肠钳，用生理盐水冲洗后进行外层（第二层）缝合。第二层用间断伦伯特氏缝合前、后壁，用细丝线做浆肌层间断缝合（图 5.80），针距 0.3 ～ 0.5 cm，进针处距第一层缝线以外 0.3 cm 左右，以免内翻过多。在前壁浆肌层缝毕后，翻转肠管，缝合后壁浆肌层。

最后再用细丝线间断缝合肠系膜游离缘，消灭粗糙面（图 5.81）。缝合时注意避开血管，以免造成出血或血肿。

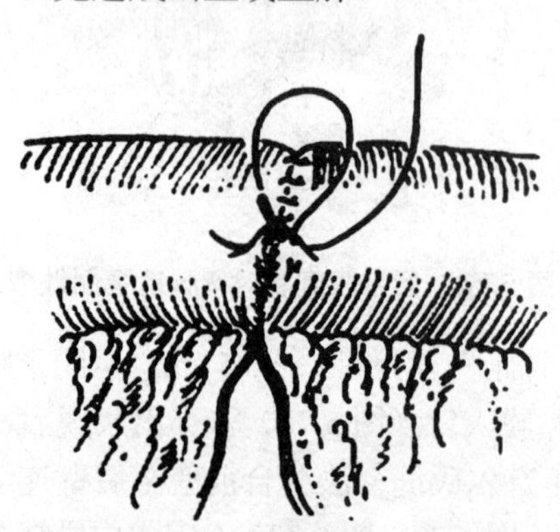

图 5.80 外层间断浆肌层缝合

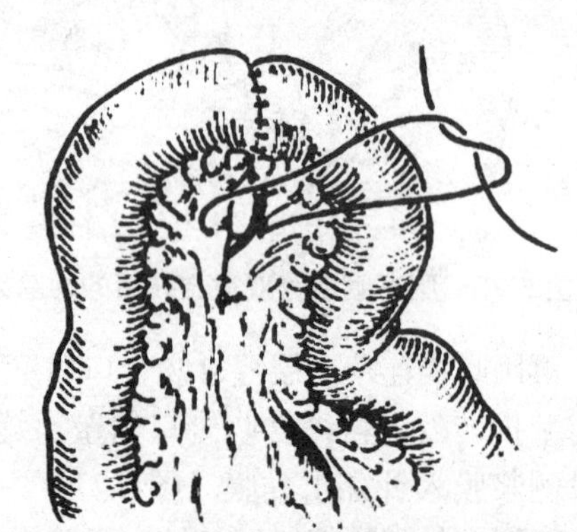

图 5.81 间断缝合肠系膜游离缘

将缝合完毕的肠管放回腹腔（注意勿使扭转），逐层缝合腹壁切口。

【重要提示】

（1）肠切除术后继续禁食、胃肠减压 1 ～ 2 d，至肠功能恢复正常为止。小肠手术后 6 h 内即可恢复蠕动，故无肠梗阻的动物，术后第 1 天开始服少量不发酵流质食物，逐渐加至半流质。对小肠切除多者，或对保留肠管生机仍有疑问者，饮食应延缓，需待排气、排便、腹胀消失后开始喂食。

（2）在禁食期间，每日需输液，以补足生理需要和损失量。脱水和电解质平衡失调较重者，开始进食后仍应适当补充液体。

（3）一般用青霉素控制感染，必要时可选用广谱抗生素。
（4）术后应及早进行适宜活动，以预防肠粘连等并发症。

任务 6　眼球摘除术

【任务目标】

知识：掌握眼球摘除术的适应证、保定与麻醉方法。
技能：能根据患病动物的病情正确并熟练进行眼球摘除操作。
素质：术后护理。

【知识准备】

1．适应证　严重眼穿孔、眼突出、眼内肿瘤，难以治愈的青光眼，眼内炎及全眼球炎等适宜做眼球摘除术的病例。

2．保定与麻醉　温驯大动物可在柱栏内站立保定，烈性家畜进行侧卧保定。小动物采用侧卧保定。大动物做全身麻醉或球后麻醉或眼底封闭。当球后麻醉时，注射针头于眶外缘与下缘交界处，经外眼角结膜，向对侧下颌关节方向刺入，针贴住眶上突后壁，沿眼球伸向球后方，注入 2% 盐酸普鲁卡因溶液 20 ml。也可经额骨颧弓下缘经皮肤刺入眼底做眼底封闭。小动物多用全身麻醉。

【任务实施】

1．经眼睑眼球摘除术　手术时，先做连续缝合，将上、下眼睑缝合在一起，环绕眼睑缘做一椭圆形切口。犬此椭圆形切口可远离眼睑缘。切开皮肤、眼轮匝肌至睑结膜（不要切开睑结膜）后，一边牵拉眼球，一边分离球后组织，并紧贴眼球壁切断眼外肌，以显露眼缩肌（图 5.82）。用弯止血钳伸入眼窝底连同眼缩肌及其周围的动、静脉和神经一起钳住，再用手术刀或者

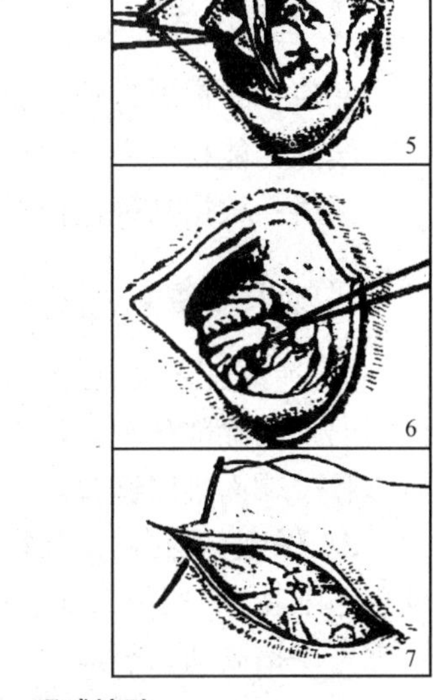

图 5.82　眼球摘除

弯剪沿止血钳上缘将其切断，取出眼球。于止血钳下面结扎动、静脉，控制出血。移走止血钳，再将球后组织连同眼外肌一并结扎，堵塞眶内死腔。此法既可止血，又可替代纱布填塞死腔。最后结节缝合皮肤切口，并做结系绷带或装置眼绷带以保护创口。

2．经结膜眼球摘除术　用眼睑开张器张开眼睑。为扩大眼裂，先在眼外眦切开皮肤1～2 cm。用组织镊夹持角膜缘，并在其缘外侧的球结膜上做环形切开。用弯剪顺巩膜面向眼球赤道方向分离筋膜囊，暴露四条直肌和上、下斜肌的止端，再用手术剪挑起，尽可能靠近巩膜将其剪断。

剪断眼外肌后，术者一手用止血钳夹持眼球直肌残端，一手持弯剪紧贴巩膜，利用其开闭向深处分离眼球周围组织至眼球后部。用止血钳夹持眼球壁做旋转运动，眼球可随意转动则证明各眼肌已断离，仅遗留退缩肌及视神经束。将眼球继续前提，弯剪继续深入球后剪断退缩肌和视神经束。

眼球摘除后，立即用温生理盐水纱布填塞眼眶，压迫止血。出血停止后，取出纱布块，再用生理盐水清洗创腔。将各条眼外肌和眶筋膜对应靠拢缝合。也可先在眶内放置球形填充物，再将眼外肌覆盖于其上缝合，可减少眼眶内腔隙。将球结膜和筋膜创缘做间断缝合，最后闭合上、下眼睑。

【重要提示】

术后可能因眶内出血使术部肿胀，且从创口处或鼻孔流出血清色液体。术后3～4 d渗出物可逐渐减少。局部温敷可减轻肿胀，缓解疼痛。对感染的外伤眼，应全身应用抗生素。术后7～10 d拆除眼睑缝线。

任务7　犬耳整容成形手术

【任务目标】

知识：掌握犬耳整容成形手术的适应证、保定与麻醉方法。

技能：能根据患病动物的病情正确并熟练进行犬耳整容成形手术操作。

素质：根据品种选择耳型。

【知识准备】

1．适应证　犬常因耳郭软骨发育异常，引起“断耳”，使耳下垂，影响美观。竖耳的目的是切除部分软骨，恢复耳郭正常竖耳姿势。手术适宜时间：至少在6月龄以上，否则软骨过软而难以缝合。

2．保定与麻醉　麻醉前用阿托品0.05 mg/kg体重，皮下注射。8～10 min后，肌内注射速眠新0.1～0.15 mg/kg体重。麻醉后的动物进行伏卧保定，犬的下颌和颈下部垫上小枕头以抬高动物头部。

【任务实施】

（1）两耳剃毛、清洗、常规消毒。

（2）除头部外，犬体用灭菌单隔离，以利最大限度地明视手术区域，与对侧的耳朵进行对照比较。

（3）将下垂的耳尖向头顶方向拉紧伸展，用尺子测量所需耳的长度。测量是从耳郭与头部皮肤折转点到耳前缘边缘处，留下耳的长度用细针在耳缘处标记下来，将对侧的耳朵向头顶方向拉紧伸展，将二耳尖对合，用一细针穿过两耳，以确实保证是在两耳的同样位置上做标记，然后用剪子在针标记的稍上方剪一缺口，作为手术切除的标记。

（4）用一对稍弯曲的断耳夹子分别装置在每个耳上。装置位置是在标记点到耳屏间肌切迹之间，并尽可能闭合耳屏。每个耳夹子的凸面朝向耳前缘，两个耳夹子装好后两耳形态应该一致。牵拉耳尖处可使耳变薄些，牵拉耳后缘则可使每个耳保留得更少些。耳夹子固定的耳外侧部分，可以全部切除，而仅保留完整的喇叭形耳。

（5）当犬的两耳已经对称并符合施术犬的头形、品种和性别时，在耳夹子腹面耳的标记处，用锐利外科刀以拉锯样动作切除耳夹的腹侧耳部分，使切口平滑整齐。除去耳夹子，对出血点进行止血，特别要制止耳后缘耳动脉分支区域的出血。该血管位于切口末端的 1/3 区域内。

（6）止血后，用剪子剪开耳屏间切迹封闭着的软骨，这样可使切口的腹面平整匀称。

（7）用直针进行单纯连续缝合，从距耳尖 0.75 cm 处软骨前面皮肤上进针，通过软骨于对面皮肤上出针，缝线在软骨两边形成一直线。耳尖处缝线不要拉得太紧，否则会导致耳尖腹侧面歪斜或缝合处软骨坏死。缝线要均匀，力量要适中，防止耳后缘皮肤折叠和缝线过紧导致耳腹面屈折。

【重要提示】

（1）大多数犬耳术后不用绷带包扎，待动物清醒后解除保定。

（2）丹麦大猎犬和杜伯文犬，耳朵整容成形后可能发生突然下垂，对此可用绷带在耳的基部包扎，以促使耳直立。术后第 7 天可以拆除缝线。拆线后如果犬耳突然下垂，可用脱脂棉球塞于犬耳道内，并用绷带在耳基部包扎，包扎 5 d 后解除绷带，若仍不能直立，再包扎绷带，直至使耳直立为止。

思考与练习

临床常用的外科手术有哪些？

参考文献

［1］朱金凤，王怀友．兽医临床诊疗技术［M］．郑州：河南科学技术出版社，2007.
［2］张元凯．临床兽医学［M］．2 版．北京：中国农业出版社，2000.
［3］李玉冰．兽医临床诊疗技术［M］．北京：中国农业出版社，2006.
［4］杨宏道，李世骏．兽医针灸手册［M］．2 版．北京：农业出版社，1983.
［5］林德贵．动物医院临床技术［M］．北京：中国农业大学出版社，2004.
［6］王子轼．兽医临床诊疗技术［M］．北京：中国农业出版社，2005.
［7］沈永恕．兽医临床诊疗技术［M］．北京：中国农业大学出版社，2006.